Swift 物联网程序设计

[美] 艾哈迈德·巴克尔 等著

王烈征 译

清华大学出版社

北　京

内 容 简 介

本书详细阐述了与 Swift 语言开发相关的基本解决方案，主要包括构建第一个物联网应用程序、Swift 入门、使用 HealthKit 访问健康信息、使用 Core Motion 保存运动数据、使用 Fitbit API 集成第三方健身跟踪器和数据、构建第一个 watchOS 应用、构建交互式 watchOS 应用、构建独立的 watchOS 应用、连接到蓝牙低功耗设备、使用 iBeacons 进行定位、使用 HomeKit 实现家庭自动化、构建与 Raspberry Pi 交互的应用程序、使用钥匙串服务保护数据、使用 Touch ID 进行本地身份验证、使用 Apple Pay 接收付款等内容。此外，本书还提供了丰富的示例以及代码，以帮助读者进一步理解相关方案的实现过程。

本书适合作为高等院校计算机及相关专业的教材和教学参考书，也可作为相关开发人员的自学教材和参考手册。

北京市版权局著作权合同登记号 图字：01-2016-8579

Program the Internet of Things with Swift for iOS 1st Edition/by Ahmed Bakir, Gheorghe Chesler, Manny de la Torriente /ISBN: 978-1-4842-1195-3

Copyright © 2016 by Apress.

Original English language edition published by Apress Media.Copyright ©2016 by Apress Media.
Simplified Chinese-Language edition copyright © 2021 by Tsinghua University Press.All rights reserved.

本书中文简体字版由 Apress 出版公司授权清华大学出版社。未经出版者书面许可，不得以任何方式复制或抄袭本书内容。

本书封面贴有清华大学出版社防伪标签，无标签者不得销售。
版权所有，侵权必究。举报：010-62782989，beiqinquan@tup.tsinghua.edu.cn。

图书在版编目（CIP）数据

　Swift 物联网程序设计 /（美）艾哈迈德•巴克尔（Ahmed Bakir）等著；王烈征译. —北京：清华大学出版社，2021.6
　书名原文：Program the Internet of Things with Swift for iOS
　ISBN 978-7-302-58183-3

　Ⅰ. ①S… Ⅱ. ①艾… ②王… Ⅲ. ①程序语言—程序设计 Ⅳ. ①TP312

中国版本图书馆 CIP 数据核字（2021）第 094622 号

责任编辑：贾小红
封面设计：刘　超
版式设计：文森时代
责任校对：马军令
责任印制：刘海龙

出版发行：清华大学出版社
　　　　网　　址：http://www.tup.com.cn，http://www.wqbook.com
　　　　地　　址：北京清华大学学研大厦 A 座　　邮　　编：100084
　　　　社 总 机：010-62770175　　邮　　购：010-62786544
　　　　投稿与读者服务：010-62776969，c-service@tup.tsinghua.edu.cn
　　　　质量反馈：010-62772015，zhiliang@tup.tsinghua.edu.cn
印 装 者：三河市君旺印务有限公司
经　　销：全国新华书店
开　　本：185mm×230mm　　印　　张：32.75　　字　　数：656 千字
版　　次：2021 年 8 月第 1 版　　印　　次：2021 年 8 月第 1 次印刷
定　　价：129.00 元

产品编号：068362-01

译 者 序

2019 年 12 月，TIOBE 公布了最新的编程语言排行榜，Swift 成功地进入了前 10 名的行列，考虑到 Swift 是 Apple 公司于 2014 年 WWDC 开发者大会上发布的新开发语言，可以说它是自从有了编程语言排行榜以来增长最快的编程语言。

为什么 Swift 的发展势头如此迅猛？这与 Apple 的支持当然是密不可分的。Swift 可与 Objective-C 共同运行于 macOS 和 iOS 平台，用于搭建基于 Apple 平台的应用程序。在移动应用开发越来越受到市场青睐的情况下，Swift 在编程领域地位的快速攀升，似乎并不是那么难以理解的事情。可以想见，未来还会有更多的开发者使用 Swift 编程语言。

本书以独特的视角发掘出了 Swift 编程的重要方面，即与物联网设备的结合应用。诸如 FitBit 健康手环、Apple 智能手表和蓝牙智能家居之类的设备，以及指纹识别和 Apple Pay 支付等安全技术，都有赖于这种软硬件的紧密结合。本书从实用角度出发，演示了多个项目的详细构建过程，并介绍了与之相关的 Apple 核心开发技术。例如，使用 Core Location 框架进行车辆定位；通过 HealthKit 和 Core Motion 框架跟踪健康数据；使用 Fitbit RESTful API 集成第三方健身跟踪器和数据；通过 OAuth 1.0a 身份验证模型进行交互；构建交互式 watchOS 应用；模拟压感触控；使用 NSTimer 创建提醒；连接到蓝牙低功耗设备；创建 iBeacons 信标定位；通过 HomeKit 附件协议实现家居设备的自动化；构建与 Raspberry Pi 交互的应用程序；应用 Apple 钥匙串服务保护数据；通过指纹感应系统（Touch ID）进行身份验证；构建可以使用 Apple Pay 进行安全支付的应用程序等。总之，这是一本可以为 Apple 平台物联网设备应用程序开发提供有益指导的良好读物。

在翻译本书的过程中，为了更好地帮助读者理解和学习，本书以中英文对照的形式保留了大量的术语，这样的安排不但方便读者理解书中的代码，而且也有助于读者通过网络查找和利用相关资源。

本书由王烈征翻译，陈凯、马宏华、唐盛、郝艳杰、黄永强、黄刚、邓彪、黄进青、熊爱华等参与了程序测试和资料整理等工作。由于译者水平有限，错漏之处在所难免，在此诚挚欢迎读者提出意见和建议。

前　　言

撰文：Ahmed Bakir

物联网的定义

物联网（Internet of Things，IoT）是指通过接收或记录来自互联网和其他事物的数据，来推动应用程序、硬件设备或"物"朝着"智能"的方向发展。物联网的目标是利用这些额外的数据源，让人们生活中的常见任务变得更丰富、更容易执行。

物联网最早的驱动因素之一是量化自我（Quantified Self）的运动，这一趋势表明，人们可以通过不断记录和监控自己的饮食和锻炼信息，以便在更可持续的水平上减肥和增进健康。尽管这首先是从卡路里计数的日记账和计步器中收集的数据开始的，但在这之后开始出现了诸如 MyFitnessPal 之类的应用程序（可帮助用户查找午后零食的热量信息）和诸如 Fitbit 之类的设备，此类设备可以将用户的计步器数据自动记录到互联网上，从而推动"量化自我"运动成为一种让很多人都热衷的潮流。

运行中的物联网的另一个示例是智能电视。仅仅在几年之前，电视还只是一个"哑巴"屏幕，仅显示所连接的输入设备（如机顶盒、游戏机或 VCR）的输出（这些东西你是不是都已经快忘记了）。随着软硬件产品的快速更新迭代，如今的电视通常包括 WiFi 卡和"智能"应用程序平台，这些平台使用户可以执行一些最常见的任务，例如从 Netflix 播放流视频或直接通过电视浏览 Instagram 的照片，而无须连接计算机。许多电视当前已经达到堪称"智能"的程度（例如，当想要看电视时，可自动打开经常看的节目），这是由于在 PC 和手机上已经实现了此类功能，因此，连接了互联网的智能电视实现这样的功能不过是小事一桩，有很多开发人员为电视编写此类应用程序。

今天的物联网与之前将设备连接到互联网的尝试之间的一个显著区别是，进入的技术壁垒已经大大降低。以前，构建 Internet 连接设备的唯一方法是让训练有素的硬件和软件工程师团队构建专有平台，并且可能需要几年的时间；而如今，则可以去任何电子商店或网站购买 Arduino 或 Raspberry Pi，轻松将几年前的计算机主板纳入掌中，价格 30 美元左右。这些设备旨在为业余爱好者和学生提供一种简便的输入电子设备的方式（以前，这是一种非常昂贵的业余爱好——某个过来人的心声），还包括构建连接设备所需的所有核心功能——能够运行高级编程语言（如 Python）的 CPU、WiFi 卡、显示端口（通常是 HDMI）以及一系列通用输入/输出（General Purpose Input/Output，GPIO）引脚，这些引脚可以让开发人员连接电子组件，如计时器芯片和 LED 灯。

消费者和生产企业都已经注意到互联设备的需求，以及进入市场的便利性，这使得当前成为学习如何为物联网编程的最佳时机！说不定哪一天你的应用也将推动某一款个性化产品或服务成为一种潮流！

本书目标

本书的目标是教会读者如何使用 Apple 公司的原生应用程序编程接口（Application Programming Interface，API）在 Swift 中构建 iOS 应用程序，该 API 可连接到流行的物联网（IoT）设备和服务。本书将围绕以下 4 类设备进行叙述。

- ❑ 健身和健康追踪器。
- ❑ Apple 手表。
- ❑ 通用硬件配件。
- ❑ 认证和支付系统。

上述设备系列代表了一些非常流行的 IoT 配件类别，同时使我们可以教给读者若干种不同的方法来连接 IoT 设备，包括原生 iOS 库（如 HealthKit 和 WatchKit）、通用硬件接口（如蓝牙）、第三方数据记录服务（如 Fitbit）和本地网络（通过 WiFi）。当今物联网的美妙之处在于，基于广泛采用的开放标准，有多种方法可以连接设备，从而减少了学习专有协议的需求。我们的目标是通过向读者展示连接到 IoT 设备的不同方式，帮助读者掌握一个方便的技能工具箱，以满足读者需要实现的大多数用例。

本书以教程风格进行介绍，该教程借鉴了现代软件工程实践的经验，如代码审查和敏捷编程。本书的每一章都围绕着一个将要学习如何实现的项目而展开，将通过假想的"故事"和需求进行描述，以阐述其重要之所在。以类似的方式，我们的解释将深入代码中，并从 Apple 的规范和其他应用程序中借鉴最佳实践。必要时，我们将简要介绍基础主题，如委托编程和 OAUTH 身份验证，因此读者无须为了某个知识点而反复翻阅不同的书籍。本书的目标是使读者对将要实现的项目有深入的了解，而不是复制并粘贴的摘要记录。作为经历过重大 iOS 升级（例如，从 iOS 6 升级到 iOS 7）的开发人员，我们可以证明，了解核心概念比记忆一次性使用的代码段更有助于读者修复自己的代码。

本书适合的读者

本书的目的是成为开发人员在 iOS 中实现特定主题的指导手册。它的结构可以引导初学者和中级程序员理解他们需要的信息，同时还可以使高级读者准确地找到他们想要的内容。换句话说，就是本书适合从初级到高级各个层次的读者，他们均可以从本书的阅读中受益。话虽如此，本书在撰写时也考虑了一些假设。

- 读者对核心编程概念（面向对象的编程、指针、函数等）有扎实的基础。
- 读者具有 iOS 开发基础知识（使用 Xcode、Interface Builder 和 Cocoa Touch 库）。
- 读者已有使用 Swift 或 Objective-C 编程的经验。

由于 Swift 和 Xcode 是不断发展的工具，因此本书的前两章将介绍集成开发环境（IDE）和语法基础。这些章节的目的是帮助从 Objective-C 过渡到 Swift 的开发人员，以及尚未有机会查看 Apple 烦琐的 API 更新文档的开发人员。

为了扩大对 Swift 编程语言、iOS 编程和 Xcode 的讨论，我们建议读者阅读表 P-1 中列出的图书（这些图书也是 Apress 公司出版的）。

表 P-1 推荐参考书目

主题	书名和作者
iOS 开发入门	书名为 *Beginning iPhone Development with Swift*（用 Swift 开始 iPhone 开发），作者为 David Mark、Jack Nutting、Kim Topley、Fredrik Olsson 和 Jeff LaMarche（Apress 出版，2014 年）
使用 Xcode 和调试器	书名为 *Beginning Xcode:Swift Edition*（Xcode 入门：Swift 版），作者为 Matthew Knott（Apress 出版，2014 年）
中间 iOS 开发	书名为 *Learn iOS 8 App Development*（学习 iOS 8 App 开发），作者为 James Bucanek（Apress 出版，2014 年）
Swift 语法	书名为 *Swift for Absolute Beginners*（Swift 菜鸟入门教程），作者为 Gary Bennett 和 Brad Lees（Apress 出版，2014 年）

iOS 编程的最新参考是 Apple 的官方 iOS 开发人员库，读者可以通过 Xcode 的 Window（窗口）菜单中的 Documentation and API Reference（文档和 API 参考）命令访问（见图 P-1），也可以通过在线访问，其网址如下：

https://developer.apple.com/library/ios/navigation/

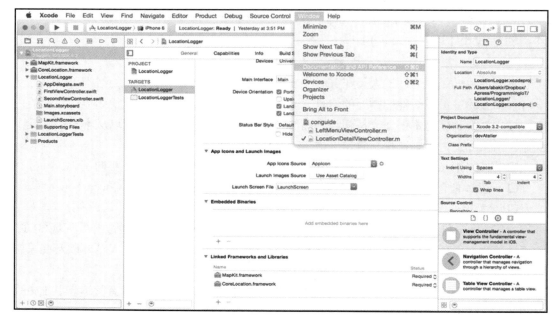

图 P-1 从 Xcode 访问 iOS 开发人员库

ⓘ 注意：

请始终使用最新版本的iOS开发人员库作为你的API参考。Apple经常进行重大的弃用和参数更改，即使在次要版本中也是如此。

保持最新状态的最佳方法是保持最新的Xcode版本或访问iOS Developer Library网站。

入门要求

本书是围绕在计算机上开发应用程序并在可能与硬件附件配对的物理设备上进行测试的工作流而设计的。本书中项目所需的 API 在 iOS 模拟器中是不提供的。

Apple 使用物理设备开发和测试 iOS 应用程序的要求与将应用程序提交到 App Store 的要求相同，具体如下：

- ❏ 运行 OS X Yosemite（10.10）或更高版本的基于 Intel 的 Mac。
- ❏ Xcode 7 或更高版本。
- ❏ 能够运行 iOS 9.1 或更高版本的 iPhone 或 iPad（iPhone 5 或更高版本、iPad 2/iPad mini 或更高版本）。

❑ 有效的 Apple ID，可以注册免费的基于设备的应用程序测试。

从 2015 年夏季开始，Apple 取消了必须拥有付费 iOS 开发者计划会员资格才能在 iOS 设备上测试应用程序的要求，但仍需要付费会员资格才能将应用程序提交到 App Store、使用 TestFlight 进行 Beta 测试以及调试基于 Apple 服务器的 API（如 Apple Pay）。可以通过登录 Apple Developer Program 网站（https://developer.apple.com/programs/，中文网址为 https://developer.apple.com/cn/programs/）并单击 Enroll（注册）按钮来注册 Apple Developer Program 会员资格，如图 P-2 所示。收到费用后，在 Apple Store 中，所选择的 Apple ID 将可在 Apple Developer Program 中使用。

图 P-2 注册一个付费的 Apple Developer Program 账户

💡 说明：

如果要注册一个企业开发人员账户，则需要向Apple提供其他信息以标识你的实体，如 Dunn & Bradstreet号（邓白氏集团信用账号）。处理此类账户将需要更多的时间。

本书中的项目旨在"通用",这意味着它们可以同时在 iPhone 或 iPad 上运行。这些用户界面主要是为 iPhone 设计的,但它们会按比例放大并在 iPad 上以相同的方式工作。

本书涵盖的内容

本书包含 15 章,分为 5 篇。

第 1 篇为"物联网应用程序开发和 Swift 编程语言基础知识",包括第 1~2 章。第 1 章通过一个简单的实例介绍了在 Xcode 中创建应用程序的基本操作,第 2 章则介绍了 Swift 的基本语法和特定功能等,方便开发人员快速入门。

第 2 篇为"Fitbit 健康设备项目",包括第 3~5 章,要求开发人员拥有 iPhone 5S 或更高版本的设备,才能使用 Core Motion 框架。iPad 和较旧的 iPhone 没有 Core Motion 提供的 M 系列运动协处理器芯片。该芯片包括一个高级计步器和陀螺仪,它们可以按小于 GPS 芯片功耗十分之一的速度进行跟踪(根据 Apple 的要求)。对于第 5 章,开发人员需要在 Fitbit.com 上有一个免费账户才能生成样本数据进行测试,但不需要 Fitbit 硬件设备。你可以在 Fitbit 网站上手动输入步数、卡路里摄入量和体重。

第 3 篇为"Apple Watch 项目",包括第 6~8 章,前两章可以使用 Apple Watch 模拟器来实现;但是,第 8 章则利用模拟器不支持的 Core Location 框架的功能。Apple Watch 仍然是一个正在不断优化的硬件平台,因此最好使用 Apple Watch 对应用程序进行测试以获取真实的性能数据。

第 4 篇为"蓝牙和 WiFi 连接",包括第 9~12 章,它要求开发人员至少有两台 iOS 设备。第 9 章教给开发人员如何通过蓝牙在两台设备之间建立直接链接。为了使叙述重点突出,开发人员将学习如何为蓝牙的两个核心角色(中心设备管理器和外围设备管理器)配置 iOS 设备。拥有两台设备可以使开发人员快速而可靠地进行测试。在第 10 章中,开发人员将学习如何将 iPhone 配置为 iBeacon 发射器,但是也可以使用硬件信标进行测试(在大多数电子产品网站上,它们都可以作为 USB 加密狗使用,价格约 20~30 美元)。

第 5 篇为"安全物联网",包括第 13~15 章,介绍了与身份验证和支付系统相关的内容,要求开发人员拥有 iPhone 5S 或更高版本的设备以获得 Touch ID。第 15 章有关 Apple Pay 的项目则需要 iPhone 6 或更高版本的设备。自 iPhone 5S 起,每部 iPhone 上均配备 Touch ID 传感器(由 HOME 按键周围的金属环标识),自 iPad mini 3 和 iPad Air 起,每台 iPad 上均可使用。它不能在软件中模拟。同样,Apple Pay 需要近场通信(Near Field

Communication，NFC)传感器和附加的身份验证芯片,这些功能仅在 iPhone 6/6 Plus 或更高版本以及 iPad mini 3/iPad Air 2 或更高版本中可用。

本书约定

在本书中,读者将可以看到许多区分不同类型信息的文本样式。以下是这些样式的一些示例以及对它们的含义的解释。

(1)界面词汇的后面使用括号附加对应的中文含义,以方便读者对照查看。以下段落就是一个示例:

在选中 Map View(地图视图)后,单击 Pin(固定)工具,在弹出的对话框中,取消选中 Constrain to margins(约束到边距)复选框,并将所有邻近约束(框周围的约束)设置为 0,如图 1-22 所示。

(2)代码块显示如下:

```
func set(text: String?="") {
    dispatch_async(dispatch_get_main_queue()) {
        self.textArea!.text = text
    };
}
```

(3)当我们希望引起读者对代码块特定部分的注意时,相关的行或项目将以粗体显示。示例如下:

```
import UIKit
import MapKit

class SecondViewController: UIViewController {
    @IBOutlet var mapView : MKMapView?
}
```

(4)新术语和重要单词提供了中英文对照的形式。以下段落就是一个示例:

peripheralDataWithMeasuredPower 采用一个参数代表所测量的功率。设备的测量功率是在接收信号强度指示器(Received Signal Strength Indicator,RSSI)中测得的 1m 处的信号强度。iOS 提供的距离以米为单位,是基于信标信号强度与发射功率之比的估算值。

下载示例代码文件

读者可以从 Apress 网站（www.apress.com）中下载本书的示例代码文件。本书的所有源代码都打包在一个 zip 文件中，具体网址如下：

http://Apress.com/9781484211953

也可以直接访问以下 GitHub 页面：

https://github.com/apress/program-internet-of-things-w-swift-for-ios

关于作者

Ahmed Bakir 是 devAtelier LLC（www.devatelier.com）的创始人和首席开发人员，devAtelier 是一家位于圣地亚哥的移动应用开发公司。Ahmed Bakir 在花了几年时间编写嵌入式系统软件之后，他开始在业余时间开发移动 App，并以此为乐。消息传开后，就有客户络绎不绝地登门拜访他，以至于他不得不辞掉正式工作，全职投入移动 App 的开发中。

从那以后，Ahmed Bakir 参与了 20 多个移动项目的开发，其中有若干个项目进入了 App Store 的前 25 名，包括在同类产品中排名第一的 App（Video Scheduler）。他的客户中既有雄心勃勃的初创公司，也有一些大型企业，如 Citrix 等。业余时间他最喜欢谈论的还是移动开发。

Gheorghe Chesler 是一名高级软件工程师，在质量保证、系统自动化、性能工程和电子出版方面具有专长。他是 ServiceNow 公司的一名高级性能工程师，同时也是 Plural Publishing 公司的首席技术顾问。他最喜欢的编程语言是 Perl（以至于他乐于使用 Perl 的吉祥物来标识自己，也就是右面的这幅骆驼头像图），但他也参与了许多 Java 和 Objective-C 项目。

Manny de la Torriente 拥有超过30年的软件开发经验，曾从事从工程到管理各个级别的工作。Manny 最初从事软件方面的工作，为声音工程编写程序，然后进入游戏引擎和低级视频回放系统的开发。Manny 比较出名的是，他会根据对项目的感兴趣程度在 iOS 和 Android 之间做出选择。

关于审稿者

Charles Cruz 是 iOS、Windows Phone 和 Android 平台的移动应用程序开发人员。他毕业于斯坦福大学，获得工程学士和硕士学位。他住在南加州，和他的妻子一起经营一家摄影公司（www.bellalentestudios.com）。当他不做技术方面的工作时，他会担任原创金属乐队（www. taintedsociety.com）的主音吉他手。要联系 Charles，可以发邮件到 codingandpicking@gmail.com 或在 Twitter 上 @codingnpick。

目　　录

第1篇　物联网应用程序开发和 Swift 编程语言基础知识

第1章　构建第一个物联网应用程序 ... 3
- 1.1　设置项目 ... 4
- 1.2　建立用户界面 ... 8
  - 1.2.1　创建表格视图控制器 ... 9
  - 1.2.2　创建地图视图控制器 ... 19
- 1.3　请求位置许可 ... 22
- 1.4　访问用户的位置 ... 26
- 1.5　显示用户的位置 ... 28
  - 1.5.1　使用数据填充表格视图 ... 28
  - 1.5.2　使用数据填充地图 ... 30
- 1.6　小结 ... 33

第2章　Swift 入门 ... 35
- 2.1　使用 Swift 的理由 ... 36
- 2.2　基本的 Swift 语法 ... 37
  - 2.2.1　调用方法 ... 37
  - 2.2.2　定义变量 ... 38
  - 2.2.3　复合数据类型 ... 39
  - 2.2.4　条件逻辑 ... 40
  - 2.2.5　枚举类型 ... 41
  - 2.2.6　循环 ... 43
- 2.3　关于 Swift 中的面向对象编程 ... 43
  - 2.3.1　构建类 ... 43
  - 2.3.2　协议 ... 45
  - 2.3.3　方法签名 ... 45
  - 2.3.4　访问属性和方法 ... 46
  - 2.3.5　实例化对象 ... 47

2.3.6 字符串 48
   2.3.7 格式化字符串 49
   2.3.8 集合 50
   2.3.9 强制转换 52
2.4 关于 Swift 特定的语言功能 52
   2.4.1 可选类型 53
   2.4.2 关于 try-catch 块 55
2.5 在项目中混合使用 Objective-C 和 Swift 57
2.6 小结 59

第 2 篇 Fitbit 健康设备项目

第 3 章 使用 HealthKit 访问健康信息 63
3.1 核心框架和应用程序简介 63
3.2 初步设置 65
   3.2.1 设置用户界面 65
   3.2.2 设置 HealthKit 项目 78
3.3 提示用户以获得 HealthKit 权限 81
   3.3.1 从 HealthKit 检索数据 86
   3.3.2 在表格视图中显示结果 91
   3.3.3 获取背景更新 95
3.4 小结 97

第 4 章 使用 Core Motion 保存运动数据 99
4.1 简介 99
4.2 使用 Core Motion 访问 Motion 硬件 99
4.3 查询步数 103
   4.3.1 检测实时更新的步数 106
   4.3.2 检测活动类型 109
4.4 将数据保存到 HealthKit 中 111
4.5 小结 120

第 5 章 使用 Fitbit API 集成第三方健身跟踪器和数据 121
5.1 关于 Fitbit API 121
   5.1.1 关于 RESTful API 122

		5.1.2 Fitbit RESTful API 实现细节	124
		5.1.3 使用 Apache 设置本地环境	125
		5.1.4 OAuth 1.0a 身份验证模型	127
		5.1.5 Fitbit OAuth 实现	128
		5.1.6 Fitbit API 调用速率限制	129
		5.1.7 进行异步调用	130
		5.1.8 使用回调作为参数	131
	5.2	设置与 Fitbit 兼容的 iOS 项目	132
		5.2.1 视图控制器	132
		5.2.2 记录器库	136
		5.2.3 设置基本的加密功能集	137
		5.2.4 API 客户端库	140
		5.2.5 OAuth 库	156
		5.2.6 测试到目前为止我们拥有的代码	164
	5.3	向 Fitbit API 发出请求	166
		5.3.1 检索用户个人资料	168
		5.3.2 在 API 中检索和设置数据	170
		5.3.3 关于 OAuth 版本的问题	175
	5.4	小结	176

第 3 篇　Apple Watch 项目

第 6 章	构建第一个 watchOS 应用	179
6.1	简介	179
6.2	关于 watchOS 应用程序和 iOS 应用程序	180
6.3	设置项目	182
6.4	将表格添加到 watchOS 应用程序中	186
	6.4.1 定义表格	190
	6.4.2 从 iOS 应用程序中获取数据	196
6.5	使用自定义布局构建详细信息页面	199
6.6	显示详细信息界面控制器	204
6.6	小结	207

第 7 章 构建交互式 watchOS 应用 209
7.1 简介 209
7.2 使用压感触控显示菜单 209
7.2.1 重置位置列表 214
7.2.2 显示细节视图控制器 214
7.2.3 模拟压感触控 217
7.3 将按钮添加到界面控制器 218
7.4 在界面控制器之间传递信息 221
7.5 使用文本输入添加注释 225
7.6 将数据发送回父 iOS 应用 227
7.7 小结 231

第 8 章 构建独立的 watchOS 应用 233
8.1 使用 Core Location 请求当前位置 233
8.2 使用 NSTimer 创建提醒 242
8.3 从 watchOS 应用程序进行网络调用 247
8.4 处理 JSON 响应 253
8.5 小结 256

第 4 篇 蓝牙和 WiFi 连接

第 9 章 连接到蓝牙低功耗设备 259
9.1 Apple 蓝牙协议栈简介 259
9.1.1 关键术语和概念 260
9.1.2 核心蓝牙对象 260
9.2 蓝牙低功耗应用程序构建思路 261
9.3 应用程序开发待办事项 261
9.3.1 基本应用和主场景 262
9.3.2 中心角色场景 263
9.3.3 外围角色场景 264
9.3.4 可编辑文本 265
9.4 设置项目 266
9.5 构建界面 266
9.6 使用中心设备管理器 272

9.7 在应用程序中连接到蓝牙低功耗设备 276
    9.7.1 构建界面 276
    9.7.2 通过委托保持代码的干净 280
    9.7.3 扫描外围设备 284
    9.7.4 发现并连接 288
    9.7.5 探索服务和特征 289
    9.7.6 订阅和接收数据 290
9.8 外围角色 293
    9.8.1 构建界面 293
    9.8.2 委托设置 294
    9.8.3 设置服务 298
    9.8.4 广告服务 299
    9.8.5 发送数据 300
9.9 为应用程序启用后台通信 302
9.10 蓝牙最佳实践 303
    9.10.1 中心角色设备 303
    9.10.2 外围角色设备 303
9.11 小结 303

第 10 章 使用 iBeacon 进行定位 305
10.1 iBeacon 简介 305
    10.1.1 iBeacon 广告 305
    10.1.2 iBeacon 准确性 305
    10.1.3 隐私 306
    10.1.4 区域监视 306
10.2 测距 306
10.3 构建 iBeaconApp 应用程序 307
    10.3.1 创建项目 307
    10.3.2 设置背景功能 308
10.4 建立主场景 309
    10.4.1 设置 UI 元素 310
    10.4.2 创建出口连接 311
    10.4.3 设置约束 312

10.4.4 创建一个自定义按钮 313
10.5 检测蓝牙状态 316
10.6 建立区域监视器场景 319
  10.6.1 RegionMonitor 类 325
  10.6.2 使用委托模式 325
  10.6.3 创建 RegionMonitor 类 326
  10.6.4 委托方法 327
  10.6.5 RegionMonitor 方法 331
  10.6.6 授权和请求许可 332
  10.6.7 CLLocationManagerDelegate 方法 333
  10.6.8 配置区域监视 339
10.7 建立 iBeacon 场景 344
  10.7.1 BeaconTransmitter 类 347
  10.7.2 定义 BeaconTransmitterDelegate 协议 348
  10.7.3 将 iOS 设备配置为 iBeacon 350
  10.7.4 测试应用程序 353
10.8 小结 353

第 11 章 使用 HomeKit 实现家庭自动化 355
11.1 HomeKit 概念介绍 355
11.2 HomeKit 委托方法 356
11.3 构建一个 HomeKit 应用程序 356
  11.3.1 需求 357
  11.3.2 HomeKit 附件模拟器 357
11.4 创建项目 358
  11.4.1 启用 HomeKit 360
  11.4.2 建立家庭界面 360
  11.4.3 实现家庭管理器委托方法 362
  11.4.4 向家庭管理器添加新家庭 369
  11.4.5 从家庭中删除附件 379
  11.4.6 使用 HomeKit 附件模拟器 380
  11.4.7 构建服务接口 389
  11.4.8 实现 UITableView 方法 393

	11.4.9	特征的子类	399
11.5		切换到服务场景	405
11.6		运行应用程序	405
11.7		小结	406

第 12 章 构建与 Raspberry Pi 交互的应用程序 ... 407

12.1		关于 Raspberry Pi	407
12.2		Raspberry Pi 上的控制界面	408
12.3		设置 Raspberry Pi	409
	12.3.1	选择脚本语言	410
	12.3.2	配置 I2C	410
	12.3.3	配置 GPIO	414
	12.3.4	安装 PyGlow	414
12.4		提供用于控制设备的 API	415
	12.4.1	安装 Flask	415
	12.4.2	Hello World 演示程序	416
	12.4.3	构建一个非常简单的侦听器守护程序	417
12.5		为应用程序创建 iOS 项目	419
	12.5.1	允许传出 HTTP 调用	419
	12.5.2	视图控制器	420
	12.5.3	日志库	423
	12.5.4	API 客户端库	425
12.6		小结	438

第 5 篇 安全物联网

第 13 章 使用钥匙串服务保护数据 ... 441

13.1		关于 iOS 设备上的硬件安全	443
13.2		保护文件数据	444
13.3		关于 Apple 钥匙串	446
	13.3.1	Apple 钥匙串服务	446
	13.3.2	钥匙串项目的组成	447
	13.3.3	实现用于存储密码的钥匙串服务	447
	13.3.4	从钥匙串服务中检索数据	448

13.3.5 删除钥匙串服务的记录 449
13.3.6 设置应用程序以测试钥匙串服务 451
13.3.7 视图控制器 451
13.4 小结 457

第 14 章 使用 Touch ID 进行本地身份验证 459
14.1 关于 Touch ID 459
14.1.1 LocalAuthentication 用例 460
14.1.2 构建 Touch ID 应用程序 460
14.2 创建项目 461
14.3 建立界面 462
14.4 实现 UITableView 方法 465
14.5 集成 Touch ID 以进行指纹认证 467
14.5.1 评估身份验证策略 467
14.5.2 无须钥匙串服务的 Touch ID 身份验证 467
14.5.3 自定义的身份验证后备计划 469
14.5.4 运行应用程序 470
14.6 注意事项 470
14.7 小结 471

第 15 章 使用 Apple Pay 接收付款 473
15.1 Apple Pay 与其他支付系统比较 473
15.1.1 使用 Apple Pay 的先决条件 474
15.1.2 使用 Apple Pay 接收支付 475
15.1.3 为 Apple Pay 配置环境 482
15.1.4 使用 Stripe 实现 Apple Pay 支付 492
15.1.5 View Controller 代码 498
15.2 小结 501

第 1 篇

物联网应用程序开发和 Swift 编程语言基础知识

第 1 章 构建第一个物联网应用程序

撰文：Ahmed Bakir

为了帮助开发人员熟悉本书的写作风格，我们的第一个项目将是一个非常简单的应用程序（Application，也常简称为 App 或"应用"），它演示了构建物联网应用程序时将要执行的以下几个步骤：创建项目、包括特定于硬件的框架、检索数据并显示它。作为开发人员学习本书的第一个项目，你将创建一个应用程序，该应用程序可以使用手机的 GPS 芯片记录用户的位置并将其显示在地图上。如果用户经常忘记自己的汽车停在哪里（如本书的某位作者就是如此），则可以使用该应用程序以帮助自己找到汽车。

图 1-1 显示了该程序的样本模型，并指示了主要的用户界面（UI）组件和应用程序流程。开发人员即将创建的应用程序将严格遵循此模型所设置的准则。

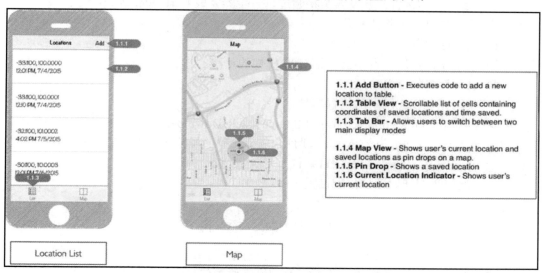

图 1-1 CarFinder 应用程序的模型

原　　　文	译　　　文
Location List	位置列表
Map	地图

续表

原　　文	译　　文
1.1.1 Add Button - Executes code to add a new location to table	1.1.1 Add（添加）按钮：执行代码，将一个新位置添加到列表中
1.1.2 Table View - Scrollable list of cells containing coordinates of saved locations and time saved	1.1.2 列表视图：可滚动的单元格，包含已保存的位置和时间的坐标
1.1.3 Tab Bar - Allows users to switch between two main display modes	1.1.3 标签栏：允许用户在两个主要显示模式（位置列表和地图）之间切换
1.1.4 Map View - Shows user's current location and saved locations as pin drops on a map	1.1.4 地图视图：在地图上使用图钉显示用户当前位置和已保存的位置
1.1.5 Pin Drop - Shows a saved location	1.1.5 放下的图钉：显示已保存的位置
1.1.6 Current Location Indicator - Shows user's current location	1.1.6 当前位置指示器：显示用户当前位置

　　CarFinder 具有标签（Tab）驱动的用户界面。第一个标签 List 将显示用户已保存位置的列表，并且附有时间戳以及用于添加新位置的按钮 Add；第二个标签 Map 将在地图上显示这些已保存的位置。开发人员将通过以下步骤完成 CarFinder 项目的工作。

　　（1）设置项目（及其依赖项）。
　　（2）构建应用程序的用户界面。
　　（3）请求允许在用户设备上使用 GPS 硬件的权限。
　　（4）访问用户的位置信息。
　　（5）使用并可视化用户的位置信息。

　　Apress 网站（www.apress.com）的 Source Code/Download（源代码/下载）区域中提供了适用于此应用程序的有效 Xcode 项目，包括完整的源代码。本书的所有源代码都打包在一个 zip 文件中，CarFinder 项目则位于 Ch1 文件夹中。

　　接下来就让我们开始该项目的设置步骤。

1.1　设置项目

　　CarFinder 应用程序的重点是快速保存和检索位置信息。标签栏是 iOS 中常见的 UI 元素，它在屏幕底部显示一系列按钮。单击这些按钮中的任何一个，都可以在屏幕之间快速切换。在桌面应用程序中，"标签"多被称为"选项卡"。内置的 iOS 音乐应用程序中提供了一个标签栏示例，通过单击该标签栏中的按钮，用户可以快速切换搜索过滤器（如专辑、艺术家和标题等），如图 1-2 所示。

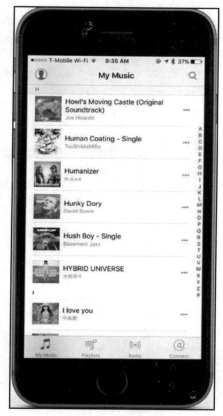

图 1-2　iOS 音乐应用程序中标签栏的示例

标签栏控制器对开发人员也有帮助，其原因有两个：一是开发人员无须执行任何编程即可将标签栏按钮连接到屏幕；二是使用指向拖曳操作即可设置布局和所有连接。

要实现 CarFinder 应用程序，请打开 Xcode 并使用 Tabbed Application 模板创建一个新项目，如图 1-3 所示。

接下来，系统将要求开发人员命名该项目并为项目选择一种编程语言，如图 1-4 所示。尽管开发人员可以在当前 Xcode 项目中混合使用 Swift 和 Objective-C，但是编程语言设置会使用该语言的通用构建设置（例如，用于 Swift 的模块和用于 Objective-C 的预编译头）来预填充项目。本书中的所有项目都是用 Swift 编写的，因此请选择使用 Swift 设置。

开发人员还可以在图 1-4 中找到 Devices（设备）设置项，该设置项允许开发人员指定是希望该应用程序仅在 iPhone 上运行，还是仅在 iPad 上运行或者二者都可以（通用）。本项目专注于访问两台设备上都可用的 GPS 硬件，因此可以将模板设置为 Universal（通用）。

图 1-3 选择标签式应用程序的模板

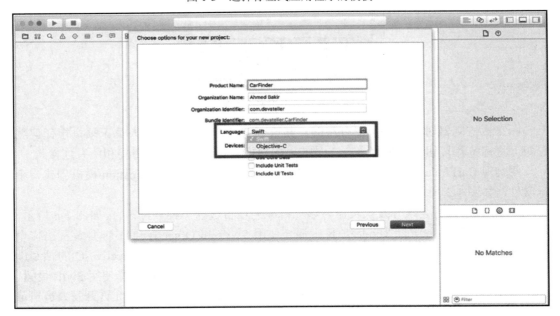

图 1-4 选择项目的编程语言

说明：

开发人员可以随时通过单击应用程序的 Project 文件（Project 层次结构中的顶部文件）来更改 Devices（设备）设置项。Devices（设备）下拉列表也将在那里可用。

Cocoa Touch 中的 CoreLocation 和 MapKit 框架启用了此应用程序的核心功能——检索位置信息并将其显示在地图上。框架是一个预编译的库，它使开发人员可以向应用程序中添加一组相关功能，而不必担心破坏代码或其依赖项。实际上，在示例项目中包括每个可用的框架并没有意义，因此开发人员需要手动添加所需的框架。当向项目中添加框架时，可以在 Project Navigator（项目浏览器）中选择项目文件（在 Xcode 的最左侧窗格），然后滚动到 General Project Settings（常规项目设置）页面的底部，在其中将找到标题为 Linked Frameworks and Libraries（链接框架和库）的部分。单击加号按钮将弹出一个弹出对话框，其中包含了 Mac 上已安装的所有框架的可滚动列表，如图 1-5 所示。

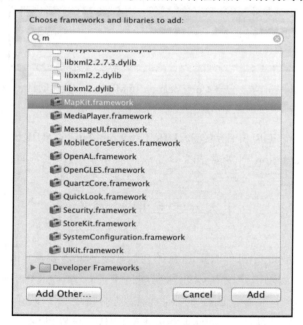

图 1-5　向项目添加框架

要完成上述操作，请选择 CoreLocation 和 MapKit 框架，然后单击 Add（添加）按钮。一旦成功地将框架包含在项目中，框架就会显示在 Linked Frameworks and Libraries（链接框架和库）部分中，如图 1-6 所示。

图 1-6 包含 CoreLocation 和 MapKit 框架的项目

> **说明：**
> 默认情况下，每个 iOS 项目都包含 UIKit 和 Foundation。UIKit 为核心用户界面控件提供了支持；而 Foundation 则实现了核心高级编程功能，如字符串和数组。

1.2 建立用户界面

在项目已经完全被设置为可以正确编译之后，接下来需要在 Interface Builder 中对 UI 进行布局，并创建源代码以定义其属性和在项目中的行为。标签式应用程序的默认故事板（Storyboard）是一个容器视图控制器，该控制器将连接到两个空白视图控制器，如图 1-7 所示。开发人员可以从 Main.storyboard 文件中访问故事板。对于 CarFinder 应用程序，则需要使用表格视图控制器（Table View Controller）替换第一个视图控制器，并将地图视图添加到第二个视图控制器中（提供了 MapKit 地图作为打算嵌入在视图控制器中的视图）。

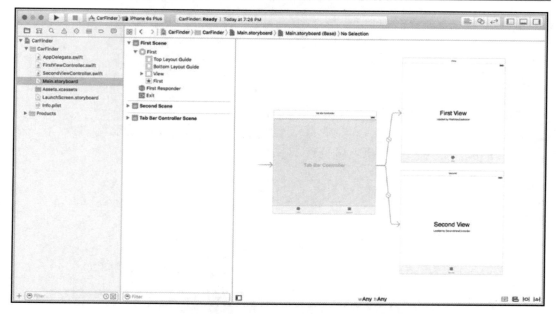

图 1-7　标签式应用程序的默认故事板

1.2.1　创建表格视图控制器

当采用表格视图控制器替换第一个视图控制器时，可在 Interface Builder 中单击第一个视图控制器。该视图控制器周围的蓝色边框以及视图层次结构窗格中的突出显示将确认你的选择，如图 1-8 所示。

接下来，按 Delete 键将第一个视图删除。现在，你的故事板应类似于图 1-9 中的示例。

要添加表格，请将 Table View Controller（表格视图控制器）从 Interface Builder 的 Object Library（对象库）（位于右下方窗格）中拖曳到故事板上。此时的结果应类似于图 1-10 中的故事板。

要将表格视图控制器连接到父视图控制器（容器），可在按住 Ctrl 键的同时按鼠标左键进行拖曳，从父视图控制器拖曳到表格视图控制器。此时将出现一个蓝色箭头指示连接，如图 1-11 所示。

此时释放鼠标左键将会出现一个弹出菜单（见图 1-12），开发人员可以通过该菜单指定两个视图控制器之间的关系。本示例可以选择 view controllers（视图控制器）关系，这正是标签栏所需的关系类型。

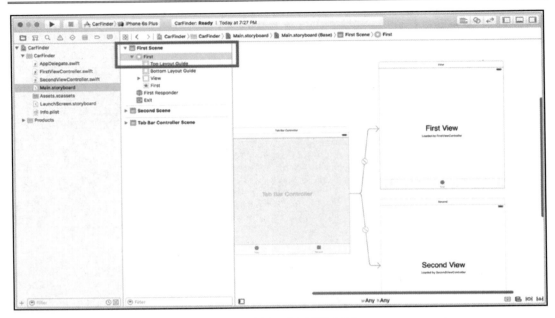

图 1-8　选择一个视图控制器

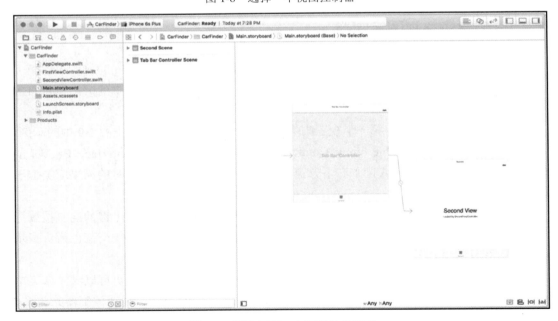

图 1-9　删除了第一个视图的故事板

第 1 章　构建第一个物联网应用程序

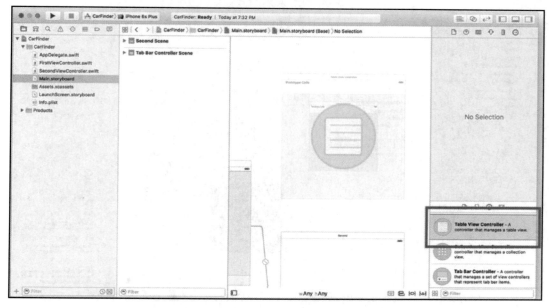

图 1-10　将表格视图控制器添加到故事板中

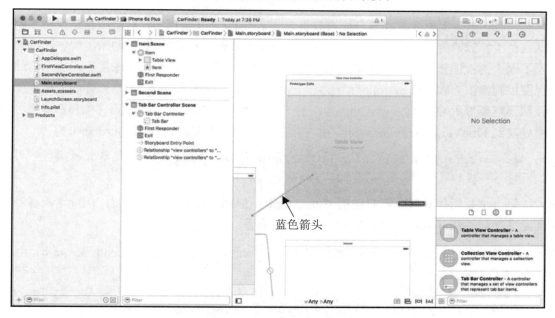

图 1-11　连接故事板元素

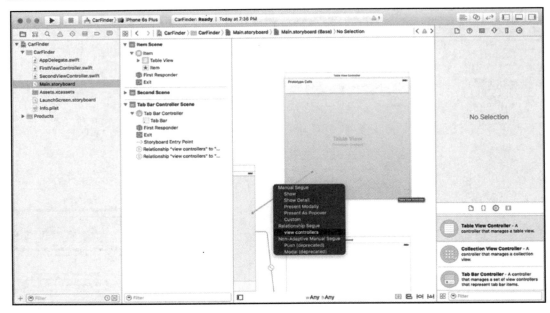

图 1-12　视图控制器跳转弹出菜单

此时，故事板应该看起来与原始故事板（见图 1-8）几乎相同，只是用表格视图控制器代替了原始的普通视图控制器。然而，Interface Builder 需要一点帮助来了解你已经替换了原来的视图控制器——你需要告诉它新的视图控制器"拥有"什么类。之前，普通视图控制器由 UIViewController 的子类 FirstViewController 类拥有，而当前你的表格视图控制器需要继承 UITableViewController 的子类，因此在 Project Navigator（项目浏览器）中导航到 FirstViewController.swift，并将类签名修改为 UITableViewController 的子类。

```
class FirstViewController: UITableViewController {
}
```

第一个视图控制器还需要包括 CoreLocation 框架以检索用户的位置，因此请确保在类定义之前添加 import 语句，如代码清单 1-1 所示。

代码清单 1-1　将 CoreLocation 添加到 FirstViewController 类（FirstViewcontroller.swift）中

```
import UIKit
import CoreLocation
class FirstViewController: UITableViewController {
    ...
}
```

1. 连接到表格视图控制器

现在已经正确定义了类，接下来可以将其连接到故事板的表格视图控制器中。要建立此连接，请在故事板文件中选择表格视图控制器，然后导航到 Identity Inspector（标识检查器）——它是 Xcode 右面窗格中的第 3 个选项卡。Custom Class（自定义类）菜单将包含 FirstViewController 类，如图 1-13 所示。选择此项进行连接。

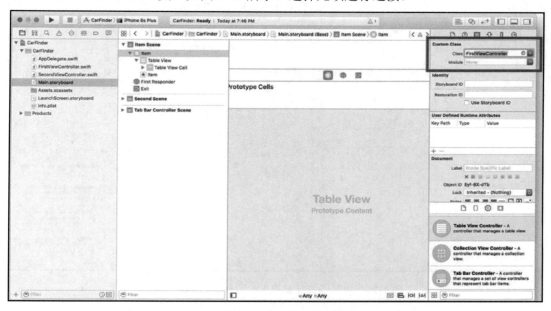

图 1-13　将表格视图控制器连接到项目中的类

💡 **说明：**

请确保还选择 Module（模块）菜单下的项目名称。Swift 使用模块对项目中的代码进行分组，类似于 C++ 或 C# 中的名称空间。当项目变得更加复杂时，手动选择此选项可防止将来出现编译问题的风险。

要完成上述屏幕，开发人员还需要执行另外两个步骤：第一个步骤是在屏幕上创建一个 Add（添加）按钮；另一个步骤是为表格视图中的每个单元格选择一个模板。

以表格驱动的 iOS 应用更喜欢将操作按钮（如 Add 按钮）放在表格顶部的导航栏中，这样可以在多个细节级别上提供一致的体验（左侧的按钮用于导航，右侧的按钮用于操作）。默认情况下，表格视图控制器不带导航栏。要添加一个导航栏，开发人员需要将视图控制器嵌入导航视图控制器中。幸运的是，Xcode 使此工作变得轻松。要将任何视图控制器嵌入导航视图控制器中，请选择目标视图控制器，然后导航到 Xcode 的 Editor（编辑器）菜单中，再选择 Embed In（嵌入）→Navigation Controller（导航控制器）命令，如图 1-14 所示。

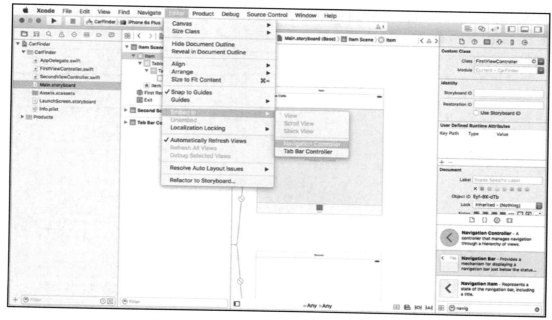

图 1-14　用于添加导航视图控制器的 Xcode 菜单

现在，故事板应如图 1-15 所示。从该图中可以看到，标签栏控制器将连接到包含当前表格视图控制器的导航视图控制器。

2. 创建一个 Add 按钮

要创建 Add（添加）按钮，请从对象库中选择一个 Bar Button Item（条形按钮项），然后将其拖曳到表格视图控制器的导航栏上，如图 1-16 所示。通过双击其标题将其重命名为 Add Location（添加位置）（默认标题为 Item）。

要使 Add（添加）按钮执行某些操作，还需要将其连接到选择器（Selector）或处理程序的方法。Interface Builder 将扫描视图控制器的所有者类，以获取标记为操作（Action）的方法列表。这些可以通过在方法签名的前面添加@IBAction 编译器指令来指示。

首先，开发人员需要创建一个存根（Stub）或占位符函数（Placeholder Function），可用于将代码连接到 Interface Builder。修改 FirstViewController 类的定义（在 FirstViewController.swift 中），以添加与 Interface Builder 兼容的 addLocation()函数，如代码清单 1-2 所示。

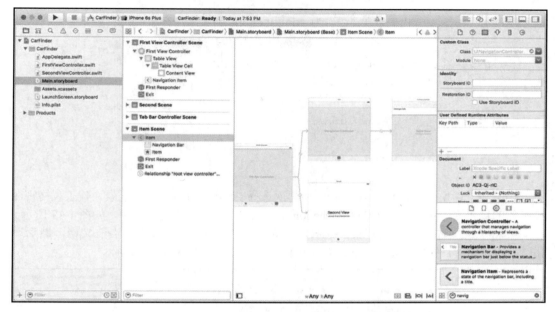

图 1-15　在导航控制器中嵌入了表格视图控制器的故事板

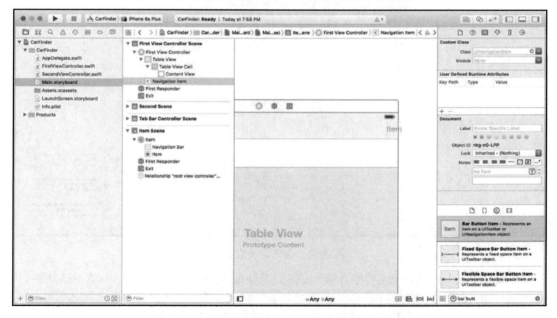

图 1-16　在表格视图控制器的导航栏中添加按钮

代码清单 1-2　为 addLocation()函数添加存根

```
class FirstViewController: UITableViewController {

    @IBAction func addLocation() {
        //将此注释替换为实际的实现代码
    }

    override func viewDidLoad() {
        ...
    }
}
```

接下来，切换回 Interface Builder，并再次选择 FirstViewController 场景（代表表格视图控制器的场景）。单击右上方的 Connection Inspector（连接检查器）按钮，如图 1-17 所示。

要将 Add（添加）按钮连接到选择器，请确保 Main.storyboard 是当前文档，然后单击 Xcode 右上方的 Assistant Editor（助手编辑器）按钮，如图 1-17 所示。

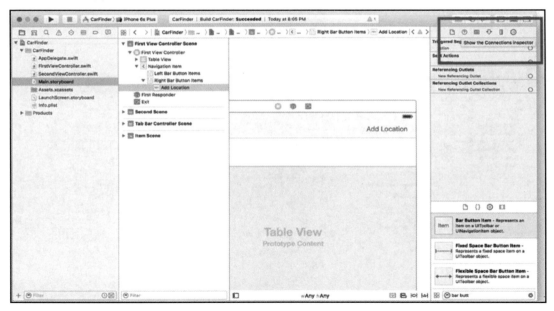

图 1-17　选择连接检查器

Connection Inspector（连接检查器）按钮的图标是圆圈中的一个箭头。当单击该箭头时，Interface Builder 的右窗格将显示一个连接列表，代表一个 UI 元素（例如，按该箭头时应调用的函数）及其代码中对应对象的操作。这些连接可以将开发人员的代码与 Interface Builder 绑定在一起。对于此示例，你需要连接在单击 Add（添加）按钮时应调用的函数。

要将 Add（添加）按钮连接到 addLocation()函数，请在 Connection Inspector（连接检查器）窗格中选中 selector（选择器）旁边的单选按钮。Swift 中的选择器是对函数的引用。从单选按钮中拖出一条直线到表格视图控制器上，如图 1-18 所示。当选择 segue（跳转）时，会出现一个弹出窗口，允许开发人员选择要连接的函数作为选择器操作。

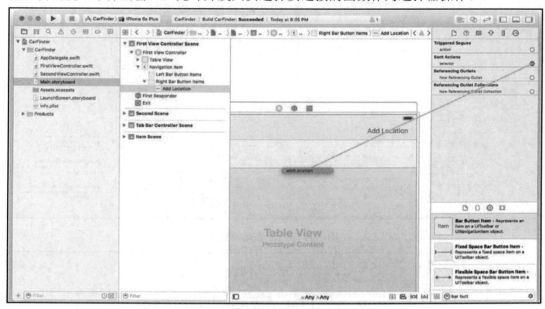

图 1-18　将按钮连接到 Interface Builder 中的操作

要验证是否成功建立了连接，请在选择 addLocation()方法之后检查 Connection Inspector（连接检查器）。现在，Add Location（添加位置）应该出现在选择器旁边的气泡中，如图 1-19 所示。

3．选择模板

开发人员无须为表格视图单元格定义自定义类，而是可以使用 Subtitle（小标题）模板。要更改单元格类型，请在 Interface Builder 中单击它，然后导航到右侧窗格中的 Attribute Inspector（属性检查器）选项卡（左数第 4 个图标）。选择 Identifier（标识符）文本视图以启用文本输入，如图 1-20 所示。位置单元格的重用标识符是 LocationCell。在表格的初始化代码中，将需要此标识符来查找内存中的单元，因为它们是在运行时生成的。

💡 说明：

　　重用标识符是区分大小写的，因此注意在 Interface Builder 和你的代码中使用相同的大小写形式。

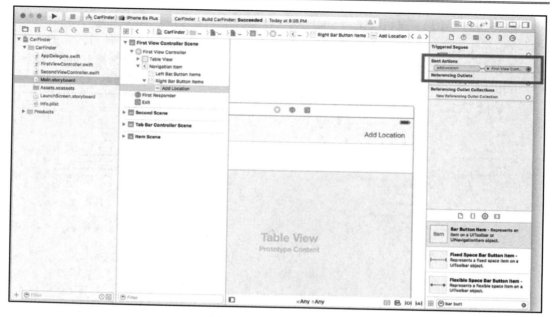

图 1-19　验证选择器连接

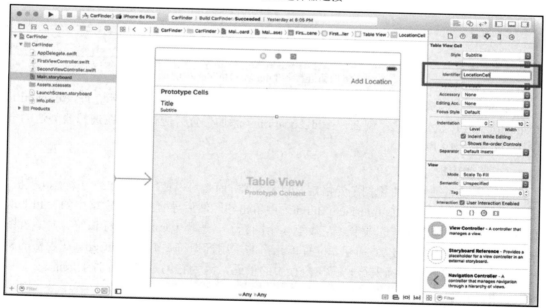

图 1-20　使用标识符命名单元格

1.2.2　创建地图视图控制器

与设置表格视图控制器相比，地图屏幕相对简单。对于此屏幕，我们将显示一个地图，其中包含指示已保存位置的图钉。在本练习的稍后部分，我们还将在运行时生成图钉，但目前要做的只是设置 UI，这需要添加地图作为屏幕的主视图。Apple 的 MKMapView 类（MapKit 视图）已经将连接到 Apple 的 Maps 服务、处理常见手势（如捏夹缩放）和显示用户位置的工作进行了抽象。作为开发人员，我们需要做的就是将其添加到视图中，设置其配置参数（例如，初始位置和卫星视图或经典视图），并以注解（Annotation）的形式向其提供数据（图钉）点，注解由实现 MKAnnotation 协议的类表示。

要将地图视图添加到第二个标签的视图控制器中，请先切换回 Interface Builder。单击第二个视图控制器上的每个现有标签，然后按 Delete 键将其删除。接下来，在对象库中找到 MapKit View（MapKit 视图）对象，并将其拖曳到第二个视图控制器上。此时，第二个视图控制器的布局应类似于图 1-21 中的布局。

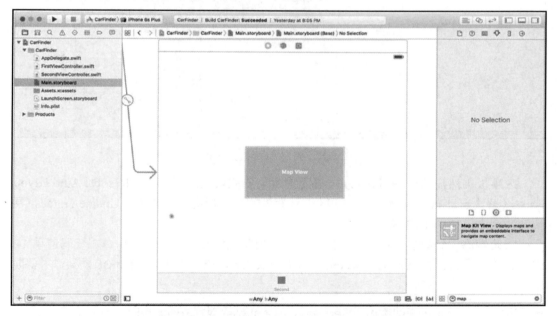

图 1-21　带有随意放置的 Map View 的第二个视图控制器

线框表示地图应填满整个屏幕。但是除非运气非常好，否则地图将不会在视图中居中放置或无法完美适应边缘。要解决此问题，请使用 Interface Builder 的 Pin（固定）工具（主屏幕右下方的图标，在三角形图标的左侧）设置地图的自动布局约束。自动布局是故事板的一个便利功能，它使开发人员可以为元素应如何在不同屏幕尺寸上缩放设置规则，从而减轻了在代码中实现此逻辑的负担。在图 1-22 中，选中 Map View（地图视图）后，单击 Pin（固定）工具，在弹出的对话框中，取消选中 Constrain to margins（约束到边距）复选框，并将所有邻近约束（框周围的约束）设置为 0。

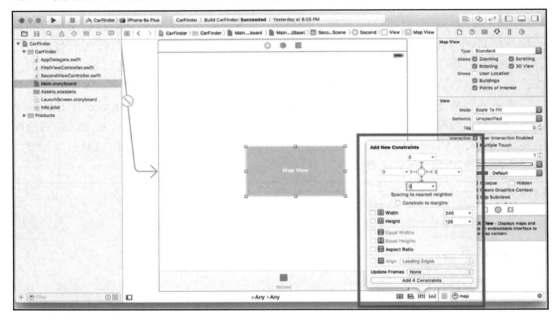

图 1-22　固定 UI 元素的约束

故事板仍然需要一些帮助来完全配置约束。要完成此过程，请从 Resolve Auto Layout Issues（解决自动布局问题）菜单（Pin 工具右侧的三角形图标）中选择 Update Frames（更新帧）命令，如图 1-23 所示。

将元素添加到故事板中后，开发人员还需要将其添加到自己的类中。在代码清单 1-3 中，在第二个视图控制器类（SecondViewController.swift）中包含 MapKit 框架，并添加地图视图作为一个属性。

代码清单 1-3　将地图视图添加到 SecondViewController 类（SecondViewController.swift）中

```
import UIKit
import MapKit

class SecondViewController: UIViewController {
```

```
@IBOutlet var mapView : MKMapView?
}
```

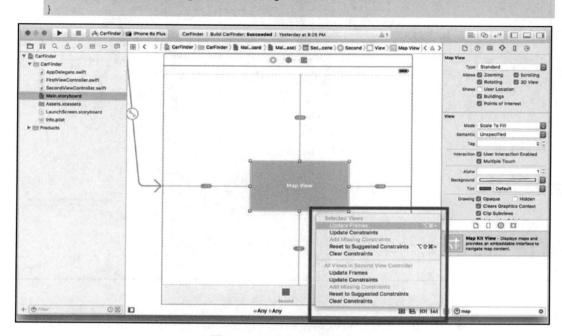

图 1-23　解决自动布局冲突

我们将在本书第 2 章中更详细地介绍该声明的语义，但是目前来说，开发人员重要的是要注意以下几点。

- @IBOutlet 编译器指令使上述属性可用于 Interface Builder 中。
- 上述属性被定义为固有的强指针（var），因为稍后需要修改其值。
- 与故事板元素绑定的所有属性都必须定义为可选。如果属性不与故事板元素绑定在一起，则 Swift 中用户界面元素的设计模式是将它们视为不存在，而不是将其视为一个 nil 值。

接下来，开发人员需要在 Interface Builder 中重新访问 Connection Inspector（连接检查器），以在故事板和代码之间建立连接。与创建 Add（添加）按钮的步骤相同，首先需要选择按钮，然后导航到 Connection Inspector（连接检查器）（Interface Builder 右侧窗格中的最后一个选项卡）。要将类的属性连接到故事板，需要设置 Referencing Outlet（引用出口）连接。要完成该连接，请将一条直线从 New Referencing Outlet（新建引用出口）单选按钮拖曳到 Map View（地图视图）（这是该线的原点）中，然后从弹出的窗口中选择 mapView 属性，如图 1-24 所示。

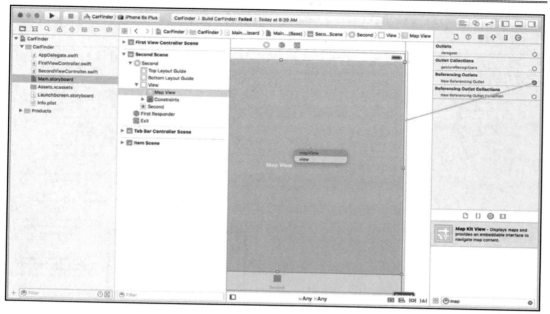

图 1-24　将地图视图连接到故事板

与 Add（添加）按钮一样，可以通过确保引用出口旁边的气泡被 mapView 填充来验证连接是否成功。

如果开发人员是在设备或模拟器上构建并运行该应用程序，则可以看到该应用程序的用户界面（UI）几乎已经完成，在第二个视图中有一张能正常工作的地图，在第一个视图中有一个空列表（当前显示为 Item）。

1.3　请求位置许可

在讨论如何访问用户位置之前，我们需要解决开发任何与硬件连接的 iOS 应用程序时经常出现的主题，即设备权限（Device Permission）。你可能还记得，若干年前，Apple 公司因秘密记录用户位置的报道而受到舆论的负面批评。Apple 公司的观点是，这些数据旨在帮助提高其地图服务的准确性。但是，由于担心隐私问题以及数据被黑客滥用，公众舆论形成了对这一做法的强烈反对意见，于是 Apple 公司不得不禁用了此功能，并实现了系统级 API 来请求访问敏感用户信息和硬件（如健康数据、位置和相机）。

Apple 公司及其应用程序开发人员提出了一种"自适应"策略来请求设备权限，即在第一次需要使用敏感资源（以解锁应用程序中的访问权限）时提示用户，并具有适当的机制来"适应"该资源的丢失。例如，如果用户不允许应用程序访问其位置，则显示提示，允许他手动为该应用程序指定地址或位置，或者完全禁用与位置相关的功能。

启用上述属性所需的第一步是将 Maps 功能添加到应用程序中。当用户下载并首次安装应用程序时，Maps 功能会通知用户需要访问其位置。要启用此功能，请从 Project Navigator（项目浏览器）（Xcode 的左窗格）中选择项目文件，然后单击 Capabilities（功能）选项卡，如图 1-25 所示。要启用 Maps（地图），请单击开关将其设置为 ON（开）。

图 1-25　设置地图功能

接下来，开发人员需要设置当询问用户位置许可权时将显示的消息。要创建此字符串，需要在应用程序的 Info.plist 文件中添加一个键。在 Project Navigator（项目浏览器）中你的项目仍然处于被选中的状态下，单击 Info（信息）选项卡。这会将应用程序设置项显示为键-值对列表，如图 1-26 所示。

标有 Custom iOS Target Properties（自定义 iOS 目标属性）的部分包含所需的应用程序属性列表，其中许多是 Xcode 默认添加的。将鼠标悬停在最后一个属性上，你会看到一个加号和减号，单击加号即可添加新的属性。一个新的字段将出现在列表中，还有一个下拉菜单用于选择公用键，如图 1-27 所示。

图 1-26　CarFinder 项目的 Info.plist 文件

图 1-27　用于添加新的键–值对的界面

在 Key（键）文本字段中，输入 NSLocationWhenInUseUsageDescription 作为键名称；Type（类型）应该是 String（字符串）；在 Value（值）文本字段中，输入 This app uses location information.（此应用将使用位置信息）。

接下来，需要进行更多代码更改，因此请切换回 FirstViewController.swift 文件。

将 CLLocationManagerDelegate 添加到类声明中，以便可以启用位置更新，然后添加 locationManager 和当前位置作为类变量，如代码清单 1-4 所示。

代码清单 1-4　将 Location Manager 委托添加到 FirstViewController 类中

```
class FirstViewController: UITableViewController, CLLocationManagerDelegate{
    var locationManager = CLLocationManager()
    var currentLocation = CLLocation()
}
```

为方便起见，Apple 提供了一个名为 CLLocationManager 的类，它可以轮询操作系统以获取设备的授权状态，显示授权提示以及启用/禁用位置轮询。CLLocationManager 类具有一个称为 authorizationStatus()的方法，该方法将返回一个表示应用程序的授权状态的枚举值。当应用程序中任何与位置相关的屏幕出现时，最好检查此值。iOS 禁止重复请求，直到用户卸载应用程序，提示才会再次出现。对于 CarFinder 应用程序，这是 First View Controller 表格视图。在 FirstViewController.swift 文件的 viewDidAppear()方法中触发授权检查，该方法在每次视图控制器处于活动状态时触发，如代码清单 1-5 所示。

代码清单 1-5　轮询位置权限（FirstViewController.swift）

```
override func viewDidAppear(animated: Bool) {
    super.viewDidAppear(animated)

    // locationManager.delegate = self
    locationManager.desiredAccuracy = kCLLocationAccuracyNearestTenMeters

    switch (CLLocationManager.authorizationStatus()) {

    case .AuthorizedWhenInUse, .AuthorizedAlways:
        locationManager.startUpdatingLocation()
    case .Denied:
        let alert = UIAlertController(title: "Permissions error", message:
        "This app needs location permission to work accurately",
        preferredStyle:  UIAlertControllerStyle.Alert) let okAction =
        UIAlertAction(title: "OK", style: UIAlertActionStyle.Default,
        handler: nil) alert.addAction(okAction)
        presentViewController(alert, animated: true, completion: nil)
```

```
case .NotDetermined:
    fallthrough
default:
    locationManager.requestWhenInUseAuthorization()
}
```

开发人员始终希望在代码中检查至少 3 个状态级别,即 Authorized(授权)、Not Determined(未确定)和 Denied(拒绝)。在代码清单 1-5 中,使用 Authorized(授权)状态开始轮询位置;对于 Denied(拒绝)状态,显示一个警告(Alert)视图,以指示该应用程序需要位置许可;最后,使用 Not Determined(未确定)状态和 switch 语句的默认情况来提示用户给该应用程序授权。

在我们的示例中,你会注意到,检查状态授权状态 authorizationStatus()调用发生在 CLLocationManager 类上,而执行诸如 startUpdatingLocation()之类的操作的调用发生在一个实例上。authorizationStatus()不依赖于某个对象,它仅查询系统,因此将其定义为类(公共)方法,而将操作定义为私有方法,因为只有在实例化对象时才能执行操作。如果确定授权状态被拒绝,则通过 UIAlertController 类显示一条警告消息。

💡 说明:

我们为 CarFinder 应用程序请求的是使用中(in-use)权限,因为我们仅在应用程序处于活动状态时才需要请求用户的位置。

将自己设置为委托(Delegate)之后,我们还需要添加其必需的方法,其中包括带有 didUpdateLocations 的 locationManager 调用,以便当我们准备存储它时,我们的位置数据是最新的。

1.4 访问用户的位置

在提示用户授权并得到获取用户位置的许可之后,开发人员即可开始检索和记录用户的位置数据。对于 CarFinder 应用程序来说,当用户单击第一个视图控制器工具栏中的 Add(添加)按钮时,即可启动添加用户位置的操作。当执行该操作时,不但将保存用户的纬度和经度,还包括指示该操作何时发生的时间戳。此时,第一个视图控制器中的表格视图应刷新以指示已添加新记录。如果用户禁用了位置权限,则应提供一些虚拟数据,例如用户喜欢的咖啡店的经度和纬度。

开始使用位置服务后，可能需要一些时间才能找到设备的精确坐标。这就是为什么在应用启动时即启动位置服务，并在每次更改时更新类变量的原因。该变量仅在需要时（即要保存位置时）才使用。

现在开发人员已经获得了用户所在方位的位置和时间戳数据，需要将其保存在可以在第一个视图控制器和第二个视图控制器之间共享的位置，它必须是可以被任何一个视图控制器访问或修改的通用对象。为了解决此问题，建议创建一个单例对象（Singleton Object），在示例中将其称为DataManager。单例是被延迟加载的类的实例（在第一次访问它时初始化）。单例通常用在硬件Manager类中，在该类中，我们想通过单个对象控制所有操作，并将这些操作抽象为与使用它们的任何类无关。

要创建一个新类，可以从Xcode菜单栏中选择File（文件）→New（新建）→File（文件）命令。这是一个Swift文件，将其命名为DataManager.swift。

代码清单1-6提供了DataManager类的类定义。当其他类访问sharedInstance属性时，该类将被延迟加载。static关键字可确保如果已被初始化，则将返回现有对象；_let_关键字可确保该实例是线程安全的。请记住包括CoreLocation框架以确保符号正确解析。

代码清单 1-6　DataManager 类的定义

```swift
import Foundation
import CoreLocation

class DataManager {
    static let sharedInstance = DataManager()
    var locations : [CLLocation]
    
    private init() {
        locations = [CLLocation]()
    }
}
```

DataManager类的主要作用是管理CLLocation对象的列表。为此，使用CLLocation对象的数组作为该类的强属性（使用var关键字的默认分配是strong）。这里不需要定义getter或setter方法，因为默认情况下Swift中的数组是可变的。

定义了DataManager类之后，现在可以在FirstViewController类中使用它。在检索用户的当前位置之后，展开addLocation()函数以将该值附加到由DataManager单例管理的locations数组中，如代码清单1-7所示。如果用户未授权该应用程序使用GPS权限，可以使用一组硬编码的坐标来创建新记录。

代码清单 1-7 保存位置

```swift
@IBAction func addLocation(sender: UIBarButtonItem) {
    
    var location : CLLocation
    
    if (CLLocationManager.authorizationStatus() != .AuthorizedWhenInUse) {
        location = CLLocation(latitude: 32.830579, longitude: -117.153839)
    } else {
        location = locationManager.location!
    }
    
    DataManager.sharedInstance.locations.insert(location, atIndex: 0)
    
}
```

💡 说明：

本示例会将位置保存在内存中，它们不会在多个会话之间持续存在。要保留数据，建议使用 Core Data 或将数据保存到纯文本文件中。

1.5 显示用户的位置

在定义了一种检索用户位置和管理已保存的响应的方法之后，现在就可以显示数据了。最好从第一个视图控制器中的表格视图开始。

1.5.1 使用数据填充表格视图

要将数据填入表格视图控制器中，需要指定一个数据源并实现方法来指定 UITableViewDelegate 协议，该协议默认包含在 UITableViewController 类中。对于数据源，将使用 DataManager 单例中的 locations 数组。

需要为 UITableViewDelegate 协议实现的方法如下。

❑ numberOfSectionsInTableView(_:)。
❑ tableView(_:numberOfRowsInSection:)。
❑ tableView(_:cellForRowAtIndexPath:)。

上述函数都需要在 FirstViewController 类（FirstViewController.swift）中实现。
UITableView 类使用由 indexPath 表示的二维网格来表示表格中元素的位置。对于一维数组，节（Section）的数量定义为 1。要实现 numberOfSectionsInTableView(_:)方法，可以如代码清单 1-8 所示。

代码清单 1-8　实现 numberOfSectionsInTableView(_:)方法

```
override func numberOfSectionsInTableView(tableView: UITableView) -> Int {
    return 1
}
```

相应地，一维数组中的行数就是元素的数量。在代码清单 1-9 中，它将返回元素数组的 count 属性。

代码清单 1-9　实现 tableView(_:numberOfRowsInSection:)方法

```
override func tableView(tableView: UITableView, numberOfRowsInSection section: Int) -> Int {
    return DataManager.sharedInstance.locations.count
}
```

现在需要使用元素数组中的数据来填充表格视图单元格。在 tableView(_:cellForRowAtIndexPath:)方法中，检索与正在操作的行相对应的位置条目，然后通过其重用标识符（Reuse Identifier）在内存中查找它，进而将其绑定到单元格，该标识符在之前的故事板中已经被定义，代码清单 1-10 描述了此过程。由于我们使用的是小标题单元格样式，因此可以直接访问表格视图单元格上的 textLabel 和 detailLabel 属性。

代码清单 1-10　实现 tableView(_:cellForRowAtIndexPath:)方法

```
override func tableView(tableView: UITableView, cellForRowAtIndexPath indexPath: NSIndexPath) -> UITableViewCell {
    let cell = tableView.dequeueReusableCellWithIdentifier("LocationCell", forIndexPath: indexPath)
    cell.tag = indexPath.row
    //配置单元格...
    
    let entry : CLLocation = DataManager.sharedInstance.locations[indexPath.row]
    let dateFormatter = NSDateFormatter()
    dateFormatter.dateFormat = "hh:mm:ss, MM-dd-yyyy"
    
    cell.textLabel?.text = "\(entry.coordinate.latitude), \(entry.coordinate.longitude) "
    
    cell.detailTextLabel?.text = dateFormatter.
```

```
    stringFromDate(entry.timestamp)

    return cell
}
```

作为绑定表格视图的最后一步，一旦添加了新项目，就应该刷新表格。要随时刷新表格视图，请在更新数据源后调用reloadData()方法，如代码清单1-11所示。

代码清单1-11　刷新表格

```
@IBAction func addLocation(sender: UIBarButtonItem) {

    var location : CLLocation

    if (CLLocationManager.authorizationStatus() != .AuthorizedWhenInUse) {
        location = CLLocation(latitude: 32.830579, longitude: -117.153839)
    } else {
        location = locationManager.location!
    }

    DataManager.sharedInstance.locations.insert(location, atIndex: 0)

    tableView.reloadData()

}
```

> 说明：
> 核心数据（Core Data）具有委托方法，可减少手动刷新基于数据库的表格视图的需要。对于简单的数组和数据结构，手动刷新表格非常容易。

1.5.2　使用数据填充地图

同样，与表格视图相比，使用数据填充地图相对比较容易。按照表格视图示例中的方法，需要在该视图出现时从 DataManager 单例中检索已经保存的位置。要在地图上绘制数据，需要创建由 MKPointAnnotation 类表示的图钉，该类实现的是 MKAnnotation 协议。在 SecondViewController 类（SecondViewController.swift）中，将实现 viewDidAppear(_:)方法，如代码清单 1-12 所示。

代码清单1-12　设置地图视图的数据源

```
override func viewDidAppear(animated: Bool) {
    super.viewDidAppear(animated)
```

```
    let locations = DataManager.sharedInstance.locations
    var annotations = [MKPointAnnotation]()
    
    for location in locations {
        let annotation = MKPointAnnotation()
        annotation.coordinate = location.coordinate
        annotations.insert(annotation, atIndex: annotations.count)
    }
    
    let oldAnnotations = mapView!.annotations
    mapView?.removeAnnotations(oldAnnotations)
    
    mapView?.addAnnotations(annotations)
}
```

虽然地图视图具有极高的可自定义性,并且可以处理许多用户交互操作,但是MKMapView 类被设计为从注解数组中加载一次。如前文所述,请记住在加载新注解数组之前清除现有的注解数组。这也有助于刷新用户界面,因为每次用户单击切换标签时都会调用 viewDidAppear(_:)方法。

最后,要使地图纳入用户位置图钉周围的区域,还需要调用 regionThatFits(_:)方法。可修改 viewDidAppear()方法以包含此逻辑,如代码清单 1-13 所示。此外,还可以使用第一个有效的注解作为计算的基础。

代码清单 1-13　调整地图视图的大小

```
override func viewDidAppear(animated: Bool) {
    super.viewDidAppear(animated)
    
    let locations = DataManager.sharedInstance.locations
    var annotations = [MKPointAnnotation]()
    
    for location in locations {
        let annotation = MKPointAnnotation()
        annotation.coordinate = location.coordinate
        annotations.insert(annotation, atIndex: annotations.count)
    }
    
    let oldAnnotations = mapView!.annotations
    mapView?.removeAnnotations(oldAnnotations)
```

```
mapView?.addAnnotations(annotations)

if (annotations.count > 0) {
    let region = MKCoordinateRegionMake(annotations[0].coordinate,
    MKCoordinateSpanMake(0.1, 0.1))
    mapView?.regionThatFits(region)
}
mapView?.showsUserLocation = true
}
```

现在,我们已经完全实现了 CarFinder 项目,其结果如图 1-28 所示。可以看到,完成的 CarFinder 应用程序包含功能齐全的用户位置列表、添加位置的按钮和位置地图。

图 1-28 完成的 CarFinder 应用程序

原　　文	译　　文
Location List	位置列表
Map	地图

1.6 小　　结

为了帮助读者了解本书的项目风格，本章介绍了一个简单应用程序的开发过程。该程序可以根据用户手机的 GPS 读数访问其位置并将其显示在位置表格和地图视图中。本示例简要介绍了设置项目、创建用户界面、请求设备权限以及填充和显示位置数据的基础知识。由于数据的敏感性，本书中的若干个项目将要求开发人员围绕设备权限实现"自适应"策略。当开发人员了解如何使用 iBeacons（基于蓝牙的接近传感器）时，还可以再次使用本章介绍的地图功能。iBeacons 是基于蓝牙的接近传感器，它可以让 iOS 设备完成一些很酷的操作，例如当用户在 Apple Store 闲逛时向用户发送通知。

第 2 章　Swift 入门

撰文：Ahmed Bakir

由于 Swift 是市场上最新的编程语言之一，因此在撰写一本有关 Swift 的图书时，如果不向读者提供一些有关该语言的简要介绍，则是不合理的。已经熟悉 Swift 的读者可以完全跳过本章，或者仅阅读自己感兴趣的部分。

自从 2014 年在 Apple 公司全球开发者大会（Worldwide Developers Conference，WWDC）上宣布之后，Swift 立即成为近期历史上被采用速度最快的编程语言之一。为了帮助开发人员迅速接受，Apple 公司设计了与现有的 Objective-C 代码以及所有 Cocoa/Cocoa Touch（用于构建 OS X 和 iOS 应用程序的框架）完全兼容的语言。

但是，在过去，Swift 的突然出现带来了以下两个问题：一是很难找到有关该语言如何工作的良好信息；二是跟上 Apple 对该语言的更新是一个很辛苦的过程。因为除了成为最快采用的语言，Swift 还是变化最快的语言之一。

自 2014 年 6 月以来，Apple 开发人员社区已对该语言进行了 4 次主要修订，即 Swift 1.0、1.1、1.2 和 2.0。每次语言的更新都会对 Cocoa Touch 进行修订，这意味着开发人员需要修改代码以解决编译错误的问题。想象一下，有一天早晨醒来，突然就发现原来功能正常的程序不再编译，这对于开发人员来说是什么感觉。

为了帮助开发人员开始使用本书，我们将简要介绍一下 Swift 语法、该语言实现核心编程概念（如面向对象的编程）的方式以及工作流任务（例如将 Objective-C 集成到项目中）。本章将从以前接受过咨询的 Swift 项目中提取知识，重点介绍对客户来说特别烦琐的语言功能，包括可选类型和 try-catch 块。

有关 Swift 语言的更完整说明，强烈推荐由 MollyMaskrey、Kim Topley、David Mark、Fredrik Olsson 和 Jeff Lamarche 编写的 *Beginning iPhone Development with Swift 3: Exploring the iOS SDK*（从 Swift 3 开始 iPhone 开发：探索 iOS SDK）一书，该书由 Apress 于 2016 年出版。该书作者希望他们的书成为通过 Cocoa Touch 教程进行 Swift 编程的完整指南。本书假设读者已经掌握了这些概念，并准备使用 Cocoa Touch 率先涉足物联网概念。开发人员还可以从 iBooks 商店下载 Apple 自己的语言指南，即 *Swift Programming Language*（Swift 编程语言）。

> **说明：**
> 本书是针对 Xcode 7.1/OS X 10.11（新版 OS X 操作系统——EI Capitan）上的 Swift 2.1 编写的，并经过了测试。

2.1 使用 Swift 的理由

继"我应该学习使用 iOS 还是使用 Android 进行编程？"之后，我最近收到的常见问题是"我应该使用 Objective-C 还是使用 Swift 进行编程？"。对于这两个问题的简短答案是一样的——选择更适合自己的平台或语言并坚持下去。

Swift 的创建目标是"没有 C 的 Object-C"，它旨在让更多的开发人员采用，并且避免使用 Objective-C 的消息传递语法（那些令人讨厌的方括号），也不必高度依赖对来自 C 语言的高级概念（如指针）的理解。如果你常用 Java 和 Python，则 Swift 的许多功能对你来说似乎很熟悉，例如用于调用方法和 try-catch 块的点语法（Dot-Syntax），这是一个有意为之的设计决定。我目前正在教授 Objective-C 课程，而我的学生最常抱怨的就是 Objective-C 的方括号，它们是 Smalltalk 的衍生产品，Smalltalk 是一种突破性的语言，在高级编程课程之外从未得到广泛的采用，但却一直保留至今。我告诉学生们，要克服这样的"困难"其实只需要花几周的时间，但他们仍然望而却步。对于许多开发人员来说，仅仅点语法就是使用 Swift 的一个令人信服的理由。

由于 OS X 和 iOS 是唯一使用 Objective-C 的现代平台，因此人们通常很难区分来自 Objective-C 的概念和来自 Cocoa[Touch] 的概念。为此，Apple 在 2015 年的 WWDC 上宣布将 Swift 开源，希望鼓励 Swift 在教育和非 Apple 平台（如 Linux）上的广泛采用。当试图理解其核心编程概念时，这些额外的知识点将被证明非常有价值。

为 Apple 平台开发产品的最令人信服的原因之一是，其具有非常丰富的开发者社区，该社区已经累积了丰富的开源库和解决常见 bug 的大量历史记录。因此，Apple 在首次推出 Swift 时，就急不可耐地宣布 Swift 与所有 Cocoa Touch 和现有的 Objective-C 代码完全兼容。如前文所述，我们可以验证这一说法是正确的，但是开发人员最终可能仍需要更新代码以适应 Swift 中的更改。这听起来可能令人沮丧，但是请记住，你正在为封闭平台编程。重大更新总是如此，即使没有Swift 的推出，许多开发人员也都需要努力使自己的旧应用程序适应大幅更新的 iOS 7 并正常运行。

我们注意到，对于大多数人而言，Swift 和 Objective-C 都不是学习 iOS 开发的主要障碍。90%的人正在学习 Cocoa Touch。Apple 的应用程序编程接口（Application Programming Interface，API）非常具有"描述性"的性质，它们通常在方法名称中描述每个参数。对于许多初学者来说，这使得他们很难了解应该从哪里开始或如何开始。好消息是，Apple 已向后移植其说明文档，并为 Swift 和 Objective-C 的 Cocoa Touch 中的每种方法提供了完整的 API 说明文档。开发人员将遇到的大多数问题都与 for 循环的语法无关；相反，它们将涉及开发人员调用哪些 Cocoa Touch 方法来执行所需的行为，以及如何配置它们。Swift 和 Objective-C 只是完成任务的工具，开发人员可以任意选择一个自己喜欢的使用。

2.2 基本的 Swift 语法

本节将简要介绍若干个基本的 Swift 语法概念，以帮助开发人员熟悉该语言和后面列举的示例。由于很多开发人员都是从 Objective-C 过来的，因此将在每个 Swift 示例前面加上相应的 Objective-C 代码。这些示例并不意味着要成为任何项目的一部分，因此请将它们作为简短而有效的示例。如前文所述，这些示例都是针对 Swift 2.0 的标准编写的。

2.2.1 调用方法

在 Objective-C 中，要在控制台上输出"Hello World"，可以使用 NSLog()方法，语句如下：

```
NSLog(@"Hello World");
```

在 Swift 中，等效语句如下：

```
print("Hello World")
```

开发人员应该注意到，与 Objective-C 中的语句相比，Swift 中的语句存在几个大的差异，如下所示。
- 没有分号：Swift 使用换行符来分隔行。
- 没有@符号：Swift 有自己的 String 类，该类实现为简单的字符数组。在 Objective-C 中，@符号用作文字，它是创建 NSString 对象而不调用其构造函数的快捷方式。
- print：Swift 使用 C 和 Java 中这个熟悉的方法名来允许直接在控制台上输出一行。

在 Objective-C 中调用具有多个参数的方法如下：

```
NSInteger finalSum = [self calculateSumOf:5 andValue:6];
```

其中：

- self 代表接收者（正在"接收"消息的对象）。
- calculateSumOf 表示方法名称。
- 5 表示正在传递的第一个参数。
- andValue 代表第二个参数的标签。
- 6 表示正在传递的第二个参数。

在 Swift 中，开发人员可以通过将多个参数添加到括号内使用逗号分隔的列表中，进而调用具有多个参数的方法（就像在 C 或 Java 中一样），具体如下：

```
var finalSum = calculateSum(5, 6)
```

如果上述方法为其参数定义了标签，请在值之前添加标签，具体如下：

```
var finalSum = calculateSum(firstValue: 5, secondValue: 6)
```

说明：

除非方法特别要求，否则可以省略第一个参数的标签。

2.2.2 定义变量

在"Hello World"之后，每个编程课程都必须继续讨论变量。在 Objective-C 中，可以通过声明类型、变量和值来创建变量，具体如下：

```
NSInteger count = 5;
```

在 Swift 中，则可以通过指定变量的名称和可变性（var 或 let）来声明变量，并且变量的数据类型和初始化值都是可选的，具体如下：

```
var count : Int = 5
```

在 Swift 中，所有使用 var 定义的变量都是可变的，这意味着开发人员可以在运行时更改它们的值而无须重新初始化该变量——如 NSMutableString 或 NSMutableArray。

let 关键字与 Objective-C 和 C 中的 const 相似；这是一个不变的值，不能改变。

Swift 会推断数据类型，因此如果你愿意的话，也可以从声明中省略该类型，具体如下：

```
var count = 5
```

Swift 还允许将浮点数（十进制）和布尔值直接存储在变量中。

要将浮点数存储在 Objective-C 中：

```
float average = 2.4;
```

要在 Swift 中存储浮点数:

```
var average : float = 2.4
```

可以使用 Double 或 Long 来指定变量的大小,就像在 Objective-C 中一样。

要在 Objective-C 中存储布尔值:

```
BOOL isInitialized = YES;                    //或 NO
```

要在 Swift 中存储布尔值:

```
var isInitialized : Bool = true              //或 false
```

自定义类型在 Objective-C 和 Swift 中遵循与其他类型相同的规则,即在变量名称之前插入类型名称。

在 Objective-C 中:

```
MyType myVariable;
myVariable.name = @"Bob";                    //name 是类型的名称
```

在 Swift 中:

```
var myVariable : MyType
MyVariable.name = "Bob"
```

对象的初始化过程略有不同,详见 2.3 节"关于 Swift 中的面向对象编程"。

2.2.3 复合数据类型

在大多数编程语言(如 Java 和 Objective-C)中,现成可用的唯一数据类型是用于将诸如整数、布尔值和十进制值之类的值直接存储在内存中的基本类型。对于更复杂的数据,则需要开发人员使用结构或类定义自己的类型。而 Swift 则提供了此功能,它可以区分自定义数据类型和由语言或程序提供的类型。它将数据类型分为命名类型(由语言或程序命名)和复合类型(Compound Type),这些复合类型允许开发人员以"一个变量"的名义返回多个不同的值。在 Swift 和其他语言中,这些通常称为元组(Tuple)。

开发人员可以在 Swift 中定义一个元组,方法是用括号中的一系列类型替换该类型,具体如下:

```
var myStatistics : (Int, Int, Float)
```

要设置值,同样可以将其嵌入括号中,具体如下:

```
var myStatistics : (Int, Int, Float) = (2, 2, 5.2)
```

元组的操作类似于 Objective-C 中的结构（Struct），后者是开发人员定义的自定义数据类型（与对象不同，它们没有方法）。作为一项参考，请记住，在 Objective-C 中定义结构的方式如下：

```
typedef struct {
    NSString *name;
    NSString *description;
    NSInteger displayOrder;
} MyType;
```

在上述示例中，name、description 和 displayOrder 都是该结构的属性，而 MyType 则是其名称。

要在 Swift 中复制此行为，可以将元组视为命名类型，使用_typealias_关键字，具体如下：

```
typealias MyType = (String, String, Int)
```

然后，你就可以像使用其他类型一样使用类型名称实例化元组，具体如下：

```
var myVariable: MyType = ("Bob", "Bob is cool", 1)
```

2.2.4 条件逻辑

在 Objective-C 中，可以将比较放在括号中，作为 if 语句的一部分，从而实现最基本的条件逻辑，具体如下：

```
if (currentValue < maximumValue) {
}
```

在 Swift 中，上述语法在很大程度上没有变化，只是对括号的要求消失了，具体如下：

```
if currentValue < maximumValue
```

if-else 语句也保留此规则，具体如下：

```
if currentValue < maximumValue {
    //执行操作
} else if currentValue == 3 {
    //执行满足 else 条件时的操作
}
```

> **说明：**
> 开发人员在 Objective-C 中熟悉的所有比较运算符在 Swift 中仍然有效。

在 Objective-C 中，可以使用三元运算符将 if-else 和赋值结合起来，具体如下：

```
NSInteger value = (currentValue < maximumValue) ? currentValue : maximumValue;
```

在上述语句块中，将检查 currentValue 是否小于 maximumValue。如果比较的结果为 true，则将 value 设置为 currentValue；否则将 value 设置为 maximumValue。

上述语法在 Swift 中仍然可用，并且大部分不变，具体如下：

```
var value = currentValue < maximumValue ? currentValue : maximumValue
```

当 Objective 中检查多个值时，可使用 switch 语句，每个值都有一个 case 块，具体如下：

```
switch(currentValue) {
    case 1: NSLog("value 1");
            break;
    case 2: NSLog("value 2");
            break;
    case 3: NSLog("value 3");
            break;
}
```

好消息是，在 Swift 中也提供了 switch 语句，坏消息是有以下更改。

❑ 在 Swift 中的 switch 语句允许开发人员比较对象。Swift 中已消除了 Objective-C 中只能用于比较值的要求。
❑ 默认情况下，Swift 中的 switch 语句不再落空。这意味着不必在每个 case 的结尾处添加 break 语句。
❑ 在 Swift 中的 switch 语句需要穷举（意味着它们将涵盖所有值，或包括 default 情况）。此要求是代码安全的最佳做法，可防止意外比较结果。

在 Swift 中，上述 switch 语句可改写为如下形式：

```
switch currentValue {
        case 1: println("value 1")
        case 2: NSLog("value 2")
        case 3: NSLog("value 3")
        default: NSLog("other value)
}
```

2.2.5 枚举类型

在 Objective-C 中，可以使用枚举类型（Enumerated Type）对相关值进行分组，并减少幻数（Magic Number）中的错误，这些值被硬编码到代码中。所谓"幻数"就是直接使用的常数。在编程时应尽量避免使用幻数,因为当常数需要改变时,要修改所有使用它的代码,工作量巨大,因此通常把幻数定义为枚举类型。

在 Objective-C 中,枚举类型(enum)的定义如下:

```
typedef enum {
        Failed = -1,
        Loading,
        Success
} PlaybackStates;
```

其中,PlaybackStates 是 enum 的名称;Failed、Loading 和 Success 是 3 个可能的值;而-1 则是 enum 中第一项的初始值。在 Objective-C 中,如果未明确定义,则枚举从 0 开始并以 1 递增。Objective-C 枚举只能存储离散的、递增的值,如整数或字符。

在 Swift 中,用于定义枚举类型的语法与 Objective-C 中的语法是类似的,只是在 Swift 中需要指定值类型并使用 case 关键字来指示每个命名的值。具体定义如下:

```
enum PlaybackStates : Int {
        case Failed = -1,
        case Loading,
        case Success
}
```

Swift 不会像在 Objective-C 中那样尝试自动递增值,因此开发人员可以在 enum 中存储任何类型的值,包括 String。

要使用 Objective-C 枚举中的值,请用值的名称替换幻数。可以将值存储在以枚举名称为类型的整数或变量中,具体如下:

```
NSInteger myPlaybackState = Failed;
PlaybackState myPlaybackState = Failed;
```

对于条件语句:

```
if (myPlaybackState == Failed)
```

在 Swift 中,使用枚举的最简单方法是将值名称附加到类型中,具体如下:

```
var myPlaybackState = PlaybackStates.Failed
```

这也适用于条件语句:

```
if myPlaybackState == PlaybackState.Failed
```

如果开发人员想要检索存储在枚举成员中的值,可以使用 rawValue 属性。例如,如果想要将 PlaybackState 转换为 Int 值，可以使用以下语句：

```
let playingStateValue : Int = PlaybackState.Failed.rawValue
```

2.2.6 循环

在 Swift 中，所有主要循环类型（for、for-each、do、do-while）的语法基本不变，主要有两个变化：一是无须声明类型；二是括号同样可选。示例如下：

```
for name in nameArray {
    print ("name = \(name)")
}
```

此外，Swift 中还有一个主要的可以改善循环的改进，即范围（Range）。Swift 中的范围允许开发人员指定一组值，可用于迭代循环或作为比较的一部分。

Swift 中有以下两种主要的范围类型。
- 封闭范围，表示为 $x...y$（注意，中间是 3 个小点），它将创建一个以 x 开头并包括所有值（包括 y 在内）的范围。
- 以 $x..y$（注意，中间是 2 个小点）表示的半开范围，它将创建一个以 x 开头，包括直到 y 的所有值（不包括 y）的范围。

可以在 for-each 循环中使用范围，示例如下：

```
for i in 1..5 {
    print (i)
}
```

这将输出数字 1～4。

2.3 关于 Swift 中的面向对象编程

在对 Swift 的基本语法有所了解之后，接下来将开始介绍 Swift 中适用于面向对象编程的语法。

2.3.1 构建类

与 Objective-C 不同，Swift 没有接口文件（.h）和实现文件（.m）的概念。在 Swift 中，整个类都将在.swift 文件中声明。

在 Objective-C 中，一个类的声明将包括以下内容。
- 类名。
- 父类。
- 属性声明（在接口文件中）。
- 方法定义（在实现文件中）。

在 Objective-C 中，开发人员可以在头文件中声明一个类，具体如下：

```
@interface LocationViewController: UIViewController {
    @property NSString *locationName;
    @property Double latitude;
    @property Double longitude;
    -(NSString)generatePrettyLocationString;
}
@end
```

在上述代码中，@interface 指定了正在声明一个类；UIViewController 表示要子类化的父类的名称；@property 将变量表示为实例变量或类的属性；最后，还在此代码块中包括了方法签名，以便其他类可以访问它们。

在.m 文件中，开发人员可以在@implementation 块中定义（或实现）类的方法，代码如下：

```
@implementation LocationViewController {
    -(NSString)generatePrettyLocationString {
        //在此执行某些操作
    }
}
```

Swift 不会将类拆分为.h 和.m 文件；相反，所有声明和定义都在.swift 文件中进行。

可以使用 class 关键字在 Swift 中定义类，代码如下：

```
class LocationViewController: UIViewController {

    var locationName : String?
    var latitude: Double = 1.0
    var longitude: Double = -1.0

    func generatePrettyLocationString -> String {
        //在此执行某些操作
    }
}
```

通过将属性放在类块中，可以将它们包含在类中。Swift 会强制执行属性初始化。有以下 3 种方法可以解决由于不包含属性的初始值而导致的编译错误。

- 在声明变量时指定一个值。
- 指定该变量为可选变量（详见 2.4.1 节"可选类型"）。
- 创建一个构造函数（初始化）方法，该方法将为类中的每个属性设置初始值。

方法实现也可以直接包含在类块内部，无须像 C 或 Objective-C 那样提前声明签名。

2.3.2 协议

协议（Protocol）是 Objective-C 的一个概念，它允许开发人员通过委托属性在两个类之间定义一个受限接口。例如，当使用 iPhone 的摄像头时，呈现摄像头的类将自己声明为实现 UIImagePickerControllerDelegate 协议，并定义该协议指定的用于从摄像头传回信息的两种方法（从而无须在代码中创建和管理摄像头对象）。

在 Objective-C 中，要表示将要实现协议，请在父类之后将该协议的名称添加到类声明中，具体如下：

```
@interface LocationViewController: UIViewController
<UIIMAGEPICKERCONTROLLERDELEGATE>
```

而在 Swift 中，开发人员只需在父类后面添加协议名称，并用逗号分隔即可，具体如下：

```
class LocationViewController:UIViewController,UIImagePickerControllerDelegate {
    ...
}
```

可以通过添加协议名称（用逗号分隔）来对无数个协议执行此操作，具体如下：

```
class LocationViewController:UIViewController,
UIImagePickerControllerDelegate, UITextFieldDelegate {
    ...
}
```

2.3.3 方法签名

在 Swift 中定义方法之前，让我们研究 Objective-C 中的方法签名，具体如下：

```
-(BOOL)compareValue1:(NSInteger)value1 toValue2:(NSInteger)value2;
```

在上述代码中，你可以看到返回类型位于方法名称之前，并且每个参数都在冒号之后提供。开发人员可以在第一个参数之后的每个参数中添加标签，以提高代码的可读性。

在 Swift 中，开发人员可以通过将 func 关键字放在方法名称的前面，然后在括号中包含输入参数和输出参数来声明方法，具体如下：

```
func compareValues(value1: Int, value2: Int) -> (result: Bool)
```

Swift 使用 "->" 分隔输入参数和返回参数。

与 Swift 中的变量一样，开发人员可以通过在类型名称后面加上冒号来指示每个参数的类型。

如果当前方法不返回任何内容，则可以省略 return 参数和 ->，具体如下：

```
func isValidName(name:String){
}
```

由于元组在 Swift 中无处不在，因此也可以从方法中返回元组，具体如下：

```
func compareValues(value1:Int, value2: Int)->(result: Bool, average: Int){
}
```

2.3.4 访问属性和方法

访问对象上的方法或属性的概念被称为消息传递（Message-Passing）。在 Objective-C 中，传递消息的主要方式是通过 Smalltalk 语法，具体如下：

```
[receiver message];
```

其中，receiver 表示正在作用的对象，而 message 则表示尝试访问的属性或方法。

在 Swift 中，就像在 C 或 Java 中一样，开发人员可以使用点语法来访问对象的属性或方法。这包括在 Objective-C 中定义的类，具体如下：

```
receiver.message()
```

在 Objective-C 中，开发人员始终必须使用 Smalltalk 语法来访问方法。要在 Objective-C 中的 UIView 对象上调用 reloadSubviews 方法，应进行如下调用：

```
[myView reloadSubviews];
```

在 Swift 中，相同的代码行，其形式如下：

```
myView.reloadSubviews()
```

如果要将多个参数传递给 Objective-C 中的方法，则应附加标签和值在其后，代码如下：

```
[myNumberManager calculateSumOfValueA:-1 andValueB:2];
```

在 Swift 中，只需在括号中包括额外的参数即可，代码如下：

```
myNumberManager.calculateSum(-1, valueB:2)
```

在 Objective-C 中，开发人员有两种读取属性值的方法。通过 Smalltalk 语法读取，代码如下：

```
CGSize viewSize = [myView size];
```

或通过点语法读取，代码如下：

```
CGSize viewSize = myView.size;
```

在 Swift 中，开发人员可以始终使用点语法来访问属性，代码如下：

```
var viewSize:CGSize = myView.size
```

要在 Objective-C 中为属性设置值，可以使用点语法来设置属性的值，代码如下：

```
myView.size = CGSizeMake(0,0, viewWidth, viewHeight);
```

但是，开发人员也可以使用自动生成的 setter 方法，代码如下：

```
[myView setSize:CGSizeMake(0,0, viewWidth, viewHeight)];
```

在 Swift 中，始终可以使用点语法来设置属性的值，代码如下：

```
myView.size = CGSizeMake(0,0, viewWidth, viewHeight)
```

2.3.5 实例化对象

在 Objective-C 中，开发人员可以通过在内存中分配对象然后调用其构造方法来实例化一个对象，代码如下：

```
NSMutableArray *fileArray = [[NSMutableArray alloc] init];
```

某些类具有允许开发人员传递参数的构造函数，代码如下：

```
NSMutableArray *fileArray = [[NSMutableArray alloc] initWithArray:otherArray];
```

某些类还具有便捷的构造函数，这些构造函数可以用作分配和初始化对象这个过程的快捷方式，代码如下：

```
NSMutableArray *fileArray = [NSMutableArray arrayWithArray:otherArray];
```

与上述 Objective-C 相比，在 Swift 中的操作要更容易一些。Swift 会自动分配内存，删除 alloc 步骤。此外，Swift 中类的默认构造函数是类名，其末尾附加了一组空括号，代码如下：

```
var fileArray = Array()
```

如果要初始化的类在其构造函数中带有参数，可以像调用其他方法一样调用该构造函数，代码如下：

```
var myView = UIView(frame:myFrame)
```

如果要从 Objective-C 类实例化对象，则需要将其构造函数作为方法调用，代码如下：

```
var mutableArray = NSMutableArray()
```

说明：

Swift 有自己的类来表示字符串、数组、字典和集合，但是开发人员可以自由使用 Objective-C 类来保持与旧版 API 或库的兼容性。

2.3.6 字符串

在 Objective-C 中，要表示一个字符串，可以使用 NSString 类；要初始化字符串，可以使用构造函数方法，代码如下：

```
NSString *myString = [[NSString alloc] initWithString: @"Hello World"];
```

还可以使用 Objective-C 的字面量（Literal）语法通过@符号来直接加载值，代码如下：

```
NSString *myString = @"Hello World";
```

在 Swift 中，表示字符串的类是 String，它可以直接加载值，代码如下：

```
let myString = "Hello"
```

在 Objective-C 中，NSString 对象是不可变的，这意味着开发人员不能在运行时追加或删除字符，除非为字符串分配了新值。要解决此问题，可以在 Objective-C 中使用 NSMutableString 类，该类允许在运行时对其对象进行改变，代码如下：

```
NSMutableString *myString = [NSMutableString stringWIthString@"Hello"];
[myString appendString:@" world"];        //结果是 "Hello world"
```

在 Swift 中，用 var 定义的 String 对象是可变的，可以使用 append()函数附加值，代码如下：

```
var myString = "Hello"
```

```
myString.append(" world")                    //结果是 "Hello world"
```

说明：

开发人员可以继续在 Swift 中使用 NSString 和 NSMutableString 类，但是仅建议与 Objective-C 类进行接口连接。

2.3.7 格式化字符串

在 Objective-C 中，当开发人员要将对象中的值插入字符串中时，必须使用字符串格式化程序来构建自定义字符串，代码如下：

```
NSString *summaryString = [NSString
    stringWithFormat:@"int value 1: %d, float value 2: %f, string value
3: %@", -1, 2.015, @"Hello"];
```

对于要插入字符串中的每个值，需要使用字符组合（称为格式说明符）来替换要插入字符串中的变量。格式说明符（Format Specifier）通常由%字符和表示值类型的字母（例如，@表示字符串；d 表示整数值；f 表示浮点值）组成。

通过将变量的名称放在括号中并加上反斜杠，Swift 可使你更轻松地将值插入字符串中，代码如下：

```
let value1 = -1
let value2 = 2.015
let value3 = "Hello"
var summaryString = "int value 1: \(value1), float value 2: \(value2),
string value 3: \ (value3)"
```

在 Objective-C 中，要限制出现在浮点值中的小数位数，需要在浮点格式说明符前面添加一个句点和空格数，具体如下：

```
NSString *summaryString = [NSString
    stringWithFormat:@"float value: %0.2f", 2.015];
```

要在 Swift 中复制此代码，可使用 String()构造函数方法，该方法将格式指定为其输入，具体如下：

```
var summaryString = String(format: "float value: %0.2f", 2.015)
```

上述语法与 Objective-C 的语法相同，其中需要传入格式字符串，然后输入以逗号分隔的值列表以替换格式说明符。

2.3.8 集合

在 Objective-C 和 Swift 中，以下是 3 个均被称为集合（Collection）的类，它们将相似的对象"收集"在一起成为一个对象。

- ❑ 数组（Array）：对象的有序集合。数组将保留用于加载项目的顺序。可以通过指示项目在集合中的位置来检索它们。
- ❑ 集合（Set）：对象的无序集合。集合用于测试对象的"成员资格"，例如测试某个对象是否存在于集合中。可以通过指定子集（Subset）来检索对象。
- ❑ 字典（Dictionary）：对象的无序集合，由键（Key）标识，这些也称为键-值对（Key-Value Pair）。可以通过指定对象的键来检索对象。

在 Objective-C 中，可以使用 NSArray 类来表示数组。Objective-C 中的数组仅包含对象，并且可以使用几种方便的构造函数方法（包括 [NSArray arrayWithObjects:]）进行初始化，具体如下：

```
NSArray *stringArray = [NSArray arrayWithObjects:@"string 1",
    @"string 2", @"string 3"]
```

在 Swift 中，可以在定义变量时通过在方括号中提供其值来声明数组，具体如下：

```
var stringArray = ["string 1", "string 2", "string 3"]
```

Swift 对数组的内容没有施加相同的限制，因此，开发人员可以使用标量值（如整数）对其进行初始化，具体如下：

```
var intArray = [1, 3, 5]
```

如果不想使用值初始化数组，可以通过将类型名称放在方括号中来声明输入的变量类型，具体如下：

```
var intArray : [Int]
```

还可以使用下标符号来读取或更改 Swift 数组中的值，具体如下：

```
var sampleString = stringArray[3]
```

在 Objective-C 中，NSArray 对象是不可变的。要使数组可变，可以使用 NSMutableArray 类来定义它，具体如下：

```
NSMutableArray *stringArray = [NSMutableArray arrayWithObjects:@"string 1",
    @"string 2", @"string 3"]
```

请记住，通过使用 var 关键字定义数组，可以使其成为可变变量，从而允许开发人员改变现有值或在运行时添加新值。例如，可以使用加号（+）运算符将值附加到数组中，具体如下：

```
stringArray += "string4"
```

也可以通过指定索引位置来更改值，具体如下：

```
stringArray[2] = "This is now the coolest string."
```

在 Objective-C 中，可以创建一个 set 集合并用逗号分隔的对象列表对其进行初始化，具体如下：

```
NSSet *mySet = [NSSet setWithObjects: @"string 1", @"string 2", @"string 3"];
```

也可以使用数组创建 set 集合，具体如下：

```
NSSet *mySet = [NSSet setWithArray : stringArray];
```

要测试对象的"成员资格"，可以使用 containsObject 方法，具体如下：

```
if ([mySet containsObject:"string 1"]) {
    print("success!")
}
```

在 Swift 中，可以使用 Set 类并指定其成员的类型来创建一个 set 集合，具体如下：

```
var stringSet:Set <String>
```

可以使用数组初始化 set 集合，具体如下：

```
var stringSet: Set<String> = ["string 1", "string 2", "string 3"]
```

同样，如果将 set 集合定义为可变变量（使用 var 关键字），可以改变该集合，具体如下：

```
StringSet += "hello world"
```

要在 Objective-C 中创建字典，需要传入键和值的数组。二者将根据开发人员将它们传入的顺序进行匹配，具体如下：

```
NSDictionary *myDict = [NSDictionary dictionaryWithObjects:@"string 1",
@"string 2",@"string 3", nil forKeys:@"key1", @"key2", @"key3"];
```

还可以使用字面量快捷方式在 Objective-C 中初始化字典，具体如下：

```
NSDictionary *myDict = @{@"key1" : @"string 1", @"key2" : @"string 2",
@"key3" : @"string 3" };
```

要访问 Objective-C 中字典的值，需要指定其键，具体如下：

```
NSString *string = [myDict objectForKey:@"key1"];
```

在 Swift 中，可以通过指定其键和值的类型来定义字典，具体如下：

```
var myDict = [String, String]()
```

空括号表示要创建一个空字典。

要使用键-值对初始化字典，可以使用字面量语法将它们传入。对于 Swift 字典，这是一个以逗号分隔的键-值对列表（用冒号连接），具体如下：

```
var myDict : [String, String] = ["key1" : "string 1", "key2": "string 2", "key3" : "string 3"]
```

要从字典中检索对象，可使用以下键：

```
let myString = myDict["key1"]
```

如果字典是可变变量，可以在运行时对值进行修改或追加新的键-值对，具体如下：

```
myDict["key3"] = "this is the coolest string"
```

2.3.9 强制转换

在 Objective-C 中，要将一个对象从一个类转换为另一个类，可以在类名前面加上一个星号，以标识指针，具体如下：

```
UINavigationController *navigatonController = (UINavigationController *)segue.destinationController;
```

在 Swift 中，强制转换非常容易，使用 as 关键字即可，具体如下：

```
let navigationController = segue.destinationController as UINavigatonController
```

只需将 as 关键字和类名添加到结果中，编译器就会完成其余工作。开发人员甚至可以在通常使用对象的任何位置内联插入此关键字，具体如下：

```
for (file as String in fileArray) {}
```

2.4　关于 Swift 特定的语言功能

本节将讨论开发人员在采用 Swift 时特别困难的部分，尤其是可选类型和 try-catch

块。这些不能直接转换为 Objective-C 的语言功能，需要格外小心才能正确使用。

2.4.1 可选类型

在 Objective-C 中，nil 关键字用于表示值为 null 的对象。null 值是值在初始化之前或在被"重置"之后的"初始"状态。对于对象来说，null 值表示指针指向内存中的空白区域；对于标量变量来说，它的值为 0。这个思路就是，已正确初始化的对象将具有非 null 值，非 null 值被视为"有效"。在出现错误的情况下，方法通常返回 nil 值。

在 Objective-C 中，检查对象是否有效的常见方法是检查 nil。例如，检查字典中某个键的值是否存在，代码如下：

```
if ( myDict["coolestKey"} != nil) {
        //成功
}
```

如果上述键的值在字典中不存在，那么它将返回 nil。

在 Objective-C 中，这也适用于类的属性。如果属性尚未初始化，则尝试检索该属性将返回 nil。具体如下：

```
if (myLocationManager.locationString != nil) {
        //成功
}
```

在 Objective-C 中，如果尝试对 nil 指针执行操作，则将导致应用程序崩溃。

Swift 试图通过可选（Optional）的概念解决此问题。可选也是一种类型，它可以表示 nil 或未初始化的值。要将变量定义为可选变量，则需要在类型名称后面附加"?"运算符，具体如下：

```
var myString : String?
```

开发人员通常会在类属性中看到上述语法。在 Swift 中，所有属性在初始化时都必须有效。有 3 种方法可以解决此问题。

（1）在声明属性时为其指定一个值。对应的语句如下：

```
class LocationManager: NSObject {
        var locationString : String = "Empty string"
}
```

（2）创建一个初始化属性的构造函数。对应的语句如下：

```
class LocationManager: NSObject {
```

```
    var locationString : String

    init(locationString: String) {
        self.locationString = locationString
    }
}
```

（3）将属性定义为可选。对应的语句如下：

```
class LocationManager: NSObject {
    var locationString  : String?
}
```

当想要访问该属性时，请在尝试使用它之前检查它是否为 nil。对应的语句如下：

```
if myLocationManager.locationString != nil {
    //成功
}
```

如果要访问的属性具有开发人员需要的属性（如 UIView 对象），可以在使用它之前解包（Unwrap）你的类的属性，此操作被称为可选链接（Optional-Chaining）。通常的思路是告诉编译器你的属性是可选的，然后尝试检查派生的属性是否为非 nil，如果是，则创建一个变量以包含该属性。例如，想要检查某个子视图是否存在于 UIViewController 中，可以使用以下语句：

```
if let mapViewSize = self.mapView?.size {
    //成功
    print("size = \(mapViewSize)")
}
```

"?" 运算符使编译器知道该属性是可选的。如果可选返回 nil，那么它将不会尝试访问派生的属性，也不会执行"成功"后面的语句。

如果开发人员确认可选属性为非 nil，则可以通过将其强制解包来访问其派生属性。强制解包是通过"!"运算符来指示的，具体如下：

```
if (self.mapView != nil) {

    let mapViewSize = self.mapView!.size
    print("size = \(mapViewSize)")
}
```

如果在强制解包之前未检查属性是否为非 nil，则该应用程序将崩溃。

2.4.2 关于 try-catch 块

在 Swift 中传递错误的主要困难是,它不能直接从 Objective-C 中转换过来。在 Objective-C 中,开发人员将通过引用传递 NSError 对象来捕获错误。该对象将通过调用的方法进行更改,错误将由非 nil 值表示。

在 Swift 中,方法会使用异常(Exception)抛出错误,开发人员可以使用 try-catch 块来捕获它们。

在 Objective-C 中,要返回一个错误,需要定义一个方法,该方法将采用指向 NSError 对象的指针。具体如下:

```
-(void)translateString:(NSString *)inputString error:(NSError **)error {
}
```

要修改对象,请使用"*"运算符取消引用(Dereference)它,这使开发人员可以对指针所代表的对象执行操作。具体如下:

```
-(void)translateString:(NSString *)inputString error:(NSError **)error {
    *error = [NSError errorWithDomain:NSCocoaErrorDomain code:400 userInfo:userInfoDict];
}
```

在上述示例中可以看到,我们使用了域(代表错误的一般"种类"的枚举)、由整数值表示的错误代码,以及包含我们要回传的有关该错误的其他信息的字典来创建新的 NSError 对象。

要从 Objective-C 调用上述方法,可以创建一个错误对象,并使用"&"运算符向其传递"引用"。具体如下:

```
-(void)myMethod {
    NSError *error;
    [self translateString:@"hello" error:&error];
}
```

要定义一个在 Swift 中返回错误的方法,可在参数列表之后和返回值列表之前添加 throws 关键字。具体如下:

```
func translateString(inputString: String) throws -> Void {
}
```

Swift 定义了一个称为 ErrorType 的协议，该协议允许开发人员创建从 Objective-C 调用时转换为 NSError 属性的异常。要定义错误，可创建使用此协议的枚举（enum），然后为你的错误类型指定任何代码和域。具体如下：

```
enum TranslationError : Int, ErrorType {
       case EmptyString = -100
       case UnrecognizedLanguage = 1000
       case InvalidString = 1001
}
```

要抛出异常，可使用 throw 关键字，并指定枚举和错误类型。具体如下：

```
func translateString(inputString: String) throws -> Void {
       if (inputString == nil) {
              throw TranslationError.EmptyString
       }
}
```

要捕获错误，可使用 try-catch 块，将容易出错的代码放在 do 块中；将 try 关键字放到将引发异常的行中；在 catch 块中捕获异常。具体如下：

```
do {
       let myString : String = nil
       try translateString(myString)
} catch TranslationError.InvalidString {
       print("this is an invalid string")
}
```

如果要尝试捕获相同类型的多个异常，可以添加其他捕获块。具体如下：

```
do {
       let myString : String = nil
       try translateString(myString)
} catch TranslationError.InvalidString {
       print("this is an invalid string")
} catch TranslationError.EmptyString {
       print("this is an empty string")
}
```

💡 说明：
　　对于每个尝试返回异常的方法，都需要一个 try-catch 块。方法应仅返回一种异常。

2.5 在项目中混合使用 Objective-C 和 Swift

使用 Swift 可以导入用 Objective-C 编写的类并调用 Objective-C 方法。此导入功能非常有价值，因为这意味着开发人员完全可以导入任何现有的 Cocoa Touch API 或现有的 Objective-C 代码。

如果你的项目将主要使用 Swift，那么请确保在 Xcode 中选择 New（新建）→Project（项目）命令创建它时将 Swift 指定为主要语言，如图 2-1 所示。

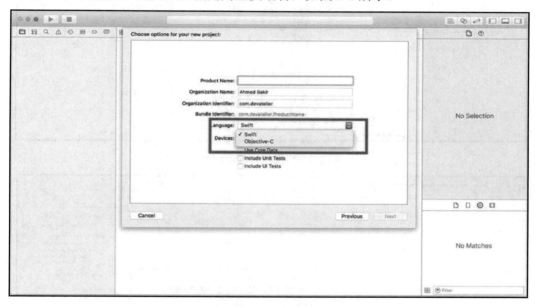

图 2-1　创建一个 Swift 项目

要将 Objective-C 类添加到 Swift 项目中，请遵循与 Objective-C 项目相同的过程：将文件拖曳到 Project Navigator（项目浏览器）中，或者从 File（文件）菜单中选择 Add Files to <Project Name>（将文件添加到<项目名称>）命令，如图 2-2 所示。

要从 Swift 文件访问 Objective-C 类，只需使用该类指定的类型和构造函数创建一个对象，然后通过点语法调用方法。具体如下：

```
var myObjcString : NSMutableString = NSMutableString(string: "Hello")
myObjcString.appendString(" world")
```

编译器负责将构造函数和其他方法转换为 Swift 样式的语法，并利用自动补全功能为开发人员提供帮助,如图 2-3 所示。

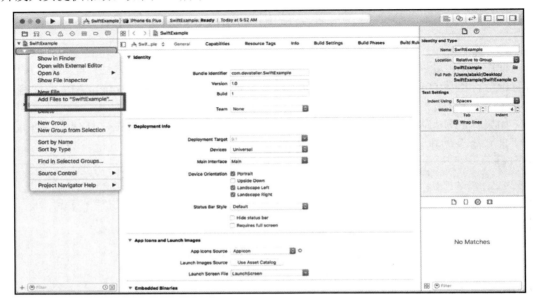

图 2-2　将文件导入项目中

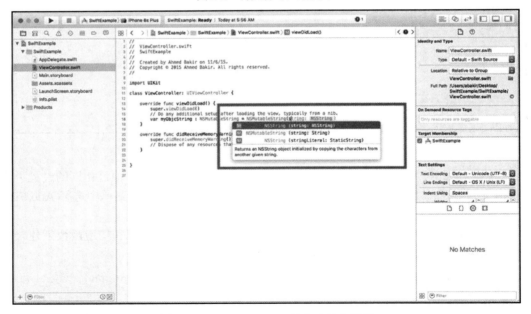

图 2-3　NSMutableString 的自动补全结果

开发人员也可以从 Objective-C 中调用 Swift 的类和方法，只要了解一些规则即可。
- 如果要继承 Foundation 类（如 NSString）或 Cocoa Touch 类（如 UIViewController）的子类，则在将 Swift 文件导入 Objective-C 类中时将可用。
- 在 Swift 兼容的类中，如果某个方法使用了 Objective-C 中不可用的语言功能（如可选类型或元组），则它对 Objective-C 将不可用。开发人员需要通过编写可以直接转换为 Objective-C 的方法来解决这些问题。
- Objective-C 对 NSError 对象进行了改变，以传回错误，而 Swift 2.0 使用的是异常。要使方法能兼容这两种语言，请记住利用 ErrorType 协议，详见 2.4.2 节 "关于 try-catch 块"。
- 通过给@objc 关键字前置添加一个 enum，即可使枚举可用于 Objective-C。同样，请确保 enum 中的类型与 Objective-C 兼容（递增的离散值，如整数或字符）。例如：

```
@objc enum PlaybackStates : Int {
        case Failed = -1,
        case Loading,
        case Success
}
```

说明：

@objc 关键字将在整个 Swift 中被全局使用，作为将类型、方法或类明确定义为与 Objective-C 兼容的方式。

2.6 小　　结

本章通过比较 Objective-C 和 Swift 的基本语法以及面向对象的编程概念介绍了 Swift。可以看到，尽管 Swift 为 iOS 开发带来了语法上的重大变化，但它的方法被设计为像 Objective-C 一样工作。在大多数情况下，通过使用 Swift 方法语法，可以从 Swift 中调用任何 Objective-C Cocoa Touch 方法。在无法做到这一点的情况下，有多种方法可以使用诸如 ErrorType 之类的协议来产生与 Objective-C 兼容的输出。为了使本章更加实用，我们还专门介绍了可选类型和 try-catch 块，这是 Objective-C 中未实现的两种语言功能。

第 2 篇

Fitbit 健康设备项目

第 3 章　使用 HealthKit 访问健康信息

撰文：Ahmed Bakir

3.1　核心框架和应用程序简介

在过去的几年中，Apple 提供了两个核心框架，即 HealthKit 和 Core Motion。这两个框架大大加快了 iOS 健康应用程序的开发时间。HealthKit 为所有应用程序提供了一个中央存储库，以同步健康数据；而 Core Motion 则提供了对 iPhone 的加速度计和计步器的访问，使开发人员无须外部附件即可检索有关用户的有限健康信息。

当 HealthKit 公开发布时，对每个开发人员来说都有一种莫名其妙的惊喜。没有人能弄清楚为什么 Apple 会通过建立一个框架来与他们的合作伙伴"竞争"，以完成他们多年来一直在做的事情，即跟踪信息。随着时间的流逝，HealthKit 的作用变得非常明确——它消除了市场上每个健康配件和各种离散数据都需要使用不同应用程序的需求。在使用 HealthKit 之前，除非两家公司合作，否则用户的心率监测器无法与正在运行的应用程序共享数据；使用 HealthKit 之后，任何配件制造商或开发人员都可以选择使用该服务，从而使用户可以更清晰地了解其整体健康状况。由于 HealthKit 是公共的应用程序编程接口（API），任何人（包括读者）都能够构建可以向其发布信息或从中检索信息的应用。遵循 Apple 的原则，即用户的敏感数据应保留在他或她的设备上，HealthKit 不与任何云服务同步，并且需要其自己的一组权限才能访问它。

Apple 以类似的方式开始在所有 iPhone 和 iPod Touch 设备中培植硬件芯片，从 iPhone 5S 开始，它被称为运动协处理器（Motion Co-Processor）。该芯片在设备中内置了计步器（Pedometer）、加速器（Accelerator）、陀螺仪（Gyroscope）和其他传感器，它具有功率和准确度方面的优势，而这是过去通过 GPS 计算用户行进距离的方法无法实现的。Core Motion 框架提供了非常有用的健康信息子集，可以帮助开发人员构建健康应用程序而无须任何外部日志记录附件。

本章将开始构建一个 RunTracker 应用程序，该应用程序列出了用户以前的锻炼记录并允许用户记录新的锻炼，如图 3-1 所示。本章将重点介绍设置项目的用户界面和 HealthKit 权限。而在第 4 章中，还将学习如何使用 Core Motion 框架将实时数据转换为 HealthKit 对象。

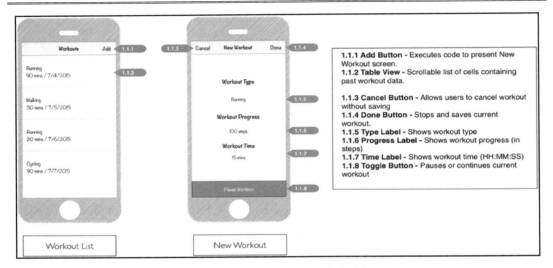

图 3-1　RunTracker 应用程序的线框

原　　文	译　　文
1.1.1 Add Button - Executes code to present New Workout screen	1.1.1 Add（添加）按钮——执行代码以显示 New Workout（新锻炼）屏幕
1.1.2 Table View - Scrollable list of cells containing past workout data	1.1.2 表格视图——包含过去锻炼数据的单元格的滚动列表
1.1.3 Cancel Button - Allows users to cancel workout without saving	1.1.3 Cancel（取消）按钮——允许用户取消锻炼而无须保存
1.1.4 Done Button - Stops and saves current workout	1.1.4 Done（完成）按钮——停止并保存当前锻炼
1.1.5 Type Label - Shows workout type	1.1.5 类型标签——显示锻炼类型
1.1.6 Progress Label - Shows workout progress (in steps)	1.1.6 进度标签——显示锻炼进度，以 Step（步）为单位
1.1.7 Time Label - Shows workout time (HH:MM:SS)	1.1.7 时间标签——显示锻炼时间（HH:MM:SS）
1.1.8 Toggle Button - Pauses or continues current workout	1.1.8 切换按钮——暂停或继续当前锻炼
Workout List	锻炼列表
New Workout	添加新锻炼

　　用户以表格视图进入应用程序，该视图列出了所有应用程序（包括你自己的应用程序）已保存到 HealthKit 的跑步和步行锻炼记录。单击 Add（添加）按钮后，用户将进入详细信息屏幕，该屏幕使他们可以记录新的锻炼。详细信息屏幕包括一个 Start（开始）按钮（用于切换跟踪）和一组标签，这些标签显示来自 Core Motion 的实时数据，包括用户的行进距离、锻炼时间和当前活动类型。

在构建 RunTracker 应用程序时，将了解到 HealthKit 和 Core Motion 中的以下概念。
- HealthKit 和 Core Motion 如何通过权限保护数据和硬件。
- HealthKit 如何表示数据，包括单位。
- 如何从 HealthKit 检索信息。
- 如何从 HealthKit 接收实时活动更新。

与本书中的其他项目一样，RunTracker 项目的源代码可通过单击本书网页上的 Download Source Code（下载源代码）按钮获得，其网址为 www.apress.com。

3.2 初步设置

在深入研究 HealthKit 的实现细节之前，开发人员需要先设置项目。本节将引导开发人员完成设置用户界面的过程，以及为使应用程序使用 HealthKit 而需要执行的其他步骤。

> 说明：
> 由于 HealthKit 仅在 iPhone 上可用，因此该项目的用户界面是为 iPhone 布局设计的。

3.2.1 设置用户界面

RunTracker 应用程序由两个主要的视图控制器组成，即锻炼列表和用户添加新锻炼的屏幕。其中，锻炼列表列出了用户已在其设备上记录的所有锻炼活动，而添加新锻炼屏幕则允许用户记录新的锻炼。

与前文构建的其他应用程序一样，要新建项目，可以导航到 File（文件）菜单并选择 New（新建）→Project（项目）命令，在出现的模板选择器中选择 Single View Application（单视图应用程序）模板，如图 3-2 所示。

当要求选择设备目标时，将设置从 Universal（通用）更改为 iPhone，如图 3-3 所示。

图 3-1 中的 RunTracker 应用程序线框表示用户将在锻炼列表中进入该应用程序。因此，与第 1 章中的 CarFinder 应用程序一样，这需要通过将应用程序的入口点从项目模板随附的原始单页视图控制器更改为表格视图控制器来实现。

首先，选择项目的主故事板（Main.storyboard），然后通过选择原始 View Controller（视图控制器）并按 Delete 键来删除它。接下来，将一个表格视图控制器从 Interface Builder 的对象库拖曳到故事板中。单击空白单元格，然后导航到 Attribute Inspector（属性检查器）（Interface Builder 右侧面板中的第四个选项卡）。图 3-1 中的线框指定每个项目需要显示两行，因此请为样式选择 Subtitle（小标题），并为单元格指定标识符 WorkoutCell。图 3-4 显示了该故事板，其中的单元格标识符设置已经突出显示。

图 3-2　创建单视图应用程序

图 3-3　将项目的设备目标设置为 iPhone

第 3 章　使用 HealthKit 访问健康信息

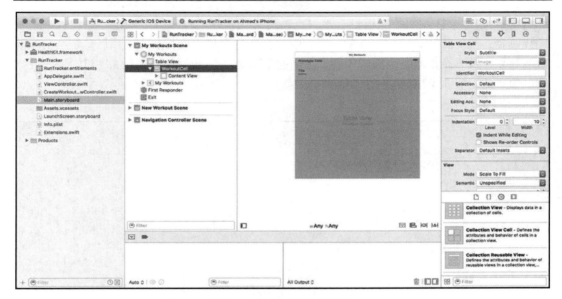

图 3-4　表格视图的故事板

要更改视图控制器的名称，请双击导航栏中间的区域，此时将出现一个可编辑的文本区域，可以在其中输入锻炼列表的名称，如图 3-5 所示。

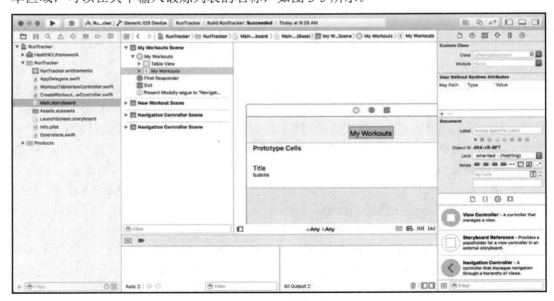

图 3-5　编辑导航项目的标题

与第 1 章一样，新故事板没有入口点，这意味着应用程序将不知道首先加载哪个视图控制器。若要解决此问题，可在故事板中选择新的表格视图控制器，然后单击 Attribute Inspector（属性检查器）。选中图 3-6 右侧的 Is Initial View Controller（为初始视图控制器）复选框，此时表格视图控制器的左侧就会出现一个箭头，表示它是故事板的新入口点，如图 3-6 所示。

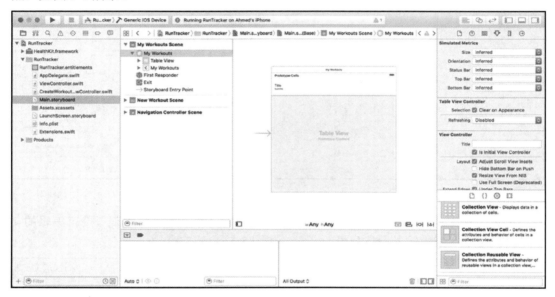

图 3-6　设置入口点后的故事板

大多数表格都是以主屏-细节（Master-Detail）方式使用的，这意味着从主屏幕（结果列表）开始，然后向下进入详细信息屏幕（例如，表格中某个项目的详细信息）中。要启用此功能，开发人员需要向表格视图控制器添加导航栏。Xcode 允许开发人员从 Editor（编辑器）菜单中轻松地将导航控制器添加到任何视图控制器。针对于此，可选择 Editor（编辑器）→Embed In（嵌入）→Navigation Controller（导航控制器）命令，如图 3-7 所示。

应用更改后，可以注意到表格视图控制器已链接到导航控制器，如图 3-8 所示。还可以注意到入口点已移至导航控制器中。Embed In（嵌入）功能特别方便，因为它可以保留现有的跳转层次结构（故事板项之间的连接）。

要将新的表格视图控制器连接到自定义功能，需要为其创建一个类。选择 File（文件）→New（新建）→File（文件）命令，当提示输入文件类型时，选择 Cocoa Touch 类并创建一个名为 WorkoutTableViewController 的 UITableViewController 的子类，如图 3-9 所示。

第 3 章 使用 HealthKit 访问健康信息

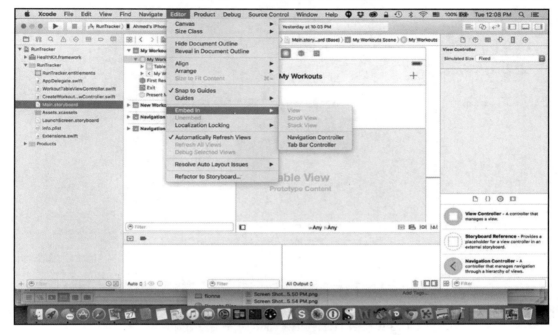

图 3-7 在导航控制器中嵌入选择

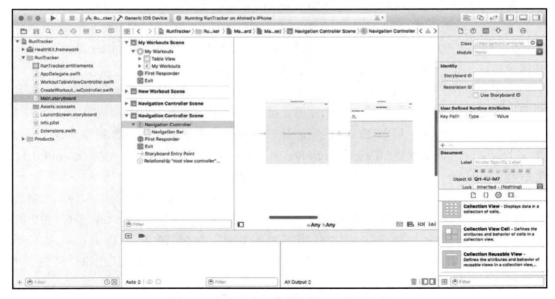

图 3-8 将选区嵌入导航控制器后的故事板

图 3-9　将 UITableViewController 子类添加到项目

通过选择表格视图控制器并选择 Identity Inspector（身份检查器）（右侧窗格的第三个选项卡），将新的类连接到故事板。在图 3-10 中，将 Class（类）名称更改为 WorkoutTableViewController，可以通过确保 Module（模块）字段显示"Current-RunTracker"来指示该操作是否成功，该字段指示 RunTracker 项目的名称空间。

为了允许用户记录新的锻炼，需要在故事板中添加查看屏幕。该视图控制器允许用户通过保存或取消其当前锻炼来开始或停止他或她的锻炼、查看其当前进度并返回锻炼列表中。如前文所述，可以在故事板中添加表格视图，将视图控制器拖到故事板上，创建一个新文件，该文件是 UIViewController 的子类，称为 CreateWorkoutViewController，然后使用 Identity Inspector（身份检查器）将二者链接在一起。

创建新锻炼屏幕的用户界面包含一些标签，用于指示锻炼类型、进度和时间；屏幕底部的大按钮可以开始或暂停锻炼；另外还包括带有 Done（完成）和 Cancel（取消）按钮的导航栏，以允许用户退出并返回锻炼列表中。代码清单 3-1 中已经包括了 CreateWorkoutViewController 类的定义，还包括标签和按钮的属性以及按钮事件处理程序的存根函数。

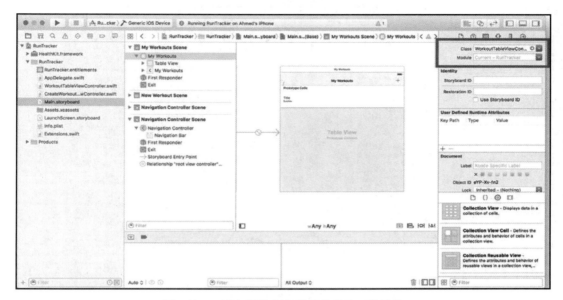

图 3-10　更改视图控制器的父类并验证其模块

代码清单 3-1　CreateWorkoutViewController 类的定义

```
import UIKit
import HealthKit
import CoreMotion

class CreateWorkoutViewController: UIViewController {

    @IBOutlet weak var typeLabel: UILabel!
    @IBOutlet weak var progressLabel: UILabel!
    @IBOutlet weak var timeLabel: UILabel!
    
    @IBOutlet weak var toggleButton: UIButton!
}
```

要开始实现用户界面，请将几个标签拖曳到视图控制器上，如图 3-11 所示。

通过选择标签并导航到 Attribute Inspector（属性检查器），将静态文本标签——例如 Workout Type（锻炼类型）——的文本更改为粗体。使用 Font（字体）下拉列表更改字体或粗细，如图 3-12 所示。

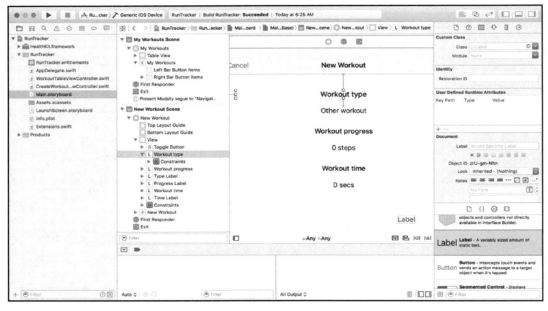

图 3-11　向视图控制器添加标签

图 3-12　更改标签属性

对于状态标签，请记住将它们链接到 CreateWorkoutViewController 类。方法是选择它们，然后导航到 Connection Inspector（连接检查器）（右侧窗格中的最后一个选项卡），接下来将一条直线从 New Referencing Outlet（新建引用出口）单选按钮拖曳到视图控制器上。此时将出现一个弹出窗口，指示属性名称，如图 3-13 所示。

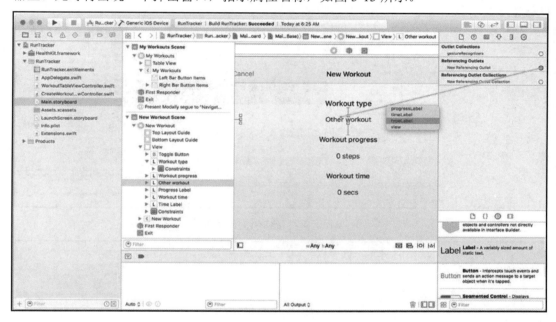

图 3-13　将标签连接到其引用出口

将一个按钮拖曳到视图控制器上，以表示 Toggle Workout（切换锻炼）按钮。要创建按钮的"蓝色大按钮"外观，可以调整其边框大小直至达到屏幕的两侧，并通过选择 Attribute Inspector（属性检查器）中的 Text Color（文本颜色）下拉列表，将文本颜色更改为 White Color（白色），如图 3-14 所示。

要更改按钮的背景色，请向下滚动到 Attribute Inspector（属性检查器）的 View（视图）部分，然后从 Background（背景）颜色下拉列表框中选择你喜欢的颜色，如图 3-15 所示。

要在不同的屏幕尺寸上保持按钮的外观，请使用 Pin（固定）菜单设置自动布局约束，如图 3-16 所示。要使按钮停留在所有设备的屏幕底部，请选择正方形左、右和下边缘的虚线；要在所有屏幕上将高度固定为 60 像素，请选中 Height（高度）旁边的复选框。开发人员可以按照相同的过程来固定标签的位置和大小，除非将它们固定在屏幕顶部。

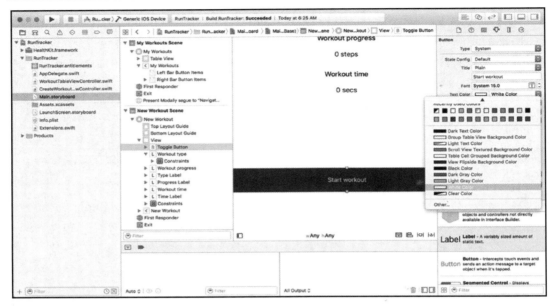

图 3-14　更改按钮的文本颜色

图 3-15　更改按钮的背景色

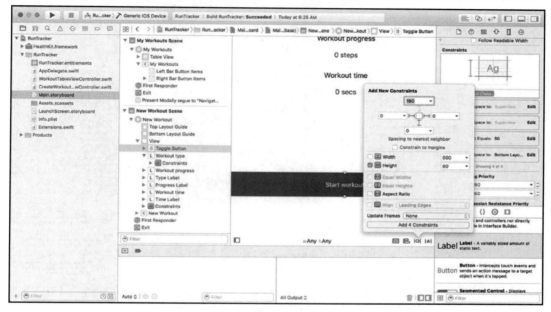

图 3-16　设置按钮的约束

要使按钮正常工作，请使用 Connection Inspector（连接检查器）连接 Referencing Outlet（引用出口），并遵循与连接标签相同的步骤。要连接当用户按按钮 toggleWorkout() 时将调用的函数，需要将其连接到用户界面事件。选中代表 Touch Up Inside 的单选按钮，并将一条直线拖曳到视图控制器上，如图 3-17 所示。选择 toggleWorkout() 函数的方法签名。如果未出现，请确保已经使用 func 关键字前面的 @IBAction 宏定义了该方法。

对于设置用户界面的步骤来说，现在还需要连接导航栏中的 Done（完成）和 Cancel（取消）按钮，并显示锻炼列表中的创建屏幕。要创建 Done（完成）和 Cancel（取消）按钮，可以像创建锻炼列表一样，使用 Editor（编辑器）菜单中的 Embed In（嵌入）选项，将创建屏幕嵌入导航控制器中。从对象库中将 Bar Button Item（条形按钮项）拖曳到导航栏上。条形按钮与对象库中的按钮不同，因为它们是 UIBarButtonItem 的子类。与 UIButton 相比，它们对用户界面事件的响应要少一些，并包括特殊的标识符，以便为常见的导航事件（如取消视图或选择完成状态）设置样式。

要更改条形按钮项目的外观，请单击它，然后导航到 Attribute Inspector（属性检查器）。可以通过从 System Item（系统项目）下拉列表框中选择系统项目类型来使用预配置的显示，如图 3-18 所示。对于 Done（完成）和 Cancel（取消）按钮，可以分别选择 Done（完成）和 Cancel（取消）选项。

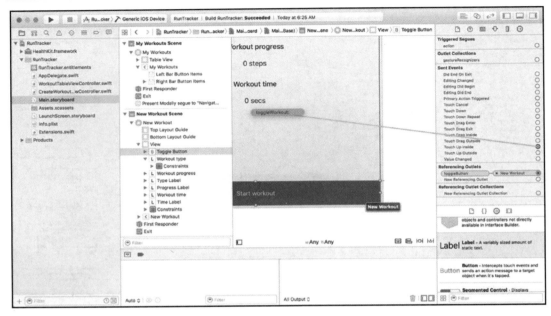

图 3-17　选中 Touch Up Inside 单选按钮并将一条直线拖曳到视图控制器上

图 3-18　为 UIBarButtonItem 选择系统项类型

要将条形按钮项连接到操作,请导航至 Connection Inspector(连接检查器)。条形按钮项目的 Sent Actions(已发送操作)部分只有一个条目 Selector(选择器),指示你只能将一个处理程序方法连接到条形按钮项目。与连接 UIButton 一样,选中 Selector(选择器)旁边的单选按钮并将一条直线拖曳到视图控制器上,如图 3-19 所示。对于 Done(完成)按钮,选择 done()方法;对于 Cancel(取消)按钮,则选择 cancel()方法。

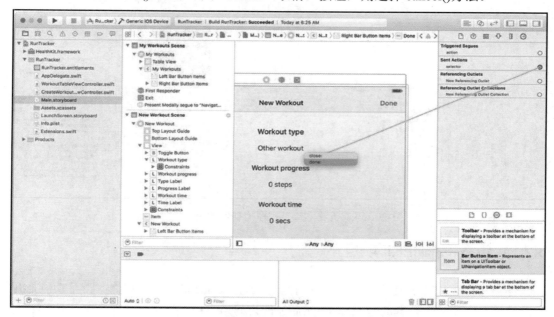

图 3-19 为 UIBarButtonItem 选择处理程序方法

我们将使用 Add(添加)按钮显示锻炼列表中的创建屏幕。向锻炼列表的导航控制器中添加一个条形按钮,并将其样式设置为 Add(添加)。这里,我们将使用跳转而不是使用一种方法来显示创建屏幕。跳转(Segues)是 Interface Builder 的一项便利功能,它使开发人员可以通过按钮或其他可触摸的用户界面元素直观地连接两个视图控制器,并指定连接的属性,例如新屏幕的显示方式,而无须编写任何代码。通过重写 prepareForSegue()方法,可以实现自定义逻辑,以便在与跳转连接的视图控制器之间传递数据。

要在 Add(添加)按钮和创建新锻炼的屏幕之间进行跳转,可以单击 Add(添加)按钮,然后导航到 Interface Builder 中的 Connection Inspector(连接检查器),选中 Triggered Segue(触发跳转)部分中 action(操作)旁边的单选按钮,然后将一条直线拖曳到目标视图控制器上。图 3-20 展示了包含将创建屏幕的导航控制器。

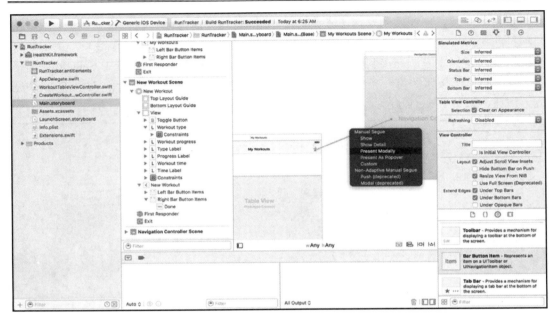

图 3-20　在单元格和细节视图控制器之间创建跳转

3.2.2　设置 HealthKit 项目

每个 Xcode 项目都有一个称为设备功能（Device Capability）的功能。设备功能是开发人员需要在项目中设置的一组标志，然后才能访问用户授权许可的敏感 API，例如 Apple Pay 钱包或来自 HealthKit 的个人健康信息。与 CarFinder 应用程序中的 GPS 功能一样，安装该应用程序后，系统会提示用户启用该功能。Apple 在 HealthKit 方面走得更远，如果尝试在不启用设备功能的情况下将 HealthKit 包含在项目中，则会阻止应用程序编译。

要为应用程序启用 HealthKit，可在 Project Navigator（项目浏览器）中单击当前项目，然后选择 Capabilities（功能）选项卡。该选项卡中将显示一系列开关，指示已为应用程序启用的功能，如图 3-21 所示。

向下滚动到 Healthkit，然后为开关控件选择 ON 位置，此时 Xcode 将提示开发人员选择项目的开发团队，如图 3-22 所示。要使用 HealthKit，不仅需要指定项目的功能，而且还需要在 Apple Developer Connection 中注册的应用程序 ID。选择开发者账号并登录之后，系统将自动创建此记录。

第 3 章 使用 HealthKit 访问健康信息

图 3-21 默认功能

图 3-22 应用程序注册

💡 **说明：**

如果使用免费的开发人员账号进行设备测试，则可以注册应用程序名称进行测试。但是，如果要在 App Store 上分发应用程序，则需要升级到付费的 Apple Developer Program 账号。

注册应用程序 ID 后，会在 Healthkit 部分下看到一系列复选框，表明当前应用程序已满足 HealthKit 的所有要求，如图 3-23 所示。

图 3-23　启用 HealthKit 后的功能

💡 **说明：**

对于 RunTracker 项目，不需要启用其他设备功能；如果要添加位置跟踪，则应启用 Maps（地图）功能；如果要添加在后台运行应用程序时播放音频的功能，则需要启用 Background Modes（后台模式）。

这些复选框之一表明 HealthKit 框架已添加到当前项目中。要使用 HealthKit API，请修改 WorkoutTableViewController 和 CreateWorkoutViewController 类以包含该框架，如代码清单 3-2 和代码清单 3-3 所示。

代码清单 3-2　WorkoutTableViewController 的初始类定义

```
import UIKit
import HealthKit

class WorkoutTableViewController: UITableViewController {
}
```

代码清单 3-3　CreateWorkoutViewController 的初始类定义

```
import UIKit
import HealthKit

class CreateWorkoutViewController: UIViewController {
}
```

3.3　提示用户以获得 HealthKit 权限

如前文所述，为了使该项目能够启用 HealthKit，必须将其设置为"功能"。参考第 1 章中的 CarFinder 应用程序，开发人员应该记住，当程序想要访问敏感的硬件或信息时，必须执行以下两个步骤。

❑　确认硬件或 API 在设备上可用。
❑　要求用户许可使用该资源。

Apple 通过向开发人员提供 API 以提示许可和硬件状态来强制实施这种设计模式。为了强制执行该设计模式，如果开发人员尝试访问不存在的资源或应用程序无权使用的资源，则应用程序将在运行时崩溃。

要查询设备是否兼容 HealthKit，可以在 HKHealthStore() 类上使用 isHealthDataAvailable() 公共方法。开发人员应该在第一个需要使用 HealthKit 的视图控制器的入口点调用此方法，如代码清单 3-4 所示。对于 RunTracker 应用程序来说，这是 WorkoutTableViewController 类的 viewDidLoad() 方法。

代码清单 3-4　启动应用程序时查询 HealthKit 的可用性（WorkoutTableViewController.swift）

```
override func viewDidLoad() {
    super.viewDidLoad()
    
    tableView.dataSource = self
    tableView.delegate = self
    
    //在载入视图之后执行更多的设置，通常是从 nib 进行
```

```
if (HKHealthStore.isHealthDataAvailable()) {
    //成功
} else {
    //无可用的 HealthKit 数据
    presentErrorMessage("HealthKit not available on this
    device")
}
```

如果设备不支持 HealthKit（如 iPad），则应处理该错误。在这种情况下，我们创建了一个名为 presentErrorMessage() 的方法，该方法将字符串作为输入并显示 UIAlertController，如图 3-24 所示。

图 3-24　UIAlertController 出现错误

代码清单 3-5 提供了 presentErrorMessage() 方法的定义。

代码清单 3-5　生成错误警报的方法（WorkoutTableViewController.swift）

```
func presentErrorMessage(errorString : String) {
```

```
let alert = UIAlertController(title: "Error", message: errorString,
preferredStyle: UIAlertControllerStyle.Alert)
let okAction = UIAlertAction(title: "OK", style:
UIAlertActionStyle.Default, handler: nil)
alert.addAction(okAction)
presentViewController(alert, animated: true, completion: nil)
}
```

在确定设备可以使用 HealthKit 之后,开发人员需要提示用户以使自己的应用程序可以读取和写入 HealthKit。用于针对 HealthKit 进行数据操作的主要类是 HKHealthStore。首先,将 HKHealthStore 对象添加到 WorkoutTableViewController 类中,并在应用程序确定 HealthKit 在用户设备上可用后实例化它,如代码清单 3-6 所示。

代码清单 3-6　打开应用程序时初始化 HKHealthStore（WorkoutTableViewController.swift）

```
override func viewDidLoad() {
    super.viewDidLoad()

    //在载入视图之后执行更多的设置,通常是从 nib 进行

    if (HKHealthStore.isHealthDataAvailable()) {

        healthStore = HKHealthStore()

    } else {
        //无可用的 HealthKit 数据
        presentErrorMessage("HealthKit not available on this device")

    }
}
```

HealthKit 的主要优势之一是,它可以对许多健康数据指标进行细化跟踪,包括心率、步数、用户的体重和消耗的卡路里。开发人员可以在 Apple 的 HealthKit 常量参考中找到最新、最完整的数据类型集,其网址如下:

https://developer.apple.com/library/ios/documentation/HealthKit/Reference/HealthKit_Constants/

HealthKit 还提供分组类型（如锻炼）,使开发人员可以将数据单元抽象为活动,如晨跑。当提示用户需要获得 HealthKit 权限时,开发人员可以使用 HKHealthStore 类的 requestAuthorizationToShareTypes()方法指定要读取和写入的数据类型。用户将获得 iOS 提供的视图控制器,该视图控制器可反映所请求的权限,如图 3-25 所示。当用户关闭权限视图时,将通过完成框通知你用户的选择。

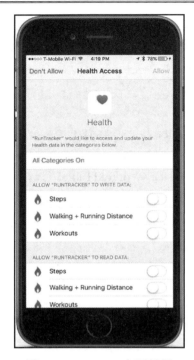

图 3-25　HealthKit 权限视图

对于 RunTracker 应用程序来说，我们将请求一组与跑步相关的信息，特别是用户达到的步数和用户的行进距离。为了使数据更抽象，应该将其分组到锻炼中，而不仅是显示直接的步数。这也使你可以在锻炼过程中让用户停下来屏住呼吸。

要使用 requestAuthorizationToShareTypes()方法，开发人员需要指定将要读取或写入的数据类型，以及权限视图关闭时的完成处理程序。

HealthKit 使用 HKSampleType 抽象类表示数据的"样本"，如给定时间的用户心率，或用户两次时间之间的行进距离。HKSampleType 是一个抽象类，因此要使用它的话，需要指定样本的类型，如数量（数据量）或类别（对于数据来说，这是用于定性的分类，如锻炼类型）。在代码清单 3-7 中，我们请求了步数、行进距离和锻炼的权限。此外，还实现了一个简单的完成处理程序，该处理程序将检查是被授予权限还是被拒绝。

代码清单 3-7　打开应用程序时请求 HealthKit 权限（WorkoutTableViewController.swift）

```
override func viewDidLoad() {
    super.viewDidLoad()
```

```
tableView.dataSource = self
tableView.delegate = self

//在载入视图之后执行更多的设置，通常是从 nib 进行

if (HKHealthStore.isHealthDataAvailable()) {
    
    healthStore = HKHealthStore()
    
    let stepType : HKQuantityType? = HKQuantityType.quantityTypeForIdentifier( HKQuantityTypeIdentifierStepCount)
    let distanceType : HKQuantityType? = HKQuantityType.quantityTypeForIdentifier(
        HKQuantityTypeIdentifierDistanceWalkingRunning)
    let workoutType : HKWorkoutType = HKObjectType.workoutType()
    
    let readTypes : Set = [stepType!, distanceType!, workoutType]
    let writeTypes : Set = [stepType!, distanceType!, workoutType]
    
    healthStore?.requestAuthorizationToShareTypes(writeTypes,
    readTypes: readTypes, completion: { (success: Bool, error:
    NSError?) -> Void in
        //set 集合
        
        if success {
            //成功
            
            //可以获取锻炼数据
            
        } else {
            //用户拒绝
            self.presentErrorMessage("HealthKit permissions
            denied")
            
        }
        
    })
    
} else {
    //无可用的 HealthKit 数据
}
}
```

这里有一些独特的语法要指出。你会注意到 HKQuantityType 对象是可选的，Apple 添加此限制的目的是处理设备中不存在的类型。在这里，我们可以使用"!"运算符安全地打开它们，因为我们已经验证了 HealthKit 在该设备上可用。同样，你可能会想要知道为什么是 HKWorkoutType 而不是 HKQuantityType 对象？这是因为锻炼类型是定性的，因此它不可以由数据的量来表示，而是由描述符（如 Running、Walking 之类的锻炼类型）来表示。最后，requestAuthorizationToShareTypes()方法将 set 集合作为输入。与数组不同，set 集合不排序，它只是一组相关的值。除了需要提供 set 集合的类型，可以完全按照与数组一样的方式初始化 set 集合，因此编译器不会在看到方括号时尝试推断你正在创建数组。

3.3.1 从 HealthKit 检索数据

为了填充锻炼列表，开发人员需要从 HealthKit 检索锻炼数据。HealthKit 检索数据的主要类是 HKQuery，顾名思义，它将对指定的样本类型执行查询。用户期望数据表格是最新的，因此对于锻炼列表来说，开发人员应该在应用程序启动后以及每次添加新锻炼记录时向 HealthKit 查询新数据。在 HealthKit 中，这是一个分为两个步骤的过程：一是需要创建一个查询来获取给定的样本类型；二是需要一个查询来观察给定样本类型何时有新结果。这些由 HKQuery 的子类 HKSampleQuery 和 HKObserverQuery 表示。

首先，我们需要实现查询以在用户打开应用程序时获取锻炼记录。在代码清单 3-8 中，先验证应用程序是否有权访问 HealthKit，验证通过后，再调用名为 getWorkouts()的函数来执行此步骤。

代码清单 3-8　打开应用程序时执行锻炼查询（WorkoutTableViewController.swift）

```
override func viewDidLoad() {
    super.viewDidLoad()
    
    ...
    
    //在载入视图之后执行更多的设置，通常是从 nib 进行
    
    if (HKHealthStore.isHealthDataAvailable()) {
        
        healthStore = HKHealthStore()
        
        let stepType : HKQuantityType? =
        HKQuantityType.quantityTypeForIdentifier
        (HKQuantityTypeIdentifierStepCount)
        let distanceType : HKQuantityType? = HKQuantityType.
```

```
                quantityTypeForIdentifier
                (HKQuantityTypeIdentifierDistanceWalkingRunning)
                let workoutType : HKWorkoutType = HKObjectType.workoutType()

                let readTypes : Set = [stepType!, distanceType!, workoutType]
                let writeTypes : Set = [stepType!, distanceType!, workoutType]

                healthStore?.requestAuthorizationToShareTypes(writeTypes,
                readTypes: readTypes, completion: { (success: Bool, error:
                NSError?) -> Void in
                        //set 集合

                    if success {
                        //成功

                        //可以获取锻炼数据

                        self.getWorkouts()

                    } else {
                        //用户拒绝
                        self.presentErrorMessage("HealthKit permissions
                        denied")

                    }

                })

        } else {
            //无可用的 HealthKit 数据
        }
}
```

在 getWorkouts()函数中，将要创建一个 HKSampleQuery，可以执行一个命令来运行它，然后将结果保存到一个表格视图可以用作数据源的对象中。

用于创建 HKSampleQuery 的构造函数是 init(sampleType: predicate: limit: sortDescriptors: resultsHandler: HKSampleQuery)。该构造函数要求你提供样本类型、结果数量的限制以及查询完成之后要执行的代码块。开发人员还可以选择提供谓词以进一步过滤结果，并提供排序描述符以对结果进行排序。

让我们从处理已知的参数开始。对于数据类型，我们已经知道要获取锻炼类型的数据。

```
let workoutType = HKObjectType.workoutType()
```

对于排序描述符,用户希望以"最新的数据放在最前面"的顺序查看锻炼记录,因此可以按开始日期降序排序。

```
let sortDescriptor = NSSortDescriptor(key: HKSampleSortIdentifierStartDate,
ascending: false)
```

为了使应用程序加载更快,最好对项目数量设置一个限制。对于我们的应用程序实现,则只需要显示上个月的锻炼记录,最多 30 个项目。生成 HKQuery 谓词的最简单方法是使用以下公共方法:

```
predicateForSamplesWithStartDate(NSDate?, endDate: NSDate?, options:
HKQueryOptions)
```

上述方法将指定开始日期、结束日期和其他选项。

结束日期应该是"现在"——以 now 表示,可以通过使用默认构造函数创建一个新的 NSDate() 对象来检索该日期。

```
let now = NSDate()
```

对于开始日期,则需要执行一些额外的逻辑来计算"一个月前"的日期。幸运的是,NSCalendar 类提供了一种允许计算偏移日期的方法,具体如下:

```
dateByAddingUnit(NSCalendarUnit, value: Int, toDate: NSDate, options:
NSCalendarOptions)
```

要计算一个月前的日期,可根据当前日期指定以 Month 为单位,并将偏移量指定为-1。

```
let oneMonthAgo = calendar.dateByAddingUnit(NSCalendarUnit.Month, value:
-1, toDate: now, options: NSCalendarOptions(rawValue: 0))
```

现在,开发人员可以使用两个日期对象创建锻炼谓词。

```
let workoutPredicate = HKQuery.predicateForSamplesWithStartDate
(oneMonthAgo, endDate: now, options: HKQueryOptions.None)
```

最后一个参数是查询完成后将执行的块。查询完成后,需要检查操作是否成功,将结果存储在表格视图可以访问它们的位置处,并告诉表格重新加载新结果。

首先,需要为 WorkoutTableViewController 类创建一个实例变量以存储查询的结果。在代码清单 3-9 中,修改了类定义以包括此数组,该数组名为 workouts。由于结果是 HKWorkout 对象,因此将数组初始化为包含此类型的空数组。

代码清单 3-9 将 workoutArray 添加到表格视图控制器上

```swift
class WorkoutTableViewController: UITableViewController {
    var healthStore: HKHealthStore?

    var workouts = [HKWorkout]()

    override func viewDidLoad() {
        ...
    }
}
```

要保存结果，可以先验证该数组是否包含 HKWorkout 对象，然后保存一个副本，如代码清单 3-10 所示。

代码清单 3-10 将结果附加到 workoutArray 中

```swift
if let workouts = results as? [HKWorkout] {
    self.workouts = workouts
}
```

最后，要刷新表格视图，可以调用 reloadData() 方法并修改先前的代码以包括此更改，如代码清单 3-11 所示。

代码清单 3-11 添加锻炼记录后更新用户界面

```swift
if let workouts = results as? [HKWorkout] {
    self.workouts = workouts

    dispatch_async(dispatch_get_main_queue(), { () -> Void in
        self.tableView.reloadData()
    })
}
```

我们需要在 dispatch_aync() 块中执行上述操作，因为 iOS 仅从执行的主线程上执行用户界面更新。Completion 处理程序在后台线程上执行。

在所有参数都已经就绪之后，接下来可以创建 HKSampleQuery 对象以查询锻炼记录，如代码清单 3-12 所示。

代码清单 3-12 创建一个 HKSampleQuery 对象以查询锻炼记录

```swift
let workoutQuery = HKSampleQuery(sampleType: workoutType, predicate: workoutPredicate, limit: 30, sortDescriptors: [sortDescriptor]) { (query: HKSampleQuery, results: [HKSample]?, error: NSError? ) -> Void in
```

```
    print("results are here")
    if error == nil {
        if let workouts = results as? [HKWorkout] {
            self.workouts = workouts

            dispatch_async(dispatch_get_main_queue(), { () -> Void in
                self.tableView.reloadData()
            })
        }
    } else {
        self.presentErrorMessage("Error fetching workouts")
    }
}
```

代码清单 3-13 提供了完整的 getWorkouts()方法。可以看到,在创建查询之后,需要在 healthStore 对象上调用 executeQuery 来执行它。所有 HKQueries 查询都需要执行才能运行,可以将它们想象为房子的蓝图,蓝图告诉我们如何建造房屋,但是我们需要将蓝图交给建筑承包商才能实际建造房屋。

代码清单 3-13　完整的 getWorkouts()函数(WorkoutTableViewController.swift)

```
func getWorkouts() {

    let workoutType = HKObjectType.workoutType()

    let sortDescriptor = NSSortDescriptor(key:
    HKSampleSortIdentifierStartDate, ascending: false)

    let now = NSDate()

    let calendar = NSCalendar.currentCalendar()

    let oneMonthAgo = calendar.dateByAddingUnit(NSCalendarUnit.Month,
    value: -1, toDate: now, options: NSCalendarOptions(rawValue: 0))

    let workoutPredicate = HKQuery.predicateForSamplesWithStartDate
    (oneMonthAgo, endDate: now, options: HKQueryOptions.None)

    let workoutQuery = HKSampleQuery(sampleType: workoutType, predicate:
    workoutPredicate, limit: 30, sortDescriptors: [sortDescriptor]) {
    (query: HKSampleQuery,results: [HKSample]?, error: NSError? ) -> Void in
        print("results are here")
        if error == nil {
```

```
            if let workouts = results as? [HKWorkout] {
                self.workouts = workouts

                dispatch_async(dispatch_get_main_queue(), { () -> Void in
                    self.tableView.reloadData()
                })
            }
        } else {
            self.presentErrorMessage("Error fetching workouts")
        }
    }

    healthStore?.executeQuery(workoutQuery)
}
```

3.3.2 在表格视图中显示结果

现在我们已经具有初始化锻炼列表的有效数据，据此，需要修改 WorkoutTableViewController 以将 workouts 数组用作其数据源。首先可以指定类是表格视图委托和数据源，如代码清单 3-14 所示。

代码清单 3-14　将视图控制器设置为表格视图委托和数据源

```
override func viewDidLoad() {
    super.viewDidLoad()

    tableView.dataSource = self
    tableView.delegate = self
}
```

iOS 中的表格视图可以显示来自二维数组的信息，该二维数组由节和行组成。此应用程序的数据源是一个一维数组，按顺序包含锻炼列表。通过覆盖 numberOfSectionsInTableView() 方法，在表格视图中将节数指定为 1，如代码清单 3-15 所示。

代码清单 3-15　在表格视图中指定节数

```
override func numberOfSectionsInTableView(tableView: UITableView) -> Int {
    return 1
}
```

对于行数，则返回数组中的项目数，如代码清单 3-16 所示。

代码清单 3-16　在表格视图中指定行数

```
override func tableView(tableView: UITableView, numberOfRowsInSection
section: Int) -> Int {
    return workouts.count
}
```

要显示结果，则需要重写以下方法：

```
func tableView(tableView:UITableView,cellForRowAtIndexPath indexPath:
NSIndexPath)-> UITableViewCell
```

这将以索引路径作为输入（项的节和行号），并返回已使用来自相应数据源项的值初始化的 UITableViewCell 对象。要遵循该应用程序的线框，开发人员将要显示锻炼类型、日期和持续时间。

访问锻炼项目非常简单，只需提供该行即可，但要使这些值易于人类阅读有点复杂。锻炼类型存储为 enum（枚举类型），要将其转换为字符串，可执行 switch() 语句，对接收到的枚举值进行操作。糟糕的是，我们需要自己创建字符串，如代码清单 3-17 所示。

代码清单 3-17　将锻炼类型转换为人类可阅读的字符串

```
switch(workout.workoutActivityType) {
case HKWorkoutActivityType.Running:
    workoutTypeString = "Running"
case HKWorkoutActivityType.Walking:
    workoutTypeString = "Walking"
caseHKWorkoutActivityType.Elliptical:
    workoutTypeString = "Elliptical"
default:
    workoutTypeString = "Other workout"
}
```

要显示日期，需要创建一个日期格式化器（Date Formatter）。NSDateFormatter 类根据常见模式或用户定义的模式管理日期和时间的不同格式，它还提供了一种方便的方法来根据所指定的格式输出字符串。在当前实现中，选择了显示一个详细的日期字符串和一个短时间字符串，如代码清单 3-18 所示。

代码清单 3-18　将时间显示为人类可读的字符串

```
let dateFormatter = NSDateFormatter()
dateFormatter.dateStyle = NSDateFormatterStyle.MediumStyle
dateFormatter.timeStyle = NSDateFormatterStyle.ShortStyle
```

```
cell.textLabel?.text = "\(workoutTypeString) / \(timeString)"
cell.detailTextLabel!.text = dateFormatter.stringFromDate
(workout.startDate)
```

同样,对于锻炼的持续时间来说,如果要显示分钟和秒,则需要将输出(以秒为单位的 NSTimeInterval 值)转换为易于理解的字符串。为了执行此操作,我们为 NSTimeInterval 类创建了一个扩展方法,称为 toString(inputTime:NSTimeInterval)。此方法将 NSTimeInterval 作为输入并返回一个字符串。例如,可以按以下方式调用方法:

```
let timeString = NSTimeInterval().toString(workout.duration)
```

扩展允许开发人员将方法添加到现有类中,而无须子类化一个父类。要定义扩展,只需创建一个扩展块,并指定要扩展的类的名称和要创建的方法的名称。为了以逻辑方式组织项目,建议创建一个单独的文件以包含所有扩展。对于 RunTracker 项目来说,我们创建了一个名为 Extensions.swift 的文件(有关定义,请参见代码清单 3-19)。

代码清单 3-19 使用扩展文件创建时间字符串(Extensions.swift)

```
import Foundation

extension NSTimeInterval {
    
    func toString(input: NSTimeInterval) -> (String) {
        let integerTime = Int(input)
        let hours = integerTime / 3600
        let mins = (integerTime / 60) % 60
        let secs = integerTime % 60
        
        var finalString = ""
        
        if hours > 0 {
            finalString += "\(hours) hrs, "
        }
        
        if mins > 0 {
            finalString += "\(mins) mins,"
        }
        
        if secs > 0 {
            finalString += "\(secs) secs"
        }
        return finalString
```

```
        }
}
```

现在，所有数据都已经采用了人类可读的格式，可以用来创建 UITableViewCell 了。代码清单 3-20 提供了 cellForRowAtIndexPath()方法的完整实现。请注意，我们需要使用与在故事板中指定的单元格标识符相同的单元格标识符（在本例中为 WorkoutCell）。

代码清单 3-20　初始化表格视图单元格（WorkoutTableViewController.swift）

```
override func tableView(tableView: UITableView, cellForRowAtIndexPath
indexPath: NSIndexPath) -> UITableViewCell {
    let cell = tableView.dequeueReusableCellWithIdentifier("WorkoutCell",
forIndexPath: indexPath)

    let workout = workouts[indexPath.row]

    let workoutTypeString : String
    let timeString = NSTimeInterval().toString(workout.duration)

    switch(workout.workoutActivityType) {
    case HKWorkoutActivityType.Running:
        workoutTypeString = "Running"
    case HKWorkoutActivityType.Walking:
        workoutTypeString = "Walking"
    caseHKWorkoutActivityType.Elliptical:
        workoutTypeString = "Elliptical"
    default:
        workoutTypeString = "Other workout"
    }

    let dateFormatter = NSDateFormatter()
    dateFormatter.dateStyle = NSDateFormatterStyle.MediumStyle
    dateFormatter.timeStyle = NSDateFormatterStyle.ShortStyle

    cell.textLabel?.text = "\(workoutTypeString) / \(timeString)"
    cell.detailTextLabel!.text =
dateFormatter.stringFromDate(workout.startDate)

    return cell
}
```

3.3.3 获取背景更新

现在，WorkoutTableViewController 类可以按需获取锻炼记录样本，开发人员应该通过添加 HKObserverQuery 来完成用户界面的实现，以在每次保存新锻炼记录后刷新表格。HealthKit 的优点在于，HKObserverQuery 查询在应用 HealthKit 时将它视为一个整体，这意味着无论是你的应用发布更新还是其他应用发布更新，你都将获得更新的结果。

实现 HKObserverQuery 的过程与 HKSampleQuery 非常相似：指定要查询的类型和谓词以过滤查询，同时指定在查询完成时执行的完成处理程序。用来构建 HKObserverQuery 的构造函数是 init(sampleType:predicate:updateHandler:)。

可以看到，在查询完成执行之后，此构造函数未提供结果数组。为了解决这个问题，可以在完成处理程序中执行示例查询以获取最新结果。由于我们已经通过 getWorkouts() 方法定义了一个查询，因此可以在完成处理程序中对其进行调用，如代码清单 3-21 所示。

代码清单 3-21　执行 HealthKit 背景查询（WorkoutTableViewController.swift）

```
let backgroundQuery = HKObserverQuery(sampleType: workoutType, predicate:
nil, updateHandler: { (query: HKObserverQuery, handler:
HKObserverQueryCompletionHandler, error: NSError? ) -> Void in

    if error == nil {
        self.getWorkouts()
    }

})
```

现在剩下的最后一个问题是，应该在哪里放置该查询？一般来说，应该在管理主数据源的类中初始化一个 HKObserverQuery 查询。对于 RunTracker 应用程序来说，这个管理主数据源的类就是 WorkoutTableViewController。在验证应用程序具有 HealthKit 权限之后，即可将 HKObserverQuery 查询和 executeQuery() 调用放入 viewDidLoad() 方法中，如代码清单 3-22 所示。

代码清单 3-22　包括 HKObserverQuery 查询的完整 viewDidLoad() 方法（WorkoutTableViewController.swift）

```
override func viewDidLoad() {
  super.viewDidLoad()

  tableView.dataSource = self
```

```swift
tableView.delegate = self

//在载入视图之后执行更多的设置，通常是从nib进行

if (HKHealthStore.isHealthDataAvailable()) {

  healthStore = HKHealthStore()

  let stepType : HKQuantityType? = HKQuantityType.quantityTypeForIdentifier(HKQuantity TypeIdentifierStepCount)
  let distanceType : HKQuantityType? = HKQuantityType.quantityTypeForIdentifier(HKQuantityTypeIdentifierDistanceWalkingRunning)
  let workoutType : HKWorkoutType = HKObjectType.workoutType()

  let readTypes : Set = [stepType!, distanceType!, workoutType]
  let writeTypes : Set = [stepType!, distanceType!, workoutType]

  healthStore?.requestAuthorizationToShareTypes(writeTypes,readTypes: readTypes, completion: { (success: Bool, error: NSError?)-> Void in
    //set 集合

    if success {
      //成功

      //可以获取锻炼数据

      let backgroundQuery = HKObserverQuery(sampleType: workoutType, predicate: nil, updateHandler: { (query: HKObserverQuery,handler: HKObserverQueryCompletionHandler, error: NSError? ) -> Void in

        if error == nil {
          self.getWorkouts()
        }

      })

      self.healthStore?.executeQuery(backgroundQuery)

      self.getWorkouts()

    } else {
      //用户拒绝
```

```
            self.presentErrorMessage("HealthKit permissions denied")
        }
    })
} else {
    //无可用的 HealthKit 数据
}
}
```

在代码清单 3-22 中,可以看到两次对 getWorkouts() 的调用。这两次都是必要的,因为一个是从内存中加载视图时执行的;另一个则是在 HKObserverQuery 查询检测到已经将新的锻炼记录保存到 HealthKit 中时执行的。

3.4 小　　结

本章介绍了如何使用 HealthKit 访问健康信息,如何在 RunTracker 应用程序中显示用户过去的锻炼记录,并为创建新的锻炼奠定了基础。在此过程中,我们介绍了在应用程序中设置 HealthKit 兼容性所需的特殊步骤、HealthKit 表示数据的方式以及 HealthKit 使用查询访问数据的方式。第 4 章将介绍使用 Core Motion 访问计步器中的步数并将其转换为 HealthKit 可以理解的锻炼和数量单位,然后将其保存到 HealthKit 中,从而完成应用程序。

第 4 章　使用 Core Motion 保存运动数据

撰文：Ahmed Bakir

4.1　简　　介

第 3 章介绍了如何为 Apple 的健康数据共享存储库 HealthKit 建立应用程序，以及如何查询特定的健康数据类型。本章将介绍如何使用 Core Motion 从用户的设备访问实时运动数据，以及如何将其保存回 HealthKit（所有应用程序都可以访问其中的数据）中。

本章将继续以第 3 章中开始的 RunTracker 应用程序为例，扩展其功能。我们将详细讨论以下主题。

- ❑ 如何使用 Core Motion 访问硬件。
- ❑ 如何使用 Core Motion 保存随时间推移收集的信息。
- ❑ 如何将信息保存到 HealthKit 中。
- ❑ 如何从 Core Motion 和 HealthKit 接收实时活动更新。

与本书中的其他项目一样，开发人员可以在本书网页（Apress.com/9781484211953）上找到 RunTracker 项目的完整源代码，它保存在源代码包的 Ch4 文件夹中。

4.2　使用 Core Motion 访问 Motion 硬件

在第 3 章中为 RunTracker 设置了锻炼列表视图和 HealthKit 权限，下面将收集可以保存回 HealthKit 中的数据。将数据保存到 HealthKit 中的过程与检索数据非常相似，即开发人员可以指定数据类型、收集的数据量和时间范围。对于 RunTracker 应用程序来说，我们将使用 Core Motion 框架来访问用户设备上的计步器。从计步器中可以检测用户已走过的步数，甚至可以检测用户从事的活动类型（步行、跑步、骑自行车等）。在为 RunTracker 应用程序创建界面时，将利用这二者的优势。

自从 iOS 4 以来，Core Motion 一直是 iOS 的运动感应框架。开发人员多年来一直在使用它来访问内置的加速器和陀螺仪（正是因为有了它们才可以支持数千种赛车游戏）。但是，直到 M 系列运动协处理器出现之前，从来没有一种简单的方法可以访问计步数据。

开发人员可以使用加速器来检测设备何时发生运动"颠簸",但是必须开发自己的代码来定义步(Step)。类似地,我们也可以使用 GPS 数据来确定用户移动了多远,但是这样做会很快耗尽电池电量。

尽管 iOS 7 为 Core Motion 框架的 M 系列运动协处理器添加了接口,但 iOS 8 完全解锁了该接口,使开发人员可以直接以步数和活动类型的方式检索数据。Core Motion 会完成所有工作,以定义这个步是什么步(如是跑步还是走步)、对应的距离(不同的步会移动不同的距离)以及在记录步数时用户正在做什么(如跑步或步行)。

Swift 简化了将通用框架包含到开发人员的项目中的过程,因此无须手动将 Core Motion 添加到项目中即可开始使用它。但是,我们仍需要将其包括在想要访问其应用程序编程接口(API)的类中。对于 RunTracker 应用程序来说,CreateWorkoutViewController 类负责从 Core Motion 中提取健身数据并将在锻炼期间显示统计信息,所以首先需要修改该类的定义以包括该框架,如代码清单 4-1 所示。

代码清单 4-1　将 Core Motion 添加到 CreateWorkoutViewController 类中

```
import UIKit
import CoreMotion

class CreateWorkoutViewController: UIViewController {
...
}
```

尽管没有在项目设置中明确定义为设备功能,但是开发人员可以使用相同的设计模式来实现 Core Motion。为了使用 Core Motion,需要执行以下步骤。

- ❑ 验证 Core Motion 在用户设备上是否可用。
- ❑ 询问用户是否有权访问 Core Motion。
- ❑ 确认所需的硬件在用户设备上可用。
- ❑ 要求用户允许访问硬件。

管理运动事件(Motion Event)和运动活动(Motion Activity)许可的 Core Motion 类是 CMMotionActivityManager。严格来说,它将运动活动定义为与用户当前正在从事的运动类型相对应的事件,无论是步行、跑步还是开车。开发人员可以通过调用公共方法 isActivityAvailable()查询运动活动状态。此方法将返回一个布尔值,指示用户是否已授予应用程序访问运动活动的权限。

首次向用户询问 Core Motion 许可时,用户将看到由 iOS 管理的警告视图,如图 4-1 所示。隐私权限由应用程序标识符输入,这意味着应用程序的后续启动(或重新安装)

将不会提示用户再次选择权限级别。当然，用户可以随时通过在 iOS "设置"中选择"隐私"选项来更改其权限级别。

图 4-1　Core Motion 权限警告

与 HealthKit 一样，我们需要确保用户的设备具有要访问的硬件。此外，还应该检查设备是否能够生成要记录的数据。CMPedometer 类可用于访问用户设备上的计步器。要检查步数据是否可用，可调用 isStepCountingAvailable()公共方法。

在锻炼列表屏幕中，必须在屏幕加载后立即提示用户许可 HealthKit 权限，以便向表格加载有效数据。在创建新锻炼记录屏幕中，当用户尝试开始锻炼时，应该启动 Core Motion 许可请求。这是通过单击 Start Workout（开始锻炼）按钮来启动的，该按钮将调用的是 toggleWorkout()方法。

根据锻炼是否在进行中，toggleWorkout()方法将调用 startWorkout()开始访问计步器，或者调用 stopWorkout()以保存进度。用于确定锻炼是否正在进行的标志将存储为布尔值实例变量，称为 workoutActive。代码清单 4-2 描述了用于创建锻炼视图控制器（CreateWorkoutViewController.swift）的 toggleWorkout()方法，并添加了 workoutActive 标志作为类定义的一部分。

代码清单 4-2　用于启动或停止锻炼的按钮的处理程序（CreateWorkoutViewController.swift）

```swift
import UIKit
import CoreMotion

class CreateWorkoutViewController: UIViewController {
    var workoutActive = false
    . . .
    @IBAction func toggleWorkout(sender: UIButton) {

        if (workoutActive) {

            self.stopWorkout()

        } else {

            self.startWorkout()

        }
        workoutActive = !workoutActive

    }
}
```

在代码清单 4-2 中，我们选择将锻炼开始的逻辑包装在 startWorkout()方法中，这也是放置权限处理代码的位置。当确定你的应用程序有权使用 Core Motion 时，则更改 Start Workout（开始锻炼）按钮的颜色和状态，以指示已经开始锻炼。代码清单 4-3 提供了 startWorkout()方法。

代码清单 4-3　开始锻炼（CreateWorkoutViewController.swift）

```swift
func startWorkout() {
 self.timer = NSTimer.scheduledTimerWithTimeInterval(1.0, target: self,
 selector: "updateTime", userInfo: nil, repeats: true)

 if initialStartDate == nil {
   initialStartDate = NSDate()
 }
 startDate = NSDate()

 //开始计步
 toggleButton.backgroundColor = UIColor.redColor()
 toggleButton.setTitle("Pause workout", forState: UIControlState.Normal)
```

```
if (CMMotionActivityManager.isActivityAvailable() && CMPedometer.
isStepCountingAvailable()) {
    //成功

}
}
```

4.3 查询步数

学习至此，读者应该能够理解为什么 HealthKit 和 Core Motion 具有许多设计上的相似性。正如必须实例化 HKHealthStore 对象以检索 HealthKit 数据一样，开发人员也必须实例化 CMPedometer 对象才能访问用户设备上的计步器。可以将 CMPedometer 对象添加到 CreateWorkoutViewController 类中，并在确定设备有权使用 Core Motion 时对其进行初始化，如代码清单 4-4 所示。

代码清单 4-4　初始化 CMPedometer

```
func startWorkout() {

    //开始计步
    toggleButton.backgroundColor = UIColor.redColor()
    toggleButton.setTitle("Pause workout", forState:UIControlState.Normal)

    if (CMMotionActivityManager.isActivityAvailable() && CMPedometer.
    isStepCountingAvailable()) {
        pedometer = CMPedometer()
    }
}
```

Core Motion 还实现了以下查询概念：检索两个时间之间的一组数据，并且观察者查询可检索到数据集的更新。检索两个时间之间运动步数的 CMPedometer 方法如下：

```
queryPedometerDataFromDate(NSDate,toDate: NSDate, withHandler:
CMPedometerHandler)
```

上述方法将两个 NSDate 对象作为参数，并在完成执行后执行一个块，该块将返回一个 CMPedometerData 对象和错误。CMPedometer 对象包含的值包括步数和行进距离，这些值是根据 iOS 观察到的有关用户的硬件事件和指标（包括步幅）计算的。与前文的 HealthKit 查询一样，开发人员应该将用户开始锻炼的时间作为开始时间，将用户结束锻炼的时间作为结束时间。CreateWorkoutViewController 类还指定开发人员需要在 stopWorkout()方法中执行计步器查询。首先，可以在类中添加一个指示开始时间的 NSDate 对象，并在 startWorkout()方法中对其进行初始化，如代码清单 4-5 所示。

代码清单 4-5　跟踪开始时间（CreateWorkoutViewController.swift）

```
class CreateWorkoutViewController: UIViewController {

    ...
    var startDate : NSDate?

    ...

    func startWorkout() {
        startDate = NSDate()
        ...
    }
}
```

接下来，我们需要在 stopWorkout()方法中实现查询逻辑。在这个方法中，在计步器激活后（对象应该被初始化），将锻炼按钮的状态改回 Start Workout（开始锻炼）并尝试查询步数数据。这个步数将来可以保存到 HealthKit 中，但当前只需要将其显示在 Workout progress（锻炼进度）标签中即可。代码清单 4-6 提供了 stopWorkout()函数的实现。

代码清单 4-6　结束锻炼时查询总步数（CreateWorkoutViewController.swift）

```
func stopWorkout() {
//停止锻炼

self.timer?.invalidate()

//暂停计时器
toggleButton.backgroundColor = UIColor.blueColor()
toggleButton.setTitle("Continue workout",forState:UIControlState.Normal)

//保存步数
if (pedometer != nil && startDate != nil) {
  let now = NSDate()

  pedometer?.stopPedometerUpdates()

} else {
```

```
        self.presentErrorMessage("Could not access pedometer")
    }
})

//增加锻炼的持续时间
duration += now.timeIntervalSinceDate(startDate!)
    }
}
```

为了进一步改善用户体验,应该在锻炼开始后使用 NSTimer 每秒更新一次时间标签。这为用户提供了其他锻炼设备(如手表)可能具有的"计时"功能。在代码清单 4-7 中,将 NSTimer 添加到 CreateWorkoutViewController 类中,并在 startWorkout()方法中对其进行了初始化。指定计时器应每秒重复一次,并在触发时调用 updateTime()方法。

代码清单 4-7　将 NSTimer 添加到 CreateWorkoutViewController 类中

```
class CreateWorkoutViewController: UIViewController {

    ...
    var timer: NSTimer?
        ...

    func startWorkout() {
        self.timer = NSTimer.scheduledTimerWithTimeInterval(1.0, target:
        self, selector: "updateTime", userInfo: nil, repeats: true)
        //开始计步
        toggleButton.backgroundColor = UIColor.redColor()
        toggleButton.setTitle("Pause workout", forState:
        UIControlState.Normal)

        if (CMMotionActivityManager.isActivityAvailable() && CMPedometer.
        isStepCountingAvailable()) {
            pedometer = CMPedometer()
                ...
        }
    }
}
```

updateTime()方法将根据自计时器启动以来经过的秒数创建一个字符串,并更新 timeLabel 属性。代码清单 4-8 提供了 updateTime()方法。同样地,我们可以使用先前创建的 toString()方法来基于 NSTimeInterval 值生成易于理解的字符串。

代码清单 4-8　启用对锻炼时间标签的更新(CreateWorkoutViewController.swift)

```
func updateTime() {
```

```
let now = NSDate()

if (startDate != nil) {
    let totalTime : NSTimeInterval = duration +
    now.timeIntervalSinceDate(startDate!)
    
    dispatch_async(dispatch_get_main_queue(), { () -> Void in
        self.timeLabel!.text = NSTimeInterval().toString(totalTime)
    })
}
}
```

最后,要停止计时器,请在计时器实例变量上调用 invalidate()方法,如代码清单 4-9 所示。导致重复 NSTimer 的设计决策之一是,为了停止它,必须维护一个指向该对象的指针,并显式调用 invalidate()方法以阻止它再次触发。维护指针很麻烦,但是它允许控制多个重复计时器。

代码清单 4-9　停止锻炼计时器(CreateWorkoutViewController.swift)

```
func stopWorkout() {
    //停止锻炼
    self.timer?.invalidate()
    //暂停计时器
    toggleButton.backgroundColor = UIColor.blueColor()
    toggleButton.setTitle("Continue workout", forState:
    UIControlState.Normal)
    
    //保存步数
    if (pedometer != nil && startDate != nil) {
        ...
    }
}
```

4.3.1　检测实时更新的步数

CMPedometer 类中的以下方法使开发人员可以查询对计步器的实时更新:

```
startPedometerUpdatesFromDate(NSDate, withHandler:CMPedometerHandler)
```

上述方法对于跟踪锻炼过程中收集的总体步数来说并不理想,因为 iOS 控制着更新频率,并且不能保证及时。但是,它对于创建锻炼记录屏幕很有用,因为开发人员可以使用它来更新用户界面。

使用 startPedometerUpdatesFromDate()方法比查询一组计步器数据要简单得多，开发人员只需要提供处理程序方法和开始日期即可。由于在锻炼活动期间更新将是连续的，因此在用户开始锻炼后开始查询是有意义的。RunTracker 应用程序的线框指定用户可以在保存锻炼记录之前暂停和继续锻炼，因此可以将另一个 NSDate 对象添加到类中以指定锻炼的初始开始时间，如代码清单 4-10 所示。

代码清单 4-10　修改的 CreateWorkoutViewController 类，包括初始开始日期属性

```
class CreateWorkoutViewController: UIViewController {

    ...
    @IBOutlet weak var timeLabel: UILabel!

    ...

    var startDate : NSDate?
    var initialStartDate : NSDate?
    var timer: NSTimer?

    @IBAction func toggleWorkout(sender: UIButton) {
        ...
    }
}
```

建立第二个 NSDate 对象后，即可在锻炼结束时使用初始开始时间来查询样本数据，如代码清单 4-11 所示。请记住，在执行查询时要更新总锻炼时间并检查是否有错误。

代码清单 4-11　结束锻炼时查询 HealthKit 数据（CreateWorkoutViewController.swift）

```
func stopWorkout() {
    //停止锻炼

    self.timer?.invalidate()

    //暂停计时器
    toggleButton.backgroundColor = UIColor.blueColor()
    toggleButton.setTitle("Continue workout",forState: UIControlState.Normal)

    //保存步数
    if (pedometer != nil && startDate != nil) {
        let now = NSDate()
```

```
pedometer?.stopPedometerUpdates()

pedometer?.queryPedometerDataFromDate(startDate!, toDate: now,
withHandler: { (data:CMPedometerData?, error: NSError?) -> Void in
  if (error == nil) {

    if let activityType = HKQuantityType.quantityTypeForIdentifier(
    HKQuantityTypeIdentifierStepCount) {

      let numberOfSteps = data?.numberOfSteps.doubleValue

      self.progressLabel?.steps = "\(numberOfSteps)"

    }
  } else {
    self.presentErrorMessage("Could not access pedometer")
  }
})

//增加锻炼的持续时间
duration += now.timeIntervalSinceDate(startDate!)
 }
}
```

最后，当锻炼结束后，我们还需要做一些处理工作。为了防止计步器在暂停锻炼时或退出创建屏幕后触发更新，请调用 stopPedometerUpdates() 方法。代码清单 4-12 描述了修改后的 stopWorkout() 方法，其中即包括上述方法的调用。

代码清单 4-12　结束锻炼时停止计步器更新（CreateWorkoutViewController.swift）

```
func stopWorkout() {
    //停止锻炼

    self.timer?.invalidate()

    ...

    //保存步数
    if (pedometer != nil && startDate != nil) {
       let now = NSDate()
```

```
      pedometer?.stopPedometerUpdates()
      ...
      //增加锻炼的持续时间
      duration += now.timeIntervalSinceDate(startDate!)
    }
}
```

4.3.2　检测活动类型

Core Motion 的另一个优点是，开发人员可以检测到用户从事的活动类型，如跑步、步行或骑自行车。此功能在 RunTracker 应用程序中将非常有用，因为我们需要使用类型标记锻炼。在 Core Motion 中访问活动状态的类是 CMActivityManager。要接收活动更新，可以调用以下方法：

```
startActivityUpdatesToQueue(NSOperationQueue,withHandler:
CMMotionActivityHandler)
```

要接收活动更新，还需要指定操作队列（主队列）和在接收到更新时应执行的完成处理程序。在代码清单 4-13 中，我们向 startWorkout()方法中添加了活动管理器。

代码清单 4-13　开始锻炼时即对运动活动进行轮询（CreateWorkoutViewController.swift）

```swift
func startWorkout() {
  self.timer = NSTimer.scheduledTimerWithTimeInterval(1.0, target: self,
    selector: "updateTime", userInfo: nil, repeats: true)

  if initialStartDate == nil {
    initialStartDate = NSDate()
  }
  startDate = NSDate()

  //开始计步
  toggleButton.backgroundColor = UIColor.redColor()
  toggleButton.setTitle("Pause workout", forState: UIControlState.Normal)

  if (CMMotionActivityManager.isActivityAvailable() && CMPedometer.
  isStepCountingAvailable()) {
    pedometer = CMPedometer()

    //显示总步数
    ...
```

```
    let activityManager = CMMotionActivityManager()

    activityManager.startActivityUpdatesToQueue(NSOperationQueue.
    mainQueue(), withHandler: { (activity: CMMotionActivity?) -> Void in

      if activity?.stationary == false {
        self.lastActivity = activity
      }

      var activityString = "Other activity type"

      if (activity?.stationary == true) {
        activityString = "Stationary"
      }

      if (activity?.walking == true) {
        activityString = "Walking"
      }

      if (activity?.running == true) {
        activityString = "Running"
      }

      if (activity?.cycling == true) {
        activityString = "Cycling"
      }

      dispatch_async(dispatch_get_main_queue(), { () -> Void in
        self.typeLabel.text = activityString
      })

    })

} else {
  presentErrorMessage("Pedometer not available")
}
}
```

就像 HealthKit 一样，Core Motion 不会将活动类型显示为人类可读的字符串。更为复杂的是，Core Motion 不提供用于存储活动类型的枚举。要检查活动类型，开发人员必须遍历代表公共值的属性。

要在 HealthKit 中创建锻炼记录，必须指定锻炼类型。此前我们已经将最后一次已知的锻炼类型保存到名为 lastActivity 的实例变量中，不包括静态活动（用户希望看到跑步或步行等活动的锻炼类型）。在代码清单 4-14 中，再次修改了类定义以包含 lastActivity 属性。

代码清单 4-14　添加 lastActivity 属性以保存用户的上一个运动活动
（CreateWorkoutViewController.swift）

```
class CreateWorkoutViewController: UIViewController {

    ...

    var timer: NSTimer?

    var lastActivity : CMMotionActivity?

    var pedometer : CMPedometer?
    ...

    @IBAction func toggleWorkout(sender: UIButton) {
        ...
    }
}
```

4.4　将数据保存到 HealthKit 中

要完成所收集的健身数据的往返过程，开发人员需要将其保存回 HealthKit 中。在 RunTracker 应用程序中，我们将收集到的步数保存到 HealthKit 中，并将这些数据片段一起编译为 HealthKit 中的单个锻炼记录。首先，我们需要授予创建锻炼记录屏幕访问 HealthKit 的权限。与锻炼列表一样，可以将 HKHealthStore 属性添加到 CreateWorkoutViewController 类中，并包含 HealthKit 框架，如代码清单 4-15 所示。

代码清单 4-15　将 HKHealthStore 属性添加到 CreateWorkoutViewController 类中
（CreateWorkoutViewController.swift）

```
import UIKit
import CoreMotion
import HealthKit
```

```
class CreateWorkoutViewController: UIViewController {

    ...
    var healthStore: HKHealthStore?
    var startDate : NSDate?
    var initialStartDate : NSDate?
    ...

    @IBAction func toggleWorkout(sender: UIButton) {
        ...
    }

}
```

虽然创建另一个 HKHealthStore 很容易，但是共享为锻炼列表创建的 HKHealthStore 则是更明智的选择。我们可以利用跳转与创建锻炼视图的锻炼列表共享 Health Store 的健康数据。在 WorkoutTableViewController 类中，可以实现 prepareForSegue() 方法来检测触发事件的时间，如代码清单 4-16 所示。在确定它是 CreateWorkoutSegue 之后，提取跳转的目标视图控制器。可以将此视图控制器上的 healthManager 属性设置为来自锻炼列表的 Health Store。

代码清单 4-16 在类之间共享 Health Store 的健康数据（WorkoutTableViewController.swift）

```
override func prepareForSegue(segue: UIStoryboardSegue,
sender: AnyObject?) {

    if (segue.identifier == "CreateWorkoutSegue") {

        if let navVC = segue.destinationViewController as?
        UINavigationController {

            if let createVC = navVC.viewControllers[0] as?
            CreateWorkoutViewController {
                createVC.healthStore = self.healthStore
            }

        }

    }
}
```

现在，我们已经初始化了 healthStore 属性，可以执行保存操作来保存数据。请记住，在执行步数查询后，在 stopWorkout()方法中会将其显示在标签中。为了使 RunTracker 应用程序完全正常运行，需要将其保存到 HealthKit 中。在 Health Store 中保存一段数据的方法如下：

```
saveObject(HKObject, withCompletion:{(Bool, NSError?)-> Void in})
```

上述方法将 HKObject 用作输入，并在保存对象之后将执行完成处理程序。

对于输入参数来说，我们需要将步数转换为 HKQuantitySample。可以按照之前使用的相同步骤查找步数的单元和对象类型。一旦有了这两个参数，就可以创建一个新的 HKQuantitySample。对于数量值，可以将计步器的步数转换为双精度值，如代码清单 4-17 所示。

代码清单 4-17　结束锻炼时创建 HKQuantitySample 对象（CreateWorkoutViewController.swift）

```swift
func stopWorkout() {
  //停止锻炼

  self.timer?.invalidate()

  //暂停计时器
  toggleButton.backgroundColor = UIColor.blueColor()
  toggleButton.setTitle("Continue workout",forState: UIControlState.Normal)

  //保存步数
  if (pedometer != nil && startDate != nil) {
    let now = NSDate()

    pedometer?.stopPedometerUpdates()

    pedometer?.queryPedometerDataFromDate(startDate!, toDate: now,
    withHandler: { (data: CMPedometerData?, error: NSError?) -> Void in
      if (error == nil) {

        if let activityType = HKQuantityType.quantityTypeForIdentifier(
        HKQuantity TypeIdentifierStepCount) {

          let numberOfSteps = data?.numberOfSteps.doubleValue

          let countUnit = HKUnit(fromString: "count")
```

```
    let stepQuantity = HKQuantity(unit: countUnit, doubleValue:
    numberOfSteps!)

    let activitySample = HKQuantitySample(type: activityType,
    quantity: stepQuantity, startDate: self.startDate!, endDate: now)

  //增加锻炼持续时间
  duration += now.timeIntervalSinceDate(startDate!)
 }
}
```

对于保存操作，我们需要定义一个完成处理程序。由于 RunTracker 应用程序会将数据片段汇总到一个锻炼中，因此可以将新创建的 HKQuantitySample 追加到一个数组中，如代码清单 4-18 所示。

代码清单 4-18　结束锻炼时保存 HKQuantitySample 对象（CreateWorkoutViewController.swift）

```
func stopWorkout() {
 //停止锻炼

 self.timer?.invalidate()

 //暂停计时器
 toggleButton.backgroundColor = UIColor.blueColor()
 toggleButton.setTitle("Continue workout",forState: UIControlState.Normal)

 //保存步数
 if (pedometer != nil && startDate != nil) {
  let now = NSDate()

  pedometer?.stopPedometerUpdates()

  pedometer?.queryPedometerDataFromDate(startDate!, toDate: now,
   withHandler: { (data: CMPedometerData?, error: NSError?) -> Void in
    if (error == nil) {

     if let activityType = HKQuantityType.quantityTypeForIdentifier(
      HKQuantity TypeIdentifierStepCount) {

      let numberOfSteps = data?.numberOfSteps.doubleValue

      let countUnit = HKUnit(fromString: "count")
```

```swift
    let stepQuantity = HKQuantity(unit: countUnit, doubleValue:
    numberOfSteps!)
    
    let activitySample = HKQuantitySample(type: activityType,
    quantity: stepQuantity, startDate: self.startDate!, endDate: now)
    
    self.healthStore?.saveObject(activitySample, withCompletion: {
    (completed : Bool, error : NSError?) -> Void in
      if (error == nil) {
        
        //添加到样本数组
        self.sampleArray.append(activitySample)
        
      } else {
        self.presentErrorMessage("Error saving steps")
      }
    })
    
  }
  
  } else {
    self.presentErrorMessage("Could not access pedometer")
  }
})

//增加锻炼持续时间
duration += now.timeIntervalSinceDate(startDate!)
 }
}
```

在代码清单 4-19 中,我们修改了类定义以包括样本数组。

代码清单 4-19 将 HKSample 样本数组添加到 CreateWorkoutViewController 类中

```swift
class CreateWorkoutViewController: UIViewController {
    
    ...
    
    var sampleArray = [HKSample]()
    ...
    @IBAction func toggleWorkout(sender: UIButton) {
        ...
    }
```

}
```

如前文 RunTracker 应用程序设计中所述，在 HealthKit 中创建锻炼对象之后，用户单击 Done（完成）按钮即可完成锻炼并将其保存到 HealthKit 中。在 Done（完成）按钮的处理程序 done()中，应创建一个新的 HKWorkout 对象并将其保存到 HealthKit 中，这和用户每次暂停锻炼时保存 HKQuantitySample 的方式是一样的。

要创建新的锻炼记录，可以使用以下构造函数：

```
HKWorkout(activityType:HKWorkoutActivityType,startDate:NSDate,
endDate:NSDate)
```

对于活动类型来说，可以将存储在 lastActivity 属性中的最后一个有效 CMMotionActivity 转换为 HKWorkoutType。我们通过基于活动类型的属性指定 HKWorkoutType，将该逻辑添加到 done()方法中，如代码清单 4-20 所示。

代码清单 4-20　将活动类型转换为锻炼类型

```
@IBAction func done(sender: UIBarButtonItem) {

    //创建新的锻炼对象
    let now = NSDate()

    if workoutActive {
        self.stopWorkout()
    }

    var workoutType = HKWorkoutActivityType.Walking

    if lastActivity != nil {
        if (lastActivity?.walking == true) {
            workoutType = HKWorkoutActivityType.Walking
        }
        if (lastActivity?.running == true) {
            workoutType = HKWorkoutActivityType.Running
        }

        if (lastActivity?.cycling == true) {
            workoutType = HKWorkoutActivityType.Cycling
        }
    }
}
```
```

保存锻炼的其余逻辑相对简单。我们现在可以创建一个 HKWorkout 并使用 Health Store 的 saveObject() 方法将其保存，如代码清单 4-21 所示。对于开始时间来说，可以使用用户开始锻炼的初始时间。

代码清单 4-21　保存 HKWorkout

```
@IBAction func done(sender: UIBarButtonItem) {

    //创建新的锻炼对象
    let now = NSDate()

    if workoutActive {
        self.stopWorkout()
    }

    var workoutType = HKWorkoutActivityType.Walking
 ...

    if initialStartDate != nil {

        let workout = HKWorkout(activityType: workoutType, startDate:
        initialStartDate!, endDate: now)

        self.healthStore?.saveObject(workout, withCompletion: {
        (completed: Bool, error: NSError?) -> Void in
            //锻炼
 ...

    }

}
```

要将一组样本与锻炼相关联，可使用以下方法：

```
addSamples(_:toWorkout:completion:)
```

上述方法需要一组样本、一个锻炼和一个完成处理程序。我们可以使用 sampleArray 和新创建的锻炼作为输入，并在操作成功完成后退出视图控制器，如代码清单 4-22 所示。

代码清单 4-22　将样本与锻炼相关联

```
@IBAction func done(sender: UIBarButtonItem) {
```

```
...
if initialStartDate != nil {

  let workout = HKWorkout(activityType: workoutType, startDate:
  initialStartDate!, endDate: now)

  self.healthStore?.saveObject(workout, withCompletion: {
  (completed: Bool, error: NSError?) -> Void in
    //锻炼

    if error == nil {

      self.healthStore?.addSamples(self.sampleArray,toWorkout:workout,
      completion: { (completed : Bool, error: NSError?) -> Void in

        //
        if error == nil {
          print("steps saved successfully!")

          self.dismissViewControllerAnimated(true, completion: nil)

        } else {
          self.presentErrorMessage("Error adding steps")
        }
      })

    } else {
      self.presentErrorMessage("Error saving workout")
    }
  })

  //添加样本

  //保存

}
}
```

在完成了本章中的所有更改之后，RunTracker 应用程序现在已经完成，并且看起来如图 4-2 所示。

第 4 章 使用 Core Motion 保存运动数据

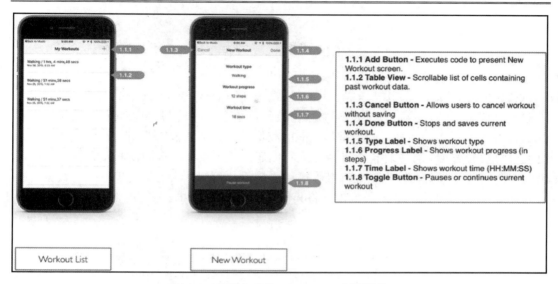

图 4-2 已经完成的 RunTracker 应用程序

原　　文	译　　文
1.1.1 Add Button - Executes code to present New Workout screen	1.1.1 Add（添加）按钮——执行代码以显示 New Workout（新锻炼）屏幕
1.1.2 Table View - Scrollable list of cells containing past workout data	1.1.2 表格视图——包含过去锻炼数据的单元格的滚动列表
1.1.3 Cancel Button - Allows users to cancel workout without saving	1.1.3 Cancel（取消）按钮——允许用户取消锻炼而无须保存
1.1.4 Done Button- Stops and saves current workout	1.1.4 Done（完成）按钮——停止并保存当前锻炼
1.1.5 Type Label - Shows workout type	1.1.5 类型标签——显示锻炼类型
1.1.6 Progress Label - Shows workout progress (in steps)	1.1.6 进度标签——显示锻炼进度，以 Step（步）为单位
1.1.7 Time Label - Shows workout time (HH:MM:SS)	1.1.7 时间标签——显示锻炼时间（HH:MM:SS）
1.1.8 Toggle Button - Pauses or continues current workout	1.1.8 切换按钮——暂停或继续当前锻炼
Workout List	锻炼列表
New Workout	添加新锻炼

4.5 小　　结

本章介绍了如何通过构建 RunTracker 活动来使用 HealthKit 和 Core Motion 跟踪用户的健身活动，该活动显示了用户过去的锻炼并允许用户创建新的锻炼。通过构建 RunTracker 的过程，阐释了两个框架之间的相似性，包括它们需要用户许可以及在开始使用它们之前需要进行硬件检查等特点。我们还介绍了查询，查询使开发人员可以按需轮询数据，并在数据源发生更改时接收更新。最后，我们讨论了将计步器中的数据转换为 HealthKit 可以使用的数据类型，并将其保存回 HealthKit 中。

第5章 使用 Fitbit API 集成第三方健身跟踪器和数据

撰文：Gheorghe Chesler

当前市场上最流行的联网运动跟踪器之一是 Fitbit。通过基于 Web 的应用程序编程接口（API），Fitbit 允许开发人员访问通过其硬件记录的活动以及 Fitbit 生态系统中的相关健康信息，包括膳食和体重。

本章将教会开发人员如何从其应用程序连接到 Fitbit API，并且如何从中检索信息并记录新的活动。

5.1 关于 Fitbit API

Fitbit 设备是健康指标跟踪器（Tracker），可记录详细的每分钟步数、距离、卡路里消耗数据和睡眠记录。这些设备之所以受欢迎，是因为它们非常轻巧，并且可以满足健康跟踪的基本需求。

步数数据、卡路里计数、睡眠记录和心率（如果由跟踪器测量）将存储 30 天。一旦用户能够同步，这些数据就会全部上传到用户的账户中，然后会反映在用户的信息中心上。

用户可以通过任何一台计算机同步跟踪器，只要它已安装 Fitbit 软件并将基站（用于 Ultra 跟踪器）或无线同步加密狗（用于所有其他跟踪器）插入计算机中即可。当然，有一个免费的 iPhone 应用程序可供使用，可以在旅途中同步数据。用户只能将一个跟踪器与一个 Fitbit.com 账户配对。

Fitbit 跟踪器和同步设备之间的通信使用专有协议，该协议可以将数据与用户的在线 Fitbit 账户同步。Fitbit 提供了一个 API，可以让开发人员从 Swift 开发的应用程序中访问已经存储的健康数据。

Fitbit API 是一种 RESTful API，可用于访问 Fitbit 数据，如跟踪器集合（Collection）、个人资料（Profile）和统计数据。该 API 处于持续开发中，并且将不断提供新功能。Fitbit API 使用 OAuth 进行身份验证（Authentication）。有关 Fitbit API 的说明文档可以在 https://dev.fitbit.com/docs 上找到。

Fitbit API 允许开发人员与在 Fitbit 服务器上找到的账户数据进行交互。重要的是要意识到，我们将无法与设备进行交互并直接从设备上获取数据。如果没有 Internet 连接，则 Fitbit 设备会将数据存储在 Fitbit 应用程序中，但是该数据必须在已经连接 Internet 的情况下才能到达 Fitbit 服务器，因此只有在联网的情况下，我们才能获取最新版本的数据。

最近，Fitbit 整合了从 XML 到 JavaScript 对象表示法（JavaScript Object Notation，JSON）的 API 响应。本章将使用以 JSON 格式返回数据的请求。该 API 当前并未强制实施安全套接字层（Security Socket Layer，SSL），但是建议将 SSL 用于所有通信，或者至少用于 OAuth 握手。

5.1.1 关于 RESTful API

RESTful API 是根据表示性状态转移（REpresentational State Transfer）架构构建的，该架构定义了用于构建可伸缩 Web 服务的最佳实践规则；RESTful API 避免了基于简单对象访问协议（Simple Object Access Protocol，SOAP）和 Web 服务描述语言（Web Service Description Language，WSDL）的 API 的复杂性；RESTful API 通常依赖于 HTTP 谓词 GET、PUT、POST 和 DELETE 来检索数据并将其发送到远程服务器。该数据可以采用多种格式，其中 JSON 是最受欢迎的格式之一。

1. GET

GET 用于从服务中读取数据（以 set 集合或唯一记录的形式）。其请求示例如下：

```
GET https://api.genericapi.com/v1/user/123
```

这将检索 id 为 123 的用户记录。由 API 决定以哪种格式传递数据，但是在我们的示例中，数据将以 JSON 的形式返回，例如：

```
{"id":"123","login":"jsmith","firstName":"Jim","lastName":"Smith"}
```

一种方法是，GET 请求后可以跟一个统一资源定位符（Uniform Resource Locator，URL）编码的参数字符串作为键-值对，示例如下：

```
GET https://api.genericapi.com/v1/item?color=green&size=large
```

我们经常可以在浏览器地址栏中看到这样的 URL，因此它没有任何问题。另一种方法是将参数编码为 URL 的一部分，示例如下：

```
GET https://api.genericapi.com/v1/item/color/green/size/large
```

开发人员实现的 API 的说明文档应详细说明如何编写 GET 请求，例如：

```
GET https://api.genericapi.com/v1/user
```

2. PUT

PUT 用于更新已知记录。根据规范，PUT 可用一组不同的值替换已知的记录数据。根据实现 API 者的意愿，PUT 也可以仅用于更新值的子集，而不必更改整个数据记录。如果它偏离规范，那么我们通常会在 API 说明文档中找到有关 PUT 功能的明确定义。

在请求中定义 ID 后，PUT 将替换所寻址的实体，如果该实体不存在，则将创建它。PUT 必须包含有效负载，也就是它更新的数据记录。例如以下请求：

```
PUT https://api.genericapi.com/v1/user/123
{ "login": "jsmith", "firstName" : "Jane", "lastName" : "Smith"}

PUT https://api.genericapi.com/v1/user
{ "id" : "123", "login": "jsmith", "firstName" : "Jane", "lastName" :
"Smith"}
```

上述两个请求应该具有相同的效果，它将更新 id 为 123 的用户的数据。根据实现的不同，API 将返回更新的记录或仅返回 200 OK 响应。

PUT 操作被称为幂等（Idempotent），这意味着在给定相同数据的情况下，无论重复多少次，结果都将相同。

3. POST

POST 可用于创建新记录。POST 操作采用元素 ID 的情况很少见，因为 API 通常会分配 ID。POST 操作通常返回已插入的记录，并使用已分配的记录 ID 进行填充。其请求/响应示例如下：

```
POST https://api.genericapi.com/v1/user
{ "login": "jdoe", "firstName" : "John", "lastName" : "Doe"}

Response(200 OK):
{ "id" : "133", "login": "jdoe", "firstName" : "John", "lastName" : "Doe"}
```

4. DELETE

DELETE 可用于删除记录（给定记录 ID）。除常规的 200 OK 响应外，它通常不返回任何响应。除了包含要删除 ID 的 URL，它没有太多其他参数，示例如下：

```
DELETE https://api.genericapi.com/v1/user/123
```

5. 返回格式

一般来说，请求的返回格式是在请求的标题中使用键-值对指定的。例如：

```
Accept: application/json
```

某些 API 会选择使用附加到请求 URL 的文件扩展名来识别响应所需的格式。在这种情况下，就不需要在标题中指定返回格式。Fitbit API 就是这种情况，我们将在后面做进一步的介绍。示例如下：

```
GET https://api.genericapi.com/v1/item/color/green/size/large.json

POST https://api.genericapi.com/v1/user.json
```

RESTful API 将 REST 规范仅作为参考指南，因此我们很少看到严格执行该规范的情况。反过来，倒是可以经常看到使用 POST 代替 PUT 或以其他方式使用 POST 的情况，甚至使用 POST 删除项目的情况也不少见。

5.1.2　Fitbit RESTful API 实现细节

除 RESTful API 定义的一般性方法外，Fitbit API 还定义了以下特有模式和格式。
- ❏　服务 URL 中使用的模式。
- ❏　POST 数据的格式。

服务的 URL 在服务和对象/子服务中进行了细分，并添加了其他一些比较有趣的东西。一般来说，当使用 GET 从服务中获取内容时，首选顺序是 API 版本，然后是该服务的名称，接着是实体的 ID，最后是经过 URL 编码并以问号与基本 URL 分隔的 GET 字符串。在 PUT/POST 操作的情况下，协商一致的标准则是在消息正文中发送数据。

Fitbit 构成服务 URL 的方式略有不同，它使所有内容都成为 URL 的一部分，这样比较简单并且也不会影响最终性能。其示例调用如下：

```
GET /1/user/228TQ4/profile.json

GET /1/user/-/profile.json
```

上述用户的 ID 为 228TQ4，后面跟的是被请求的对象/子服务的名称，并且扩展名显示了首选的响应格式，因此无须设置 HTTP 标头字段 Accept。为了使事情更有趣，如果用户 ID 是当前用户的 ID，则只需要指定一个破折号（这就是上面提到的比较有趣的部分）；如果考虑到 ID 是用户 ID 而不是个人资料 ID 这一事实，那么在这里看到的假设是，用户只能拥有唯一的个人资料，而无须公开个人资料 ID。

以下是一个在 URL 路径中编码 GET 参数的示例，后面跟着的则是想要获取体重数据的资源 URL：

```
GET /<api-version>/user/-/body/log/weight/date/<date>.<response-format>
```

```
GET /<api-version>/user/-/body/log/weight/date/<base-date>/<period>.
<response-format>

GET /<api-version>/user/-/body/log/weight/date/<base-date>/<end-date>.
<response-format>
```

以下是按照上述模式进行的实际调用示例：

```
GET /1/user/-/body/log/weight/date/2010-02-21.json

GET /1/user/-/body/log/weight/date/2010-03-27/1w.json

GET /1/user/-/body/log/weight/date/2010-03-27/2010-04-15.json
```

Fitbit 公司的某人一定以为这是一个好主意，但是这里我们只能认为它是比较提倡自由风格。一般来说，即使你决定把什么东西塞到 URL 里面，保持一致也是一个好主意。反观上述示例，我们看到 body/log/weight/date，它们所表示的意思就好像"这些东西都是键，后面跟着的是对应的值"，但即便如此它们好像也是不成立的，因为我们可以看到后面的日期格式与其并不一致。

编写请求的 URL 不需要达到创意写作的程度，但这是 Fitbit API，我们只能适应它，因此在编写提出特定请求的服务时要格外小心，因为到目前为止，我们尚不清楚 Fitbit API 请求网址的组成规则。

对于 POST 请求来说，情况又与标准用法大不相同。Fitbit API 要求我们将 POST 数据作为 URL 编码的字符串发送，作为 POST URL 的一部分。在消息正文中发送 POST 数据的优点之一是，它不会进入 HTTP 服务器活动日志中，并且不会在实际的 URL 中公开，但是对请求进行签名会比较麻烦。也许这是 Fitbit 决定采用这种方法的原因，尽管它不是最安全的。POST 请求的示例如下：

```
POST /1/user/-/bp.json?date=2015-04-24&weight=73

POST /1/user/-/bp.json?date=2015-04-23&diastolic=80&systolic=120
```

从当前的实现中，我们可以看到 Fitbit 将可用谓词限制为 GET 和 POST，而没有主动使用 PUT 或 DELETE。当然，随着 API 的不断发展，这也可能会改变。

5.1.3 使用 Apache 设置本地环境

为了能够在准备处理 OAuth 实现的复杂性之前测试我们的代码，我们需要设置一个本地 Web 服务器。比较保险的假设是你正在 Mac 上工作，因此应该已经安装了 Apache。

对于 Yosemite 之前的 OS X 版本，可以使用 Web Sharing（Web 共享）设置本地 Web 服务器。OS X 10.10 Yosemite 预先安装了 Apache 2.4，但 System Preferences（系统偏好设置）中不再包含 Web Sharing（Web 共享）偏好设置窗格。

开发人员可以安装一个在线可用的 Web Sharing（Web 共享）偏好设置窗格，也可以简单地从终端上使用提供的 apachectl 命令。

要启动 Web 服务器，只需打开终端，打开的方式为 Applications（应用程序）/Utilities（实用工具）/Terminal（终端），然后输入以下命令：

```
$ sudo apachectl start
```

要停止 Apache，可以输入以下命令：

```
$ sudo apachectl stop
```

如果已经启动了 Apache，则可以通过在浏览器中输入以下 URL 来访问服务器：

http://127.0.0.1/

或

http://localhost/

此时应该会看到一个简单的标题，上面写有如下内容：

```
It Works!
```

包含"It Works！"标题的文档称为 index.html.en，它位于/Library/WebServer/Documents 文件夹中。你当前的用户不拥有此文件夹，因此你没有权限立即创建文件。获得权限的最简单方法是更改该文件夹上的标志。为此，你必须使用 sudo 以 root 身份执行以下命令：

```
$ sudo chmod 777 /Library/WebServer/Documents
```

系统将要求输入用户密码，该密码与登录 Mac 系统所使用的密码相同。默认情况下，Mac 系统上的用户具有管理员权限，因此你应该能够使用 sudo 更改用户不拥有的文件和文件夹的标志或所有权。

现在，你的用户可以在该文件夹中创建新文档。在这里，我们将创建两个测试文档，用于验证 APIClient 库的第一个版本发出的请求。

还有一种更复杂的方法是编辑 Apache 配置文件，并将其指向你的主文件夹中的一个文件夹。网络上有足够的关于如何执行此操作的信息。目前，我们需要做的只是在该文件夹中创建两个测试文件，然后启动 Apache，因此我们可以采用上面最简单的方式。

最简单的方法是使用相同的 Terminal（终端）界面和 vi 来创建文件。如果不熟悉使用 vi，可以使用其他流行的控制台文本编辑器（如 nano、cat 或 echo）。编辑第一个文件如下：

```
vi /Library/WebServer/Documents/data.json
```

将以下文本粘贴到 vi 中，然后保存文件：

```
{"Response":{"key":"value"}}
```

编辑第二个文件如下：

```
vi /Library/WebServer/Documents/badData.json
```

将以下文本粘贴到 vi 中，然后保存文件：

```
{"Response":{{"key":"value"}}
```

第二个文件被有意填入了格式错误的 JSON，这将使我们能够测试对可能从 API 中获得的不良或不完整响应的处理。请记住，不能因为你正在使用的是公共 API 就以为它总是可以完美运行或返回有效的响应，这意味着你的代码必须能够正确地处理可能发生的错误。

如果已经启动了 Apache，则无须重新启动它——我们添加的是两个静态文档，并且当它们出现在 Documents 文件夹中时，Apache 会正确识别它们。

5.1.4　OAuth 1.0a 身份验证模型

OAuth 1.0a 身份验证模型是使用者与服务提供者之间相当复杂的一组交互。在我们的案例中，这个服务提供者就是 Fitbit API。

简而言之，需要以下步骤来访问受保护的资源。

（1）使用者请求一个请求令牌（Request Token）。
（2）使用请求令牌，使用者获得用户授权（User Authorization）。
（3）使用者向服务提供者请求访问令牌（Access Token）。
（4）使用访问令牌，使用者可以请求访问受保护的资源。

要使用 Fitbit API，我们需要注册一个开发人员账号并注册该应用程序。完成后，我们将获得以下信息，这些信息可用于生成对 Fitbit API 的请求。

- ❑ 客户（使用者）密钥（Key）。
- ❑ 客户（使用者）机密（Secret）。
- ❑ 临时凭证（请求令牌）URL。
- ❑ 令牌凭证（访问令牌）URL。

❑ 授权 URL。

身份验证信息通常作为键-值对传递到请求的标头中。这使我们可以构建测试用例或从命令行运行测试,如代码清单 5-1 所示。

代码清单 5-1　运行测试

```
$ curl -X POST -i -H 'Authorization: OAuth oauth_consumer_key=
"abcd1234", oauth_nonce="123", oauth_signature="q4567aacc%3D",
oauth_signature_method="HMAC-SHA1", oauth_timestamp="1429137772",
oauth_version="1.0"' https://api.fitbit.com/oauth/request_token
```

这里需要做出的一个重要说明是,curl 示例请求是在一行中的(上面的换行只是排版的需要)。curl 是一个命令行工具,它使我们能够执行 GET/POST 请求并检索请求的内容。

5.1.5　Fitbit OAuth 实现

Fitbit API 的身份验证协议正在从 OAuth 1.0a 过渡到 OAuth 2.0。本章将使用 OAuth 1.0a。当 Fitbit 过渡到 OAuth 2.0 时,开发人员必须更改自己的应用程序以使用新版本。

当然,从一种身份验证协议到另一种身份验证协议的升级,通常是逐步进行的,以便首先将新协议提供给开发人员,然后作为公众的 Beta 版。开发人员会在方便时将他们的代码迁移到新协议,这相当于为每个身份验证协议使用不同的基本 URL,因此在合理的过渡期内,两种身份验证协议都将可用。

当 API 管理者从 API 流量中观察到没有人使用旧的认证协议,或其使用率已经降至极低时,他们才会声明旧协议已过时,并宣布终止支持该协议的日期。

作为开发人员,最好与正在实现的 API 保持最新联系,以便有充足的时间将应用程序升级到新的身份验证协议。

以下是发出 OAuth 1.0a 请求的步骤。

(1)客户通过在 dev.fitbit.com 上注册应用程序,以从 Fitbit 中获取密钥和机密。

(2)客户构建一个使用 Fitbit 内容的应用程序。

(3)用户请求查看客户端应用程序中的内容。

(4)客户端从 Fitbit 中请求并接收临时凭证。

(5)客户端将用户重定向到 Fitbit,以使用户授权客户端应用程序。

(6)用户同意授权给客户端应用程序,Fitbit 则通过验证程序将用户重定向到客户端应用程序站点。

(7)客户端使用接收到的验证程序(Verifier)代码从 Fitbit 中请求并接收令牌凭证(Token Credentials)。

（8）使用令牌凭证，客户端代表用户进行调用以访问 Fitbit 资源。

为了帮助实现当前的身份验证协议，Fitbit 开发人员站点在 Authentication（身份验证）下提供了 OAuth 教程页面。

上述步骤（5）涉及用户界面（UI）中的更多工作，例如在浏览器中显示重定向 URL。在重定向之后的页面上，用户将看到一个表单，用户必须在该表单中同意该应用程序可以对自己的账户进行读/写访问。一旦确认访问权限之后，客户端就会获得一个验证程序代码，客户端将需要使用该验证程序代码来请求本章中使用的令牌凭证。

本章中的代码将与在步骤（7）中获得的令牌凭证一起使用。我们将专注于创建用于签署 OAuth 请求的基础知识，并在获得令牌凭证后提出 API 请求。

你需要自己完成步骤（3）～（7）。请求的签名机制是相同的——只是签名中要使用的元素列表不同，但是这在 Fitbit 支持站点上有很好的说明文档，你可以在其中通过手动测试每个步骤并进行比较来仔细检查过程输出与代码的输出。

一旦为常见情况建立了签名过程（步骤（8）），那么就可以轻松创建使用不同参数集签名的函数，后文将对此做更详细的介绍。

5.1.6　Fitbit API 调用速率限制

有关 API 调用速率（Call Rate）限制的说明文档可以在 Fitbit 页面的 Basics/Rate Limits（基本/速率限制）下找到。

在撰写本书时，Fitbit API 设置了在给定时间内可以对 API 进行调用的次数的限制。在应用程序中进行完整实现时，你的代码必须了解并能够处理达到下面"客户端+查看器速率限制"和"客户端速率限制"部分中显示的速率限制之一的情况。

Fitbit API 对开发人员可以执行的调用有两个单独的速率限制。二者都是小时限制，在每个小时开始时重置。

1．客户端+查看器速率限制

当前的 150 个调用/小时的配额限制了所有读取调用（以及若干个敏感的读写）的速率。开发人员可以为授权给自己的应用程序的用户每小时发出 150 个 API 请求，以访问该用户的数据。当开发人员使用应用程序的使用者密钥（Consumer Key）和机密（Secret）以及用户的访问令牌（User's Access Token）和令牌机密（Token Secret）进行 API 请求时，将应用此速率限制。

2．客户端速率限制

开发人员的应用程序每小时可以发出 150 个 API 请求，而无须用户访问令牌和令牌密钥。这些类型的 API 请求用于检索非用户数据,例如 Fitbit 的常规资源。

3.响应标头

Fitbit API 响应包括可提供速率限制状态的标头。
- Fitbit-Rate-Limit-Limit:调用配额数。
- Fitbit-Rate-Limit-Remaining:达到速率限制之前剩余的调用次数。
- Fitbit-Rate-Limit-Reset:速率限制重置之前的 s 数。

4.达到速率限制

当由于速率限制而无法满足请求时,开发人员的应用程序将收到来自 Fitbit API 的 HTTP 429 响应。此时将发送 Retry-After 标头,其中包含 s 数(意思是在经过该 s 数之后才能再次重试),直到速率限制重置,才可以再次开始调用。

5.1.7 进行异步调用

Fitbit API 是一种外部资源,你的设备可能可以使用,也可能无法使用,这既取决于 Internet 连接的可用性,也取决于任何阻止设备访问 Fitbit API 的因素。此外,有时 API 调用花费的时间也可能比预期的要长。

有鉴于此,我们对 API 的调用需要作为异步调用进行。作为应用程序用户,这意味着我们能够在应用程序中一边做其他的事情,一边花时间与 API 进行通信,并与 Fitbit API 进行数据的往返传输。

异步调用的最简单形式如代码清单 5-2 所示。

代码清单 5-2 异步调用示例

```
var url: NSURL = NSURL(string: "http://127.0.0.1/data.json")!
var request = NSMutableURLRequest(URL: url)
request.HTTPMethod = "GET"
NSURLConnection.sendAsynchronousRequest(request, queue:
    NSOperationQueue.mainQueue()) { (urlResponse : NSURLResponse!,
    data : NSData!, error: NSError!) -> Void in
    //使用响应的数据执行某些操作
}
```

sendAsynchronousRequest()参数列表之后的代码块是当 API 发回响应并关闭连接时要调用的代码。该数据对象是 API 响应的内容,它是一个 NSData 对象。这是必需的,因为我们并不能保证 API 始终返回 JSON,被调用的服务也可能传递图像或其他二进制文件,我们将根据需要进行处理。就本章而言,我们将假定此响应始终是 JSON 字符串,并且我们的代码将相应地处理该响应。

另外,进行异步调用时,我们不能直接控制它们的流程,一旦启动,我们就需要为单击按钮后触发的异步调用响应结果提供一个处理程序。此时你的代码需要禁用该按钮的操作,以防止在收到有效响应并且成功处理数据之前发生重复调用。

5.1.8　使用回调作为参数

我们将大多数 API 功能汇总在 APIClient.swift 库中。这是有道理的,因为我们不想为进行的每一种调用和每一种服务都重复此代码。代码清单 5-3 显示了 apiRequest()函数的签名。

代码清单 5-3　apiRequest()函数

```
func apiRequest (
service: APIService,
    method: APIMethod,
    id: String!,
    urlSuffix: NSArray!,
    inputData: [String:String]!,
    callback: (responseJson: NSDictionary!, responseError: NSError!) ->
    Void ) {
        //此处为 API 调用代码
}
```

我们可以看到参数之一是回调参数,它定义了传递给它的回调函数的签名。在接收到 API 响应之后,将在传递给异步调用的代码块中调用回调函数。

代码清单 5-4 显示了使用 APIClient 的通用 GET 处理程序的示例代码。

代码清单 5-4　getData()函数

```
func getData (service: APIService,
    id: String!=nil, urlSuffix: NSArray!=nil,params:[String:String]!=[:]){
    var blockSelf = self
    var logger: UILogger = viewController.logger
    self.apiRequest(
        service,
        method: APIMethod.GET,
        id: id,
        urlSuffix: urlSuffix,
        inputData: params,
        callback: { (responseJson: NSDictionary!, responseError: NSError!)
```

```
         -> Void in
        if (responseError != nil) {
            logger.logEvent(responseError!.description)
            //在此以某种方式处理错误响应
        } else {
            blockSelf.processGETData(service, id: id, urlSuffix:
            urlSuffix, params: params, responseJson: responseJson)
        }
    })
}
```

在代码清单 5-4 中可以看到，我们在 blockSelf 变量中复制了一个 self 的副本。这是必需的，因为回调代码块是一个没有调用者上下文的闭包。如果直接传递 self，那么当它超出范围或被破坏时，这将阻止它被垃圾收集。在这种情况下，self 是我们用来进行 API 调用的 APIClient 实例，如果创建/销毁 APIClient 实例，那么随着时间的流逝，我们将会遇到内存泄漏。

5.2 设置与 Fitbit 兼容的 iOS 项目

为了在 Swift 中实现 OAuth，我们可以使用同时支持 OAuth 1.0a 和 OAuth 2.0 的可用库，这样，当 Fitbit 默认改为 OAuth 2.0 协议时，可以简化应用程序的过渡任务。就本书而言，我们将自己实现 OAuth 层，而不是依赖于第三方库。我们还将展示如何在需要的地方使用一些 Objective-C 库，以避免重新发明 Swift 中的轮子，并使 Swift 代码的范围保持较小。

我们将从创建一个空的单页项目开始。本章旨在说明如何与 Fitbit API 通信，而不是如何围绕它构建 UI 界面，因此我们的应用程序将是非常简约的，仅公开一些 UI 元素来触发操作，并跟踪与 Fitbit API 的通信，同时根据需要逐步内联更改某些视图控制器函数。

5.2.1 视图控制器

本章的基本视图控制器将仅显示几个按钮和一个文本区域，我们将使用它们来显示与 API 的通信。

为了初始化并能够使用这些按钮和字段，必须为它们分配宏，以使它们在 Interface Builder 中可用/可见。我们还定义了用于 API 和记录器（Logger）对象的变量。由于这些将在以后被初始化，因此这些变量需要在视图控制器中被定义为可选变量，如代码清单 5-5

所示。

代码清单 5-5　在视图控制器中定义可选变量

```
class ViewController: UIViewController {
    @IBOutlet var labelButton : UIButton!
    @IBOutlet var textArea : UITextView!
    var api: APIClient!
    var logger: UILogger!
```

在 viewDidLoad()函数中，我们将初始化 API 对象以及日志库（它们将输出文本到 textArea 字段中），如代码清单 5-6 所示。我们将逐步解释这些库的内容和功能。

代码清单 5-6　重写 viewDidLoad()函数

```
override func viewDidLoad() {
    super.viewDidLoad()
    api = APIClient(parent: self)
    logger = UILogger(out: textArea)
}
```

要将操作分配给按钮，我们创建一个函数来执行该操作，并且还使用适当的宏进行注解，以使其在 Interface Builder 中可用。我们将添加一条日志语句以显示请求的开始，并且还可以在按钮被单击时更改其标题，如代码清单 5-7 所示。

代码清单 5-7　在按钮被单击时更改其标题

```
@IBAction func unclickButton() {
    labelButton.setTitle("Good Request", forState:
    UIControlState.Normal)
}
@IBAction func unclickButton2() {
    labelButton2.setTitle("Bad Request", forState:
    UIControlState.Normal)
}
@IBAction func clickButton() {
    logger.logEvent("=== Good Request ===")
    api.getData(APIService.GOOD_JSON)
    labelButton.setTitle("Good Request Sent", forState:
    UIControlState.Normal)
}
@IBAction func clickButton2() {
    logger.logEvent("=== Bad Request ===")
    api.getData(APIService.BAD_JSON)
```

```
    labelButton2.setTitle("Bad Request Sent", forState:
    UIControlState.Normal)
}
```

请注意，我们使用了 APIService.GOOD_JSON 和 APIService.BAD_JSON 服务名称。这是第一步实现，该步实现使用本地服务器上的模拟服务并返回预先格式化的静态内容，以便我们可以测试代码。稍后将由实际服务代替，如 APIService.ACCOUNT 或 APIService.PROFILE。这些是与在 APIClient.swift 库中定义的枚举不同的值。

我们可以将代码清单 5-7 中的按钮操作连接到故事板中，如图 5-1 所示。

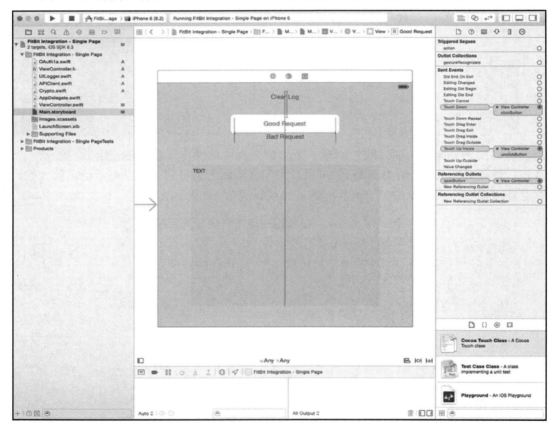

图 5-1　在故事板中连接操作

代码清单 5-8 显示了用来测试 APIClient 库的内部连接的完整 ViewController.swift 代码。读者可能已经注意到，我们注释掉了 goLive() 方法，该方法会将 API 的 baseURL 设置为 APIClient 库中的 liveBaseURL（稍后将对此进行详细介绍）。

代码清单 5-8　完整 ViewController.swift 代码

```swift
import UIKit
class ViewController: UIViewController {
  @IBOutlet var clearButton : UIButton!
  @IBOutlet var labelButton : UIButton!
  @IBOutlet var labelButton2 : UIButton!
  @IBOutlet var textArea : UITextView!
  var api: APIClient!
  var logger: UILogger!

  required init(coder aDecoder: NSCoder) {
    super.init(coder: aDecoder)
  }
  override func viewDidLoad() {
    super.viewDidLoad()
    api = APIClient(parent: self)
    logger = UILogger(out: textArea)
    //api.goLive()
  }
  override func didReceiveMemoryWarning(){
    super.didReceiveMemoryWarning()
    //处置所有可以重新创建的资源
  }
  @IBAction func unclickButton() {
    labelButton.setTitle("Good Request", forState: UIControlState.Normal)
  }
  @IBAction func unclickButton2() {
    labelButton2.setTitle("Bad Request", forState: UIControlState.Normal)
  }
  @IBAction func clickButton() {
    logger.logEvent("=== Good Request ===")
    api.getData(APIService.GOOD_JSON)
    labelButton.setTitle("Good Request Sent",forState:UIControlState.Normal)
  }
  @IBAction func clickButton2() {
    logger.logEvent("=== Bad Request ===")
    api.getData(APIService.BAD_JSON)
    labelButton2.setTitle("Bad Request Sent",forState:UIControlState.Normal)
  }
  @IBAction func clickClearButton() {
    logger.clear()
  }
}
```

在实现应用程序时,很可能会通过同步按钮或计时器触发一系列请求,所以请牢记 API 具有调用速率限制。

5.2.2 记录器库

记录器(Logger)库在视图控制器中被分配了一个变量,该变量将使记录器的一个实例与适当的目标保持一致——在本例中,我们会将文本区域字段用于活动记录。

为简单起见,我们仅实现了几个函数,这些函数使我们能够跟踪 API 活动。另外,这些函数将与我们在视图控制器中设置的 textArea 字段进行交互,就像在视图控制器中一样,textArea 字段被声明为可选字段,因为它将在 init()函数中被初始化。代码清单 5-9 中的代码位于 UILogger.swift 文件中。

代码清单 5-9　UILogger.swift 文件中的 UILogger 类

```
import Foundation
import UIKit

class UILogger {
    var textArea : UITextView!
    required init(out: UITextView) {
        dispatch_async(dispatch_get_main_queue()) {
            self.textArea = out
        };
        self.clear()
    }

    func clear() {
        dispatch_async(dispatch_get_main_queue()) {
            self.textArea!.text = ""
        }
    }

    func logEvent(message: String) {
        dispatch_async(dispatch_get_main_queue()) {
            self.textArea!.text = textArea!.text.
            stringByAppendingString("=> " + message + "\n")
        }
    }
}
```

5.2.3 设置基本的加密功能集

由于往返于 API 的数据是 String 类型的，因此设置基本加密功能的最简单方法是在 String 对象上设置一些扩展以处理 SHA1 和 HMAC 哈希（SHA 和 HMAC 都是哈希算法）。我们可以在项目的一个单独文件 Crypto.swift 中进行设置。

这里提供了 sha1()函数作为一种便捷方法，它使开发人员可以在针对 API 进行测试时创建结果指纹。OAuth 签名过程中未使用它，其实现只是为了展示此类操作可以如何完成。

hmac()函数可用于创建 OAuth 签名。开发人员可以通过以下地址中的 Google OAuth 请求签名测试页来验证其功能：

http://oauth.googlecode.com/svn/code/javascript/example/signature.html

与 Fitbit 开发人员站点提供的资源相比，这是一种易于使用的测试资源，它使你可以提供密钥和令牌的任意组合。

escapeUrl()函数可以被方便地放在同一上下文中，因为我们将使用它来构成签名基本字符串。它本来可以是一个库函数，但是由于可以想象产品的其他部分可能会使用一个好的转义工具，因此我们决定将其用作 String 对象的重载。超出人们的想象，该字符集竟然没有 NSCharacterSet，这很让人奇怪，因为这是编写 URL 字符串时最有用的集合。

hmac()函数使用了该库中的几个枚举——我们本可以仅使用 SHA1 的值，并为自己节省枚举的额外工作，但是在配置了完整列表之后，你可以对于使用 SHA1 以外的其他哈希方法的任何 API 重用此代码。

这些函数依赖于执行繁重任务的 Objective-C 代码，因此我们需要建立一个桥接的头文件。为此，可以在项目中创建一个新文件，将其命名为 Crypto.h，位置为 Fitbit Integration - Single Page，然后将其与当前文件夹相关联，如图 5-2 所示。

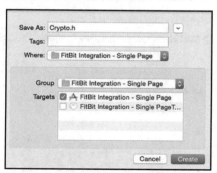

图 5-2　保存新的加密头文件

代码清单 5-10 显示了 Crypto.h 文件的内容。我们添加了两行，其中包括将用于计算 SHA1 校验和（Checksum）和 HMAC-SHA1 签名的代码资源。ifndef 部分则需要保持原样。

代码清单 5-10　Crypto.h 文件中添加的导入资源的行

```
#import <CommonCrypto/CommonCrypto.h>
#import <CommonCrypto/CommonHMAC.h>

#ifndef FitBit_Integration___Single_Page_Crypto_h
#define FitBit_Integration___Single_Page_Crypto_h
#endif
```

在创建头文件后，我们还需要通过将其拖曳到文件列表的顶部，将其在项目文件层次结构中向上移动。然后，我们需要在 Build Settings（构建设置）/Swift Compiler - Code Generation（Swift 编译器-代码生成）下的项目中为桥接头文件（Fitbit Integration - Single Page/Crypto.h）设置路径，如图 5-3 所示。

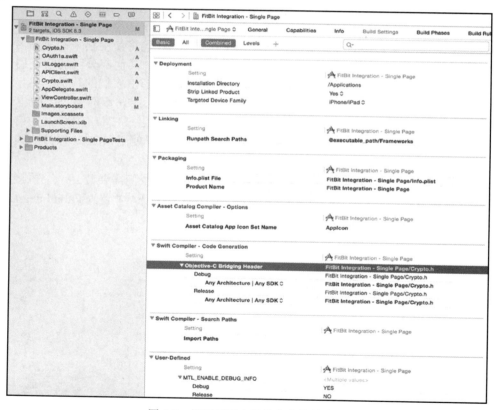

图 5-3　设置项目中桥接头文件的路径

代码清单 5-11 显示了 Crypto.swift 文件的完整代码。

代码清单 5-11　Crypto.swift 代码

```swift
import Foundation
extension String {
  func sha1() -> String {
    let data = self.dataUsingEncoding(NSUTF8StringEncoding)!
    var digest = [UInt8](count:Int(CC_SHA1_DIGEST_LENGTH),repeatedValue:0)
    CC_SHA1(data.bytes, CC_LONG(data.length), &digest)
    let output = NSMutableString(capacity: Int(CC_SHA1_DIGEST_LENGTH))

    for byte in digest {
      output.appendFormat("%02x", byte)
    }
    return output
  }

  func hmac(algorithm: HMACAlgorithm, key: String) -> String {
    let str = self.cStringUsingEncoding(NSUTF8StringEncoding)
    let strLen = Int(self.lengthOfBytesUsingEncoding(NSUTF8StringEncoding))
    let digestLen = algorithm.digestLength()
    let result = UnsafeMutablePointer<CUnsignedChar>.alloc(digestLen)
    let objcKey = key as NSString
    let keyStr = objcKey.cStringUsingEncoding(NSUTF8StringEncoding)
    let keyLen = Int(objcKey.lengthOfBytesUsingEncoding(NSUTF8StringEncoding))
    CCHmac(algorithm.toCCHmacAlgorithm(),keyStr,keyLen,str!,strLen,result)
    let data = NSData(bytes: result, length: digestLen)
    result.destroy()
    return data.base64EncodedStringWithOptions
      (NSDataBase64EncodingOptions.Encoding64CharacterLineLength)
  }

  func escapeUrl() -> String {
    var source: NSString = NSString(string: self)
    var chars = "abcdefghijklmnopqrstuvwxyz"
    var okChars = chars + chars.uppercaseString + "0123456789.~_-"
    var customAllowedSet = NSCharacterSet(charactersInString: okChars)
    return source.stringByAddingPercentEncodingWithAllowedCharacters
      (customAllowedSet)!
  }
}
enum HMACAlgorithm {
  case MD5, SHA1, SHA224, SHA256, SHA384, SHA512
```

```swift
func toCCHmacAlgorithm() -> CCHmacAlgorithm {
  var result: Int = 0
  switch self {
  case .MD5:
    result = kCCHmacAlgMD5
  case .SHA1:
    result = kCCHmacAlgSHA1
  case .SHA224:
    result = kCCHmacAlgSHA224
  case .SHA256:
    result = kCCHmacAlgSHA256
  case .SHA384:
    result = kCCHmacAlgSHA384
  case .SHA512:
    result = kCCHmacAlgSHA512
  }
  return CCHmacAlgorithm(result)
}

func digestLength() -> Int {
  var result: CInt = 0
  switch self {
  case .MD5:
    result = CC_MD5_DIGEST_LENGTH
  case .SHA1:
    result = CC_SHA1_DIGEST_LENGTH
  case .SHA224:
    result = CC_SHA224_DIGEST_LENGTH
  case .SHA256:
    result = CC_SHA256_DIGEST_LENGTH
  case .SHA384:
    result = CC_SHA384_DIGEST_LENGTH
  case .SHA512:
    result = CC_SHA512_DIGEST_LENGTH
  }
  return Int(result)
  }
}
```

5.2.4 API 客户端库

我们为向 API 发出异步请求的函数创建了 API 客户端库，开发人员可以在本节末尾找到完整的代码。现在，我们将讨论部分 API 客户端库代码，如代码清单 5-12 所示。可以看到，APIClient 类的头部包含 API 功能所需的 URL 和其他变量。

代码清单 5-12　APIClient 类

```
class APIClient {
  var apiVersion: String!
  var baseURL: String = "http://127.0.0.1"
  var liveBaseURL: String = "https://api.fitbit.com"
  var liveAPIVersion: String = "1"
  var requestTokenURL: String = "https://api.fitbit.com/oauth/request_token"
  var accessTokenURL: String = "https://api.fitbit.com/oauth/access_token"
  var authorizeURL: String = "https://www.fitbit.com/oauth/authorize"
  var viewController: ViewController!
  var oauthParams: NSDictionary!
  var oauthHandler: OAuth1a!

  required init (parent: ViewController!) {
    viewController = parent
    oauthParams = [
      "oauth_consumer_key" : "6cf4162a72ac4a4382c098caec132782",
      "oauth_consumer_secret" : "c652d5fb28f344679f3b6b12121465af",
      "oauth_token" : "5a3ca2edf91d7175cad30bc3533e3c8a",
      "oauth_token_secret" : "da5bc974d697470a93ec59e9cfaee06d",

    ]
    oauthHandler = OAuth1a(oauthParams: oauthParams)
  }
}
```

为方便起见，我们在 init()函数中添加了 oauthParams——当开发人员完成 OAuth/signup（注册）过程的完整实现时，代码将必须收集/编写这些值。我们还添加了 requestTokenURL、accessTokenURL 和 authorizeURL，以显示它们应该处在什么位置才是最好的，但是本章代码中并未使用它们。

在编写测试时，你可能希望在 liveBaseURL 和 liveAPIVersion 以及作为 baseURL 默认值的本地测试 URL 之间进行切换，就像我们在本示例中所做的那样（测试一个正常的 JSON 和一个错误的 JSON）。有一个简单的函数将允许你切换到实时模式，具体如下：

```
func goLive () {
    baseURL = liveBaseURL discussing
    apiVersion = liveAPIVersion
}
```

从服务执行 GET 的通用函数如代码清单 5-13 所示。

代码清单 5-13   getData()函数

```
func getData (service: APIService, id: String!=nil, urlSuffix: NSArray!=
nil, params: [String:String]!=[:]) {
    var blockSelf = self
    var logger: UILogger = viewController.logger
    self.apiRequest(
        service,
        method: APIMethod.GET,
        id: id,
        urlSuffix: urlSuffix,
        inputData: params,
        callback: { (responseJson: NSDictionary!, responseError: NSError!)
        -> Void in
            if (responseError != nil) {
                logger.logEvent(responseError!.description)
                //在此以某种方式处理错误响应
            }
            else {
                blockSelf.processGETData(service, id: id, urlSuffix:
                urlSuffix, params: params, responseJson: responseJson)
            }
        }
    )
}
```

对于 urlSuffix，开发人员可以使用 NSArray 数据类型来保存要访问的 URL 的所有元素。在 Fitbit OAuth 实现中可以看到，并没有明确的规则来编写 API URL。API 服务调用会将服务名称和值夹杂到以斜杠分隔的字符串中。由于其中一些可能是数字，因此 NSArray 类型是理想的，因为默认情况下它包含 AnyObject 元素。我们还将 urlSuffix 传递给 processGETData()函数，以便在给定被调用的服务、项目的可选 ID 和 urlSuffix 的情况下，可以决定如何处理响应。我们还为 urlSuffix 和 params 定义了默认值，以允许我们的函数进行调用而无须提供所有的 nil 参数。

可选的输入参数是带有键和值的字符串的字典。考虑到 POST 与 GET 传递参数到 API 的方式没有什么不同，因此这是最方便的格式。

传递给 NSURLConnection.sendAsynchronousRequest 的块是一个闭包，这就是为什么我们需要分配 blockSelf 变量，该变量将被用于在 APIClient 库的上下文中进行调用。

processGETData()函数将是上述响应的实际处理程序，它将采用通用形式，具体如下：

第 5 章 使用 Fitbit API 集成第三方健身跟踪器和数据

```
func processGETData (service: APIService, id: String!, urlSuffix: NSArray!,
params: [String:String]!=[:], responseJson: NSDictionary!) {
    //在此使用数据执行某些操作
}
```

就像 GET 请求一样,POST 请求也可以具有相同的结构,如代码清单 5-14 所示。

代码清单 5-14　postData()函数

```
func postData (service: APIService, id: String!=nil, urlSuffix: NSArray!=nil,
params: [String:String]!=[:]) {
    var blockSelf = self
    var logger: UILogger = viewController.logger
    self.apiRequest(
        service,
        method: APIMethod.POST,
        id: id,
        urlSuffix: urlSuffix,
        inputData: params,
        callback: { (responseJson: NSDictionary!, responseError: NSError!)
        -> Void in
            if (responseError != nil) {
                logger.logEvent(responseError!.description)
                //在此以某种方式处理错误响应
            }
            else {
                blockSelf.processPOSTData(service, id: id, urlSuffix:
                    urlSuffix, params: params, responseJson: responseJson)
            }
    })
}
func processPOSTData (service: APIService, id: String!, urlSuffix: NSArray!,
params: [String:String]!=[:], responseJson: NSDictionary!) {
    //在此使用数据执行某些操作
}
```

当然,我们可以通过许多不同的方式来实现请求过程,但是拥有 API 请求类型的通用处理程序则可以避免回调陷阱。

代码清单 5-15 显示了 APIMethod 枚举。可以看到,这里的谓词不是字符串而是一个枚举值,即 APIMethod.GET。这是我们在该库中定义的一个枚举,用于提供以字符串形式轻松访问谓词,而不是直接使用字符串。它还使开发人员可以控制 API 客户端支持哪些 HTTP 谓词。此代码位于 APIClient.swift 的末尾。

代码清单 5-15　APIMethod 枚举

```
enum APIMethod {
    case GET, PUT, POST, DELETE
    func toString() -> String {
        var method: String!
        switch self {
        case .GET:
            method = "GET"
        case .PUT:
            method = "PUT"
        case .POST:
            method = "POST"
        case .DELETE:
            method = "DELETE"
        }
        return method
    }
    func hasBody() -> Bool {
        var hasBody: Bool
        switch self {
        case .GET:
            hasBody = false
        case .PUT:
            hasBody = true
        case .POST:
            hasBody = true
        case .DELETE:
            hasBody = false
        }
        return hasBody
    }
}
```

上述代码中提供了 hasBody() 函数作为示例，它在 apiRequest 中可能很有用，能够正确格式化请求，以便 GET 和 DELETE 使用参数作为键-值对，而 PUT 和 POST 则使用它作为 JSON。在我们的示例中，这不是必需的，因为 Fitbit API 实际上并不使用 POST 主体，而是对一个 URL 进行 POST，而该 URL 则带有格式化为 URL 编码参数的数据。

我们在 APIClient 库中定义了另一个枚举，该枚举通过 toString() 函数提供了实际服务的快捷方式。我们在用作 APIService.GOOD_JSON 的视图控制器中看到了这一点。我们将在以后扩展它以添加其他服务，并提供一个函数来返回某些调用可能要使用的后缀，但是就目前来说这是基本格式。和代码清单 5-15 中的代码一样，代码清单 5-16 中的代码也位于 APIClient.swift 的末尾。

代码清单 5-16　APIService 枚举

```
enum APIService {
    case USER, ACTIVITIES, FOODS, GOOD_JSON, BAD_JSON
    func toString() -> String {
        var service: String!
        switch self {
        case .USER:
            service = "user"
        case .ACTIVITIES:
            service = "activities"
        case .FOODS:
            service = "foods"
        case .GOOD_JSON:
            service = "data"
        case .BAD_JSON:
            service = "badData"
        }
        return service
    }
}
```

我们添加了诸如 GOOD_JSON 和 BAD_JSON 之类的额外位，以允许进行内部测试。这些位指向设置本地 Apache 环境时创建的测试页。由于 apiRequest()函数将处理向每个 URL 添加.son 后缀的操作，因此这里可以仅使用文件的基本名称。

接下来要定义的是 apiRequest()函数（见代码清单 5-17）。此函数将发出实际的 API 请求，包括处理 OAuth 签名和响应数据的最终验证。方法签名表明，唯一需要的参数是服务、方法和回调函数。

代码清单 5-17　apiRequest()函数

```
func apiRequest (
        service: APIService,
        method: APIMethod,
        id: String!,
        urlSuffix: NSArray!,
        inputData: [String:String]!,
        callback: (responseJson: NSDictionary!, responseError: NSError!)
        -> Void ) {
```

```
    // 代码跳转至此
}
```

当前可用的服务是 USER、ACTIVITIES 和 FOODS，API 使用可变的参数列表重载它们，因此从本质上讲，开发人员的调用将需要提供较大的 APIService，然后通过 urlSuffix 提供 URL 路径扩展以指向正确的资源。稍后将对此进行更详细的说明。

至于方法的内容，下面是需要为 API 请求执行的内容。

❑ 编写服务的基本 URL。
❑ 添加 URL 后缀（如果已指定的话）。
❑ 为返回数据类型添加扩展名。
❑ 创建 OAuth 签名并填充请求标头。
❑ 序列化输入参数并将其附加到 URL。
❑ 将 API 请求作为异步调用。

在传递给异步调用的代码块中，还需要执行以下操作。

❑ 验证响应的 OAuth 签名（如果已经提供的话）。
❑ 反序列化 JSON 响应。
❑ 调用回调函数。

为了编写服务的基本 URL，可以使用代码清单 5-18 中的代码。

代码清单 5-18　编写服务的基本 URL

```
var serviceURL = baseURL + "/"
if apiVersion != nil {
    serviceURL += apiVersion + "/"
}
serviceURL += service.toString()
if id != nil && !id.isEmpty {
    serviceURL += "/" + id
}
var request = NSMutableURLRequest()
request.HTTPMethod = method.toString()
```

还记得前面提到的 Fitbit API 实现细节吗？当未提供 ID 时，在某些请求中会将其替换为破折号（详见 5.1.2 节"Fitbit RESTful API 实现细节"）。这种比较有趣的设计不是我们要在这里处理的问题。相反，如果有需要的话，我们将依靠调用者提供一个 ID，否则确实可以使用破折号。

在同一段中，我们将创建请求对象并为其分配请求方法。serviceURL 仍在组成中，因此现在就将其分配给请求为时尚早。

如果该 API 支持 JSON 请求主体用于 POST 请求，则可以使用类似代码清单 5-19 中的代码来序列化输入数据。

代码清单 5-19　序列化输入数据

```
var error: NSError?
request.HTTPBody = NSJSONSerialization.dataWithJSONObject(inputData,
options: nil, error: &error)
if error != nil {
    callback(responseJson: nil, responseError: error)
    return
}
request.addValue("application/json", forHTTPHeaderField: "Content-Type")
```

有意思的是，Fitbit API 本身并没有那么繁复，而是采用了一个简单的 URL 编码的参数集（附加到 POST URL）。

为了处理 URL 的组成，我们创建 asURLString()函数（详见代码清单 5-20）。这将使用输入参数的字典，创建一个 URL 编码的字符串，并按字母顺序对参数进行排序。URL 请求中不需要对参数进行排序，但是我们将在 OAuth 库中使用相同的代码。

代码清单 5-20　asURLString()函数

```
func asURLString (inputData: [String:String]!=[:]) -> String {
    var params: [String] = []
    for (key, value) in inputData {
        params.append( "=".join([ key.escapeUrl(), value.escapeUrl()] ))
    }
    params = params.sorted{ $0 < $1 }
    return "&".join(params)
}
```

URL 后缀需要成为 URL 的一部分——我们在输入中获得了一个用于组成后缀的字符串或数字的 NSArray——它们都将被简化为一个简单的字符串，并附加到基本 URL 上。

```
//urlSuffix 包含用于组成最终 URL 的字符串数组
if urlSuffix?.count > 0 {
    serviceURL += "/" + urlSuffix.componentsJoinedByString("/")
}
```

为返回数据类型添加扩展名是一件很简单的事情。我们也将为 Accept 设置 HTTP 标头，即使 Fitbit API 不需要它。这是一个好的习惯，因为很可能会在某个时候使用它。

```
//所有 URL 都必须至少具有.json 后缀（如果尚未定义的话）
```

```
if !serviceURL.hasSuffix(".json") && !serviceURL.hasSuffix(".xml") {
    serviceURL += ".json"
}
request.addValue("application/json", forHTTPHeaderField: "Accept")
```

要创建 OAuth 签名并填充请求标头,我们将使用加密库进行 hmac 编码。给定 urlParameters 中的参数可选列表,OAuth1a 库实例(准备作为 oauthHandler 处理程序)将用于对请求进行签名。这里没有使用额外的参数 signUrl,也没有显示,因为方法签名为其定义了默认值(nil),但是在使用部分 URL 进行签名时可以使用它,例如在获取临时令牌的情况下(本章未显示)。

在创建 OAuth 签名之前,我们需要为请求分配以下 serviceURL:

```
request.URL = NSURL(string:serviceURL)
oauthHandler.signRequest(request,urlParameters:urlParameters)
```

现在,我们准备将 API 请求作为异步调用发出。请注意我们创建一个局部变量记录器的方法(该局部变量记录器指向视图控制器的日志记录处理程序),这是必需的,因为在闭包内部,我们无法从当前库或 ViewController 中看到变量和函数。异步调用的回调块包含处理结果数据和调用(在调用 apiRequest()时获得的)回调函数所需的基本代码。再次强调,在解释响应时,解析 JSON 数据可能会发生错误,该错误将由回调函数处理。

要将 API 响应解析为 JSON 对象,我们将使用 NSDictionary 对象,该对象将保存键-值的任意组合。这是必需的,因为 API 响应可以包含数字、字符串、数组、字典和 AnyObject 类型默认支持的 NSDictionary 的任意组合。NSJSONReadingOptions.MutableContainers 指定将数组和字典创建为可变对象。

```
var jsonResult: NSDictionary?
var rData: String = NSString(data: data, encoding: NSUTF8StringEncoding)!
    as String
if data != nil {
    jsonResult = NSJSONSerialization.JSONObjectWithData(data, options:
    NSJSONReadingOptions.MutableContainers, error: &error) as? NSDictionary
}
```

当遇到需要报告的错误情况时,我们可以创建自己的 error 对象。为了在 Swift 中做到这一点,可以使用以下方法:

```
error = NSError(domain: "response", code: -1, userInfo:
["reason":"blank response"])
```

我们为响应数据添加了一些日志记录,并提供了有关如何将 JSON 整齐地输出到用于日志记录的文本区域的示例中（见代码清单5-21）。我们确实希望以一种易于阅读的方式设置响应的格式，并且整齐输出的JSON将按每行一个键-值的形式出现，而且缩进得很一致。

代码清单5-21　日志记录格式示例

```
var blockSelf = self
var logger: UILogger = viewController.logger
NSURLConnection.sendAsynchronousRequest(request, queue:
NSOperationQueue.mainQueue()) {
    (urlResponse : NSURLResponse!, data : NSData!, error: NSError!)
    -> Void in
    //该请求返回了一个响应或可能的错误
    logger.logEvent("URL: " + serviceURL)
    var error: NSError?
    var jsonResult: NSDictionary?
    if urlResponse != nil {
        blockSelf.extractRateLimits(urlResponse)
        var rData: String = NSString(data: data, encoding:
        NSUTF8StringEncoding)! as String
        if data != nil {
            jsonResult = NSJSONSerialization.JSONObjectWithData(data,
            options:NSJSONReadingOptions.MutableContainers, error: &error)
            as? NSDictionary
        }
        var logResponse: String! = blockSelf.prettyJSON(jsonResult)
        logResponse == nil
            ? logger.logEvent("RESPONSE RAW: " + (rData.isEmpty ? "No Data" :
            rData) )
            : logger.logEvent("RESPONSE JSON: \(logResponse)" )
        print("RESPONSE RAW: \(rData)\nRESPONSE SHA1: \(rData.sha1())")
    }
    else {
        error = NSError(domain: "response", code: -1, userInfo:
        ["reason":"blank response"])
    }
    callback(responseJson: jsonResult, responseError: error)
}
```

显示格式整齐的JSON在其他地方也可能很有用，因此在prettyJSON()函数中提取了以下代码：

```
func prettyJSON (json: NSDictionary!) -> String! {
    var pretty: String!
```

```
            if json != nil && NSJSONSerialization.isValidJSONObject(json!) {
                if let data = NSJSONSerialization.dataWithJSONObject(json!,
                    options: NSJSONWritingOptions.PrettyPrinted, error: nil) {
                        pretty = NSString(data: data, encoding:
                            NSUTF8StringEncoding)as? String
                }
            }
    return pretty
}
```

要解析响应并提取 API 速率限制，我们需要从响应标头中提取以下键-值对：

```
Fitbit-Rate-Limit-Limit: 150
Fitbit-Rate-Limit-Remaining: 149
Fitbit-Rate-Limit-Reset: 1478
```

函数 extractRateLimits()将解决此问题（见代码清单 5-22），并且还将在控制台日志中抛出一些有助于调试的语句。我们已经在 APIClient 标头中定义了变量，并在进行每个 API 调用时都对它们进行了更新。由于我们具有 rateLimitTimeStamp 值，因此可以使用它与当前时间戳进行比较，并查看 rateLimitTimeStamp+rateLimitReset 是否小于当前时间戳，如果是，那么可以放心地进行下一个 API 调用；否则，就需要处理应用程序内部的问题，尽早返回错误，而不用进行已知会失败的调用。这可以在 apiRequest()函数中轻松实现，因此我们将其作为一项练习留给读者。

代码清单 5-22　extractRateLimits()函数

```
func extractRateLimits (response: NSURLResponse) {
    if let urlResponse = response as? NSHTTPURLResponse {
        if let rl = urlResponse.allHeaderFields["Fitbit-Rate-Limit-Limit"]
        as? NSString as? String {
            rateLimit = rl.toInt()
            print("RESPONSE HEADER rateLimit: \(rl)")
        }
        if let rlr = urlResponse.allHeaderFields
        ["Fitbit-Rate-Limit-Remaining"] as? NSString as? String {
            rateLimitRemaining = rlr.toInt()
            print("RESPONSE HEADER rateLimitRemaining: \(rlr)")
        }
        if let rlx = urlResponse.allHeaderFields["Fitbit-Rate-Limit-Reset"]
        as? NSString as? String {
            rateLimitReset = rlx.toInt()
            rateLimitTimeStamp = String(format:"%d",
            Int(NSDate().timeIntervalSince1970)).toInt()
```

```
            print("RESPONSE HEADER rateLimitReset: \(rlx), checked at:
            \(rateLimitTimeStamp)")
        }
    }
}
```

代码清单 5-23 显示了到目前为止关于 APIClient 库（APIClient.swift）的代码。

代码清单 5-23　APIClient.swift 的代码

```
import Foundation
class APIClient {
  var apiVersion: String!
  var baseURL: String = "http://127.0.0.1"
  var liveBaseURL: String = "https://api.fitbit.com"
  var liveAPIVersion: String = "1"
  var requestTokenURL: String = "https://api.fitbit.com/oauth/request_token"
  var accessTokenURL: String = "https://api.fitbit.com/oauth/access_token"
  var authorizeURL: String = "https://www.fitbit.com/oauth/authorize"
  var viewController: ViewController!
  var oauthParams: NSDictionary!
  var oauthHandler: OAuth1a!
  var rateLimit: Int!
  var rateLimitRemaining: Int!
  var rateLimitReset: Int!
  var rateLimitTimeStamp: Int!

  required init (parent: ViewController!) {
    viewController = parent
    oauthParams = [
      "oauth_consumer_key" : "6cf4162a72ac4a4382c098caec132782",
      "oauth_consumer_secret" : "c652d5fb28f344679f3b6b12121465af",
      "oauth_token" : "5a3ca2edf91d7175cad30bc3533e3c8a",
      "oauth_token_secret" : "da5bc974d697470a93ec59e9cfaee06d",
    ]
    oauthHandler = OAuth1a(oauthParams: oauthParams)
  }

  func goLive () {
    baseURL = liveBaseURL
    apiVersion = liveAPIVersion
  }
  func postData (service: APIService, id: String!=nil, urlSuffix:
NSArray!=nil, params: [String:String]!=[:]) {
```

```swift
  var blockSelf = self
  var logger: UILogger = viewController.logger
  self.apiRequest(
    service,
    method: APIMethod.POST,
    id: id,
    urlSuffix: urlSuffix,
    inputData: params,
    callback: { (responseJson: NSDictionary!, responseError: NSError!)
      -> Void in
      if (responseError != nil) {
        logger.logEvent(responseError!.description)
        //在此以某种方式处理错误响应
      }
      else {
        blockSelf.processPOSTData(service, id: id, urlSuffix: urlSuffix,
          params: params, responseJson: responseJson)
      }
  })
}
func processPOSTData (service: APIService, id: String!, urlSuffix:
NSArray!, params: [String:String]!=[:], responseJson: NSDictionary!) {
  //在此使用数据执行某些操作
}
func getData (service: APIService, id: String!=nil, urlSuffix:
NSArray!= nil, params: [String:String]!=[:]) {
  var blockSelf = self
  var logger: UILogger = viewController.logger
  self.apiRequest(
    service,
    method: APIMethod.GET,
    id: id,
    urlSuffix: urlSuffix,
    inputData: params,
    callback: { (responseJson: NSDictionary!, responseError: NSError!)
      -> Void in
      if (responseError != nil) {
        logger.logEvent(responseError!.description)
          //在此以某种方式处理错误响应
      }
      else {
        blockSelf.processGETData(service, id: id, urlSuffix: urlSuffix,
        params: params, responseJson: responseJson)
```

```swift
    }
  })
}

func processGETData (service: APIService, id: String!, urlSuffix:
NSArray!, params: [String:String]!=[:], responseJson: NSDictionary!) {
    //在此使用数据执行某些操作
}

func apiRequest (
  service: APIService,
  method: APIMethod,
  id: String!,
  urlSuffix: NSArray!,
  inputData: [String:String]!,
  callback: (responseJson: NSDictionary!, responseError: NSError!)
  -> Void ) {
//组成基础 URL
var serviceURL = baseURL + "/"
if apiVersion != nil {
  serviceURL += apiVersion + "/"
}
serviceURL += service.toString()

if id != nil && !id.isEmpty {
  serviceURL += "/" + id
}
var request = NSMutableURLRequest()
request.HTTPMethod = method.toString()
//urlSuffix 包含用于组成最终 URL 的字符串数组
if urlSuffix?.count > 0 {
  serviceURL += "/" + urlSuffix.componentsJoinedByString("/")
}
//所有 URL 必须至少具有 .json 后缀（如果尚未定义的话）
if !serviceURL.hasSuffix(".json") && !serviceURL.hasSuffix(".xml") {
  serviceURL += ".json"
}
request.addValue("application/json", forHTTPHeaderField: "Accept")

request.URL = NSURL(string: serviceURL)
//在此签署 OAuth 请求
oauthHandler.signRequest(request, urlParameters: inputData)
if !inputData.isEmpty {
```

```swift
      serviceURL += "?" + asURLString(inputData: inputData)
      request.URL = NSURL(string: serviceURL)
    }
    //现在发出请求

var blockSelf = self
var logger: UILogger = viewController.logger
NSURLConnection.sendAsynchronousRequest(request, queue:
NSOperationQueue.mainQueue()) {
  (urlResponse : NSURLResponse!,data : NSData!,error:NSError!) -> Void in
  //该请求返回了一个响应或可能的错误
  logger.logEvent("URL: " + serviceURL)
  var error: NSError?
  var jsonResult: NSDictionary?
  if urlResponse != nil {
    blockSelf.extractRateLimits(urlResponse)
    var rData: String = NSString(data: data, encoding: NSUTF8StringEncoding)!
    as String
    if data != nil {
      jsonResult = NSJSONSerialization.JSONObjectWithData(data, options:
      NSJSONReadingOptions.MutableContainers,error:&error)as? NSDictionary
    }
    var logResponse: String! = blockSelf.prettyJSON(jsonResult)
    logResponse == nil
      ? logger.logEvent("RESPONSE RAW: " + (rData.isEmpty ? "No Data" : rData) )
      : logger.logEvent("RESPONSE JSON: \(logResponse)" )
    print("RESPONSE RAW: \(rData)\nRESPONSE SHA1: \(rData.sha1())")
  }
  else {
    error = NSError(domain: "response", code: -1, userInfo:
    ["reason":"blank response"])
  }
  callback(responseJson: jsonResult, responseError: error)
}
  func asURLString (inputData: [String:String]!=[:]) -> String {
    var params: [String] = []
    for (key, value) in inputData {
      params.append( "=".join([ key.escapeUrl(), value.escapeUrl()] ))
    }
    params = params.sorted{ $0 < $1 }
    return "&".join(params)
  }
  func prettyJSON (json: NSDictionary!) -> String! {
```

第 5 章　使用 Fitbit API 集成第三方健身跟踪器和数据

```swift
      var pretty: String!
      if json != nil && NSJSONSerialization.isValidJSONObject(json!) {
        if let data = NSJSONSerialization.dataWithJSONObject(json!,
          options: NSJSONWritingOptions.PrettyPrinted, error: nil) {
          pretty = NSString(data:data,encoding:NSUTF8StringEncoding) as? String
        }
      }
      return pretty
    }

    func extractRateLimits (response: NSURLResponse) {
      //Fitbit-Rate-Limit-Limit: 150
      //Fitbit-Rate-Limit-Remaining: 149
      //Fitbit-Rate-Limit-Reset: 1478

      if let urlResponse = response as? NSHTTPURLResponse {
        if let rl = urlResponse.allHeaderFields["Fitbit-Rate-Limit-Limit"]
          as? NSString as? String {
          rateLimit = rl.toInt()
          print("RESPONSE HEADER rateLimit: \(rl)")
        }
        if let rlr = urlResponse.allHeaderFields["Fitbit-Rate-Limit-Remaining"]
          as? NSString as? String {
          rateLimitRemaining = rlr.toInt()
          print("RESPONSE HEADER rateLimitRemaining: \(rlr)")
        }
        if let rlx = urlResponse.allHeaderFields["Fitbit-Rate-Limit-Reset"]
          as? NSString as? String {
          rateLimitReset = rlx.toInt()
          rateLimitTimeStamp = String(format:"%d", Int(NSDate().
          timeIntervalSince1970)).toInt()
          print("RESPONSE HEADER rateLimitReset: \(rlx), checked
          at: \(rateLimitTimeStamp)")
        }
      }
    }
  }
}
enum APIService {
  case USER, ACTIVITIES, FOODS, GOOD_JSON, BAD_JSON
  func toString() -> String {
    var service: String!
    switch self {
    case .USER:
```

```
      service = "user"
    case .ACTIVITIES:
      service = "activities"
    case .FOODS:
      service = "foods"
    case .GOOD_JSON:
      service = "data"
    case .BAD_JSON:
      service = "badData"
    }
    return service
  }
}
enum APIMethod {
  case GET, PUT, POST, DELETE
  func toString() -> String {
    var method: String!
    switch self {
    case .GET:
      method = "GET"
    case .PUT:
      method = "PUT"
    case .POST:
      method = "POST"
    case .DELETE:
      method = "DELETE"
    }
    return method
  }
}
```

5.2.5　OAuth 库

　　OAuth 库（OAuth1a.swift）将处理请求的签名，而不是自己进行请求。开发人员需要做更多的工作来集成 OAuth 流程中的所有步骤，这里的最佳选择是建立一个良好的基础，正确地进行签名流程，并在以后根据需要进行扩展。

　　该库的头文件包含特定于签名过程的基本变量，例如 signatureMethod、oauthVersion 以及任何请求中涉及的所有键和令牌。Init()函数会为它们分配值（如果值已提供的话）。根据我们正在签名的请求，可能只需要其中的一部分。

　　代码清单 5-24 中的代码以及本节中的所有其他代码都保存在 OAuth1a.swift 文件中。

代码清单 5-24　OAuth1a.swift 的代码

```swift
import Foundation
class OAuth1a {
    var signatureMethod: String = "HMAC-SHA1"
    var oauthVersion: String = "1.0"
    var oauthConsumerKey: String!
    var oauthConsumerSecret: String!
    var oauthToken: String!
    var oauthTokenSecret: String!

    required init (oauthParams: NSDictionary) {
        oauthConsumerKey = oauthParams.objectForKey("oauth_consumer_key")
        as! String
        oauthConsumerSecret = oauthParams.objectForKey
        ("oauth_consumer_secret") as! String
        oauthToken = oauthParams.objectForKey("oauth_token") as! String
        oauthTokenSecret = oauthParams.objectForKey("oauth_token_secret")
        as! String
    }
...
}
```

在下列代码中可以看到，有助于使签名随机化的元素是 timeStamp（时间戳）和 nonce（随机数）。时间戳只是一个阶段（Epoch）时间，可以很容易地从 NSDate 中读取。我们只对 Int 值感兴趣，它是以 s 为单位的阶段时间。可以在下面列出的 signRequest()函数中找到它：

```swift
let timeStamp = String(format:"%d", Int(NSDate().timeIntervalSince1970))
```

我们为随机数创建了一个单独的函数（见代码清单 5-25），这对于调用者而言非常容易。它使用包含所有有效字符的字母数字字符串，然后在该字符串上运行随机指针，并在该索引处提取一个字符，直到获得所需长度的随机字符串。

代码清单 5-25　randomStringWithLength()函数

```swift
func randomStringWithLength (len : Int) -> String {
    let letters : NSString =
    "abcdefghijklmnopqrstuvwxyzABCDEFGHIJKLMNOPQRSTUVWXYZ0123456789"
    var randomString : NSMutableString = NSMutableString(capacity: len)

    for (var i=0; i < len; i++){
        var length = UInt32(letters.length)
```

```
        var rand = arc4random_uniform(length)
        randomString.appendFormat("%C", letters.characterAtIndex
        (Int(rand)))
    }
    return randomString as String
}
```

1．签署请求

OAuth 库中的主要函数是 signRequest()（见代码清单 5-26）。它将采用请求的对象、URL 参数以及用于签署请求的可选备用 URL，我们要做的第一件事是准备 timeStamp、nonce 和用于签名的 URL，这些都是我们签名中的可变部分。为了简化调试，我们添加了一些控制台日志记录语句。无须将它们记录到屏幕上的文本区域，因为一旦我们正确获得了第一个请求，它就会占用大量空间且几乎没有价值。

代码清单 5-26　signRequest()函数

```
func signRequest (request: NSMutableURLRequest, urlParameters:
[String:String]!=[:], signUrl: String!=nil) {
    let timeStamp = String(format:"%d",Int(NSDate().timeIntervalSince1970))
    var nonce = randomStringWithLength(11)
    var baseUrl: String
    if signUrl == nil {
        baseUrl = (request.valueForKey("URL") as! NSURL).absoluteString!
        print("REQUEST URL: " + baseUrl)
    }
    else {
        baseUrl = signUrl
        print("SIGN URL: " + signUrl)
    }
    print("TIMESTAMP: " + timeStamp)
    print("NONCE: " + nonce)
```

要计算签名，我们将遵循 OAuth 1.0a 规范的指导，并且发现 Fitbit API 后面确实跟着字母。实际上，我们最初是使用 Google 交互式 OAuth 1.0a 页面构建的，并且它仅与 Fitbit 一起使用。参数的顺序必须完全按照我们所演示的保留。我们还将对签名有贡献的元素记录到控制台中，以便能够通过 API 支持页面来验证输出。

重要的是要观察到，在将它们合并到 signatureBaseString 中之前，我们再次转义了 baseUrl 和 normalizedParameters 字符串。我们还注意到 urlParameter 与 OAuth 参数混合在一起；实际上，生成的 URL 字符串需要按字母顺序排序。排序区分大小写，因此 Z 在 a 之前。

hmac()的签名密钥是 Consumer Secret（使用者机密）和 Token Secret（令牌机密）的连接值（每个参数编码的第一个编码），即使为空也要用 '&' 字符（ASCII 码 38）分隔，如代码清单 5-27 所示。

代码清单 5-27　合并 signatureBaseString

```
var signatureParams: [String:String] = [:]
    for (key, value) in urlParameters {
        signatureParams.updateValue(value, forKey: key)
    }
    signatureParams.updateValue(oauthConsumerKey, forKey:
"oauth_consumer_key")
    signatureParams.updateValue(nonce, forKey: "oauth_nonce")
    signatureParams.updateValue(signatureMethod, forKey:
"oauth_signature_method")
    signatureParams.updateValue(timeStamp, forKey: "oauth_timestamp")

    if oauthToken != nil {
        signatureParams.updateValue(oauthToken, forKey: "oauth_token")
        request.setValue(oauthToken, forHTTPHeaderField: "oauth_token")
    }
    signatureParams.updateValue(oauthVersion, forKey: "oauth_version")

    var normalizedParameters:String=asURLString(inputData:signatureParams)

    var signatureBaseString: String = "&".join([
        request.HTTPMethod,
        baseUrl.escapeUrl(),
        normalizedParameters.escapeUrl()
        ])
//该密钥是 Consumer Secret 和 Token Secret 的连接值（每个参数编码的第一个编码）
//即使为空也要用 '&' 字符（ASCII 码 38）分隔
    var signKey = oauthConsumerSecret.escapeUrl() + "&" +
oauthTokenSecret.escapeUrl()
    var signature = signatureBaseString.hmac(HMACAlgorithm.SHA1,
key: signKey)

    print("SIGNATURE STRING: " + signatureBaseString)
    print("SIGNATURE KEY: " + signKey)
    print("SIGNATURE: " + signature)
```

现在已经有了签名，我们需要用正确的字符串填充请求标头。在这里，参数的字母顺序也很重要，如代码清单 5-28 所示。

代码清单 5-28　标头顺序

```
//必须保留此确切顺序
    let header: OAuth1aHeader = OAuth1aHeader(name: "OAuth")
    header.add("oauth_consumer_key", value: oauthConsumerKey)
    header.add("oauth_nonce", value: nonce)
    header.add("oauth_signature", value: signature)
    header.add("oauth_signature_method", value: signatureMethod)
    header.add("oauth_timestamp", value: timeStamp)
    header.add("oauth_token", value: oauthToken)
    header.add("oauth_version", value: oauthVersion)
    let hParams = header.asString()

    print("HEADER: Authorization: " + hParams)
    request.setValue(hParams, forHTTPHeaderField: "Authorization")
```

2. 创建 OAuth H

在 OAuth1a.swift 文件的末尾，一个内部类中隐藏了正确组合标头条目并转义值的代码，如代码清单 5-29 所示。

代码清单 5-29　OAuth1aHeader 类

```
class OAuth1aHeader {
    var hName: String!
    var params: Array<String>!
    required init (name: String) {
        params = Array<String>()
        hName = name
    }
    func add (key: String, value: String) {
        params.append(key + "=\"" + value.escapeUrl() + "\"")
    }
    func asString () -> String {
        var hParams: String = ", ".join(params)
        return hName + " " + hParams
    }
}
```

我们没有为 APIClient 和此 OAuth1a 库创建公共库，因此我们需要复制一些代码（这些代码将编码 URL 以进行签名）。实际 URL 中不需要对参数进行排序，但对于正确的 OAuth 签名而言，则需要排序，如代码清单 5-30 所示。

第 5 章 使用 Fitbit API 集成第三方健身跟踪器和数据

代码清单 5-30　asURLString()函数

```swift
func asURLString (inputData: [String:String]!=[:]) -> String {
    var params: [String] = []
    for (key, value) in inputData {
        params.append( "=".join([ key.escapeUrl(), value.escapeUrl()] ))
    }
    params = params.sort { $0 < $1 }
    return "&".join(params)
}
```

这就是 OAuth 签名所需的全部工作。看起来似乎没那么困难，对吧？作为一项额外的奖励，我们还添加了 signTempAccessToken()函数（见代码清单 5-31），该函数可用于（为应用程序注册访问用户账户权限的）第一个步骤的签名。请注意，requestUrl 去除了协议和主机部分，因此它不是完整的诸如 https://api.fitbit.com/oauth/request_token 之类的地址，而是仅将 oauth/request_token 形式的路径用于签名。

代码清单 5-31　signTempAccessToken()函数

```swift
func signTempAccessToken (request: NSMutableURLRequest) {
    //该请求并不使用 URL 进行签名，而是使用路径 oauth/request_token
    var requestUrl = request.valueForKey("URL") as? NSURL
    var urlPath: String = requestUrl!.path!
    urlPath = String( dropFirst(urlPath) )
    signRequest(request, signUrl: urlPath)
}
```

3. OAuth1a.swift 的代码

代码清单 5-32 显示了 OAuth1a.swift 库中的完整代码。

代码清单 5-32　OAuth1a.swift

```swift
import Foundation
class OAuth1a {
    var signatureMethod: String = "HMAC-SHA1"
    var oauthVersion: String = "1.0"
    var oauthConsumerKey: String!
    var oauthConsumerSecret: String!
    var oauthToken: String!
    var oauthTokenSecret: String!
    
    required init (oauthParams: NSDictionary) {
        oauthConsumerKey = oauthParams.objectForKey("oauth_consumer_key")
```

```swift
     as! String
     oauthConsumerSecret = oauthParams.objectForKey
     ("oauth_consumer_secret") as! String
     oauthToken = oauthParams.objectForKey("oauth_token") as! String
     oauthTokenSecret = oauthParams.objectForKey("oauth_token_secret")
     as! String
  }

  func randomStringWithLength (len : Int) -> String {
     let letters : NSString =
     "abcdefghijklmnopqrstuvwxyzABCDEFGHIJKLMNOPQRSTUVWXYZ0123456789"
     var randomString : NSMutableString = NSMutableString(capacity: len)

     for (var i=0; i < len; i++){
       var length = UInt32(letters.length)
       var rand = arc4random_uniform(length)
       randomString.appendFormat("%C",letters.characterAtIndex(Int(rand)))
     }
     return randomString as String
  }

func signRequest (request: NSMutableURLRequest, urlParameters:[String:
String]!=[:], signUrl: String!=nil) {
     let timeStamp = String(format:"%d",Int(NSDate().timeIntervalSince1970))
     var nonce = randomStringWithLength(11)
     var baseUrl: String

  if signUrl == nil {
    baseUrl = (request.valueForKey("URL") as! NSURL).absoluteString!
    print("REQUEST URL: " + baseUrl)
  }
  else {
    baseUrl = signUrl
    print("SIGN URL: " + signUrl)
  }
  print("TIMESTAMP: " + timeStamp)
  print("NONCE: " + nonce)

  //签名参数需要按字母顺序排序
  var signatureParams: [String:String] = [:]
  for (key, value) in urlParameters {
    signatureParams.updateValue(value, forKey: key)
```

```
}
signatureParams.updateValue(oauthConsumerKey,forKey:"oauth_consumer_key")
signatureParams.updateValue(nonce, forKey: "oauth_nonce")
signatureParams.updateValue(signatureMethod,forKey:"oauth_signature_method")
signatureParams.updateValue(timeStamp, forKey: "oauth_timestamp")

if oauthToken != nil {
  signatureParams.updateValue(oauthToken, forKey: "oauth_token")
  request.setValue(oauthToken, forHTTPHeaderField: "oauth_token")
}
signatureParams.updateValue(oauthVersion, forKey: "oauth_version")

var normalizedParameters: String = asURLString(inputData: signatureParams)

var signatureBaseString: String = "&".join([
  request.HTTPMethod,
  baseUrl.escapeUrl(),
  normalizedParameters.escapeUrl()
  ])
//该密钥是 Consumer Secret 和 Token Secret 的连接值（每个参数编码的第一个编码）
//即使为空也要用 '&' 字符（ASCII 码 38）分隔
var signKey = oauthConsumerSecret.escapeUrl() + "&" +
oauthTokenSecret.escapeUrl()
var signature = signatureBaseString.hmac(HMACAlgorithm.SHA1,
key: signKey)

print("SIGNATURE STRING: " + signatureBaseString)
print("SIGNATURE KEY: " + signKey)
print("SIGNATURE: " + signature)

//必须保留此确切顺序
let header: OAuth1aHeader = OAuth1aHeader(name: "OAuth")
header.add("oauth_consumer_key", value: oauthConsumerKey)
header.add("oauth_nonce", value: nonce)
header.add("oauth_signature", value: signature)
header.add("oauth_signature_method", value: signatureMethod)
header.add("oauth_timestamp", value: timeStamp)
header.add("oauth_token", value: oauthToken)
header.add("oauth_version", value: oauthVersion)
let hParams = header.asString()

print("HEADER: Authorization: " + hParams)
```

```
    request.setValue(hParams, forHTTPHeaderField: "Authorization")
}

func asURLString (inputData: [String:String]!=[:]) -> String {
    var params: [String] = []
    for (key, value) in inputData {
        params.append( "=".join([ key.escapeUrl(), value.escapeUrl()] ))
    }
    params = params.sorted{ $0 < $1 }
    return "&".join(params)
}

func signTempAccessToken (request: NSMutableURLRequest) {
    //该请求并不使用 URL 进行签名，而是使用路径 oauth/request_token
    var requestUrl = request.valueForKey("URL") as? NSURL
    var urlPath: String = requestUrl!.path!
    urlPath = String( dropFirst(urlPath) )
    signRequest(request, signUrl: urlPath)
}

class OAuth1aHeader {
    var hName: String!
    var params: Array<String>!
    required init (name: String) {
        params = Array<String>()
        hName = name
    }
    func add (key: String, value: String) {
        params.append(key + "=\"" + value.escapeUrl() + "\"")
    }
    func asString () -> String {
        var hParams: String = ", ".join(params)
        return hName + " " + hParams
    }
}
```

5.2.6　测试到目前为止我们拥有的代码

借助到目前为止的代码，我们可以向本地主机发出请求，前提是使用 Apache 设置了本地环境，并且已经有了两个测试文档。我们单击一次 Good Request，再单击一次 Bad Request，在代码清单 5-33 中，可以看到 println()语句的 Xcode 控制台输出。

代码清单 5-33　println()语句的 Xcode 控制台输出

```
REQUEST URL: http://127.0.0.1/data.json
TIMESTAMP: 1429481277
NONCE: OPrkKRdgn8I
SIGNATURE STRING: GET&http%3A%2 F%2 F127.0.0.1%2Fdata.json&oauth_
consumer_key%3D6cf4162a72ac4a4382c098caec132782%26oauth_nonce%3
DOPrkKRdgn8I%26oauth_signature_method%3DHMAC-SHA1%26oauth_timestamp%3
D1429481277%26oauth_token%3D5a3ca2edf91d7175cad30bc3533e3c8a%26oauth_
version%3D1.0
SIGNATURE KEY: c652d5fb28f344679f3b6b12121465af&da5bc974d697470a93ec
59e9cfaee06d
SIGNATURE: 2Efcl/SN9s+xR9qRTObIsNQwkpI= HEADER: Authorization: OAuth
oauth_consumer_key="6cf4162a72ac4a4382c098caec132782", oauth_nonce=
"OPrkKRdgn8I", oauth_signature="2Efcl%2FSN9s%2BxR9qRTObIsNQwkpI%3D",
oauth_signature_method="HMAC-SHA1", oauth_timestamp="1429481277",
oauth_token="5a3ca2edf91d7175cad30bc3533e3 c8a", oauth_version="1.0"
RESPONSE RAW: {"Response":{"key":"value"}}

RESPONSE SHA1: 5ae11e3b34fdcd7fba984695e9001511c9e0aa8d

REQUEST URL: http://127.0.0.1/badData.json
TIMESTAMP: 1429481278
NONCE: 0OHgLcjefM6
SIGNATURE STRING:
GET&http%3A%2 F%2 F127.0.0.1%2FbadData.json&oauth_consumer_key%3D6cf41
62a72ac4a4382c098caec132782%26oauth_nonce%3D0OHgLcjefM6%26oauth_
signature_method%3DHMAC-SHA1%26oauth_timestamp%3D1429481278%26
oauth_token%3D5a3ca2edf91d7175cad30bc3533e3c8a%26oauth_version%3D1.0
SIGNATURE KEY:
c652d5fb28f344679f3b6b12121465af&da5bc974d697470a93ec59e9cfaee06d
SIGNATURE: DMB81a3oUO16lJa7YvUJpYguunQ = HEADER: Authorization: OAuth
oauth_consumer_key="6cf4162a72ac4a4382c098caec132782", oauth_nonce=
"0OHgLcjefM6", oauth_signature="DMB81a3oUO16lJa7YvUJpYguunQ%3D",
oauth_signature_method="HMAC-SHA1", oauth_timestamp="1429481278",
oauth_token="5a3ca2edf91d7175cad30bc3533e3 c8a", oauth_version="1.0"
RESPONSE RAW: {"Response":{{"key":"value"}}

RESPONSE SHA1: bd28faef1bc309899ed8540105c86ad23c1f27e7
```

图 5-4 中的模拟器屏幕截图显示了我们的活动结果。现在，我们准备针对实时 API 进行测试，并查看 OAuth 工作是否正常。

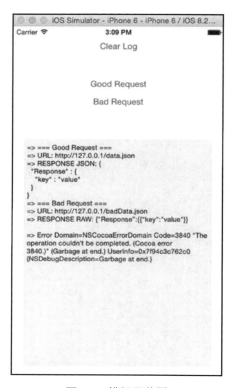

图 5-4　模拟器截图

5.3　向 Fitbit API 发出请求

截至目前，我们知道 API 请求过程并没有什么奇特的地方。以正确的顺序组装请求的所有部分非常重要。向 Fitbit API 发出请求应注意以下事项。
- 获取正确的令牌，并以正确的顺序创建包含所有元素的 OAuth 签名。
- 跟踪调用速率限制参数，如果调用速率太快，则可能会使应用程序受到限制。
- 构建一个解析器来处理 JSON 输出。

现在我们已经知道访问令牌和访问令牌机密，因此在 Fitbit 开发人员页面上，我们可以使用调试工具发出 API 请求。请记住，该请求不仅使用访问令牌和访问令牌机密进行签名，而且还使用 oauth_consumer_key 进行签名，API 将使用 oauth_consumer_key 来标识将要被访问的用户账户。标头中存在 oauth_consumer_key，而 oauth_consumer_secret

与 oauth_token_secret 则一起使用以对基本字符串（Base String）进行签名。

代码清单 5-34 显示了当使用 curl 发出请求时对用户个人资料的剖析请求。这里显示的是自创建账户以来尚未更新的个人资料的默认值。响应的格式在 Fitbit 开发人员网站上有详细记录。

代码清单 5-34　用户个人资料及请求值

```
Access Token:           5a3ca2edf91d7175cad30bc3533e3c8a
Access Token Secret:    da5bc974d697470a93ec59e9cfaee06d
Request URL:            https://api.fitbit.com/1/user/-/profile.json
Nonce:                  random
Timestamp:              1429396457
Type:                   GET

API request values:
Base string:            GET&https%3A%2 F%2Fapi.fitbit.com%2 F1%2Fuser%2
F-%2Fprofile.json&oauth_consumer_key%3D6cf4162a72ac4a4382c098caec132782
%26oauth_nonce%3Drandom%26oauth_signature_method%3DHMAC-SHA1%26oauth_
timestamp%3D1429396457%26oauth_token%3D5a3ca2edf91d7175cad30bc3533e3c8a
%26oauth_version%3D1.0
Signed with:            c652d5fb28f344679f3b6b12121465af
&da5bc974d697470a93ec59e9cfaee06d
Signature:              c2wi9Xk+nOGpjRoyxtotIM5AyA4=
```

代码清单 5-35 显示了使用 curl 发出的请求。

代码清单 5-35　使用 curl 发出的请求

```
$ curl -X GET -i -H 'Authorization: OAuth oauth_consumer_key=
"6cf4162a72ac4a4382c098ca ec132782", oauth_nonce="random",
oauth_signature="c2wi9Xk%2BnOGpjRoyxtotIM5AyA4%3D",
oauth_ signature_method="HMAC-SHA1", oauth_timestamp="1429396457",
oauth_token="5a3ca2edf91d7175cad 30bc3533e3c8a",
oauth_version="1.0"' https://api.fitbit.com/1/user/-/profile.json
```

代码清单 5-36 显示了 curl 请求的输出。

代码清单 5-36　curl 请求的输出

```
HTTP/1.1 200 OK
Server: nginx
X-UA-Compatible: IE=edge,chrome=1
Expires: Thu, 01 Jan 1970 00:00:00 GMT
```

```
Cache-control: no-cache, must-revalidate
Pragma: no-cache
Fitbit-Rate-Limit-Limit: 150
Fitbit-Rate-Limit-Remaining: 149
Fitbit-Rate-Limit-Reset: 1478
Set-Cookie: JSESSIONID=5D7EA76F7CB0C45BF1A7A020C9BAC55B.fitbit1;
Path=/; HttpOnly
Content-Type: application/json; charset=UTF-8
Content-Language: en
Content-Length: 657
Vary: Accept-Encoding
Date: Sat, 18 Apr 2015 22:35:21 GMT
{"user":{"avatar":"http://www.fitbit.com/images/profile/defaultProfile_
100_male.gif", "avatar150":"http://www.fitbit.com/images/profile/
defaultProfile_150_male.gif","country": "US","dateOfBirth":
"","displayName":"","distanceUnit":"en_US","encodedId": "3BRQLQ",
"foodsLocale":"en_US","gender":"NA","glucoseUnit":"en_US","height":0,
"heightUnit": "en_US","locale":"en_US","memberSince":"2015-04-02",
"offsetFromUTCMillis":-25200000, "startDayOfWeek":"SUNDAY",
"strideLengthRunning":86.60000000000001, "strideLengthWalking":
67.10000000000001,"timezone":"America/Los_Angeles","topBadges":[],
"waterUnit": "en_US", "waterUnitName":"fl oz","weight":62.5,
"weightUnit":"en_US"}}
```

要发出实时请求，需要取消注释 ViewController 库中的 api.goLive()，我们的请求将直接转到 Fitbit API 中。当然，需要确保将 APIClient 中的 oauthParams 设置为在执行应用程序注册步骤时生成的值，详见 5.1.5 节 "Fitbit OAuth 实现"。

5.3.1 检索用户个人资料

别忘了，我们在视图控制器中有两个测试按钮可以对本地文档进行测试。测试 API 是否正常工作的最简单方法是重新使用代码并发出用户个人资料请求。在 ViewController.swift 文件中，我们具有以下内容：

```
@IBAction func clickButton() {
    logger.logEvent("=== Good Request ===")
    //api.getData(APIService.GOOD_JSON)              //测试调用
    api.getData(APIService.USER, id: "-", urlSuffix: NSArray(array:
    ["profile"]))
    labelButton.setTitle("Good Request Sent", forState:
```

```
        UIControlState.Normal)
}
```

现在可以单击上述按钮，这是通过应用程序进行的第一个 API 调用。在 Xcode 控制台中，可以看到请求/响应的完整细节，如代码清单 5-37 所示。

代码清单 5-37　请求和响应细节信息

```
REQUEST URL: https://api.fitbit.com/1/user/-/profile.json
TIMESTAMP: 1429482687
NONCE: eTYGnygDYr4
SIGNATURE STRING: GET&https%3A%2 F%2Fapi.fitbit.com%2 F1%2Fuser%2
F-%2Fprofile.json&oauth_consumer_key%3D6cf4162a72ac4a4382c098caec13278
2%26oauth_nonce%3DeTYGnygDYr4%26oauth_signature_method%3DHMAC-SHA1%26
oauth_timestamp%3D1429482687%26oauth_token%3D5a3ca2edf91d7175cad30bc35
33e3c8a%26oauth_version%3D1.0
SIGNATURE KEY:
c652d5fb28f344679f3b6b12121465af&da5bc974d697470a93ec59e9cfaee06d
SIGNATURE: a+CWGxlsJiiJGc7ezIZVNtw3ASA=
HEADER: Authorization: OAuth oauth_consumer_key=
"6cf4162a72ac4a4382c098caec132782", oauth_nonce="eTYGnygDYr4",
oauth_signature="a%2BCWGxlsJiiJGc7ezIZVNtw3ASA%3D",
oauth_signature_method="HMAC-SHA1", oauth_timestamp="1429482687",
oauth_token= "5a3ca2edf91d7175cad30bc3533e3c8a", oauth_version="1.0"

RESPONSE HEADER rateLimit: 150
RESPONSE HEADER rateLimitRemaining: 149
RESPONSE HEADER rateLimitReset: 1713, checked at: 1429482687
RESPONSE RAW: {"user":{"avatar":"http://www.fitbit.com/images/profile/
defaultProfile_100_male.gif","avatar150":"http://www.fitbit.com/images/
profile/defaultProfile_150_male.gif","country":"US","dateOfBirth":"",
"displayName":"","distanceUnit":"en_US","encodedId":"3BRQLQ",
"foodsLocale":"en_US","gender":"NA","glucoseUnit":"en_US","height":0,
"heightUnit":"en_US","locale":"en_US","memberSince":"2015-04-02",
"offsetFromUTCMillis":-25200000, "startDayOfWeek":"SUNDAY",
"strideLengthRunning":86.60000000000001, "strideLengthWalking":
67.10000000000001,"timezone":"America/Los_Angeles","topBadges":[],
"waterUnit": "en_US","waterUnitName":"fl oz","weight":62.5,
"weightUnit":"en_US"}}
RESPONSE SHA1: caa14550567548b173a0a904f0b3c7bae6d7452a
```

图 5-5 显示了读取的用户个人资料的屏幕截图。

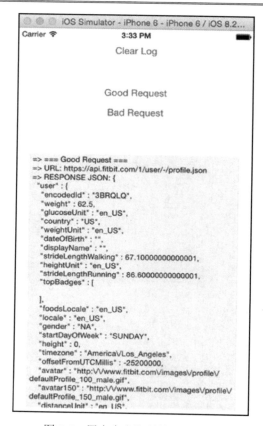

图 5-5 用户个人资料的屏幕截图

5.3.2 在 API 中检索和设置数据

就像检索用户个人资料一样，这是具有给定 API 目标的简单 GET。以下是你当前可以查询以检索和设置用户数据的目标的详尽列表。

- ❑ 获取/设置身体测量值。
- ❑ 获取/设置体重和体脂。
- ❑ 获取/设置血压和心率。
- ❑ 获取/设置血糖。

除体重和体脂外，上述所有其他目标都很遗憾地出现在不推荐使用的 API 功能列表中（截至 2014 年 10 月）。我们希望最终所有服务都将迁移到 OAuth 2.0。不推荐使用意味着这些功能仍然可用，但未积极开发，以后将被其他功能替换。新服务到位后，这些不推荐使用的服务仍将可用一段时间。

在本书撰写时，Fitbit 宣布了 3 种新产品，即 Charge（运动手环）、Charge HR（无线心率监测专业运动手环）和 Surge（智能运动手表）。Fitbit API 将提供这些设备全天的心率和 GPS 数据的访问权限；但是，这些数据类型将只能通过 OAuth 2.0 访问。

为使事情变得简单，我们将展示如何获取和设置一些数据点；所有其他服务本质上都与请求响应相似，并且在 Fitbit 开发人员页面上有很好的说明文档。

1．获取血压值

我们将重新使用 ViewController.swift 文件中的 Good Request（正常请求）按钮来发出获取血压值请求，代码如下：

```
@IBAction func clickButton() {
    logger.logEvent("=== Good Request ===")
    //api.getData(APIService.GOOD_JSON)          //测试调用
    //api.getData(APIService.USER, id: "-", urlSuffix: NSArray
    (array: ["profile"]))
    api.getBloodPressure()
    labelButton.setTitle("Good Request Sent", forState:
    UIControlState.Normal)
}
```

在 APIClient 中编写的函数非常简单，它利用了使用 getData()方法创建的抽象。此方法位于 APIClient.swift 文件中，代码如下：

```
func getBloodPressure (date: NSDate?=NSDate()) {
    let formatter = NSDateFormatter()
    formatter.dateFormat = "yyyy-MM-dd"
    let currentDate = formatter.stringFromDate(date!)
    print("CURRENT DATE: \(currentDate)");
    getData(APIService.USER, id: "-", urlSuffix: NSArray(array: ["bp/date",
    currentDate ]))
}
```

上述函数将进行以下 API 调用：

```
GET /1/user/-/bp/date/2015-04-23.json
```

自然，由于我们尚未向 API 发送任何血压信息，因此默认响应为空白。你的响应处理程序需要能够处理空响应的情况，该响应如下：

```
{"bp":[]}
```

请记住，上述响应现在没有任何作用。在实现应用程序时，你将根据在 urlSuffix 参数中设置的数据来决定如何在 API 的 processGETData()回调函数中处理该应用程序，我们现在知道它可以由服务名称及其参数组成。

当系统中有血压记录时，我们的响应将类似于代码清单 5-38 中所示的例子。

代码清单 5-38　响应示例

```
{
    "average": {
        "condition":"Prehypertension",
        "diastolic":85,
        "systolic":115
    },
    "bp": [
        {
            "diastolic":80,
            "logId":483697,
            "systolic":120
        },
        {
            "diastolic":90,
            "logId":483699,
            "systolic":110,
            "time":"08:00"
        }
    ]
}
```

2. 设置血压

继续使用 Good Request（正常请求）按钮，我们再次更改了内容，这次调用了新函数。请记住，这两个都是异步方法，我们在这里实现它们的方法不一定是最好的方法，因为无法保证哪个先到达 API，而且它们都依赖于 APIClient 中的 processGETData()回调函数来处理响应。该回调函数在 ViewController.swift 文件中。对应的代码如下：

```
@IBAction func clickButton() {
    logger.logEvent("=== Good Request ===")
    // api.getData(APIService.GOOD_JSON)                //测试调用
    api.getData(APIService.USER, id: "-", urlSuffix: NSArray(array:
["profile"]))
    labelButton.setTitle("Good Request Sent", forState:
UIControlState.Normal) }
```

我们保留之前编写的 getBloodPressure()函数，由于需要读回正在设置的数据，因此我们创建了 setBloodPressure()函数（位于 APIClient.swift 文件中），具体如下：

```
func setBloodPressure (date: NSDate?=NSDate()) {
    let formatter = NSDateFormatter()
    formatter.dateFormat = "yyyy-MM-dd"
    let currentDate = formatter.stringFromDate(date!)
    let request: [String:String] =
    ["diastolic":"80","systolic":"120","date": currentDate]
    postData(APIService.USER, id: "-", urlSuffix: NSArray(array: ["bp"]),
    params: request)
}
```

上述函数将进行以下 API 调用：

```
POST /1/user/-//bp.json?date=2015-04-23&diastolic=80&systolic=120
```

API 使用填充的 logId 响应刚刚插入的数据，具体如下：

```
{
    "bpLog": {
        "diastolic":80,
        "logId":1298241959,
        "systolic":120
    }
}
```

如果现在调用以获取血压数据，那么将获得完整的详细信息，包括友好的健康警告。重要的是要注意没有时间戳，因为没有提供时间戳，该字段是可选的，具体如下：

```
{
    "average": {
        "condition":"Prehypertension",
        "diastolic":80,
        "systolic":120
    },
    "bp": [
        {
            "diastolic":80,
            "logId":1298241959,
            "systolic":120
        }
    ]
}
```

3. 记录体重

就像我们对血压所做的一样，可让你设置和获取体重数据的服务也具有类似的实现。要设置体重，可以使用 API 说明文档中列出的参数调用该服务，就像使用其他服务一样。此函数将保存在 APIClient.swift 文件中，具体如下：

```swift
func setBodyWeight (date: NSDate?=NSDate()) {
    let formatter = NSDateFormatter()
    formatter.dateFormat = "yyyy-MM-dd"
    let currentDate = formatter.stringFromDate(date!)
    let postData(APIService.USER, id: "-", urlSuffix: NSArray(array:
    ["body/log/weight" ]), params: request)
}
```

上述函数将进行以下 API 调用：

```
POST /1/user/-/bp.json?date=2015-04-24&weight=73
```

除 URL 路径（APIClient.swift）外，体重的 GET 方法与血压调用没有什么区别，具体如下：

```swift
func getBodyWeight (date: NSDate?=NSDate()) {
    let formatter = NSDateFormatter()
    formatter.dateFormat = "yyyy-MM-dd"
    let currentDate = formatter.stringFromDate(date!)
    getData(APIService.USER, id: "-", urlSuffix: NSArray(array:
    ["body/log/weight/date", currentDate ]))
}
```

上述函数将进行以下 API 调用：

```
GET /1/user/-/body/log/weight/date/2015-04-24.json
```

API 的响应是以下格式的 JSON 数据：

```json
{
    "weight": [
        {
            "bmi":0,
            "date":"2015-04-24",
            "logId":1429919999000,
            "time":"23:59:59",
            "weight":73
        }
    ]
}
```

5.3.3 关于 OAuth 版本的问题

Fitbit 使用的 API 的版本是 OAuth 1.0a。这是一个非常稳定、安全和可靠的协议，但本质上很复杂。就像 PGP 加密一样，复杂而安全的加密和协议很容易被其他可能不太优秀的加密协议所取代，因为后者的优点是更易于实现。

OAuth 1.0a 需要对每个请求进行签名，这可能会在实现的任一端（客户端/服务器端）消耗资源。同时，由于授权服务器和资源服务器之间需要大量数据，因此角色服务器之间没有明确的角色分离。

签名是这些角色的共同点。诚然，OAuth 1.0a 在提供安全性方面有其独到之处，仅凭它能够签署和信任每个请求的绝对优势，它就可能永远不会完全消失，但是它的缺点在于实现起来比较复杂。当然，持平而论，如果正确实现了 OAuth 1.0a，那么中间人攻击（Man-in-the-Middle Attack）的成功概率就非常低，而对于基于令牌的协议（如 OAuth 2.0）来说，突破 SSL 并非难事。

最近的许多 API 实现都支持 OAuth 2.0。

OAuth 2.0 还可以通过特别适合的工作流程来容纳更简单的本机应用程序，它还在身份验证服务器和处理请求的服务器之间提供了非常清晰的角色分离。

从基本级别上看，OAuth 2.0 定义了以下工作流程。
- ❑ 通过授权服务器进行身份验证，并获取授权码。
- ❑ 从授权服务器请求一组访问和刷新令牌。
- ❑ 使用访问令牌，从资源服务器请求受限资源。
- ❑ 定期使用刷新令牌从授权服务器获取新的访问令牌。

访问令牌设置为具有截止日期，并且一个令牌的生存期将随实现而变化。

鉴于 OAuth 2.0 还因规范中的许多粗疏之处，以及调用者滥用和错误语句的可能性而受到安全专家的不满，因此可以想象，在未来几年中将会出现该标准的进一步版本。仅就此而言，遵循标准的制定将为你提供很好的帮助，而 Fitbit 之类的服务提供商如何跟进该标准也值得开发人员关注。

就 Fitbit 而言，该公司虽然宣布将支持 OAuth 2.0，但在本书撰写时尚无明确的实现细节。如果开发人员需要立即交付应用程序，则应遵循 OAuth 1.0a 标准编写服务，但也有必要做好向应用程序提供升级的准备，一旦 OAuth 2.0 服务公开发布并提供了很详细的说明文档，我们的更新也就应该迅速跟上。

考虑到我们经历了一个相当复杂的过程（部分如此）来为当前版本的 Fitbit API 实现 OAuth 1.0a，回顾一下这些代码，其实还不算太复杂。编写 OAuth 2.0 的代码可能会更容易，因为至少我们不再需要签署每个请求，并且也可以重用其中的大部分代码。实际上，开发人员将必须这样做，因为随着 Fitbit 将 API 从 OAuth 1.0a 过渡到 OAuth 2.0，我们必须做好长期适应这两种标准的打算。

如本章开头所述，对于大多数 API 来说，从旧版本过渡到新版本是一个渐进的过程。你的应用程序将在相当长的一段时间内保持良好状态，并且你将有时间学习、实现、测试和交付支持 OAuth 2.0 的应用程序的升级版本。最有可能发生的事情是 Fitbit 仅在 OAuth 2.0 上提供特定服务。因此，仅出于这个原因，你就必须升级应用程序以使其获得支持。

5.4 小 结

本章详细阐述了如何构建与 Fitbit API 进行通信的 API，以及如何实现一些获取和设置健康数据的调用。由于该 API 和目前的大多数 API 一样，都在不断开发中，因此可能需要对 API 进行新的或不同的调用才能执行此处所做的操作，并为新的 API 版本添加对 OAuth 2.0 的支持，但是其基本原理保持不变。

第 3 篇

Apple Watch 项目

第 6 章　构建第一个 watchOS 应用

撰文：Ahmed Bakir

6.1　简　　介

2014 年年底，Apple 公司通过引入全新的"产品类别"——Apple Watch，回应了许多批评人士和消费者的担忧。令（几乎）所有人感到惊讶的是，为什么历史上最赚钱的计算机公司会进入智能手表市场，而这种"时尚"却尚未实现杀手级应用？同样，他们将如何解决人们对手表的外观和工作方式的偏见（它们已经存在了数千年）？他们又将如何使其成为一个应用程序平台？

答案是他们将从移动计算中学到的经验（低能耗、低内存、有限的屏幕尺寸）应用到比原始 iPhone 还要小的设备上。与 iPhone 不同的是，Apple Watch 运行的操作系统是 watchOS，这是 iOS 的子集，它具有一个开放的应用程序编程接口（API），任何人都可以为其开发软件，并且它同样具有 App Store，用户可以通过 iTunes 进行访问。由于手表的屏幕尺寸和输入设备（触摸屏和数字表冠）非常有限，因此 watchOS 应用程序的功能不像 iOS 应用程序那样完整，它只能作为 App Store 上 iPhone 应用程序的"扩展"那样分发。当然，这也具有一定的正面影响，即允许开发人员共享数据并将任务顺利传递给父应用程序。

顾名思义，watchOS 是一个完整的操作系统，它可以在没有 iPhone 的情况下（如在健身房时）独立运行手表应用程序。watchOS 上的许多框架直接取自 iOS，如 Core Data、Core Motion 和 Core Location，但功能集有限。开发诸如智能手表之类的资源有限的计算机系统的关键概念之一是，开发人员应只包括使其适用户拥有的资源所需的功能，例如，智能手表不需要手机的高级主屏幕即可启动应用。

本章将详细阐述如何进行 Apple Watch 开发。本书第 1 章介绍了 CarFinder 应用程序，接下来就可以向该程序中添加一个 Apple Watch 扩展来开始本主题。在图 6-1 中，该扩展程序显示了一个表格视图，该表格视图允许用户查看其记录的位置的列表以及有关每个位置的详细信息，包括地图和 GPS 坐标。本练习旨在帮助开发人员学习 watchOS 应用程序体系结构的基础知识，以及如何使用 Xcode 开发 watchOS 应用程序。在接下来的章节中将介绍更多的高级功能,以使该应用程序更加实用,例如通过手表记录位置、向应用程序添加语音转文本(Speech-to-Text)引擎,以及直接从手表上通过 Internet 访问数据源等。该项目的完整版本位于 Apress 网站上本书源代码包的 Ch7 文件夹中。

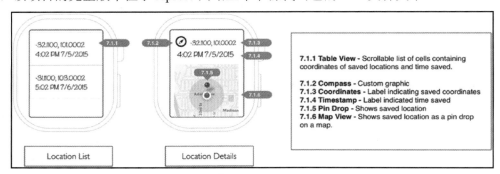

图 6-1　CarFinder Watch App 的模型

原　　文	译　　文
Location List	位置列表
Location Details	位置详图
7.1.1 Table View - Scrollable list of cells containing coordinates of saved locations and time saved	7.1.1 表格视图——单元格的滚动列表,其中包含已保存位置的坐标和保存的时间
7.1.2 Compass - Custom graphic	7.1.2 指南针——自定义图形
7.1.3 Coordinates - Label indicating saved coordinates	7.1.3 坐标——表示已保存坐标的标签
7.1.4 Timestamp - Label indicated time saved	7.1.4 时间戳——指示已保存时间的标签
7.1.5 Pin Drop - Shows saved location	7.1.5 图钉——显示已保存的位置
7.1.6 Map View - Shows saved location as a pin drop on a map	7.1.6 地图视图——显示图钉位置附近的地图

6.2　关于 watchOS 应用程序和 iOS 应用程序

在着手构建 watchOS 应用程序之前,最好先了解 watchOS 应用程序在架构上与 iOS 应用程序之间的区别(除它们在不同的操作系统上运行之外)。

为了减少来自 iOS 和 OS X 的开发人员的学习难度,Apple 的目标是使两个平台在功能上相似(甚至保留一些相同的类名和 API 调用),但必须进行更改以使其适合手表的操作系统,因为手表的资源非常有限。

watchOS 和 iOS 之间最重要的区别是,开发人员无法在 watchOS 上的运行时(Runtime)创建新的用户界面对象,这有助于我们了解平台之间的差异。尽管这两个平台都采用模型-视图-控制器（Model-View-Controller，MVC）作为用户界面开发的主要设计模式，但是在 watchOS 上，开发人员只能在运行时更新或显示现有元素。简而言之，这意味着如果在 watchOS 应用的故事板上定义了元素或视图控制器，则可以在运行时访问它。由于无法实例化新的用户界面元素，因此我们需要通过新的技巧来解决此限制，例如在运行时将元素设置为"不可见"。不管是好是坏，watchOS 都以与 iOS 和 OS X 相同的方式实现故事板（在其中定义布局并将其绑定到 Interface Builder 中的父类）。

watchOS 中缺少运行时用户界面更改，这也体现在 watchOS 应用程序在 App Store 上的构建和分发方式中。编译 iOS 或 OS X 应用程序时，源代码文件将编译为目标代码，并且所有资源（控制台、图像以及开发人员手动添加到项目中的任何文件）都将打包为一个 .app 文件。当开发人员下载 iOS 或 OS X 应用程序时，整个 .app 文件都将安装在设备上。另外，watchOS 应用程序会生成两个输出文件（"WatchKit 应用程序"和"WatchKit 扩展"），这两个输出文件被打包在 iOS 应用程序的 .app 文件中。WatchKit 应用程序（WatchKit App）指的是故事板文件和开发人员包含在项目文件中的其他静态资源；WatchKit 扩展（WatchKit Extension）则包含开发人员的 watchOS 项目的所有已编译源代码。当选择在 Apple Watch 上安装 watchOS 应用程序时，iOS 将从 iOS 应用程序的捆绑软件中获取这些文件，并将其复制到手表上。开发人员可以利用此捆绑创建共享组（Shared Group），从而可以在 iOS 应用程序和 watchOS 应用程序之间共享文件。

💡 说明：

WatchKit 是 watchOS 应用程序开发的基本框架。watchOS 包含另一个名为 ClockKit 的类似名称的框架，该框架用于为 Apple Watch 的内置表盘构建复杂功能或插件。

在 6.1 节"简介"中提到 watchOS 上的许多框架直接取自 iOS，如 Core Data、Core Motion 和 Core Location，只是功能集有限。表 6-1 列出了其中一些框架及其预期用途。在 watchOS 2.0 及更高版本中，这些框架已安装在手表上，从而使 watchOS 应用程序无须连接至手机即可执行来自这些框架的命令。它还具有一些附加作用，使开发人员可以直接访问 Apple Watch 的硬件，如心率监视器、加速计和 GPS。

表 6-1　watchOS 上可用的 Cocoa Touch 框架

框　　架	目　　的
Contacts	访问用户的联系人，包括所有相关的元数据
Core Data	数据库操作
Core Location	访问用户的当前位置
CoreGraphics	轻量级绘图和图形操作
EventKit	访问用户的日历和提醒

读者可能会注意到，这里有一个重要的遗漏项，那就是UIKit。watchOS仅支持用户界面元素的有限子集，这些元素由WatchKit管理。由于开发人员无法在运行时实例化新元素或无法对它们执行更复杂的操作（如旋转、动画或修改其绘制方式），因此Apple Watch不需要UIKit的大多数功能。本书中将使用的主要WatchKit类是WKInterfaceController，它代替了UIViewController。WatchKit用户界面类的名称均以WKInterface开头（如WKInterfaceLabel、WKInterfaceButton、WKInterfaceMap）。

关于watchOS应用程序的最后一点说明是其界面的性质。与iOS应用程序不同，watchOS具有3个不同的用户界面，即应用程序的主界面、概览（Glance）界面和通知（Notification）界面。顾名思义，主界面是启动应用程序时屏幕上显示的内容；概览界面是用于应用程序的单页仪表板（Dashboard），用户可以将其安装在其Glance菜单中，当用户从Apple Watch屏幕的底部向上滑动时，该菜单即会出现；通知界面是另一个单页界面，当用户从watchOS应用程序的iOS对应方接收到通知时会启动该界面。由于这些界面是由3个单独的事件启动的，因此故事板将通过3个"入口点"和3个"场景"（即工作流程）来体现这一特点，这与开发人员习惯的传统iOS开发中的单个场景相反。

6.3 设 置 项 目

要创建新的Apple Watch应用程序，开发人员需要将其添加为iPhone应用程序的新构建目标。Xcode中的构建目标是一组配置指令，告诉它如何构建项目，如要编译的文件、目标OS是什么以及要应用的常量。在大型应用程序上，通常有调试（Debug）和发布（Release）目标，例如，调试目标可以构建将数据发送到测试服务器的日志消息密集的应用程序版本，而发布目标则可以构建将数据发送到生产服务器的另一种性能优化的应用程序版本。对于此项目，Apple Watch应用程序目标则是告诉Xcode将Apple Watch特定的源文件捆绑在一起，成为可以在watchOS上运行的应用程序。

本应用程序的项目将扩展第1章的CarFinder项目，因此需要复制该项目并在Xcode中打开它。要添加新目标，可以转到Xcode的File（文件）菜单中，然后选择New（新建）→Target（目标）命令，如图6-2所示。

系统将显示如图6-3所示的模式对话框，要求开发人员选择平台和应用程序类型。在此可以选择watchOS作为平台，然后选择WatchKit App作为目标类型。

注意：

iOS层次结构树下的Apple Watch目标会为watchOS 1构建一个应用程序。

本书中的所有示例都是为watchOS 2编写的，以利用其扩展的功能集和更高性能的应用程序体系结构。

第 6 章 构建第一个 watchOS 应用

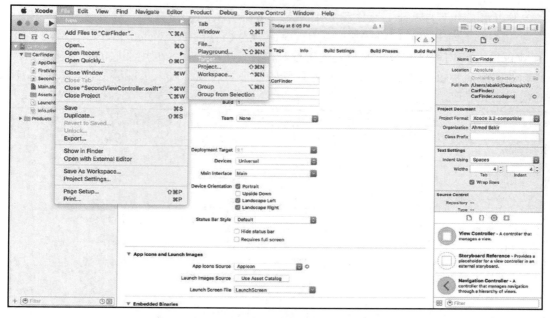

图 6-2 用于创建新的构建目标的 Xcode 菜单

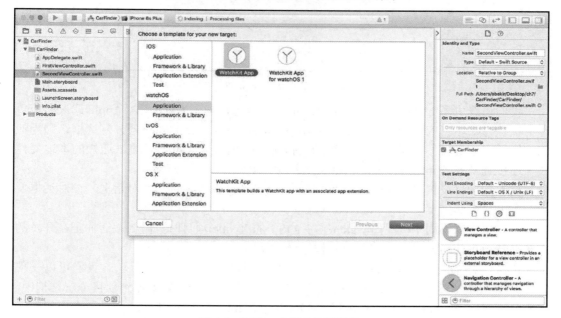

图 6-3 创建一个新的构建目标

与 iOS 应用程序类似，系统将要求开发人员命名 WatchKit 应用程序并选择一些模板选项。这里，我们选择将 WatchKit 应用程序命名为 CarFinder–watchOS，如图 6-4 所示。当 WatchKit 应用程序在用户的手表上运行时，它使用的是 iOS 应用程序的名称，因此该目标的实际名称仅在内部使用。给目标赋予唯一命名将使开发人员能够更快地在项目中的代码之间导航。

图 6-4　配置 WatchKit 目标

我们还选中了 Include Notification Scene（包括通知场景）复选框。Apple 建议即使暂时不执行通知，也应该选中 Include Notification Scene（包括通知场景）复选框，因为他们的模板会生成方案（可应用于目标的其他运行时配置）和可用于测试通知的本地文件（与连接到支持 Apple Push Notification Service 服务器的设置相反）。

首次为项目设置 WatchKit 目标时，可能会显示如图 6-5 所示的对话框，该对话框要求开发人员激活方案，单击 Activate（激活）按钮即可。

当使用针对不同平台（如 watchOS + iOS）的 Xcode 项目时，需要激活你正在开发的方案，禁用不使用的目标方案，以加快编译时间。

在激活方案之后，Xcode 将回到项目的默认视图，如图 6-6 所示。我们可以发现 CarFinder-watchOS 和 CarFinder-watchOS Extension 文件夹都已被添加到项目分层结构中，它们分别对应 WatchKit 应用程序的两部分的定义。Interface.storyboard 文件包含应用程序主界面及其通知界面的场景（或故事板入口点），开发人员将在此文件中对所有故事板进行更改。与新建的 iOS 应用程序相同，WatchKit 应用程序预先配置有绑定到每个视图控制器的父类。

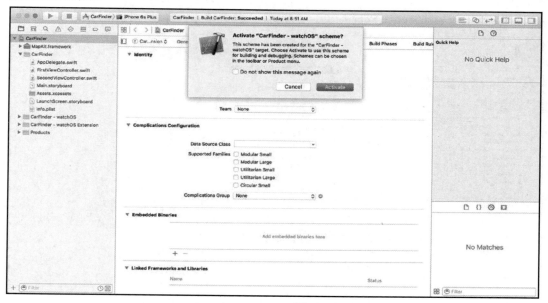

图 6-5　激活 watchOS 应用程序构建方案

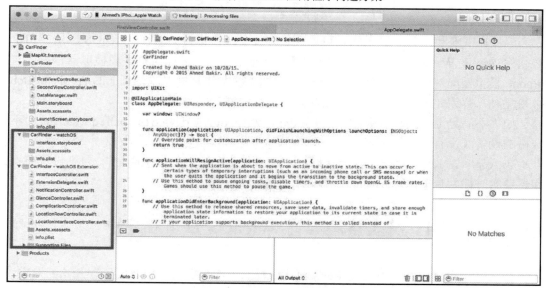

图 6-6　对 CarFinder 项目的更改

运行 watchOS 应用程序的过程与运行 iOS 应用程序的过程非常相似：选择构建方案后，即可选择要在其上运行的目标设备。可以通过单击 Xcode 主窗口左上角 Run/Stop（运行/停止）按钮旁边的 Active Scheme（活动方案）下拉菜单来选择运行目标，如图 6-7 所示。

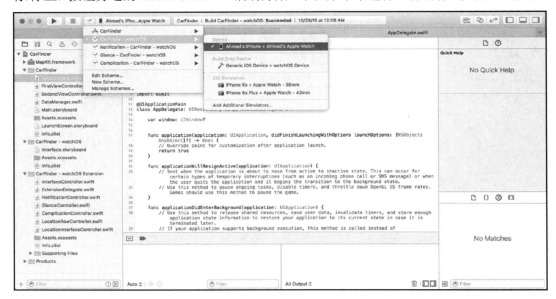

图 6-7　为 watchOS 应用程序选择运行目标

就像在 iOS 上一样，开发人员可以在物理设备或模拟器上运行 watchOS 应用。由于必须将 Apple Watch 与 iPhone 配对才能运行应用程序，因此所有手表模拟器都需要与 iPhone 模拟器配对。同样，你的 iPhone 必须插入开发计算机中，并且你的 Apple Watch 必须配对、解锁并在有效范围内才能在其上进行调试。

如果不满足上述要求，则 iPhone 将被标记为 ineligible device (no paired watch)，即不合格的设备（没有配对的手表）。

在 Apple Watch 上启动运行会话后，就可以执行所有习惯的调试操作，包括设置断点和查看实时控制台输出。

6.4　将表格添加到 watchOS 应用程序中

在设置 watchOS 应用程序是 CarFinder 项目的一部分之后，现在就可以开始开发它。首先，开发人员需要在应用程序的主屏幕上添加一个表格视图控制器，并使用 iOS 应用程序中的内容填充其数据。本节旨在介绍使用 watchOS 故事板、在 watchOS 上初始化表格视图控制器以及在 iOS 设备和 Apple Watch 之间传输数据的过程。在 6.5 节中将详细介绍如何在表格视图控制器中为每个项目构建详细视图，而在第 7 章中将阐述如何从 Internet 中提取数据。

WatchKit 中的界面控制器（Interface Controller）相当于 iOS 中的视图控制器（View Controller），界面控制器有两种主要的布局类型，即表格和页面。WatchKit 表格实现了与 iOS 中的表格视图控制器相同的概念，即由数据源填充并可以上下滚动的单列行（元素）列表；页面实现的概念则与 iOS 中的页面视图控制器的概念相同，即用户可以通过在触摸屏上向左或向右滑动来浏览一系列单页屏幕。对于此项目，我们将使用一个表格作为位置列表，并使用一个页面来表示详细信息屏幕。默认情况下，我们的应用程序的主界面控制器将是空白的。要将表格添加到此界面控制器（将用作位置列表），可在 Interface Builder（右下角的滚动窗格）的 Object library（对象库）中找到 Table（表格）元素，并将其拖曳到界面控制器上，如图 6-8 所示。请记住从项目导航器中选择 Interface.storyboard 来编辑 watchOS 应用的故事板。

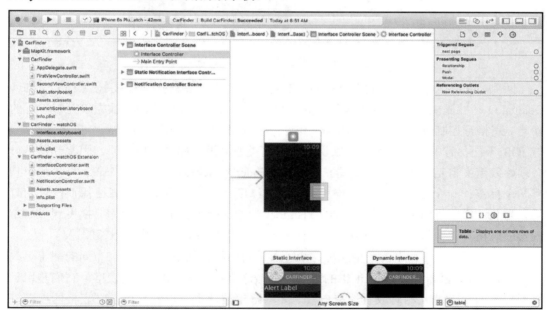

图 6-8　将表格添加到主界面控制器

此时的结果将如图 6-9 所示，其中的空白界面控制器被替换为表格行的占位符。视图分层结构将在界面控制器的顶部显示一个表格，该表格包含一个表格行控制器和一个组。

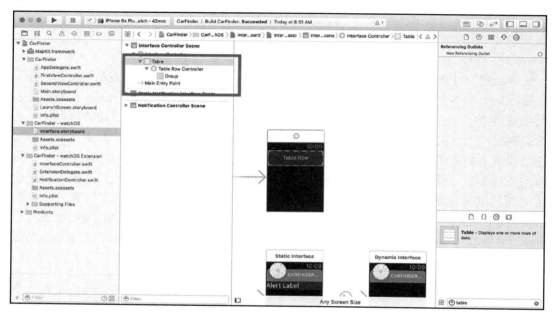

图 6-9　添加表格后查看分层结构

回到 iOS 编程术语，这里的界面控制器类充当的是表格视图委托（Table View Delegate），并提供定义表格将具有多少行和节以及如何用数据源中的数据填充每一行的功能。表格行控制器是一个单独的类，允许开发人员为每个表格行定义一个自定义布局。与 iOS 不同，行的类型（例如，默认的小标题类型）没有样式（模板），因此开发人员必须始终定义自定义表格行控制器。对于 CarFinder WatchKit 应用程序来说，每一行应具有两个标签：一个标签包含每个位置的经度和纬度；另一个标签则代表已保存位置的时间。为此，需要将两个标签从 Interface Builder 的 Object Library（对象库）拖曳到界面控制器的表格行占位符上。结果应类似于图 6-10，其中标签在行中彼此相邻放置。

为了使行与图 6-1 中的模型匹配，开发人员需要将行的 Group（组）布局的配置更改为 Vertical（垂直）。WatchKit 中的组实现的概念类似于 HTML 中的表格，它们是用于将用户界面元素彼此相对放置的空白板。要将标签彼此上下放置，可以在表格的视图分层结构中选择 Group（组），然后在 Interface Builder 的 Attribute Inspector（属性检查器）（右侧窗格中的倒数第二个选项卡）中将 Layout（布局）属性切换为 Vertical（垂直），如图 6-11 所示。

第 6 章　构建第一个 watchOS 应用

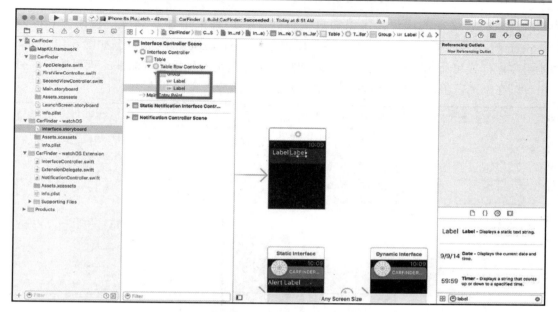

图 6-10　向表格行中添加标签的结果

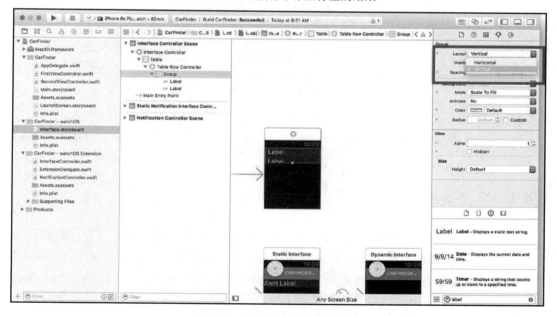

图 6-11　将群组布局切换为垂直

要完成表格行的调整,可以通过拖曳其底部边缘来增加其高度。使用 Attribute Inspector(属性检查器)将第二个标签的样式更改为 Subhead(副标题),如图 6-12 所示。使用字体样式可让应用程序的文本相对调整大小,这是一种提高可读性的有用功能,用户可以在全局范围内调整其设备上文本的大小,以适应视觉问题。

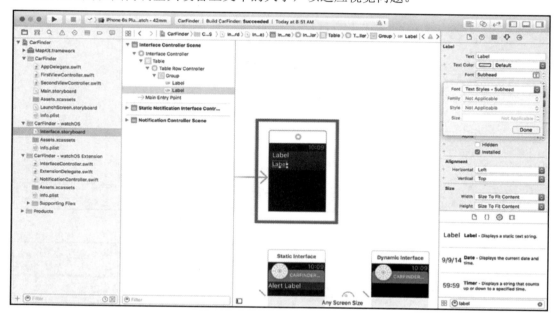

图 6-12　完成表格行

💡说明:

不必为调整每个标签的宽度操心,因为标签的默认行为是调整其大小以填充屏幕的宽度。

6.4.1　定义表格

在以可视方式布置表格后,开发人员即可在代码中对其进行定义。首先,我们需要创建一个 NSObject 的子类 LocationRowController 来代表表格行控制器,如代码清单 6-1 所示。将该文件另存为 LocationRowController.swift。在撰写本文时,WatchKit 尚未为表格行控制器定义父类,因此开发人员需要为对象 NSObject 使用 Swift 的通用父类。

代码清单 6-1　LocationRowController 表格行控制器的类定义

```
import WatchKit

class LocationRowController: NSObject {

}
```

上述行上唯一的元素是代表坐标和时间的标签，可以将它们添加到类中，如代码清单 6-2 所示。WatchKit 中标签的父类是 WKInterfaceLabel。请记住要使用 @IBOutlet 关键字来指示属性连接到 Interface Builder 元素。对于内存管理而言，可以使用 weak 关键字指示该属性在初始化之后无须修改，并使用 "?" 运算符将其定义为隐式包装的可选属性，以指示期望该值始终保持为非零。

代码清单 6-2　完整的类定义（已经包含标签）

```
import WatchKit

class LocationRowController: NSObject {

    @IBOutlet weak var CoordinatesLabel: WKInterfaceLabel?
    @IBOutlet weak var TimeLabel: WKInterfaceLabel?

}
```

与其他由 Interface Builder 支持的类一样，我们的下一步操作是连接用户界面元素和父类。尽管界面控制器已经通过 Xcode 的默认项目设置连接到 InterfaceController 类，但是开发人员仍需要手动连接添加的表格行控制器。要执行此操作，可以在视图分层结构中选择表格行控制器，然后导航到 Xcode 中的 Identity Inspector（身份检查器）（右侧窗格中的第三个，即位于中间的选项卡），选择 LocationRowController 类作为父类，如图 6-13 所示。

填充表格的委托方法会将表格行控制器称为 Type（类型），在其故事板中则以 Identifier（标识符）表示。可以导航到 Attribute Inspector（属性检查器），并将 LocationRowController 设置为该类的标识符，如图 6-14 所示。

接下来，我们需要将用户界面元素绑定到 LocationRowController 类中。在视图分层结构中仍选择 LocationRowController 类，导航到 Connection Inspector（连接检查器）（右侧窗格中的最后一个选项卡）。与 iOS 故事板一样，选中 CoordinatesLabel Outlet（坐标标签出口）的单选按钮，然后拖曳出一条直线到故事板的标签上以将二者连接，如图 6-15

所示。对 TimeLabel 重复该过程。

图 6-13　为表格行控制器分配父类

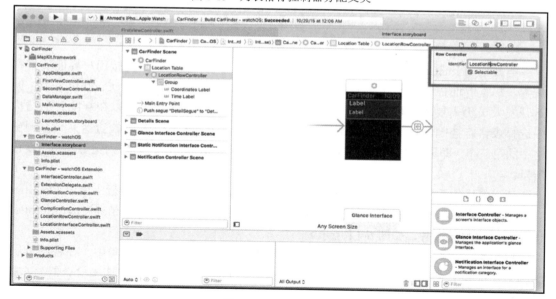

图 6-14　设置行类型

第 6 章　构建第一个 watchOS 应用

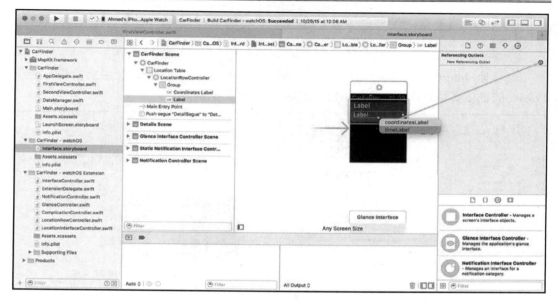

图 6-15　将 WatchKit 用户界面元素连接到类

现在我们已经分配了表格行控制器元素，接下来需要在 InterfaceController 类中定义表格的行为。首先，可以将表示表格及其数据源的属性添加到 InterfaceController 类（位于 InterfaceController.swift 文件中）中，如代码清单 6-3 所示。为简单起见，可使用 CLLocation 对象的一维数组，就像 DataManager 类提供的数据一样。记住要导入 CoreLocation 框架类来解析这些符号。在 iOS 项目中包含框架不会自动将其包含在 watchOS 目标中。

代码清单 6-3　将表格和数据源的属性添加到 InterfaceController 类中

```swift
import WatchKit
import Foundation
import CoreLocation

class InterfaceController: WKInterfaceController {

    @IBOutlet weak var LocationTable: WKInterfaceTable?

    override func awakeWithContext(context: AnyObject?) {
        super.awakeWithContext(context)

        ...
    }
```

```
    ...
}
```

与其他 Interface Builder 对象一样,通过 Connection Inspector(连接检查器)将 LocationTable 属性连接到 InterfaceController 类,如图 6-16 所示。

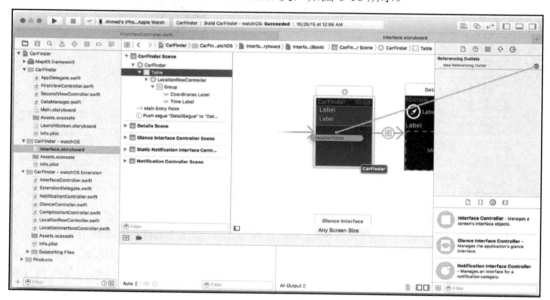

图 6-16　连接 LocationTable 属性

与 iOS 一样,要完全定义 WatchKit 表格,需要实现 3 个关键行为,即表格中的行数、如何配置每行以及选择行后执行的操作。我们将在 6.4.2 节中实现最终行为(选择),当前的重点则是填充表格。

当指定表格中的行数时,可以在 InterfaceController 类的输入方法 awakeWithContext(_:) 中调用方法 setNumberOfRows(_:withRowType:),将 locations 数组的长度指定为行数,然后将 LocationRowController 作为行的类型(这对应于之前在图 6-10 中的定义)。现在 awakeWithContext(_:)方法应类似于代码清单 6-4 中的示例。

代码清单 6-4　指定表中的行数

```
override func awakeWithContext(context: AnyObject?) {
    super.awakeWithContext(context)

        //在此配置界面对象
```

```
LocationTable.setNumberOfRows(locations.count, withRowType:
"LocationRowController")
}
```

可以通过 rowControllerAtIndex(_:)方法访问每一行。为了立即配置整个表格，我们在 InterfaceController 类（InterfaceController.swift）中创建了一个名为 configureRows()的便捷方法，如代码清单 6-5 所示。此方法将访问表格中的每一行，从数据源中提取相应的项，并相应地配置标签。为了使输出适合屏幕，我们使用字符串格式化程序将纬度和经度缩短到两位小数，并创建了 DateFormatter 对象以将时间戳 Date 对象转换为字符串。

代码清单 6-5　配置表格中的每一行

```
func configureRows() {

  locationTable?.setNumberOfRows(locations.count, withRowType:
"LocationRowController")

  for var index = 0; index < locationTable?.numberOfRows; index++ {

    if let row = locationTable?.rowControllerAtIndex(index) as?
LocationRowController {
      let location = locations[index]

      if let latitude = location["Latitude"] as? Double {
        let longitude = location["Longitude"] as! Double
        let formattedString = String(format: "%0.3f, %0.3f", latitude,
longitude)
        //row.coordinatesLabel?.setText("\(latitude),
\(location["Longitude"]!)")
        row.coordinatesLabel?.setText(formattedString)
      }
      if let timeStamp = location["Timestamp"] as? NSDate {
        let dateFormatter = NSDateFormatter()
        dateFormatter.dateStyle = NSDateFormatterStyle.ShortStyle
        dateFormatter.timeStyle = NSDateFormatterStyle.ShortStyle
        row.timeLabel?.setText(dateFormatter.stringFromDate(timeStamp))
      }
    }
  }
}
```

当表格视图出现在屏幕上或有任何数据源更新时，我们都需要配置表格。要在出现表格视图时拦截该事件，可以在 InterfaceController 类的 willActivate(_:)方法底部添加对 configureRows()方法的调用，如代码清单 6-6 所示。第 7 章将讨论如何处理数据源更新。

代码清单 6-6　调用 configureRows()方法

```
override func willActivate(){
    //当手表视图控制器对用户可见时，将调用此方法
    super.willActivate()

    self.configureRows()
}
```

> **说明：**
> 第一次从故事板中加载界面控制器时，将调用 awakeWithContext(_:)方法。这是在加载界面控制器且仅触发一次时触发的第一个事件，而 willActivate(_:)方法则在每次显示界面控制器时触发，例如从详细信息屏幕或菜单返回时触发。

6.4.2　从 iOS 应用程序中获取数据

在将表格视图配置为显示数据之后，接下来应该使用 CarFinder iOS 应用程序中的数据来填充 locations 数组。在 watchOS 2 中，iOS 应用程序与 WatchKit 应用程序之间共享数据的主要方法是通过 WatchConnectivity 框架。按照 Apple 的可用性（Availability）模式，或者仅在应用程序有资源可用时执行操作的模式，WatchConnectivity 框架提供了基于订阅的服务，该服务可以协商 iPhone 和 Apple Watch 之间的链接，并可在链接稳定时传输消息。与通知类似，开发人员需要在每个应用程序中建立发送和接收终结点，并且仅当程序声明自己是接收者（Receiver）时才接收消息。

若将 iOS 和 WatchKit 这两个应用程序都启用为与 WatchConnectivity 兼容，则需要在检查设备上的功能是否可用（可用的标准是将 Apple Watch 与用户的手机配对，并且其上已经安装了 watchOS 应用程序）后，订阅 WatchConnectivity 的默认会话（Default Session）。在 CarFinder iOS 应用程序中，将此代码块放置在 FirstViewController 类的 viewDidLoad()方法中，如代码清单 6-7 所示。具有最接近主数据源访问权限的视图控制器应该是用于处理 WatchConnectivity 消息的视图控制器。

代码清单 6-7　为 iOS 应用程序准备 WatchConnectivity

```
import UIKit
import CoreLocation
```

```swift
import WatchConnectivity

class FirstViewController: UITableViewController, WCSessionDelegate {

    ...

    override func viewDidLoad() {
        super.viewDidLoad()

        let locationManager = CLLocationManager()

        ...

        if (WCSession.isSupported()) {
            let session = WCSession.defaultSession()
            session.delegate = self
            session.activateSession()
        }
    }

}
```

若发送和接收 WatchConnectivity 消息,则需要将类设置为 WCSessionDelegate 协议的委托。在代码清单 6-7 中,这是通过在类定义的协议列表中添加 WCSessionDelegate 以及在设置块中将类设置为委托对象来指示的。

在 WatchKit 扩展中,需要执行相同的步骤。主要区别在于,我们将在 InterfaceController 类中使用 awakeWithContext(_:)方法,如代码清单 6-8 所示。

代码清单 6-8 为 WatchConnectivity 准备 WatchKit 扩展

```swift
import WatchKit
import Foundation
import CoreLocation
import WatchConnectivity

class InterfaceController: WKInterfaceController, WCSessionDelegate {

    @IBOutlet weak var LocationTable: WKInterfaceTable!
    var locations = [CLLocation]()

    override func awakeWithContext(context: AnyObject?) {
        super.awakeWithContext(context)

        //在此配置界面对象
```

```swift
            LocationTable.setNumberOfRows(locations.count, withRowType:
          "LocationRowController")

          if (WCSession.isSupported()) {
              let session = WCSession.defaultSession()
              session.delegate = self
              session.activateSession()
          }

      }
      ...
}
```

在本章中，为了给用户提供良好的体验，我们将在手表上启动 CarFinder watchOS 应用程序后，使用 WatchConnectivity 从 CarFinder iOS 应用程序中获取最新的位置列表。为了提供最佳体验，我们选择的方法应该是快速的（用户不想在第一次加载应用程序时等待数据）和非阻塞的（用户不想等待已经被卡住的应用程序自行解决）。要启用此功能，可以使用 WatchConnectivity 的 updateApplicationContext(_:)方法将 Dictionary 对象从 CarFinder iOS 应用程序中传输到 CarFinder WatchKit 扩展。每当数据源更新时（即在将新位置添加到列表之后），都应发送此事件，如代码清单 6-9 所示。在此示例中，我们通过将数组存储为 Locations 键的值将其转换为字典。

代码清单 6-9　通过 iOS 应用程序将字典发送到 WatchKit 扩展

```swift
@IBAction func addLocation(sender: UIButton) {
    ...

    var sharedLocations = DataManager.sharedInstance.locations
    tableView.reloadData()

    if (WCSession.isSupported()) {
        do {
            let userDict = ["Locations": sharedLocations]
            try WCSession.defaultSession().updateApplicationContext
            (userDict)
        } catch {
            print("Error transferring data")
        }
    }
}
```

一旦与预订的对等应用程序建立了链接，WatchConnectivity 中的应用程序上下文就是瞬时传输。此外，对于经常更新的数据源，仅发送最新版本的字典，旧版本将被丢弃。

要接收字典，开发人员需要在 WatchKit 扩展中实现 session:didReceiveApplicationContext: 委托方法。我们可以在 InterfaceController 类中实现它，如代码清单 6-10 所示。在接收到消息之后，可以使用接收到的字典中的新版本覆盖现有的 locations 数组，然后调用 configureRows()方法以更新用户界面。

代码清单 6-10　从 WatchConnectivity 接收字典

```
func session(session: WCSession, didReceiveApplicationContext
        applicationContext: [String : AnyObject]) {
    let locationsArray = applicationContext["Locations"] as! [CLLocation]
    locations = locationsArray

    configureRows()
}
```

说明：

本示例将位置保存在内存中。它们不会在多个会话之间持续存在。要保留数据，我们建议使用 Core Data 或将数据保存到纯文本文件中。

6.5　使用自定义布局构建详细信息页面

为了使 CarFinder WatchKit 应用程序更加有用，需要为位置列表中的每个项目实现详细信息屏幕。除了介绍如何实现 WatchKit 表格元素的选择操作，本节还将重点介绍如何构建具有自定义布局的基于页面的界面控制器。

构建细节控制器的第一步是将其放置在故事板上。当把新的界面控制器添加到 watchOS 应用程序中时，可将界面控制器对象从 Interface Builder 的对象库中拖曳到故事板上。同样，开发人员需要创建 WKInterfaceController 的新子类来定义其行为。对于 CarFinder WatchKit 应用程序，此文件称为 LocationInterfaceController。与前面的示例一样，使用 Identity Inspector（身份检查器）将父类设置为 LocationInterfaceController。

再次参考图 6-1 中的应用程序模型，CarFinder WatchKit 应用程序的详细信息屏幕将在第一行上的 GPS 图标旁边显示该位置的时间戳。该位置的坐标显示在该位置下方的一行上，并且该位置下方是一幅地图，其中有精确的位置指示所记录的位置。默认情况下，WatchKit 中的组只能通过相邻、水平或垂直放置项目来显示它们。要实现自定义界面，我们可以通过在界面上放置两个组来解决此限制。将两个组拖曳到界面控制器上，如

图 6-17 所示。视图分层结构将更新以反映这些新组。

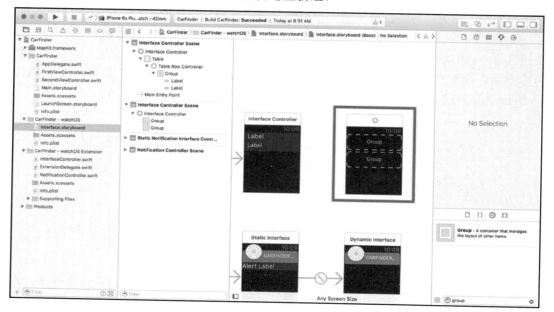

图 6-17　将多个组添加到界面控制器上

说明：

在基于页面的界面上可以放置任意数量的组，但对于表格界面来说则只能放置一个组。

现在，这些组已准备就绪，我们可以开始在其上添加用户界面元素。首先，使用 Attribute Inspector（属性检查器）将顶部的 Group（组）的布局设置为 Horizontal（水平）。接下来，将 Image（图像）和 Label（标签）拖曳到组中。糟糕的是，在默认情况下，我们的标签将被隐藏，如图 6-18 所示。

当解决此问题时，可抓取图像占位符的右边缘并将其向左拖曳，直到它变成正方形，与模型中图标的常规形状匹配。调整图像尺寸后，标签会再次出现在组中，如图 6-19 所示。

像 iOS 应用程序一样，watchOS 应用程序可以在多种屏幕尺寸（38mm 和 42mm 手表）上运行。糟糕的是，watchOS 故事板尚不支持自动布局。为了解决此问题，可以将 WatchKit 中用户界面元素的默认大小设置项设置为 Size to Fit Content（适合内容的大小）。此设置与 iOS 中 UIView 对象的 ScaleAspectFill 内容模式相反，容器将调整大小以填充内容，而不是调整内容的大小以填充容器。当手动调整项目大小时，这会将大小属性以及调整的像素宽度或高度切换为 Fixed（固定），如图 6-20 中的 Attribute Inspector（属性检查器）屏幕截图所示。

第 6 章 构建第一个 watchOS 应用

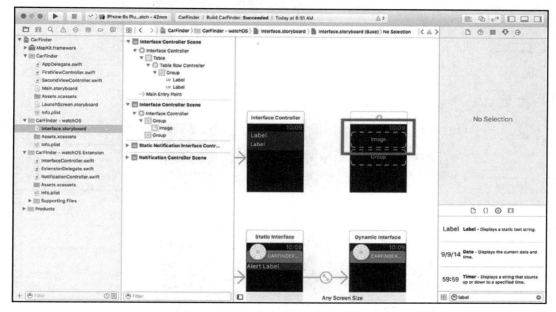

图 6-18 当把多个项目添加到垂直对齐的组中时的默认行为

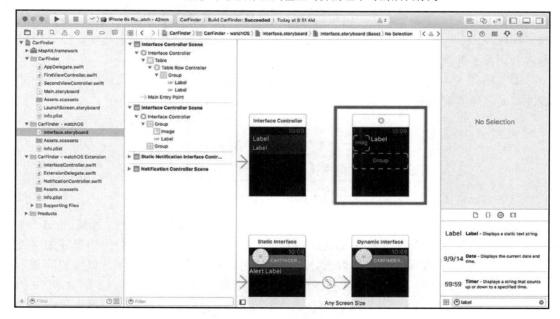

图 6-19 调整图像尺寸后分组

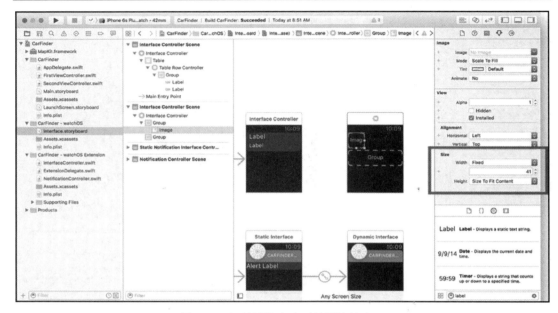

图 6-20　调整图像大小后的属性检查器

如果水平组中有多个元素，则可以通过固定某些元素的大小并保持其他元素的灵活性来利用此限制，以发挥自己的优势。自动调整大小可能会给图像带来麻烦，但是用户希望看到标签的文本大小和填充减少。

调整图像大小的副作用是标签将与组的顶部边缘对齐。为了解决此问题，可选择标签并将垂直位置属性更改为 Center（居中），如图 6-21 所示。

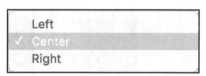

图 6-21　更改组中项目的垂直位置

幸运的是，包含地图和时间戳标签的组要容易一些，首先将布局更改为 Vertical（垂直），然后将 Label（标签）和 Map（地图）对象拖曳到组中。此时的最终用户界面应类似于图 6-22 中的屏幕截图。读者可能会注意到界面控制器的大小增加了，以反映屏幕上的内容比一次容纳得更多。默认情况下，界面控制器的工作方式类似于 iOS 中的 UIScrollViews，其中滚动视图中的所有内容都会滚动。我们已经在源代码捆绑包中包含了一个名为 compass.png 的图形，可以在项目中使用该图形作为指南针图标。

第 6 章　构建第一个 watchOS 应用

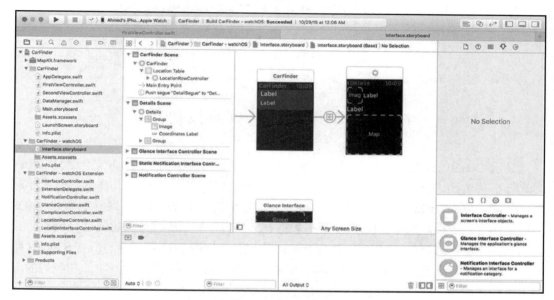

图 6-22　详细界面控制器的最终用户界面

正如意料中的那样，要使所有这些元素都能正常工作，则需要在类中定义这些元素。我们可以找到 LocationInterfaceController 类的定义，包括代码清单 6-11 中用户界面元素的属性。与往常一样，在将这些项目添加到类之后，即可将它们连接到 Interface Builder 中的故事板。

代码清单 6-11　LocationInterfaceController 类的定义

```
import WatchKit
import Foundation
import CoreLocation

class LocationInterfaceController: WKInterfaceController {

    @IBOutlet weak var LocationMap: WKInterfaceMap!
    @IBOutlet weak var CoordinatesLabel: WKInterfaceLabel!
    @IBOutlet weak var TimeLabel: WKInterfaceLabel!

    override func awakeWithContext(context: AnyObject?) {
        super.awakeWithContext(context)

        //在此配置界面对象
```

```
        }
        ...
}
```

6.6 显示详细信息界面控制器

显示 Detail（详细信息）界面控制器需要以下 3 个步骤：连接 Push（推送）跳转；为选择事件实现表格控制器委托方法；使用正确的数据初始化 Detail（详细信息）控制器。我们可以像在 iOS 中一样，从 WatchKit 表格行中连接 Push（推送）跳转的方式与 iOS 中的操作方式一样，都是按住 Ctrl 键在表格行上单击，然后连接到目标界面控制器。当提示选择 Segue（跳转）类型时，选择 Push（推送），如图 6-23 所示。与所有 Segue（跳转）一样，可以使用 Attribute Inspector（属性检查器）指定标识符（名称）。在我们的示例中，将其称为 DetailSegue。

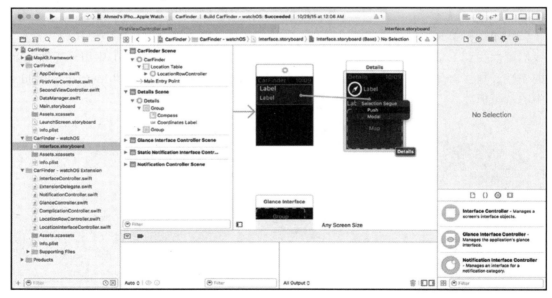

图 6-23　连接推送跳转

在主界面控制器中捕获选择事件后，推送跳转将显示详细信息界面控制器。在 WatchKit 中处理选择事件的主要方法有以下两种：一种是 table(_:didSelectRowAtIndex:)

方法，该方法允许你基于表格的选定行执行操作；另一种是 contextForSegueWithIdentifier(_: inTable:rowIndex:)方法，该方法将根据表格的选定行将上下文（对象）发送到目标界面控制器中。这完全符合要求，幸运的是，其实现也非常简单。在 InterfaceController 类中，捕获到名为 DetailSegue 的跳转后，返回表格中选定行指定的位置，如代码清单 6-12 所示。对于所有其他跳转标识符，返回 nil。

代码清单 6-12　实现表格行选择之后的跳转处理程序

```
override func contextForSegueWithIdentifier(segueIdentifier: String,
inTable table: WKInterfaceTable, rowIndex: Int) -> AnyObject? {

    if (segueIdentifier == "DetailSegue") {
        return locations[rowIndex]
    }

    return nil
}
```

现在，我们已经成功为选择事件创建了逻辑和处理程序，可以使用此信息来初始化详细信息界面控制器。在代码清单 6-12 中，从 contextForSegueWithIdentifier(_:inTable:rowIndex:) 方法传递回的对象被称为上下文（Context）。巧合的是，而第一次加载界面控制器时将触发的方法正是 awakeWithContext:。要从某个上下文中初始化一个 LocationInterfaceController，则需要检查输入对象是否如期望的那样是 CLLocation 对象，然后使用它来设置用户界面元素的值，如代码清单 6-13 所示。

代码清单 6-13　在详细信息界面控制器（LocationInterfaceController.swift）中捕获表格行选择事件

```
override func awakeWithContext(context: AnyObject?) {
    super.awakeWithContext(context)

    //在此配置界面对象
    if let location = context as? CLLocation {
        //
        let dateFormatter = NSDateFormatter()
        dateFormatter.dateStyle = NSDateFormatterStyle.FullStyle

        let prettyLocation = String(format: "(%.2f, %.2f)",
                                    location.coordinate.longitude,
                                    location.coordinate.latitude)
```

```
            let prettyTime = dateFormatter.stringFromDate(location.timestamp)

            CoordinatesLabel.setText(prettyLocation)
            TimeLabel.setText(prettyTime)
            LocationMap.addAnnotation(location.coordinate, withPinColor:
            WKInterfaceMapPinColor.Red)

            let mapRegion = MKCoordinateRegionMake(location.coordinate,
            MKCoordinateSpanMake(0.1, 0.1))

            LocationMap.setRegion(mapRegion)
        }
}
```

进一步强调 watchOS 与 iOS 的相似之处，你会注意到初始化 WKInterfaceMap 的过程与初始化 MKMapView 的过程完全相同，即首先定义一个图钉，然后设置区域。

至此，我们已经有了一个功能强大的 CarFinder 应用程序。在 Apple Watch 上运行时，用户界面应类似于图 6-24 中的示例。用户可以在位置列表中选择一个项目以查看其详细信息，其中包括区域地图、坐标和保存的时间。

图 6-24　在 Apple Watch 上运行时的 CarFinder 用户界面

原　　文	译　　文
Shallow Touch	浅按
Location List	位置列表
Location Details	位置详细信息

6.7 小　　结

在本章中，我们通过创建 CarFinder WatchKit 应用程序学习了构建 Apple Watch 应用程序的详细过程。该应用程序可以从用户 iPhone 上的 CarFinder iOS 应用程序中拉出已保存位置的列表。在快速介绍了 Apple Watch 及其基本应用程序体系结构之后，我们通过设置 watchOS 构建目标来探索 watchOS 和 iOS 开发之间的相似之处。在 Interface Builder 中构建用户界面并将其出口与我们在代码中定义的类绑定在一起，可以增强这些相似性的程度。为了解决问题，我们探索了不同的用户界面元素和布局样式，并了解了关键的 WatchKit 事件委托方法，从而为以后章节的学习奠定了良好的基础，在后面的章节中我们将探索更高级的元素和行为。

第 7 章 构建交互式 watchOS 应用

撰文：Ahmed Bakir

7.1 简　　介

本章将详细介绍如何通过添加交互功能来使 CarFinder watchOS 应用程序更加强大。如果某个应用程序可以让用户从 iPhone 上查看信息，那么这固然很棒，但是实际上它应该具有更大的价值，可以让用户从手表中创建新数据。本章添加到 CarFinder 应用程序中的交互式功能则将演示 watchOS 的以下功能。

- ❏ 如何将上下文菜单添加到界面控制器中。
- ❏ 如何向界面控制器中添加按钮。
- ❏ 如何使用文本输入将文本添加到项目中。
- ❏ 如何在界面控制器之间传递数据。
- ❏ 如何将数据传递回 iOS 配套应用。

本章中的示例从第 6 章的 CarFinder 应用程序扩展中而来。CarFinder 的更新源代码可在本书 www.apress.com 网页的 Source Code/Download（源代码/下载）区域中找到。

7.2　使用压感触控显示菜单

压感触控（Force Touch）是 Apple Watch 触摸屏内置的功能，可以让开发人员检测用户施加在屏幕上的压力。用户可以通过轻触屏幕（Apple 术语中的"浅按"）或用力触摸屏幕（术语为"深按"）来执行不同的操作。Apple Watch 应用程序的标准用户体验（User eXperience，UX）是使用浅按（Shallow Press）来选择某个项目的，然后使用压感触控弹出上下文菜单，从而允许用户执行相关操作。图 7-1 提供了上下文菜单的示例。

在 CarFinder 应用程序中，我们将实现一个上下文菜单，以允许用户添加新位置并重置位置列表。如果用户选择 Add Location（添加位置），则模态屏幕将允许他/她确认或拒绝其当前位置；如果用户选择 Reset（重置）位置列表，则他/她将返回初始位置列表界面控制器中，并且数据集为空。

图 7-1 watchOS 上下文菜单

要将上下文菜单添加到界面控制器中,可打开 watchOS 应用程序的故事板(Interface.storyboard),然后将 Menu(菜单)从 Object Library(对象库)拖曳到所需的界面控制器中,如图 7-2 所示。对于 CarFinder 应用程序来说,主界面控制器(InterfaceController 类)将成为你的目的地。

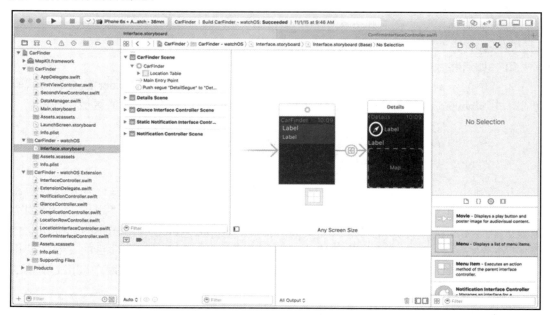

图 7-2 向主界面控制器添加菜单

糟糕的是,Interface Builder 不会在故事板上提供任何反馈,以指示界面控制器已附加菜单。要验证是否已成功将菜单添加到界面控制器中,可以在故事板上选择其场景,然后检查以确保菜单项出现在视图分层结构中，如图 7-3 所示。

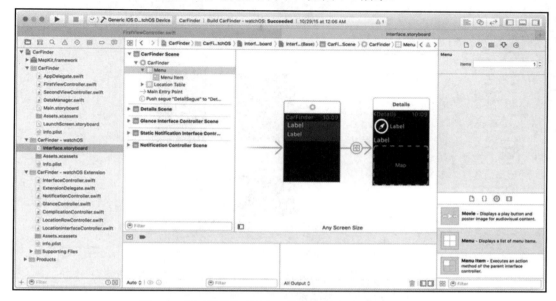

图 7-3　验证菜单是否在界面控制器的视图分层结构中

可以看到，在默认情况下菜单中会出现一个菜单项。要更改菜单项的属性，可在视图分层结构中单击它，然后导航到 Interface Builder 中的 Attribute Inspector（属性检查器）（右侧窗格中的第四个选项卡）。在这里，我们可以为该菜单项分配一个新名称并更改其图标，如图 7-4 所示。

与 Bar Button Item（条形按钮项）和 Tab Bar Item（标签栏项）一样，Apple 提供了一系列预渲染的图标供开发人员在菜单项中使用。要使用自己的自定义图标，请遵循与标签栏或条形按钮项相同的规则，具体如下。

❑ 在项目的资源库（Assets.xcasssets）中为图标创建一个图像集条目。
❑ 确保图标是带有 Alpha 层的 PNG。
❑ 确保图标是单色调（Monotone）的。
❑ 确保图标已消除锯齿（已经过平滑处理，消除了位图"锯齿"）。

开发人员无须在界面控制器类中管理对象即可使用上下文菜单，但是仍需要为菜单项定义处理程序方法，就像在 iOS 中为 UIButton 所做的那样。

我们可以通过为菜单项操作添加 IBAction 方法来扩展 InterfaceController 类，如代码清单 7-1 所示。resetLocations()方法将用于清除已保存的位置列表；requestLocations()方法将用于添加新位置。

图 7-4　修改菜单项

代码清单 7-1　将菜单项操作添加到 InterfaceController.swift 中

```
class InterfaceController: WKInterfaceController, WCSessionDelegate {

    @IBAction func requestLocation() {

    }

    @IBAction func resetLocations() {

    }

}
```

watchOS 上的 CoreLocation 并非旨在持续监视位置，因为如果这样做的话，它很快就会耗尽手表的电池电量，因此开发人员需要根据用户操作手动请求位置。

与按钮操作一样，为了将菜单项绑定到处理程序方法，开发人员需要使用 Connection Inspector（连接检查器）（Interface Builder 中右侧窗格的最后一个选项卡）。将一条直线从 selector（选择器）单选按钮拖曳到 CarFinder 场景中，如图 7-5 所示。此时将出现一个弹出窗口，允许开发人员选择 requestLocation()或 resetLocations()方法。

可以通过检查 Connection Inspector（连接检查器）是否已在 Sent Actions（已发送操

作)部分中链接了正确的项目来验证操作是否成功,如图 7-6 所示。

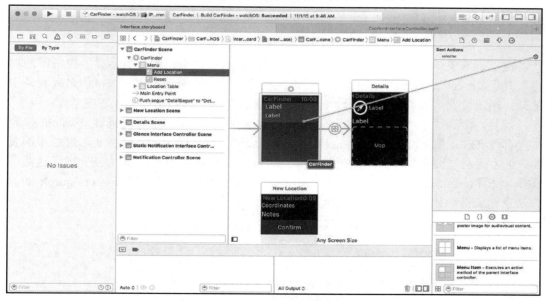

图 7-5 将菜单项连接到选择器上

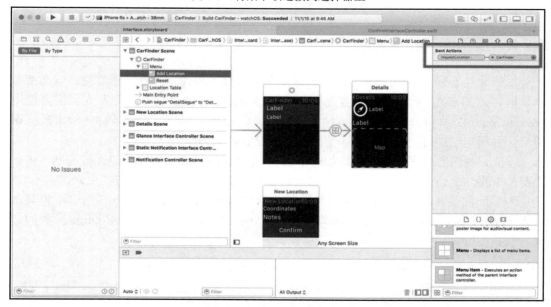

图 7-6 验证已设置连接

遵循相同的过程可以将 Reset（重置）按钮连接到 resetLocations()方法。

7.2.1 重置位置列表

在上下文菜单中选择一个项目后，该菜单消失，并将用户带回显示界面控制器的地方。对于 Reset（重置）菜单项来说，开发人员希望将用户带到位置列表（但是列表是空的）。由于位置列表的数据源是一个数组，因此只需清除该数组即可重置内容。

但是，清除数组不足以刷新用户界面（UI）。在第 6 章中已经提到过，watchOS 表格没有像 iOS 上的 UITableViews 这样的 reloadData()方法。因此，要刷新 watchOS 中的表格，开发人员需要重置行数并重建单元格。幸运的是，configureRows()方法完成了这两个操作。使用 resetLocations()方法清除 locations 数组后，开发人员可以使用 configureRows()方法重建表格，如代码清单 7-2 所示。

代码清单 7-2　重置位置列表

```
@IBAction func resetLocations() {
    //清除 locations 数组
    locations = [Dictionary<String, AnyObject>]()
    
    configureRows()
}
```

7.2.2 显示细节视图控制器

尽管通过 Interface Builder 中的跳转从菜单项中显示界面控制器非常方便，但在撰写本文时，这尚未在 watchOS 中实现。要从菜单项显示界面控制器，开发人员需要使用 presentControllerWithName(_:context:)方法为要显示的界面控制器指定名称（故事板标识符），并指定要通过上下文对象传递给该界面控制器的信息。

首先，我们需要在故事板中添加一个表示 Confirm（确认）屏幕的界面控制器。将一个新的 Interface Controller（界面控制器）对象拖曳到故事板中，如图 7-7 所示。

为了用代码表示此界面控制器，可以创建 WKInterfaceController 的一个子类，将其命名为 ConfirmInterfaceController。代码清单 7-3 提供了 ConfirmInterfaceController 类的定义，包括 UI 的属性。

代码清单 7-3　ConfirmInterfaceController 类的定义

```
class ConfirmInterfaceController: WKInterfaceController {
    
    @IBOutlet weak var coordinatesLabel: WKInterfaceLabel?
```

```
    @IBOutlet weak var noteLabel: WKInterfaceLabel?
}
```

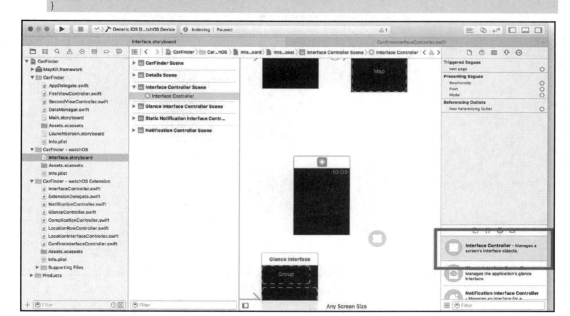

图 7-7　添加 Details（详细信息）界面控制器

要连接代码和故事板，请记住，我们需要设置父类和故事板标识符。要设置父类，可以单击 Interface Controller（界面控制器）的场景，然后单击 Interface Builder 中的 Identity Inspector（身份检查器）。将父类设置为 ConfirmInterfaceController，如图 7-8 所示。

要设置故事板标识符，并设置 Interface Builder 的标题（可选），请单击 Attribute Inspector（属性检查器）。这里，使用 ConfirmInterfaceController 标识符，如图 7-9 所示。

在建立了 Details（详细信息）界面控制器后，现在可以确信，给定故事板标识符 ConfirmInterfaceController，调用 presentControllerWithName()方法将正确运行。代码清单 7-4 提供了 requestLocation()方法的定义，该方法显示了来自主界面控制器的 Confirm（确认）界面控制器。可以将此代码放在 InterfaceController.swift 文件中。

代码清单 7-4　显示 ConfirmInterfaceController

```
func requestLocation() {
    presentControllerWithName("ConfirmInterfaceController",context:nil)
}
```

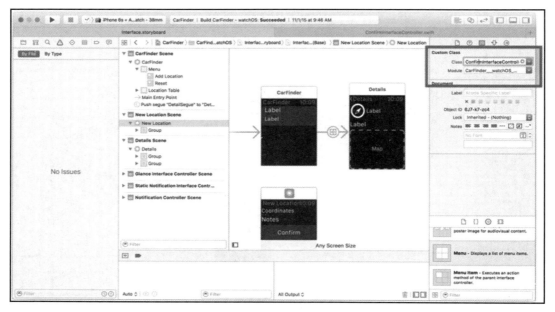

图 7-8　设置界面控制器的父类

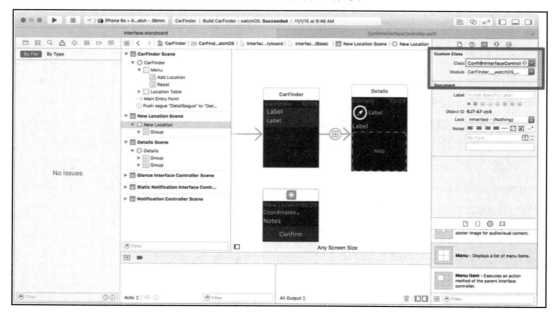

图 7-9　设置界面控制器的故事板标识符

7.2.3 模拟压感触控

虽然可以通过在手表上运行应用来调试压感触控,但是由于安装 watchOS 应用程序和建立调试会话需要时间,因此这可能会很耗时。默认情况下,watchOS 模拟器中的所有触摸都被视为 Shallow Press(浅按)。可以通过在模拟器中更改 Force Touch Pressure(压感触控压力)来模拟 Deep Press(深按)事件。要修改此设置,可转到 watchOS 模拟器中的 Hardware(硬件)菜单,然后选择 Force Touch Pressure(压感触控)命令,如图 7-10 所示。

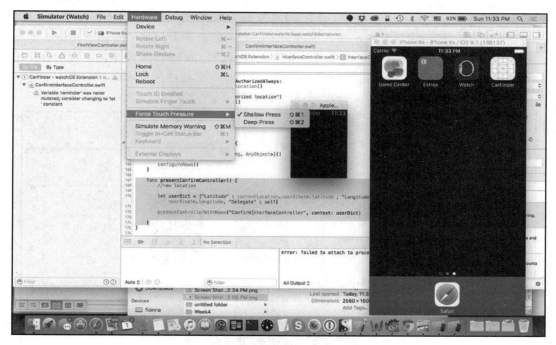

图 7-10　设置压感触控压力选项

糟糕的是,一旦切换了上述设置,所有的压感触控就会都沿用此模式。这可能会带来一些负面影响,因为在启用 Deep Press 模式的情况下,只要在菜单上按一下就可以让它消失。所以,在调试过程中,请记住根据需要在 Deep Press 和 Shallow Press 之间切换模式,以模拟真实的用户交互。

7.3 将按钮添加到界面控制器

现在我们已经可以显示 Confirm（确认）屏幕的界面控制器，接下来还需要一种退出它的方法，即通过确认位置正确或关闭视图。对于 CarFinder 应用程序来说，我们将使用 WKInterfaceButton 类执行这些操作，该类旨在提供与 iOS 中的 UIButton 类似的功能。由于 watchOS 是 iOS 的子集，因此无法捕获与 iOS 应用程序相同粒度（Granularity）级别的触控事件，例如多点触摸按下（Touch Down Repeat）。但是，我们可以通过选择器（Selector）触发方法或在按钮被按下时跳转。

Apple 公司建议，当计划在 watchOS 应用程序中使用按钮时，可以选择纯垂直布局。开发人员也可以将按钮放置在水平布局中，但是我们建议最多并排放置两个按钮，因为 Apple Watch 的触摸区域很小。对于 ConfirmInterfaceController 的界面来说，我们将使用纯垂直布局来包含所有 UI 项。首先将一个 Group（组）对象添加到界面控制器中，然后将布局设置为 Vertical（垂直），如图 7-11 所示。

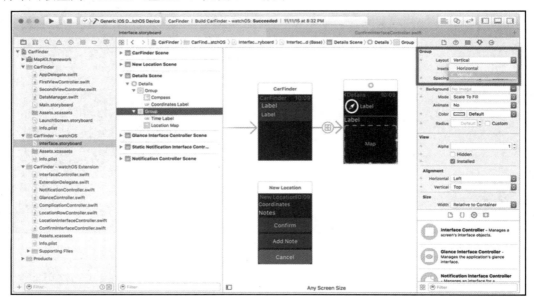

图 7-11　在组上设置垂直布局

将 3 个按钮和两个标签拖曳到 Group（组）上，如图 7-12 所示。这里不需要将按钮连接到类中的属性上，但是请确保通过 Connection Inspector（连接检查器）将 Note（注释）和 Coordinates（坐标）标签连接到 noteLabel 和 coordinatesLabel 属性上。

第 7 章　构建交互式 watchOS 应用

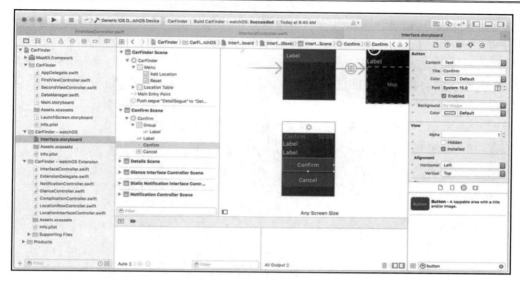

图 7-12　ConfirmInterfaceController 的最终故事板布局

与 iOS 上的操作表一样，watchOS 中按钮的主要设计标准是通过更改其背景颜色来区分 Cancel（取消）或 Dismiss（关闭）按钮的。可以通过选择场景中的按钮并导航到 Attribute Inspector（属性检查器）来更改 watchOS 中按钮的背景颜色，如图 7-13 所示。

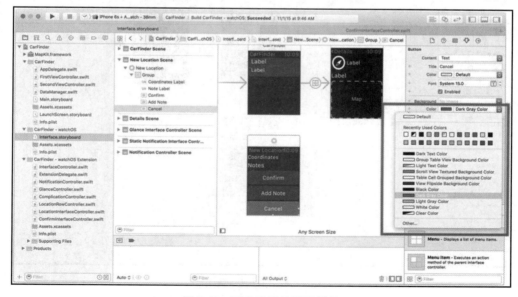

图 7-13　更改按钮的背景颜色

与 iOS 中的 UIButton 一样，开发人员需要启用 IBAction 的处理程序方法来从 watchOS 中的 WKInterfaceButton 执行操作。代码清单 7-5 显示了按钮的处理程序方法。此时，两个按钮都通过 WKInterfaceController 类的 dismissController()方法关闭了 Confirm（确认）界面控制器。要将数据传递回位置表格中，最后还需要添加对委托方法的调用作为确认操作的一部分。

代码清单 7-5　确认界面控制器的按钮处理程序

```
class ConfirmInterfaceController: WKInterfaceController {
    @IBAction func confirm() {
        dismissController()
    }
    
    @IBAction func cancel() {
        dismissController()
    }
}
```

最后，使用 Interface Builder 中的 Connection Inspector（连接检查器）连接处理程序方法和按钮对象。从 Sent Actions（已发送操作）选择器建立连接，如图 7-14 所示。

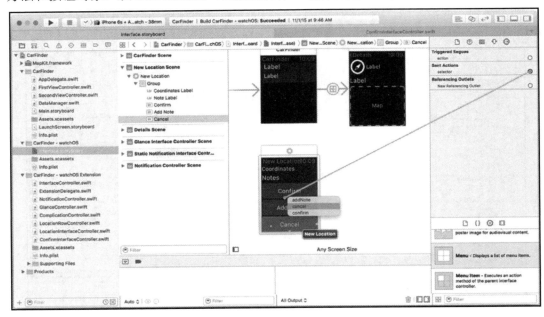

图 7-14　连接按钮操作

7.4 在界面控制器之间传递信息

在建立了显示 Confirm（确认）界面控制器的方法之后，现在需要一种使用实际数据对其进行初始化的方法。对于 CarFinder 应用程序，我们需要向用户显示他们的当前位置，以便他们可以保存输入或取消提示。在 7.5 节"使用文本输入添加注释"中将详细介绍在 watchOS 应用程序上以原生方式使用 CoreLocation 的方法，当前我们可以假定需要传递包含纬度和经度数据的对象。

你应该还记得，本章前面使用了 presentControllerWithName(_:context:)方法来向 Confirm（确认）界面控制器提供一个故事板标识符。留空的另一个参数是上下文。WKInterfaceController 的所有子类都实现一个 awakeWithContext()方法，该方法使用上下文或可以在界面控制器之间安全传递的数据对象来响应"唤醒"视图控制器。通过从位置列表生成有效的上下文对象并覆盖 ConfirmInterfaceController 类中的 awakeWithContext()方法，可以使用位置数据初始化 Confirm（确认）界面控制器。

首先，我们需要一个包含用户位置的对象。这里，我们选择的是通过将 CLLocation 对象添加到 InterfaceController 类中并用已知位置对其进行初始化来实现此目的。如果用户拒绝了应用程序要求获得位置权限的许可，或者解析用户位置出现了问题，则这样的方式都可以增加应用程序额外的安全性。代码清单 7-6 提供了对 InterfaceController 类修改后的定义，它将一个 CLLocation 对象添加到 InterfaceController 类中。

代码清单 7-6   对 InterfaceController 类修改后的定义

```
class InterfaceController: WKInterfaceController, WCSessionDelegate,
ConfirmDelegate {

    @IBOutlet weak var locationTable: WKInterfaceTable?

    var session : WCSession?

    var locations = [Dictionary<String, AnyObject>]()

    var currentLocation = CLLocation(latitude: 32.830579, longitude:
    -117.153839)
}
```

尽管上下文参数的类型指定了 AnyObject，但实际上，开发人员只能使用允许的类型，主要是原始数据类型，如字符串或数字。可以通过将它们组合成一个数组或字典来发送多个数据。但是，在撰写本书期间，仍然无法传递 CLLocation 对象。要解决此问题，开发人员需要创建一个字典，该字典中将包含用户的经度和纬度值（以双精度浮点数的形式），可以从 CLLocation 对象的坐标属性中提取它们。一旦构建了字典，就可以使用 presentControllerWithName() 方法将其传递过来，如代码清单 7-7 所示。

代码清单 7-7　在显示界面控制器时发送用户的位置

```
func requestLocation() {
    // 新位置

    let userDict = ["Latitude" : currentLocation.coordinate.latitude ,
    "Longitude" : currentLocation.coordinate.longitude, "Delegate" : self]

    presentControllerWithName("ConfirmInterfaceController", context:
    userDict)

}
```

在 ConfirmInterfaceController 类中将通过重写 awakeFromContext() 方法来完成该过程。现在，当接收上下文数据时，需要做的就是通过从字典中提取适当的值来初始化坐标标签，如代码清单 7-8 所示。

代码清单 7-8　在确认界面控制器中重写 awakeWithContext() 方法

```
override func awakeWithContext(context: AnyObject?) {
    super.awakeWithContext(context)

    if let inputDict = context as? Dictionary<String, AnyObject>{
        //

        if let inputDelegate = inputDict["Delegate"] as? ConfirmDelegate {
            delegate = inputDelegate
        }

        if let latitude = inputDict["Latitude"] as? Double {
            let longitude = inputDict["Longitude"] as! Double
            currentLocation = CLLocation(latitude: latitude, longitude:
            longitude)

            let formattedString = String(format: "%0.3f, %0.3f", latitude,
            longitude)
            coordinatesLabel?.setText(formattedString)
        }
```

```
    }
    //在此配置界面对象
}
```

正如我们刚刚了解的那样,在显示界面控制器时将数据传递给它非常简单。糟糕的是,Apple 公司在关闭 watchOS 中的界面控制器时并没有提供这种方便的方法来传回数据。但是,通过利用委托的优势,开发人员也可以在类之间建立桥梁。

委托背后的驱动概念是,开发人员指定一个类来"委托"给它一项工作,并定义将通过协议传递回的消息。请求工作的类将自己声明为实现该协议,并将自身设置为委托对象,从而使其能够响应来自外包类的消息。委托非常适合在两个类之间建立消息传递方案,而无须指定实现的所有细节。

对于 CarFinder 应用程序,我们希望从 Confirm(确认)界面控制器传回的数据是用户是否决定保存位置。位置列表将确定工作委托(Delegate)给 Confirm(确认)界面控制器,因此开发人员需要在此处定义协议。

可以通过指定 Protocol(协议)块来定义协议,该协议块包含协议名称和协议委托需要实现的方法列表。代码清单 7-9 提供了 ConfirmInterfaceController 类的协议定义。协议块是在类之前定义的,因为相应的类包括放置在协议上的属性。

代码清单 7-9　CustomInterfaceController 类的协议定义

```
protocol ConfirmDelegate {
    func saveLocation()
}
```

要通过协议调用方法,开发人员需要在类上实现一个委托属性,然后可以通过此属性从协议调用方法,该属性将被发送到类(该类已经将自身声明为委托)中。在代码清单 7-10 中,我们已将委托属性添加到 ConfirmInterfaceController 类中。它是一个可选变量,并且协议名称即为其类型。

代码清单 7-10　将一个委托属性添加到 ConfirmInterfaceController 类中

```
class ConfirmInterfaceController: WKInterfaceController {

    @IBOutlet weak var coordinatesLabel: WKInterfaceLabel?
...
    var delegate: ConfirmDelegate?

}
```

对于 ConfirmInterfaceController 类中实现的最后一个主要部分,可以调用

saveLocation()委托方法。在关闭界面控制器之前，使此调用成为 confirm()处理程序方法的一部分，如代码清单 7-11 所示。

代码清单 7-11 调用委托方法

```
@IBAction func confirm() {
    delegate?.saveLocation(self.note)
    dismissController()
}
```

在委托工作的类 InterfaceController 中，其实现要容易得多。在该类中，开发人员需要执行以下操作。

- 声明正在实现 ConfirmDelegate 协议。
- 提供协议公开的方法（saveLocation()）的实现。
- 让 ConfirmInterfaceController 知道你是委托者。

要声明 InterfaceController 正在实现 ConfirmDelegate 协议，请将协议名称添加到类签名中，并用逗号将其与父类名称分开，如代码清单 7-12 所示。

代码清单 7-12 声明一个类正在实现协议

```
class InterfaceController: WKInterfaceController, WCSessionDelegate,
CLLocationManagerDelegate, ConfirmDelegate {
}
```

编译器将立即抛出一个错误，指出 InterfaceController 并未实现 ConfirmDelegate 协议的所有方法。要解决此问题，可以实现 saveLocation()方法。当用户已确认要保存其当前位置时，即可将当前位置附加到 locations 数组中并刷新位置列表。代码清单 7-13 提供了 saveLocation()方法的实现。

代码清单 7-13 保存位置

```
func saveLocation(note :String) {
    //在此添加一个新记录
    let locationDict = ["Latitude" : currentLocation.coordinate.latitude,
    "Longitude" : currentLocation.coordinate.longitude, "Timestamp" :
    currentLocation.timestamp] locations.insert(locationDict, atIndex: 0)
}
```

最后，要接收消息，开发人员需要一种指定 InterfaceController 对象与 ConfirmInterfaceController 类的委托属性关联的方式。在 iOS 中，开发人员可以在 UIStoryboard 对象上使用 instantiateViewController()方法建立此连接。然而，此方法在 watchOS 上不可用。但是，开发人员也可以通过将指针添加到上下文字典中来传递指针。在代码清单 7-14 中，我们修改了 requestLocation()方法以包括一个委托键。

代码清单 7-14　将代理对象添加到上下文字典中

```
func requestLocation() {
    //新位置

    let userDict = ["Latitude" : currentLocation.coordinate.latitude,
    "Longitude" : currentLocation.coordinate.longitude, "Delegate" : self]

    presentControllerWithName("ConfirmInterfaceController", context:
    userDict)

}
```

要从上下文字典中提取该值，可以返回 ConfirmConfaceController 中。在 awakeWithContext() 方法中，可以验证该值是否存在并且其类型为 ConfirmDelegate。一旦这个检查已通过，就可以设置属性，如代码清单 7-15 所示。

代码清单 7-15　从上下文中提取委托

```
override func awakeWithContext(context: AnyObject?) {
    super.awakeWithContext(context)

    if let inputDict = context as? Dictionary<String, AnyObject>{
        //

        if let inputDelegate = inputDict["Delegate"] as? ConfirmDelegate {
            delegate = inputDelegate
        }
    }
}
```

现在我们已经可以在关闭 Confirm（确认）界面控制器后传递消息。

7.5　使用文本输入添加注释

为了说明在应用程序中接收用户输入的另一种方法，我们将介绍如何添加文本输入。此功能调出了一个模式，如图 7-15 所示，它允许用户以表情符号、预先设置的字符串或 Siri 文本转语音（Text-to-Speech）识别的形式添加文本。

对于 CarFinder 应用程序来说，我们将需要在用户单击 Add Note（添加注释）按钮时触发此模式。为了帮助用户，开发人员应该使用与位置注释相关的字符串预填充建议文字，如 Next to lightpole（灯柱旁边）或 Next to house（房子隔壁）。

图 7-15　文字输入模式

💡 说明：

由于模拟器不支持 Siri，因此需要使用 Apple Watch 来测试文本输入。

要显示文本输入模式，可以使用 presentTextInputControllerWithSuggestions(_:allowedInputMode:)方法，该方法允许开发人员指定建议字符串数组、对接收的输入类型的限制（如禁用表情符号）以及完成处理程序等。代码清单 7-16 提供了 CarFinder 应用程序的实现。提醒一下，这在 ConfirmInterfaceController 类中。

代码清单 7-16　显示文本输入模式

```swift
@IBAction func addNote() {
    let suggestionArray = ["On curb", "Next to house", "Next to lightpole"]
    presentTextInputControllerWithSuggestions(suggestionArray,
    allowedInputMode:WKTextInputMode.AllowEmoji) { (inputArray:
    [AnyObject]?) -> Void in
        if let inputStrings = inputArray as? [String] {
            if inputStrings.count > 0 {
                let savedString = inputStrings[0]
                
                dispatch_async(dispatch_get_main_queue()) {
                    self.noteLabel?.setText(savedString)
                    self.note = savedString
                }
            
        }
```

```
        }
    }
}
```

Swift 中的 String 类型所允许的字符集比 Objective-C 中的 NSString 更大，因此开发人员无须在输入类型上设置任何限制。当提供为字符串输入时，表情符号将在线显示。

再次提醒，请记住开发人员需要在主线程上设置 noteLabel 的文本，因为 UI 更新仅在主线程上执行。

要将注释传递回 InterfaceController，可以扩展 ConfirmDelegate 协议的 saveLocation() 方法以包含 note 参数。代码清单 7-17 提供了修改后的协议的声明。可以将此代码放在 ConfirmInterfaceController.swift 中。

代码清单 7-17　扩展 ConfirmDelegate 协议以包含 note 参数

```
protocol ConfirmDelegate {
    func saveLocation(note: String)
}
```

代码清单 7-18 包括了为 ConfirmInterfaceController 类修改的 confirm() 方法，该方法将提取先前保存的注释。

代码清单 7-18　发送注释给委托

```
@IBAction func confirm() {
    delegate?.saveLocation(self.note)
    dismissController()
}
```

我们将在 InterfaceController 类中实现 saveLocation()委托方法，该方法将允许开发人员提取注释作为输入参数。

7.6　将数据发送回父 iOS 应用

对于 CarFinder 程序的交互式版本来说，我们还需要完成最后一块拼图，那就是将手表应用程序创建的位置发送回父 iOS 应用程序。同样地，我们可以再次依靠"老朋友" WatchConnectivity 的帮助，在 watchOS 应用程序与其父 iOS 应用程序之间进行通信。

从 iOS 应用程序将数据发送到 Apple Watch 的主要方法是通过 WKSession 上的 updateApplicationContext()方法，而从 Apple Watch 向其父 iOS 应用程序发送信息则有多种方法可以选择。表 7-1 概述了这些方法及其预期目的。

表 7-1　将数据从 Apple Watch 传输到 iOS 应用程序的方法

方　　法	目　　的
sendMessage:replyHandler:error Handler:	立即将包含数据的上下文发送到父应用程序。将尚未处理的字典的任何旧版本放入队列中
transferFile:metadata:	将文件传输到父应用程序中
transferUserInfo:	将字典传输到父应用程序中。将尚未处理的字典的任何旧版本放入队列中
updateApplicationContext:error:	将字典传输到父应用程序中。舍弃尚未处理的字典的所有旧版本

对于 CarFinder 应用程序来说，我们想要在用户创建位置更新时发布它们。这些消息可能并不频繁，但是也需要按顺序排队和传递。因此，我们将使用 sendMessage()方法将位置更新发布回配套的 iOS 应用程序中。

在 CarFinder 应用程序的流程中，保存操作发生在 InterfaceController 类的 saveLocation()方法中。此时，我们将拥有一个上下文字典，其中包含有关新位置的纬度和经度信息。sendMessage()方法可以将字典作为输入。将输入的字典直接传递给 iOS 应用程序是有意义的，因为 iOS 应用程序有自己的逻辑来添加基于纬度和经度的位置。代码清单 7-19 提供了修改后的 saveLocation()方法，其中包括 sendMessage()调用。

代码清单 7-19　从 InterfaceController 类中调用 sendMessage()

```
func saveLocation(note :String) {
    //在此添加新记录
    let locationDict = ["Latitude" : currentLocation.coordinate.latitude,
    "Longitude" : currentLocation.coordinate.longitude, "Timestamp" :
    currentLocation.timestamp, "Note" : note]
    locations.insert(locationDict, atIndex: 0)

    session?.sendMessage(locationDict, replyHandler: nil, errorHandler:
    { (error: NSError)-> Void in
        print(error.description)
    })
}
```

在我们的示例中，你可能会注意到对于错误和回复状态的完成处理程序非常简单。一般来说，除非失败的操作会影响用户使用该应用程序的体验，否则不应显示错误警报。在此示例中，我们没有为回复处理程序实现任何自定义逻辑，因为 watchOS 的用户界面不会因为将消息成功发布到 iOS 应用程序中而更新。

在 iOS 应用程序中，要接收来自 watchOS 应用程序的消息，需要扩展 AppDelegate 类，该类将处理外部事件并启动应用程序以处理 watchKit 扩展消息。要处理 watchKit 扩展消息，需要实现以下委托方法：

```
func application(application: UIApplication,handleWatchKitExtensionRequest
userInfo:reply:)
```

上述方法将接收包含来自 watchOS 应用程序的信息和回复方法签名的字典，开发人员可以使用该字典将回复发送回 watchOS 应用程序，这使我们可以将确认信息发送回应用程序或更新手表上的用户界面（UI）。

解决了在 iOS 父级应用程序中接收消息这个问题后，接下来还需要使用消息做一些事情。开发人员需要将消息发送到由 FirstViewController 类表示的位置列表。Apple 开发中的最佳实践建议不要创建单例（Singleton）或维护指针以查看应用程序委托中的控制器。但是，开发人员可以使用更通用的消息传递方法来获取对 FirstViewController 类的更新，即通知（Notification）。

对于通知来说，我们可以为消息指定一个名称（通知的名称），然后使用该名称发布消息。一般而言，数据以字典形式传输，这非常方便，因为你输入的内容也是字典。通知会发送给任何想收听者。某个类会将自己声明为通知的观察者（Observer），并指定在收到通知时应执行的选择器或完成处理程序。

代码清单 7-20 提供了 AppDelegate 的 handleWatchKitExtensionRequest()方法，其中包括发布通知的调用。可以将此代码放在 AppDelegate.swift 中。

代码清单 7-20　从 CarFinder watchOS 应用程序中接收消息

```
func application(application: UIApplication,
handleWatchKitExtensionRequest userInfo: [NSObject : AnyObject]?, reply:
([NSObject : AnyObject]?) -> Void) {

    NSNotificationCenter.defaultCenter().postNotificationName
      ("LocationUpdateNotification", object: nil, userInfo: userInfo)

}
```

要观察通知，可以在 FirstViewController 的 viewDidLoad()方法中实现 addObserver()方法。我们已选择使用完成处理程序来处理通知，如代码清单 7-21 所示。

代码清单 7-21　处理 watchOS 通知

```
NSNotificationCenter.defaultCenter().addObserverForName
("LocationUpdateNotification", object: nil, queue:
NSOperationQueue.mainQueue()) { (notif: NSNotification) -> Void in

  if let location = notif.userInfo as? [String : AnyObject] {
```

```
    if let latitude = location["Latitude"] as? Double {
      let longitude = location["Longitude"] as! Double

      let location = CLLocation(latitude: latitude, longitude: longitude)
      DataManager.sharedInstance.locations.insert(location, atIndex: 0)

      self.tableView.reloadData()

    }
  }
}
```

现在，我们已经向 CarFinder 添加了交互式功能，此时的应用程序应如图 7-16 所示。新应用程序将保留原始 CarFinder 应用程序中的位置列表，同时添加扩展的详细信息页面和菜单选项以添加和删除位置。

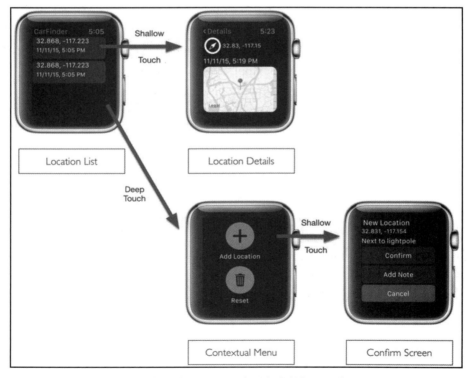

图 7-16　交互式 CarFinder 应用程序的扩展用户界面

原　　文	译　　文
Shallow Touch	浅按
Location List	位置列表
Location Details	位置详细信息
Deep Touch	深按
Contexual Menu	上下文菜单
Confirm Screen	确认屏幕

7.7 小　　结

本章详细阐述了如何通过添加以下功能来使 watchOS 应用程序具有交互性：从手表创建新的位置、使用文本输入添加注释，以及将新位置信息发布回父应用程序。沿着这条主线，我们介绍了在界面控制器之间正确将数据传递到父应用程序的实现方式，并且讨论了此过程中的多项操作，例如，在显示数据时使用应用程序上下文将数据发布到界面控制器上，在关闭界面控制器后使用委托上下文发布数据，以及使用 WatchConnectivity 类将信息发布回父 iOS 应用程序等。

第 8 章　构建独立的 watchOS 应用

撰文：Ahmed Bakir

本章将介绍 watchOS 2 的最大特性之一，即它的功能使开发人员可以构建可本地运行甚至离线运行的应用程序，而无须保持与父 iOS 应用程序的活动连接。到目前为止，我们已经注意到 watchOS 2 应用程序与 iOS 应用程序共享许多设计功能，包括界面控制器（视图控制器）、通知和委托等。在使用 watchOS 1 的情况下，开发人员只能构建"侦听器"应用程序，这些应用程序旨在响应父应用程序提出的数据请求，而无意提供除此以外的其他内容。watchOS 2 则填补了这一巨大的鸿沟，因为它使开发人员可以构建不仅像 iOS 应用程序一样设计而且还像 iOS 应用程序一样运行的应用程序。

为了进一步发展，watchOS 2 开始将精简版的 Cocoa Touch 框架捆绑到操作系统本身。这些框架具有访问硬件、播放媒体和其他重要操作的逻辑，从而使应用程序能够完全独立运行。这些框架非常有用，因为它们使开发人员摆脱了编程中的"体力活"，使我们可以专注于应用程序的业务逻辑而不是技术细节。例如，像如何解码 MP4 视频之类的问题，当前通过框架即可直接将其解决。

watchOS 2 中有非常多的框架，本书无法一一详述，但在本章中将重点介绍 Core Location 框架，它允许开发人员执行更高级的位置功能，如地理编码（Geocoding）。我们还将介绍一个非常流行的 Cocoa Touch API（应用程序编程接口），该 API 已逐渐被应用于 watchOS、NSTimer，它使开发人员可以向用户显示定时事件。最后，我们还将讨论如何使用 Foundation 框架（所有 Apple 编程的基础）的网络功能，当前该框架允许开发人员可以直接从手表上对 Internet 进行 HTTP 调用。

本章将利用这些功能重新访问我们的"老朋友"——CarFinder，以进一步改进该应用程序。开发人员可以在 Apress 网站（www.apress.com）的 Source Code/Download（源代码/下载）页面下载本书源代码，然后在 Ch8 文件夹中找到 CarFinder 的更新版本。

8.1　使用 Core Location 请求当前位置

在第 7 章对 CarFinder 应用程序的实现中，我们使用了硬编码的坐标来初始化传递给确认界面控制器的 CLLocation 对象。本节将学习如何使用 CoreLocation 检索用户的当前位置。

另外，由于用户位置属于一种权限，因此开发人员还需要使用 CoreLocation 提示用户授予应用程序位置权限。

在新的 CarFinder 应用程序中，我们将在首次尝试从上下文菜单中添加位置时要求用户提供位置权限。用户同意授权后，即可请求其当前位置并将其带到确认界面控制器。

将框架添加到 watchOS 应用程序中的过程与添加到 iOS 应用程序中的过程完全相同，即在类中导入所需的框架。大多数 Core Location 操作都将在 InterfaceController 和 ConfirmInterfaceController 类中进行，因此可以将 import 语句添加到这两个类中。要在 CoreLocation 中执行定位操作，还需要 CLLocationManager 类的实例。代码清单 8-1 包括对 InterfaceController 类修改后的定义、import 语句和 CLLocationManager 对象。对于使用 CoreLocation 的所有类，可以执行相同的步骤。

代码清单 8-1　将 CoreLocation 添加到 watchOS 类中

```
import WatchKit
import Foundation
import CoreLocation
import WatchConnectivity

class InterfaceController: WKInterfaceController, WCSessionDelegate,
CLLocationManagerDelegate, ConfirmDelegate {

    @IBOutlet weak var locationTable: WKInterfaceTable?

    var session : WCSession?

    var locations = [Dictionary<String, AnyObject>]()
    var locationManager: CLLocationManager?
    var currentLocation = CLLocation(latitude: 32.830579, longitude:
-117.153839)

    override func awakeWithContext(context: AnyObject?) {
        super.awakeWithContext(context)
        ...
    }

    ...
}
```

在 watchOS 中打开位置权限屏幕的过程与 iOS 相似，即先查询授权状态，如果状态未授权或被拒绝，则调用正确的方法来请求权限。幸运的是，本书第 7 章已经定义了

requestLocation()方法来启动 Confirm（确认）界面控制器，所以可以充分利用这一点，在 ConfirmInterfaceController.swift 中替换该代码以进行权限查询，如代码清单 8-2 所示。

代码清单 8-2　修改后的 requestLocation() 方法，包括权限查询

```
@IBAction func requestLocation() {

    //在用户尝试请求位置之前，不必初始化
    locationManager = CLLocationManager()
    locationManager?.delegate = self

    switch (CLLocationManager.authorizationStatus()) {

    case .AuthorizedWhenInUse, .AuthorizedAlways:
        locationManager?.requestLocation()
    case .Denied:
        print("user has not authorized location")
        presentConfirmController()
    case.NotDetermined:
        fallthrough
    default:
        locationManager?.requestWhenInUseAuthorization()
    }
}
```

为了使代码更易于阅读，我们将旧代码分组以将 Confirm（确认）界面控制器显示为一个称为 presentConfirmController()的方法（见代码清单 8-3）。这封装了从 currentLocation 属性构建上下文字典并显示界面控制器的工作。

代码清单 8-3　显示确认界面控制器

```
func presentConfirmController() {
    //新位置

    let userDict = ["Latitude" : currentLocation.coordinate.latitude ,
    "Longitude" : currentLocation.coordinate.longitude, "Delegate" : self]

    presentControllerWithName("ConfirmInterfaceController", context:
    userDict)

}
```

在任何连接的设备上使用 GPS 传感器是我们可以执行的最耗电的操作之一。尽管已对 iPhone 和 iPad 进行了优化以降低成本，但 Apple Watch 尚未处于这种状态，因此最好按需提供所有位置信息。在代码清单 8-2 的示例中，当确定状态是已经获得用户授权时，即可调用 requestLocation() 方法，以执行按需定位请求。

糟糕的是，无论是权限请求还是位置请求，都没有告诉开发人员在获得权限或位置时应该做什么。要实现这些功能，需要实现 CLLocationManagerDelegate 协议及其方法来处理权限和位置更新。首先，将更新类定义以包括 CLLocationManagerDelegate 协议，如代码清单 8-4 所示。

代码清单 8-4　更新类定义以包括 CLLocationManagerDelegate 协议

```
class InterfaceController: WKInterfaceController, WCSessionDelegate,
CLLocationManagerDelegate, ConfirmDelegate {
}
```

接下来，需要确保正确初始化了 CLLocationManager 对象，包括其委托（Delegate）属性。可以通过在 requestLocation() 方法顶部初始化对象来完成这一点，如代码清单 8-5 所示。

代码清单 8-5　初始化位置管理器

```
@IBAction func requestLocation() {
    
    //在用户尝试请求位置之前，不必初始化
    locationManager = CLLocationManager()
    locationManager?.delegate = self
    
    switch (CLLocationManager.authorizationStatus()) {
    
    case .AuthorizedWhenInUse, .AuthorizedAlways:
        locationManager?.requestLocation()
    case .Denied:
        print("user has not authorized location")
        presentConfirmController()
    case .NotDetermined:
        fallthrough
    default:
        locationManager?.requestWhenInUseAuthorization()
    }
}
```

对于 CoreLocation 中的权限请求，需要实现 didFailWithError 和 didChangeAuthorization 委托方法，这两个方法都会触发编译错误（如果它们未包含在项目中）。代码清单 8-6 为 InterfaceController 类（InterfaceController.swift）提供了 didFailWithError() 方法。在我们的实现中，由于在初始化 currentLocation 属性时提供了默认的当前位置值，因此在该类中实际上是输出了一条错误消息。

代码清单 8-6　处理未获得授权（授权失败）的情况

```
func locationManager(manager: CLLocationManager, didFailWithError error:
NSError) {
    //不做任何操作，我们有一个默认值
    print(error.description)
}
```

当用户授予应用程序使用位置的权限后，即可向 locationManager 查询用户的当前位置。在 InterfaceController 类（InterfaceController.swift）中，可以通过检查 didChangeAuthorization 委托方法中的状态是否已更改为 AuthorizedWhenInUse 来执行此操作，如代码清单 8-7 所示。

代码清单 8-7　处理已获得授权（授权成功）的情况

```
func locationManager(manager: CLLocationManager,
didChangeAuthorizationStatus status: CLAuthorizationStatus) {
    if status == CLAuthorizationStatus.AuthorizedWhenInUse {
        manager.requestLocation()
    } else {
        //不执行任何操作，使用默认位置
    }
}
```

最后，我们需要处理在位置管理器已经获取用户当前位置时触发的事件。updateLocations()委托方法可以处理此事件。当触发此事件时，将验证至少已经接收到一个有效位置，然后使用该位置初始化该类的 currentLocation 属性，并以此来显示 Confirm（确认）界面控制器，如代码清单 8-8 所示。

代码清单 8-8　处理位置更新

```
func locationManager(manager: CLLocationManager, didUpdateLocations
locations: [CLLocation]) {
    if locations.count > 0 {
        currentLocation = locations[0]

        presentConfirmController()
    }
}
```

原来的 CarFinder 应用程序的挑战之一是，它只能以纬度和经度的形式显示用户的位置。我不知道你怎么样，但是对于我个人来说，要将纬度和经度转换为街道地址有点生疏。当然，CoreLocation 绝不会这样，通过利用其 CLGeocoder 类，我们可以使用 Apple 的反向地理编码服务器来检索此信息。此 API 在 iOS 上已经可用多年，它也可以很方便地在 watchOS 2 上使用。

对于 CarFinder 应用程序来说，我们应该使用反向地理编码，以使用包含用户街道地址（街道编号和名称）的人类可读字符串替换用户界面（UI）上的经纬度坐标。反向地理编码是基于服务的 API，这意味着我们必须等待 Apple 的服务器响应结果。如你所料，这意味着回复的时间不确定，并且我们将需要在视图上进行适当处理，以便用户有足够的耐心等待结果再进入。在 CarFinder 应用程序中，有必要在 Confirm（确认）视图中进行该调用。从那里，我们可以将街道地址以及保存的注释一起传递回你的委托方法中的位置列表。

我们可以使用以下 CLGecoder 私有方法对一组坐标进行反向地理编码：

```
reverseGeocodeLocation(:_, completionHandler:)
```

上述方法将 CLLocation 对象作为输入，并在接收到来自 Apple 地理编码服务器的响应后执行完成处理程序。在其响应结果中将包括一个与给定坐标匹配的位置数组和一个 NSError 对象，如果在请求期间发生错误，则该对象为 non-nil。

对于确认屏幕来说，应该在出现界面控制器后立即开始请求。当接收到请求时，我们应该提取街道名称和号码（由 thoroughfare 和 subThoroughfare 属性表示），并将其保存到字符串中，以用于更新 UI 和位置列表。

代码清单 8-9 提供了 ConfirmInterfaceController 类的 awakeWithContext()方法的更新实现。由于我们无法从标签访问该文本字符串，因此将生成的字符串的副本保存在一个名为 address 的属性中。

代码清单 8-9　更新的 ConfirmInterfaceController 类

```swift
override func awakeWithContext(context: AnyObject?) {
  super.awakeWithContext(context)

  if let inputDict = context as? Dictionary<String, AnyObject>{

    if let inputDelegate = inputDict["Delegate"] as? ConfirmDelegate {
      delegate = inputDelegate
    }
    if let latitude = inputDict["Latitude"] as? Double {
      let longitude = inputDict["Longitude"] as! Double
      currentLocation = CLLocation(latitude:latitude, longitude:longitude)

      let formattedString = String(format:"%0.3f,%0.3f",latitude, longitude)
```

第 8 章 构建独立的 watchOS 应用

```
    coordinatesLabel?.setText(formattedString)

    let geocoder = CLGeocoder()

    geocoder.reverseGeocodeLocation(currentLocation!,completionHandler:{
    (placemarks: [CLPlacemark]?, error: NSError?) -> Void in
      //sd
      if error == nil {
        if placemarks?.count > 0 {
          let currentPlace = placemarks![0]
          let placeString = "\(currentPlace.subThoroughfare!)
          \(currentPlace.thoroughfare!)"

          dispatch_async(dispatch_get_main_queue()) {
            self.coordinatesLabel?.setText(placeString)
            self.address = placeString
          }
        }
      }
    })
  }
}

//在此配置界面对象
}
```

就执行时间而言，反向地理编码是一项成本很高的操作。还可以确定，对于给定的地址，其结果是不会更改的。通过将地址传递到位置列表，我们可以节省应用程序中的时间。要启用此功能，可以修改 ConfirmInterfaceController.swift 中的 ConfirmDelegate 协议委托，以将地址添加为返回参数，如代码清单 8-10 所示。

代码清单 8-10　将地址添加到 ConfirmDelegate 协议中

```
protocol ConfirmDelegate {
    func saveLocation(note: String, address: String)
}
```

代码清单 8-11 提供了 InterfaceController 类（InterfaceController.swift）的经过修改的 confirm()方法，该方法在对委托的调用中包括了地址。

代码清单 8-11　将地址发送到委托对象

```
@IBAction func confirm() {
    let noteString = self.note!
```

```
    let addressString = self.address!

    delegate?.saveLocation(noteString, address: addressString)
    dismissController()
}
```

在接收端,我们需要修改 saveLocation()委托方法以通过将地址添加为键-值对来包括该地址。代码清单 8-12 为 InterfaceController 类提供了修改后的 saveLocation()方法。

代码清单 8-12 将地址添加到 saveLocation()委托方法中

```
func saveLocation(note: String, address: String) {

    //在此添加新记录
    let locationDict = ["Latitude" : currentLocation.coordinate.latitude,
    "Longitude" : currentLocation.coordinate.longitude, "Timestamp" :
    currentLocation.timestamp, "Note" : note, "Address": address]
    locations.insert(locationDict, atIndex: 0)

    session?.sendMessage(locationDict, replyHandler: nil, errorHandler:
    { (error: NSError) -> Void in
        print(error.description)
    })

}
```

最后,要显示上述地址,可以修改位置列表(InterfaceController.swift)中的 configureRows()方法,该方法将构建每个表格单元格以使用人类可读的地址,而不是纬度和经度,如代码清单 8-13 所示。

代码清单 8-13 修改表格视图以包括地址

```
func configureRows() {

 self.locationTable?.setNumberOfRows(locations.count, withRowType:
 "LocationRowController")

 for var index = 0; index < locations.count; index++ {

   if let row = self.locationTable?.rowControllerAtIndex(index) as?
   LocationRowController {
     let location = self.locations[index]

     if let address = location["Address"] as? String {
       row.coordinatesLabel?.setText(address)
     } else if let latitude = location["Latitude"] as? Double {
```

```
    let longitude = location["Longitude"] as! Double
    let formattedString = String(format: "%0.3f, %0.3f", latitude,
    longitude)
    //row.coordinatesLabel?.setText("\(latitude),
    \(location["Longitude"]!)")
    row.coordinatesLabel?.setText(formattedString)

  }

  if let timeStamp = location["Timestamp"] as? NSDate {
    let dateFormatter = NSDateFormatter()
    dateFormatter.dateStyle = NSDateFormatterStyle.ShortStyle
    dateFormatter.timeStyle = NSDateFormatterStyle.ShortStyle
    row.timeLabel?.setText(dateFormatter.stringFromDate(timeStamp))
  }

  }

}

//self.locationTable?.setNumberOfRows(locations.count, withRowType:
"LocationRowController")
}
```

> **说明：**
> 开发人员应该使用 if-else 语句来判断人类可读地址是否可用，如果不可用则显示纬度和经度数据。

现在，CarFinder 表格用户界面的最终版本应该会包括人类可读的地址，如图 8-1 所示。怎么样？现在看起来是不是比以前的纬度和经度数据舒服多了？

图 8-1　更新之后 CarFinder 应用程序的表格

8.2 使用 NSTimer 创建提醒

Apple 移植到 watchOS 的另一个便捷功能是 NSTimer 类，它允许开发人员安排在一段时间后要执行的操作。在停车应用程序中，这很有用，因为它可以提醒用户在计价器到期之前返回自己的汽车里（在美国停车，收费多是自助的，车主自己选择预估停多久，然后买票放在前窗。这种方式比较糟糕之处在于，万一有事耽搁，车主还需要跑回停车处补买停车的时间，否则就有被罚款的危险。正因为如此，在 watchOS 应用程序中设计这样一个提醒器对于美国用户来说是很实用的）。

在 WatchKit 应用程序中，将通过在 ConfirmInterfaceController 类中添加 Add Time （添加时间）按钮来公开此功能，用户可以在其中保存位置。在 iOS 上，EventKit 提供了用于输入时间的模式；在 watchOS 上，则需要开发人员自己构建它。对于此应用程序，每当用户单击 Add Time（添加时间）按钮时，都会在提醒器（Reminder）中添加 15min。当用户保存位置时，他/她将能够使用总时间来创建提醒警报，该警报将出现在他/她的手表上。开发人员可以通过向故事板上的 Confirm（确认）界面控制器添加计时器的标签以及增加计时的按钮来体现这一功能。代码清单 8-14 提供了修改后的 ConfirmInterfaceController 类（ConfirmInterfaceController.swift）定义，其中就包括这些新属性。

代码清单 8-14 修改后的 ConfirmInterfaceController 类定义，包括新的计时器属性

```
class ConfirmInterfaceController: WKInterfaceController {

    @IBOutlet weak var coordinatesLabel: WKInterfaceLabel?
    @IBOutlet weak var noteLabel: WKInterfaceLabel?
    @IBOutlet weak var timeLabel: WKInterfaceLabel?

    var currentLocation : CLLocation?
    var delegate: ConfirmDelegate?
    var note: String = ""
    var address: String = ""

    var totalTime : NSTimeInterval = 0.0

    override func awakeWithContext(context: AnyObject?) {
        super.awakeWithContext(context)
        ...
    }

}
```

图 8-2 显示了修改后的故事板。

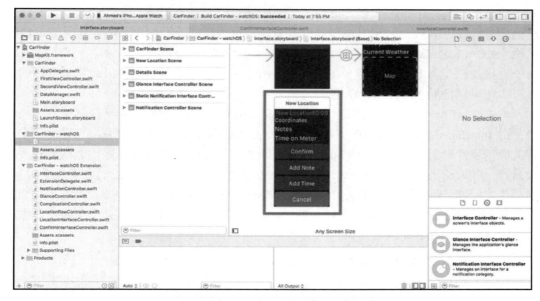

图 8-2　修改后的故事板，包括添加提醒的按钮

当用户与 Add Time（添加时间）按钮交互时，开发人员应该增加存储在类中的总时间，并更新反映当前设置的标签。与确认界面控制器上的其他操作按钮一样，开发人员应该使用 Add Time（添加时间）按钮来构建配置，并在用户单击 Confirm（确认）按钮时即按设置的时间执行提醒功能。

代码清单 8-15 为 ConfirmInterfaceController 类提供了执行此逻辑的 incrementTime() 方法。定义后，请记住使用 Interface Builder 的 Connection Inspector（连接检查器）将此功能连接到按钮。

代码清单 8-15　保存总时间更新（ConfirmInterfaceController.swift）

```
@IBAction func incrementTime() {
    dispatch_async(dispatch_get_main_queue()) {
        self.totalTime += 15

        let timeString = String(format: "%0.0f", self.totalTime)

        self.timeLabel?.setText("\(timeString) mins")
    }
}
```

NSTimer 类允许开发人员通过指定偏移量（以 s 为单位）和选择器（方法签名）来安排稍后执行的操作。对于 CarFinder 应用程序来说，我们将显示一个警报视图，并通过轻触传感器使手表振动。指定选择器时，需要提供方法和目标的签名以及定义它的类的名称。对于 CarFinder 应用程序，我们要调用的功能是显示警报并生成触觉反馈（振动）。由于警报是以模态方式显示的（在另一个界面控制器上全屏显示），因此显示警报的逻辑应该在将保持静态的界面控制器中。

单击 Confirm（确认）按钮后，确认界面控制器将消失，因此不能选择确认界面控制器。由 InterfaceController.swift 表示的位置列表是 CarFinder 上的主屏幕，也是用户重新进入应用程序时看到的第一个屏幕，因此这是初始化计时器的最佳位置。然而，开发人员需要一种方法来在 ConfirmInterfaceController 类和 InterfaceController 类之间建立联系。要解决此问题，可以进一步扩展 ConfirmDelegate 协议以添加第三个参数，指定用户选择的时间。可以在 ConfirmInterfaceController.swift 中扩展协议定义，以包括一个表示已保存时间的 NSTimeInterval 参数，如代码清单 8-16 所示。

代码清单 8-16　扩展 ConfirmDelegate 协议以包括时间

```
protocol ConfirmDelegate {
    func saveLocation(note: String, address: String, time: NSTimeInterval)
}
```

同样，在 confirm()方法中，Confirm（确认）按钮的处理程序将 totalTime 属性发送到委托对象，如代码清单 8-17 所示。NSTimeInterval 类型以 s 为单位表示时间，因此将保存的值乘以 60 即可将其转换为 s 数。

代码清单 8-17　发送时间到 ConfirmDelegate 委托对象（ConfirmInterfaceController.swift）

```
@IBAction func confirm() {
    let noteString = self.note
    let addressString = self.address
    delegate?.saveLocation(noteString, address: addressString, time:
    self.totalTime * 60) dismissController()
}
```

返回 InterfaceController 类（InterfaceController.swift），现在我们可以在处理来自 ConfirmDelegate 协议的 saveLocation(_:address:time) 消息时初始化计时器。有两种初始化计时器的主要方法，即

scheduledTimerWithTimeInterval:target:selector:userInfo:repeats:

和

```
timerWithTimeInterval:target:selector:userInfo:repeats:
```

上述两种方法之间的主要区别在于,前者立即开始倒计时,而后者则打算稍后开始。对于 CarFinder 应用来说,应该立即启动计时器。时间将来自 time 参数,InterfaceController 自身(self)将成为目标(Target),而选择器(Selector)则是 showAlert(_ :)方法,如代码清单 8-18 所示。在此示例中,我们还构建了一个字典用于 userInfo 参数,因此可以将额外的数据传递给 showAlert(_ :)方法。

代码清单 8-18 初始化计时器(InterfaceController.swift)

```
func saveLocation(note: String, address: String, time: NSTimeInterval) {

    //在此添加新记录
    let locationDict = ["Latitude" : currentLocation.coordinate.latitude,
    "Longitude" : currentLocation.coordinate.longitude, "Timestamp" :
    currentLocation.timestamp, "Note" : note, "Address": address]
    locations.insert(locationDict, atIndex: 0)

    session?.sendMessage(locationDict, replyHandler: nil, errorHandler:
    { (error: NSError)-> Void in
        print(error.description)
    })

    let userDict = ["address" : address]

    NSTimer.scheduledTimerWithTimeInterval(time, target: self, selector:
    "showAlert:", userInfo: userDict, repeats: false )
}
```

💡 **说明:**

计时器也可以配置为仅调用一次或按时间间隔重复。有关重复计时器的示例,请参阅第 4 章"使用 Core Motion 保存运动数据"。

现在我们可以开始实现应在计时器触发时显示的警报。这里比较方便的是,Apple 选择将警报视图控制器的主要逻辑移植到 watchOS 上,包括其模式表示样式以及添加多个操作的能力(带有完成处理程序的按钮)。图 8-3 提供了我们创建的警报的屏幕截图。它将显示一条提醒消息、用户停放汽车的地址以及用于关闭警报的 OK(确定)按钮。

要构建警报,需要指定警报标题和消息,并提供一组操作以供用户执行。可以使用以下方法来构建警报并将其显示在 watchOS 上:

```
presentAlertControllerWithTitle(_:message:preferredStyle:actions)
```

图 8-3　watchOS 上的警报控制器的屏幕截图

对于 CarFinder 应用程序来说，我们唯一需要做的就是单击 OK（确定）按钮关闭警报。对于警报消息和标题，则显示一般性警告，指示用户返回其汽车。代码清单 8-19 提供了构建警报的 showAlert(_ :)方法的实现。在此示例中，我们从计时器（Timer）的 userInfo 属性中提取地址。

代码清单 8-19　显示警报（InterfaceController.swift）

```
func showAlert(timer: NSTimer) {
    
    var reminderMessage = "Please return to your car"
    
    if let userInfo = timer.userInfo as? [String: String] {
        reminderMessage+="at \(userInfo["address"])"
    }
    
    print("Meter is out of time.")
    
    let okAction=WKAlertAction(title:"OK",style:WKAlertActionStyle.Default)
    { () -> Void in
        print("OK button pressed")
    }
    
    presentAlertControllerWithTitle("Meter expired", message:
    reminderMessage, preferredStyle: WKAlertControllerStyle.Alert,
    actions: [okAction])
    
    timer.invalidate()
}
```

要使手表振动,可以使用 Apple 提供的代表设备的单例(Singleton)上的 playHaptic(_:) 方法(WKInterfaceDevice.currentDevice()),如代码清单 8-20 所示。Apple 提供了若干种预先配置的振动类型,开发人员可以指定这些振动类型,以通过 WKHapticType 枚举指示不同的事件。通知类型是最强大的一种,并且适合 CarFinder 应用程序需要执行的操作(提醒用户回自己的车上)。

代码清单 8-20 使手表振动

```
func showAlert(timer: NSTimer) {

    var reminderMessage = "Please return to your car"

    if let userInfo = timer.userInfo as? [String: String] {
        reminderMessage+="at \(userInfo["address"])"
    }

    print("Meter is out of time.")

    WKInterfaceDevice.currentDevice().playHaptic(WKHapticType.
    Notification)

    let okAction = WKAlertAction(title: "OK", style:
    WKAlertActionStyle.Default)
    { () -> Void in
        print("OK button pressed")
    }

    presentAlertControllerWithTitle("Meter expired", message:
    reminderMessage, preferredStyle: WKAlertControllerStyle.Alert,
    actions: [okAction])

    timer.invalidate()
}
```

8.3 从 watchOS 应用程序进行网络调用

正如我们从 Fitbit 公司身上所了解到的那样,有大量的信息可供开发人员通过第三方 API 访问和挖掘。应用程序和 API 之间的主要通信方式是通过 HTTP。以前,这仅限于 iOS 应用程序领域,但是现在的 watchOS 2 具有 Foundation(支持所有 Apple 平台的核心框架)

的扩展子集，其中包括网络功能。所以，本章将要告诉你的就是，即使没有连接的 iPhone，它也允许开发人员使用其 WiFi（无线网络）直接在 Apple Watch 上执行 HTTP 请求（包括 GET 和 POST）。

本节将使用 Weather Underground API 根据 Apple Watch 上当前已保存位置的邮政编码访问当地的天气状况。Weather Underground 要求你注册为开发人员，以获得 API 密钥才能使用其服务。本节中的示例使用的是 Weather Underground 的免费开发者账号，你可以在以下网址进行注册：

http://www.wunderground.com/weather/api

> **说明：**
> 请记住，从 iOS 9 开始，Apple 为 HTTP 操作添加了防火墙。除非 Info.plist 文件中将特定域列入白名单；否则所有网络操作都必须通过 HTTPS 进行传输。

在 watchOS 中执行网络操作的主要类是 NSURLSession，它以任务（Task）或可排队执行单元的形式管理请求。Apple 提供了 3 种预先配置的任务类型，如表 8-1 所示。对于 CarFinder 应用程序来说，我们想通过 HTTP GET 从外部主机异步检索数据，则 Data task（数据任务）类型最适合这种情况。

表 8-1 NSURLSession 任务类型

任 务 类 型	目　　的
Data task（数据任务）	用于在前台下载二进制数据（NSData）
Upload task（上传任务）	用于在前台或后台上传二进制数据或文件
Download task（下载任务）	用于在前台或后台下载文件

在查看项目的详细信息时，本地天气可用作统计信息，因此将在 LocationInterfaceController 类（LocationInterfaceController.swift）中实现查找，该类管理项目的显示。首先，为该类添加一个天气的标签，如代码清单 8-21 所示。

代码清单 8-21 给类添加天气标签

```
class LocationInterfaceController: WKInterfaceController {

    @IBOutlet weak var locationMap: WKInterfaceMap?
    @IBOutlet weak var coordinatesLabel: WKInterfaceLabel?
    @IBOutlet weak var timeLabel: WKInterfaceLabel?
    @IBOutlet weak var weatherLabel: WKInterfaceLabel?

    var currentLocation : CLLocation?
```

```
override func awakeWithContext(context: AnyObject?) {
    super.awakeWithContext(context)
    ...
}
}
```

可以在故事板场景中添加一个 Current Weather（当前天气）标签，并确保通过 Interface Builder 中的 Connection Inspector（连接检查器）连接属性，如图 8-4 所示。

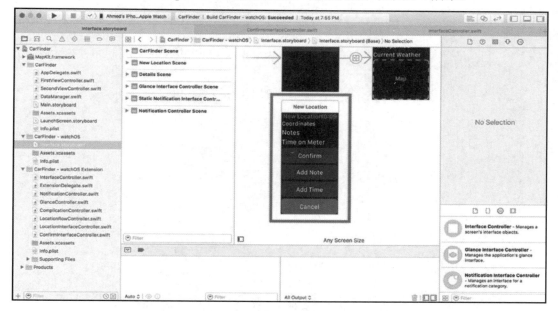

图 8-4　在故事板中添加标签

要执行天气查询，需要为 Weather Underground 提供一个邮政编码。在 LocationInterfaceController 类的 awakeWithContext()方法中，添加一个地理编码器，以将该位置转换为具有人类可读属性的地标，如代码清单 8-22 所示。

代码清单 8-22　执行天气查询（LocationInterfaceController.swift）

```
override func awakeWithContext(context: AnyObject?) {
  super.awakeWithContext(context)

  //在此配置界面对象
  if let locationDict = context as? Dictionary<String, AnyObject> {
```

```
    if let latitude = locationDict["Latitude"] as? Double {

      if let longitude = locationDict["Longitude"] as? Double {
        let location = CLLocation(latitude: latitude,longitude: longitude)

        let prettyLocation = String(format: "%.2f, %.2f", location.
        coordinate. latitude, location.coordinate.longitude)

        coordinatesLabel?.setText(prettyLocation)

        currentLocation = CLLocation(latitude:latitude,longitude:longitude)

        locationMap?.addAnnotation(location.coordinate, withPinColor:
        WKInterfaceMapPinColor.Red)

        let mapRegion = MKCoordinateRegionMake(location.coordinate,
        MKCoordinateSpanMake(0.1, 0.1))

        locationMap?.setRegion(mapRegion)

        geocodeLocation()
      }
    }

    if let timestamp = locationDict["Timestamp"] as? NSDate {
      ...
    }
  }
}
```

代码清单 8-23 提供了 geocodeLocation()方法，该方法将执行地理编码操作。

代码清单 8-23　地理编码（LocationInterfaceController.swift）

```
func geocodeLocation() {

 if currentLocation != nil {
   let geocoder = CLGeocoder()
   geocoder.reverseGeocodeLocation(currentLocation!,completionHandler: {
   (placemarks: [CLPlacemark]?, error: NSError?) -> Void in
    //sd
```

```
    if error == nil {
      if placemarks?.count > 0 {

        let currentPlace = placemarks![0]
        let placeString = "\(currentPlace.subThoroughfare!)
        \(currentPlace. thoroughfare!)"

        dispatch_async(dispatch_get_main_queue()) {
          self.coordinatesLabel?.setText(placeString)
        }

        let zipCode = currentPlace.postalCode!
        self.retrieveWeather(zipCode)

      }
    } else {
      print(error?.description)
    }
  })
}
```

在确认结果中包含有效的邮政编码后,可以调用 resolveWeather() 方法以开始网络操作。

在 retrieveWeather() 方法中,需要创建一个 NSURLSession 对象并调用以下方法来处理结果:

```
dataTaskWithURL(url!, complementHandler:{(responseData:NSData?,
response:NSURLResponse?, error:NSError?)-> Void)
```

在上述方法中输入是 NSURL 对象,而输出则是一个完成处理程序 (Completion Handler),它将带有响应数据和错误信息。

在查看 Weather Underground API 参考资料时,可以确定调用 conditions(天气状况)端点是获取某个位置的本地天气的适当方法,该端点的访问地址如下:

www.wunderground.com/weather/api/d/docs?d=data/conditions

Weather Underground 提供的 API 调用方法示例如下:

http://api.wunderground.com/api/748504be0ff02aa3/conditions/q/CA/San_Francisco.json

在上述示例中,/api/ 之后的字符串表示 API 密钥。Weather Underground 使用了 CA/

San_Francisco 作为位置的输入。但是，我们也可以安全地将其更改为邮政编码。

可以使用格式化的字符串为数据任务构建统一资源定位符（Uniform Resource Locator，URL），如代码清单 8-24 所示。

代码清单 8-24　构建 API URL 字符串

```
let apiKey = "YOUR_UNDERGROUND_KEY"

let urlString =
"https://api.wunderground.com/api/\(apiKey)/conditions/q/\(zipCode).json"

let url = NSURL(string: urlString)
```

代码清单 8-25 提供了 retrieveWeather()方法的初始实现。在此示例中，我们将 NSURLSession.sharedSession()单例用于会话，因为无须在应用程序中一次维护多个网络会话。正如本书中其他应用程序的做法一样，我们还需要进行检查以确保错误为 nil（这表示成功）。要执行数据任务，则需要显式调用它的 resume()方法（请记住，该方法被设计为在队列中工作）。

代码清单 8-25　启动 URL 会话（LocationInterfaceController.swift）

```
func retrieveWeather(zipCode: String) {

    let apiKey = "YOUR_API_KEY"

    let urlString = "https://api.wunderground.com/api/\(apiKey)/
    conditions/q/\(zipCode).json"

    let url = NSURL(string: urlString)
    let session = NSURLSession.sharedSession()
    let urlTask = session.dataTaskWithURL(url!, completionHandler: {
    (responseData: NSData?, response: NSURLResponse?,error:NSError?)
    -> Void in

        if error == nil {

        } else {
            print(error?.description)
        }
    })
    urlTask.resume()
}
```

8.4 处理 JSON 响应

在成功完成网络操作后，还需要再执行一个步骤来处理来自 Weather Underground 的输出，即需要将响应中的 JavaScript 对象表示法（JSON）数据转换为字典。幸运的是，Apple 选择将 NSJSONSerialization 类也移植到 watchOS 上，这使得开发人员可以将 NSData 对象转换为字典。在代码清单 8-26 中，我们尝试解码为 JSON 字典。JSONObjectWithData() 方法通过异常返回错误，因此请记住在 try-catch 块中实现它。该代码最终将进入 ConfirmInterfaceController 类中。

代码清单 8-26　JSON 序列化

```
let urlTask = session.dataTaskWithURL(url!, completionHandler: {
(responseData: NSData?, response: NSURLResponse?,error:NSError?) -> Void in
    if error == nil {
        do {
            let jsonDict = try NSJSONSerialization.JSONObjectWithData(
                responseData!, options: NSJSONReadingOptions.AllowFragments)

            }
        } catch {
            print("error: invalid json data")
        }

    } else {
        print(error?.description)
    }
})
```

再次参考有关 conditions 端点的 API 说明文档，可以知道某个位置的当前温度在 current_observation 字典中存储为 temp_f 键-值对，如代码清单 8-27 所示。

代码清单 8-27　API 响应结果

```
{
    "response": {
        "version": "0.1",
        "termsofService":
        "http://www.wunderground.com/weather/api/d/terms.html",
        "features": {
```

```
          "conditions": 1
        }
      },
      "current_observation": {
        ...
        "temp_f" : 86.5
      }
}
```

代码清单 8-28 提供了 retrieveWeather() 方法的最终实现。要从字典中提取键，请在另一个字典中执行一系列连续的可选展开操作。

代码清单 8-28　retrieveWeather() 方法的完整实现

```
func retrieveWeather(zipCode: String) {

 let apiKey = "YOUR_API_KEY"

 let urlString = "https://api.wunderground.com/api/\(apiKey)/
 conditions/q/\(zipCode).json"

 let url = NSURL(string: urlString)
 let session = NSURLSession.sharedSession()
 let urlTask = session.dataTaskWithURL(url!, completionHandler: {
 (responseData: NSData?, response: NSURLResponse?,error:NSError?)
 -> Void in
   if error == nil {
     do {
       let jsonDict = try NSJSONSerialization.JSONObjectWithData(
       responseData!, options:NSJSONReadingOptions.AllowFragments)

       if let resultsDict = jsonDict["current_observation"] as?
       Dictionary<String, AnyObject> {
         if let tempF = resultsDict["temp_f"] as? Double {
           self.weatherLabel?.setText("\(tempF) F")
         }
       }
     } catch {
       print("error: invalid json data")
     }

   } else {
    print(error?.description)
   }
```

```
})
urlTask.resume()
}
```

在完成本章中的步骤之后,CarFinder 应用程序应类似于图 8-5 中的屏幕截图,其中位置列表现在显示为人类可以阅读的地址,位置详细信息列表现在显示了当地的天气状况,并且当用户购买的停车时间到期时会显示一条警告信息。

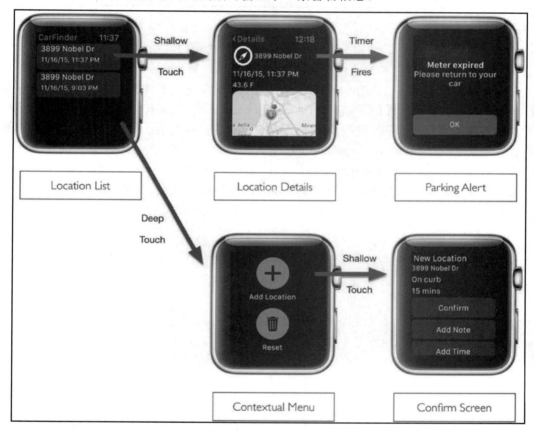

图 8-5 更新之后 CarFinder 应用程序的用户界面

原　　文	译　　文
Shallow Touch	浅按
Timer Fires	计时器触发
Location List	位置列表
Location Details	位置详细信息

续表

原　文	译　文
Parking Alert	泊车警报
Deep Touch	深按
Contextual Menu	上下文菜单
Confirm Screen	确认屏幕

8.5 小　　结

本章详细介绍了通过使用 watchOS 2 扩展框架集来使 watchOS 应用程序独立运行的各种方法。首先，我们阐述了如何使用 CoreLocation 创建权限提示并获取用户的当前位置；接下来，我们通过常规过程使用 EventKit 创建了日历提醒；最后，我们学习了如何直接从手表上对 Weather Underground API 进行网络调用，以显示用户当前位置的天气。如果运用得当的话，Apple Watch 可以是一个功能非常强大的工具。也就是说，当用户的手机不在身边时，开发人员的应用程序可以通过其他方式让 Apple Watch 取而代之。

第 4 篇

蓝牙和 WiFi 连接

第 9 章 连接到蓝牙低功耗设备

撰文：Manny de la Torriente

凭借其开放标准，蓝牙低功耗（Bluetooth Low-Energy，BLE，也称为蓝牙 LE）已成为寻求为 iOS 创建连接附件的硬件制造商的领导者。本章将介绍 Core Bluetooth（Apple 公司用于基于蓝牙的通信的框架），以从蓝牙低功耗设备发送和接收消息。此外，本章还将讨论蓝牙最佳实践以延长电池寿命并提供良好的用户体验。

9.1 Apple 蓝牙协议栈简介

Apple 的 Core Bluetooth 是 iOS 平台上蓝牙低功耗的代表，它是开发人员用来与附件和主机外围设备进行通信的框架。

该框架是 Bluetooth LE 协议栈的抽象，并且隐藏了规范的许多底层细节，使得开发人员可以专注于应用程序的开发，如图 9-1 所示。

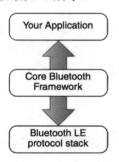

图 9-1 Core Bluetooth 技术框架

原　　文	译　　文
Your Application	开发人员的应用程序
Core Bluetooth Framework	Core Bluetooth 框架
Bluetooth LE protocol stack	Bluetooth LE 协议栈

该框架基于 Bluetooth 4.0 标准构建，并提供了开发人员与其他 Bluetooth LE 设备轻松通信所需的所有类。

9.1.1 关键术语和概念

Core Bluetooth 框架采用了规范中的许多关键概念和术语。

1．中心设备

支持中心角色的设备将扫描并侦听外围设备的广告（Advertise）信息。中心角色设备负责启动和建立连接。我们将以中心角色运行的设备称为中心设备（Central）。

2．外围设备

支持外围设备角色的设备将传输广告数据包，这些数据包描述了外围设备必须提供的服务。外围角色设备负责接收连接的建立。我们将以外围设备角色运行的设备称为外围设备（Peripheral）。

3．服务

服务（Service）是称为特征（Characteristic）的数据的集合，描述了外围设备服务的特定功能或特征。

4．特征

特征（Characteristic）是服务中使用的值以及包含描述值的信息的属性和描述符。

5．发现

蓝牙设备使用广告和扫描来发现（Discover）附近的设备或被其他设备发现。广告外围设备将广播（Broadcast）广告包（Advertising Packet）。扫描中心设备将进行扫描和侦听，并可以使用过滤器来防止发现附近所有设备。

9.1.2 核心蓝牙对象

Core Bluetooth 框架以简单的方式映射到蓝牙低功耗通信。

1．中心角色对象

支持中心角色（Central Role）的设备将使用 CBCentralManager 对象扫描、发现、连接和管理发现的外围设备。外围设备由 CBPeripheral 对象表示，以处理服务和特征。CBService 和 CBCharacteristic 对象代表外围设备的数据。图 9-2 显示了外围设备的服务和特征树。

2．外围角色对象

支持外围设备角色的设备由 CBPeripheralManager 对象表示，用于广告服务、管理已发布的服务以及响应来自中心设备的读取/写入请求。CBCentral 对象代表一个中心设备，CBMutableService 和 CBMutableCharacteristic 对象在担任此角色时代表外围设备的数据。图 9-3 显示了外围设备的可变服务和特征树。

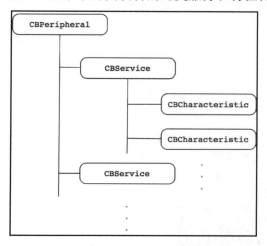

图 9-2　外围设备的服务和特征树

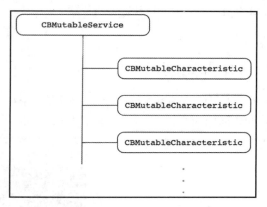

图 9-3　外围设备的可变服务和特征树

9.2　蓝牙低功耗应用程序构建思路

我们可以通过一个练习来演示如何使用一种敏捷的开发方法构建一个简单的应用程序，以同时支持中心角色和外围角色。该应用程序被设计为在两个独立的支持蓝牙低功耗的 iOS 设备上运行，每个设备以不同的角色运行。中心角色设备将扫描并连接到外围设备，该外围设备将展示一项简单的服务。连接后，外围设备将数据传输到中心设备，然后中心设备将数据呈现给用户。

功能要求很简单，我们以故事形式展示它们。本练习第一部分的主要重点是使用简单的用户界面（UI）设置应用程序以适应每种模式，然后深入研究 Core Bluetooth。

在完成本练习之后，开发人员应该对中心角色和外围角色以及使用 Core Bluetooth 框架的工作方式有扎实的了解，并且可以将几个可重用的模块带入自己的项目中。

9.3　应用程序开发待办事项

以下列出了应用程序开发待办事项（Backlog），其中，功能描述（Story）代表了若干个功能,并被标记为"必备",它们是本节的重点;被标记为"最好能够具备"的功能描述则留作练习,以后可以根据需要去实现。开发人员可以在 Apress 网站(www.apress.com)的 Source Code/Download(源代码/下载)页面下载本书源代码,然后找到本章的完整实现。

9.3.1 基本应用和主场景

以下是"必备"功能。

1. 功能描述

作为一名 iOS 开发人员,我想要一个在支持蓝牙低功耗的设备上运行并提供对两个场景的访问的应用程序,因此我可以在不同的模式下运行每个场景。图 9-4 显示了主场景模型。

图 9-4　主场景模型

2. 验收标准

- ❑ 主场景(Home Scene)提供一个标记为 Central Role(中心角色)的按钮,当按下该按钮时,它将切换到名为 Central Role(中心角色)的新空白场景。

- ❏ 主场景提供了一个标记为 Peripheral Role（外围角色）的按钮，当按下该按钮时，它会切换到名为 Peripheral Role（外围角色）的新空白场景。
- ❏ 主场景提供了一个指示器，可以显示打开或关闭蓝牙的状态。
- ❏ 如果蓝牙未打开电源或设备不支持蓝牙低功耗，则应用程序禁止任何切换。
- ❏ 如果蓝牙未打开电源或设备不支持蓝牙低功耗，则应用程序会向用户显示警报。
- ❏ 每个场景在导航栏中都提供一个 Back（后退）按钮，当按下该按钮时，会切换回主场景。

9.3.2 中心角色场景

重要性：必备。

1．功能描述

作为一名 iOS 开发人员，我想要一个能够扮演中心角色的场景，使得我可以扫描外围设备，以连接和检索数据。图 9-5 显示了中心角色场景模型。

图 9-5　中心角色场景模型

2．验收标准

- ❏ 场景提供了一个 Scan（扫描）按钮，可以打开和关闭设备扫描。

- ❑ 场景提供了一个视图，其中将填充从发现的外围设备传输的数据。
- ❑ 场景在扫描时提供进度指示。
- ❑ 应用程序可以扫描外围设备。
- ❑ 扫描时，应用程序将过滤特定服务。
- ❑ 应用程序可以启动连接，并使用所需的服务连接到发现的外围设备。
- ❑ 应用程序可以请求数据。
- ❑ 应用程序可以接收数据。
- ❑ 数据传输完成后，应用程序与外围设备断开连接。
- ❑ 应用程序可以将数据呈现给用户。

9.3.3 外围角色场景

以下是"必备"功能。

1. 功能描述

作为一名 iOS 开发人员，我想要一个场景来实现外围角色和广告服务，以便中心角色设备可以连接和检索数据。图 9-6 显示了外围角色场景模型。

图 9-6 外围角色场景模型

2. 验收标准

- ❑ 场景提供了一个标记为 Advertise（广告）的开关，用于打开和关闭广告。
- ❑ 场景提供了一个包含预设文本的文本视图。
- ❑ 应用程序设置了一个简单的传输服务。
- ❑ 启用广告后，应用程序将广播广告包，以便可以发现该应用程序。
- ❑ 在禁用时应用程序可以停止广播。
- ❑ 应用程序可以连接到启动连接的中心设备。
- ❑ 应用程序可以在收到请求时发送数据。

9.3.4 可编辑文本

以下是"最好能够具备"的功能。

1. 功能描述

作为 Core Bluetooth 传输应用程序的用户，我希望在外围角色场景中具有可编辑的文本视图（见图 9-7），这样我就可以输入文本并传输到中心角色设备中。

图 9-7　可编辑的文本视图

2. 验收标准

- 当在文本视图中单击时，现有的文本视图是可编辑的并显示一个键盘。
- 标题栏上会显示一个 Done（完成）按钮，以在用户完成输入后关闭键盘。
- 输入的文本与传输到连接的中心设备中的文本相同。

9.4 设 置 项 目

本节应用程序将使用 Single View Application（单视图应用程序）项目模板（见图 9-8）。要创建一个新的单视图 Swift 应用程序项目，请从 Xcode 的菜单栏中选择 File（文件）→ New（新建）→ Project（项目）命令。

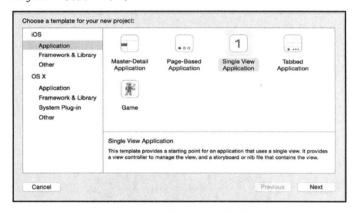

图 9-8　创建单视图应用程序项目

单击 Next（下一步）按钮后，系统将提示输入项目名称，然后选择语言和目标设备。确保为 Language（语言）选择 Swift，为 Device（设备）选择 Universal（通用），取消选中 User Core Data（用户核心数据）复选框。单击 Next（下一步）按钮，为项目选择一个位置，然后单击 Create（创建）按钮。

创建项目后，为了使内容整洁，开发人员可以将不经常使用的一些文件/文件夹（例如 AppDelegate.swift、Images.xcassets 和 LaunchScreen.xib）移动到 Supporting Files 文件夹中，然后即可开始布置用户界面。

9.5 构 建 界 面

现在开始布置用户界面（UI），开发人员可以返回参考 9.3 节"应用程序开发待办事项"中的模型,在 9.3.1 节"基本应用和主场景"中可以看到,验收标准要求使用导航控件导航回主场景中。因此,我们需要添加的第一项就是导航控制器。打开 Main.storyboard,然后从故事板或文档结构窗口中选择视图控制器,接着从菜单栏中选择 Editor(编辑器)→Embed In(嵌入)→Navigation Controller(导航控制器)命令。Xcode 会将导航控制器添加到故事板中,并设置为故事板入口点,在导航控制器和现有视图控制器之间添加关系。此时的故事板应如图 9-9 所示。

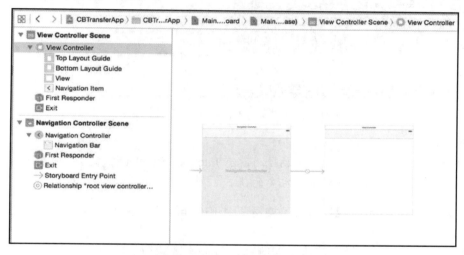

图 9-9 添加导航控制器

此时,开发人员应该能够构建和运行自己的应用程序。如果一切顺利,应该会看到一个空白的场景。

要更改视图控制器背景的颜色以使其与模型匹配,可以在视图控制器树中选择 View(视图),然后通过单击 Utilities(实用工具)面板顶部的 Attribute Inspector(属性检查器)来显示属性选择器,接着通过单击 Background(背景)控件并选择 Other(其他)来启动颜色选择器。在颜色选择器中,选择 Web Safe Colors(Web 安全颜色),然后查找并选择值 0066CC。请记住这些步骤,因为在以后的小节中,我们只会为你提供颜色值。

我们假设你已经知道如何向场景中添加控件,所以这里不再赘述。接下来,将向场景中添加两个按钮:一个标记为 Central Role(中心角色);另一个标记为 Peripheral Role(外围角色)。

将按钮背景色设置为白色。使用 User Defined Runtime Attributes(用户定义的运行时属性)使每个按钮的角变成圆角。其操作方式是在 Utilities(实用工具)面板中,选择 Identity Inspector(身份检查器)选项卡,在 User Defined Runtime Attributes(用户定义的运行时属性）部分中，单击表格左下方的+（添加）按钮，然后双击新属性的 Key Path（关键路径）字段，并将其值更改为 layer.cornerRadius，将 Type（类型）设置为 Number（数字），并将 Value（值）设置为 4，如图 9-10 所示。

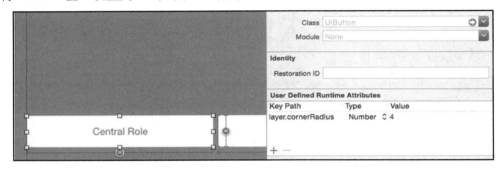

图 9-10　用户定义的 cornerRadius 运行时属性

提示：
可以使用由用户定义的运行时属性为没有 Interface Builder 检查器的对象设置一个初始值。当加载故事板时将设置用户定义的值。

在本章后面的部分，我们将学习如何使用 IBInspectable 和 IBDesignable 属性，它们是 Xcode 6 中的新功能。

现在，我们需要为每个按钮添加约束。有关每个按钮的约束类型和值，可以参见图 9-11 和图 9-12。有若干种方法可以在 Interface Builder 中添加约束，例如，可以让 Interface Builder 添加它们；可以使用故事板画布底部的 Pin（固定）和 Align（对齐）工具，或者在视图之间按住 Ctrl 键并拖曳。要创建 Leading Space（前导空间）约束，请按住 Ctrl 键并单击 Central Role（中心角色）按钮，然后将其拖曳到 View Controller（视图控制器）的左边缘。释放鼠标时，将显示一个弹出菜单，其中列出了可能的约束，选择 Leading Space to Container Margin（前导空间到容器边距）。当垂直拖曳时，Interface Builder 将显示用于设置视图之间垂直间距的选项和用于水平对齐视图的选项；同样，当水平拖曳时，系统会显示用于设置视图之间水平间距的选项，以及用于垂直对齐视图的选项。这两种拖曳方式都可以包括其他选项，例如设置视图大小。

首先，将图 9-11 中的约束应用于 Central Role（中心角色）按钮。

然后，将图 9-12 中的约束应用于 Peripheral Role（外围角色）按钮。

接下来，我们将在故事板中添加两个场景：一个场景扮演中心角色；另一个场景扮演外围角色。将每个场景的 View Controller（视图控制器）拖曳到故事板上，然后将它们放在适当的位置，如图 9-13 所示。

第 9 章　连接到蓝牙低功耗设备

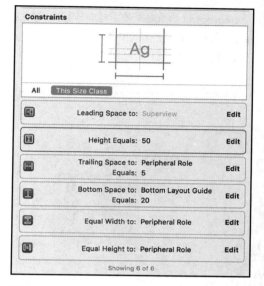

图 9-11　Central Role（中心角色）按钮的约束

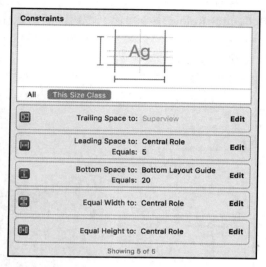

图 9-12　Peripheral Role（外围角色）按钮的约束

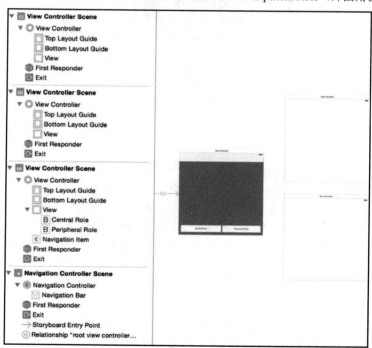

图 9-13　添加中心和外围 View Controller

要为中心角色场景添加跳转，可以从左侧的 Document Outline（文档结构窗口）中选择 Central Role（中心角色）按钮，随后按住 Ctrl 键，拖曳到右侧的顶部 View Controller（视图控制器），然后释放。从 Action Segue（动作跳转）弹出窗口中选择 Show（显示），如图 9-14 所示。

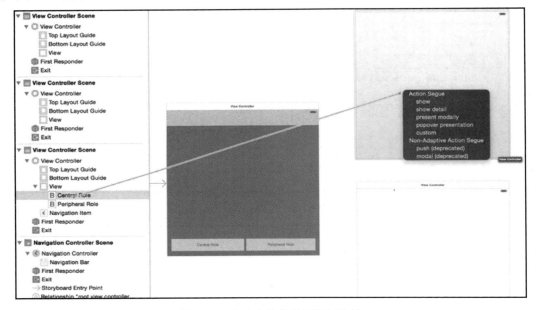

图 9-14　为中心角色场景添加跳转

对 Peripheral Role（外围角色）按钮重复相同的步骤。经过上述操作后，此时的布局应该如图 9-15 所示。

现在为每个新的 View Controller（视图控制器）设置标题。打开 Utilities（实用工具）面板，然后单击 Attribute Inspector（属性检查器）。接下来，选择上面的 View Controller（视图控制器），并从 Attribute Inspector（属性检查器）的 View Controller（视图控制器）部分中将其标题设置为 Central Role。对外围角色视图控制器重复这些步骤。

设置每个视图的背景色。中心角色视图背景色的值为 FF6600，外围角色视图背景色的值为 009999。

现在构建并运行应用程序。单击每个按钮并确认已切换到适当的场景，这些场景均具有正确的标题，并且可以导航回主场景中。

我们还需要添加一个 UI 元素，然后就可以进入并开始编写一些代码了。这里，将一个 UILabel 添加到主场景中，并将文本设置为 Bluetooth Off，然后将文本颜色设置为 FF0000，如图 9-16 所示。可以设置约束，使其在视图中居中。

第 9 章 连接到蓝牙低功耗设备

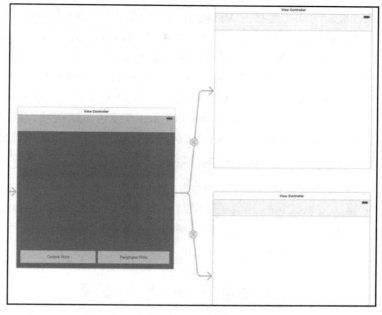

图 9-15 中心和外围场景的跳转

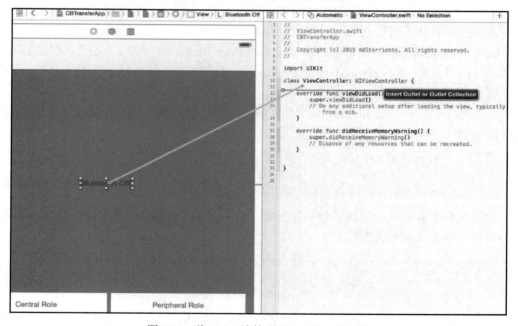

图 9-16 将 Label 连接到 ViewController 类

现在，我们需要将 Label 连接到 ViewController 的属性。首先，关闭右侧的 Utilities（实用工具）视图（如果已打开的话），然后单击 Assistant Editor（助手编辑器）。现在可以在 Xcode 中看到一个拆分窗口，左侧是 Main.storyboard，右侧是 ViewController.swift 文件（可以关闭文档结构窗口以获得更多空间）。接下来，按住 Ctrl 键，将 Label 从故事板拖曳到 ViewController 源中，并将其放在 ViewController 类中（见图 9-16）。

在弹出窗口中，将出口命名为 bluetoothStateLabel 并使用默认选项，然后单击 Connect（连接）按钮。现在，我们的 ViewController 类应该已定义一个出口（Outlet）。

```
@IBOutlet weak var bluetoothStateLabel: UILabel!
```

如果查看 9.3.1 节"基本应用和主场景"的验收标准，就会发现其中有一条"主场景提供了一个指示器，可以显示打开或关闭蓝牙的状态"，这意味着现在必须使用 Core Bluetooth 框架来判断蓝牙的状态。在 9.6 节中将学习如何启动中心设备管理器并使用它来确定蓝牙状态。

9.6 使用中心设备管理器

本节将学习如何启动中心设备管理器（Central Manager），并使用它来确定设备是否支持蓝牙低功耗并且可以在中心设备上使用。

CBCentralManager 对象是中心角色设备的 Core Bluetooth 表示。中心设备管理器初始化后，将调用其委托的 centralManagerDidUpdateState() 方法。这意味着开发人员必须采用委托协议并实现此必需的方法。

打开 MainViewController.swift 文件并导入框架，然后将 CBCentralManagerDelegate 协议添加到类声明中。

```
import CoreBluetooth

class ViewController: UIViewController, CBCentralManagerDelegate {
```

此时我们会看到一个出现错误的指示器，表示 ViewController 不符合协议，这是因为我们需要实现必需的委托方法。

```
func centralManagerDidUpdateState(central: CBCentralManager!) {

}
```

现在为 CBCentralManager 添加一个属性，并在 viewDidLoad() 方法中对其进行初始化。

```
var centralManager: CBCentralManager!

override func viewDidLoad() {
    super.viewDidLoad()
    centralManager = CBCentralManager(delegate: self, queue: nil)
}
```

中心设备管理器以 self 作为委托进行初始化,因此 ViewController 将接收任何中心角色事件。通过将队列指定为 nil,中心设备管理器可以使用主队列发送中心角色事件。进行此调用后,中心设备管理器将启动并开始发送事件。

代码清单 9-1 显示了状态改变事件触发时如何在 centralManagerDidUpdateState() 回调中检查中心设备管理器状态。在这里,我们可以根据中心状态更新 bluetoothStateLabel 属性的文本和文本颜色。

代码清单 9-1　中心状态改变

```
func centralManagerDidUpdateState(central: CBCentralManager!) {
    switch (central.state) {
    case .PoweredOn:
        bluetoothStateLabel.text = "Bluetooth ON"
        bluetoothStateLabel.textColor = UIColor.greenColor()
        break
    case .PoweredOff:
        bluetoothStateLabel.text = "Bluetooth OFF"
        bluetoothStateLabel.textColor = UIColor.redColor()
        break
    default:
        break;
    }
}
```

上述代码中,PoweredOn 状态表示中心设备支持蓝牙低功耗,并且 Bluetooth 已打开且可以使用;PoweredOff 状态表明蓝牙已关闭,或者设备不支持蓝牙低功耗。

生成并运行应用程序。如果你的设备启用了蓝牙,则指示器标签应显示为 Bluetooth ON,并且其颜色应为绿色;如果使用滑动设置面板关闭蓝牙,则指示器标签当前应显示为 Bluetooth OFF,并且其颜色应为红色。

现在我们已经可以确定蓝牙状态,并且可以使用该信息来满足其他的验收标准。例如,添加一个 Bool 属性 isBluetoothPoweredOn,它将用于反映蓝牙状态。

```
var isBluetoothPoweredOn: Bool = false
```

可以相应地在 centralManagerDidUpdateState()方法中设置其值。

我们将使用上述值来确定是否允许切换到中心或外围模式场景。在 9.5 节中，我们为这些场景设置了两个跳转。为了与故事板进行交互，需要为每个跳转添加标识符。创建一个名为 Const.swift 的新文件，然后为每个跳转添加一个全局常量。

```
let kCentralRoleSegue: String = "CentralRoleSegue"
let kPeripheralRoleSegue: String = "PeripheralRoleSegue"
```

打开 Main.storyboard，然后为中心角色场景选择跳转。打开 Utilities（实用工具）面板，然后单击 Attribute Inspector（属性检查器）。此时将看到一个名为 Storyboard Segue（故事板跳转）的部分，其中有一个 Identifier（标识符）字段，可以输入一个标识符（见图 9-17）。我们可以输入为中心角色跳转定义的字符串值，该字符串仅用于在故事板中定位跳转。

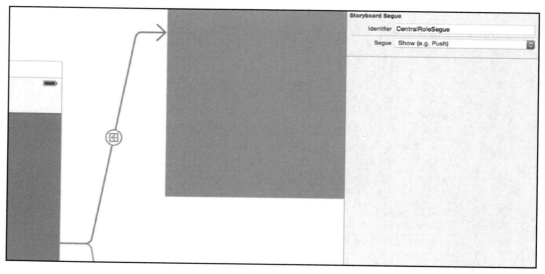

图 9-17　添加跳转标识符

对外围角色跳转重复上述步骤。

UIViewController 提供了重写方法，使开发人员可以控制是否应执行特定的跳转。打开 ViewController.swift 并将方法 shouldPerformSegueWithIdentifier()添加到 ViewController 类中，如代码清单 9-2 所示。

代码清单 9-2　重写方法以控制跳转

```
override func shouldPerformSegueWithIdentifier(identifier: String?,
```

```
sender: AnyObject?) -> Bool {
    if identifier == kCentralRoleSegue || identifier == kPeripheralRoleSegue{
        if !isBluetoothPoweredOn {
            return false;
        }
    }
    return true
}
```

在启动跳转时,将使用标识触发跳转的字符串值以及启动跳转的对象来调用此方法。如果要执行跳转,则此方法的返回值应为 true;否则,返回 false。

在上述方法中,我们只对标识符感兴趣;而 sender 对象仅用作提供信息,在此处可以忽略。将标识符值与先前定义的常量进行比较,如果找到匹配项,请检查蓝牙状态:如果蓝牙已经打开,则可以通过返回值 true 来允许执行跳转;如果关闭了蓝牙,则要显示警报并提供一个选项,以转到可以更改蓝牙设置的"设置"应用程序。

```
if !isBluetoothPoweredOn {
        showAlertForSettings()
    return false;
}
```

可以将 showAlertForSettings()方法添加到 ViewController 类中,然后从 shouldPerformSegueWithIdentifier()方法中调用该方法,如代码清单 9-3 所示。

代码清单 9-3　配置和显示警报

```
func showAlertForSettings() {
    let alertController = UIAlertController(title: "CBTransferApp", message:
    "Turn On Bluetooth to Connect to Peripherals", preferredStyle: .Alert)

    let cancelAction = UIAlertAction(title: "Settings", style: .Cancel) {
    (action) in
        let url = NSURL(string: UIApplicationOpenSettingsURLString)
        UIApplication.sharedApplication().openURL(url!)
    }
    alertController.addAction(cancelAction)

    let okAction = UIAlertAction(title: "OK", style: .Default) { (action) in
        //不执行任何操作
    }

    alertController.addAction(okAction)
```

```
presentViewController(alertController, animated: true, completion: nil)
}
```

上述方法将 UIAlertController 对象配置为以模态形式显示警报，包括标题、消息和样式。此外，操作与控制器相关联。取消操作被标记为 Settings（设置），用于打开"设置"应用程序；OK（确定）操作则用于关闭警报。

生成并运行该应用程序。关闭蓝牙，然后单击每个按钮以确认显示了警报，并且禁止访问其他场景；单击警报上的 Settings（设置）按钮以确保它能打开"设置"应用程序。

至此，我们已经满足了第一个待办事项的所有要求。在 9.7 节中将转移到下一个待办事项，并实现中心角色的功能。

9.7 在应用程序中连接到蓝牙低功耗设备

本节将构建中心角色场景。我们将学习如何实现以下操作。
- 扫描广告特定服务的外围设备。
- 连接到外围设备并发现服务。
- 发现并订阅特定服务的特征。
- 检索特征值。
- 自定义和设置按钮动画。

到目前为止，我们已经具有一个正在运行的应用程序，该应用程序可以检测蓝牙是否已打开并且可以转换到两个不同的场景中。

9.7.1 构建界面

中心角色场景的 UI 具有一个自定义 UIButton 对象和一个只读 UITextView 对象。请参阅 9.3.2 节"中心角色场景"中的模型。

💡 **提示：**

可以使用 Xcode 6 中的 Interface Builder Live Rendering 功能来设计和检查自定义视图。自定义视图将在 Interface Builder 中显示，并且和应用程序中的外观是一样的。

首先将一个新的 Swift 文件添加到名为 CustomButton.swift 的项目中，并使用新的 IBDesignable 属性将 CustomButton 类声明为 UIButton 的子类，然后使用 IBInspectable 为 cornerRadius、borderWidth 和 borderColor 添加可检查的属性，如代码清单 9-4 所示。

代码清单 9-4　CustomButton 类

```
import UIKit

@IBDesignable
class CustomButton: UIButton {

    @IBInspectable var cornerRadius: CGFloat = 0 {
        didSet {
            layer.cornerRadius = cornerRadius
            layer.masksToBounds = cornerRadius > 0
        }
    }

    @IBInspectable var borderWidth: CGFloat = 0 {
        didSet {
            layer.borderWidth = borderWidth
        }
    }

    @IBInspectable var borderColor: UIColor? {
        didSet {
            layer.borderColor = borderColor?.CGColor
        }
    }
}
```

当将 IBDesignable 属性添加到类声明中时，Interface Builder 会显示自定义视图。通过使用 IBInspectable 属性将变量声明为可检查的属性，即可对它进行更改，而自定义视图也将随之自动更新。

现在打开故事板，并将 UIButton 添加到中心角色场景。在 Utilities（实用工具）面板中，选择 Identity Inspector（身份检查器）选项卡，并将类的类型从 UIButton 更改为刚创建的 CustomButton。然后选择 Attribute Inspector（属性检查器）选项卡，将按钮标题设置为 Scan（扫描）。请注意，有一个名为 Custom Button（自定义按钮）的部分，其中包含声明的每个可检查属性的字段。将 Corner Radius（转角半径）设置为 50，将 Border Width（边框宽度）设置为 4，将 Border Color（边框颜色）设置为 White Color（白色）。在 Button（按钮）部分中，选中 Shows Touch on Highlight（突出显示触控效果）复选框，以便当用户单击按钮时，在按钮上发生触摸事件的位置将发出白光，如图 9-18 所示。

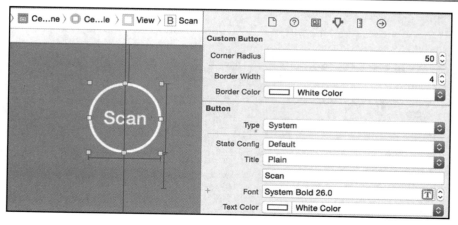

图 9-18　设置按钮属性

💡 提示：

可以将转角半径设置为视图宽度的一半，以使其具有圆形形状。

如果尚未添加约束，则不会看到约束图形。在这种情况下，只会看到布局调整柄。图 9-19 可以作为设置约束的指南。

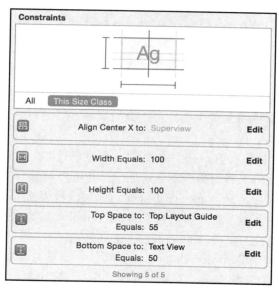

图 9-19　对 Scan 按钮的约束

现在，我们需要向场景中添加 UITextView 对象并将其定位，使其看起来类似于图 9-20

中的插图。然后在 Attribute Inspector（属性检查器）中，将 Text View（文本视图）中的文本颜色设置为 White Color（白色），将背景颜色设置为 Clear Color（透明颜色），将 Font（字体）设置为 System 18.0。

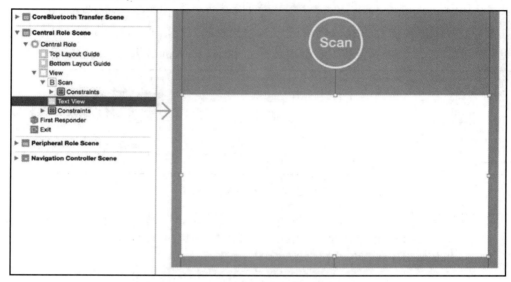

图 9-20　设置 UITextView 的属性

设置文本视图的约束以匹配图 9-21 中的插图。

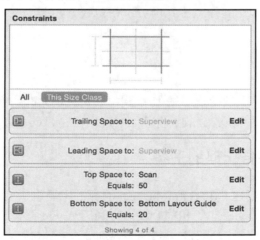

图 9-21　UITextView 的约束设置

在构建 UI 的最后一个步骤中，需要将按钮和文本视图连接到 View Controller 的属性。首先，将一个新的 Swift 文件添加到名为 CentralViewController.swift 的项目中，并将 CentralViewController 类声明为 UIViewController 的子类。然后，通过打开故事板并选择中心角色场景，将 CentralViewController 分配为中心角色标识的类。在右侧的 Utilities（实用工具）面板中，选择 Identity Inspector（身份检查器）选项卡，在 Custom Class（自定义类）部分的 Class（类）下拉列表框中选择 CentralViewController，如图 9-22 所示。

图 9-22　分配中心角色身份

现在使用 Assistant Editor（助手编辑器），将每个 UI 控件拖曳到 CentralViewController 类中；将连接的 UIButton 命名为 scanButton；将 UITextView 命名为 textView；其他使用默认选项。此时的类应类似于代码清单 9-5。

代码清单 9-5　CentralViewController 类声明

```
import UIKit

class CentralViewController: UIViewController {

    @IBOutlet weak var scanButton: UIButton!
    @IBOutlet weak var textView: UITextView!
}
```

此时可以构建并运行应用程序。在切换到中心角色场景时，它应类似于 9.3.2 节"中心角色场景"中的模型。在 9.7.2 节中将开始实现中心角色的功能。

9.7.2　通过委托保持代码的干净

此处采用的方法与创建 CBCentralManager 对象的主场景所使用的方法略有不同，与直接使用它的 ViewController 也不相同。我们将利用 Apple 框架常用的委托（Delegate）模式。委托通常是自定义控制器对象，委托对象对其委托保持弱引用。

我们将通过为 TransferServiceScannerDelegate 定义协议来实现设计模式。

CentralViewController 将采用此协议，并实现响应中心角色操作的方法。我们将创建一个新的类 TransferServiceScanner（该类将作为委托对象），它将保留对 CentralViewController 的引用，该引用将充当委托。TransferServiceScanner 对象将充当 CBCentralManager 和 CBPeripheral 对象的委托。图 9-23 中的序列图说明了对象之间的交互。

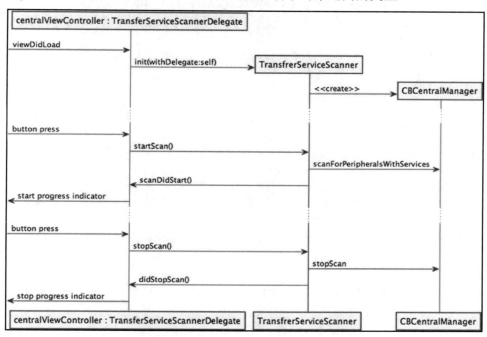

图 9-23　TransferServiceScanner 的序列图

我们将创建一个名为 TransferServiceScanner.swift 的新 Swift 文件，并为 TransferServiceScannerDelegate 定义一个协议。该委托将响应扫描开始和停止的操作，这些操作将用于启动扫描进度指示器。另外，该委托还将响应用于向用户显示数据的数据传输操作，如代码清单 9-6 所示。

代码清单 9-6　TransferServiceScannerDelegate 协议

```
import CoreBluetooth

protocol TransferServiceScannerDelegate: NSObjectProtocol {
    func didStartScan()
    func didStopScan()
    func didTransferData(data: NSData?)
}
```

现在更新 CentralViewController 类以采用 TransferServiceScannerDelegate 协议，并为所需的委托方法添加存根，如代码清单 9-7 所示。一旦构建了 TransferServiceScanner，就可以完成方法的实现。

代码清单 9-7　TransferServiceScannerDelegate 协议方法

```swift
class CentralViewController: UIViewController,TransferServiceScannerDelegate{
    //MARK: TransferServiceScannerDelegate 方法
    func didStartScan() {

    }
    func didStopScan() {

    }
    func didTransferData(data: NSData?) {

    }
}
```

> **提示：**
> 在 Swift 中，注释 "// MARK: " 等效于 Objective-C 预处理程序指令 "#pragma mark"，可用它来定义源代码中的区域。

接下来，在文件 TransferServiceScanner.swift 中，可以将类 TransferServiceScanner 声明为 NSObject 的子类，并采用针对 CBCentralManagerDelegate 和 CBPeripheralDelegate 的协议。另外，还需要导入 Core Bluetooth，然后添加 CBCentralManager、CBPeripheral、NSMutableData 和 TransferServiceScannerDelegate 的属性，如代码清单 9-8 所示。

代码清单 9-8　TransferServiceScanner 类

```swift
class TransferServiceScanner: NSObject, CBCentralManagerDelegate,
CBPeripheralDelegate {

    var centralManager: CBCentralManager!
    var discoveredPeripheral: CBPeripheral?
    var data: NSMutableData = NSMutableData()

    weak var delegate: TransferServiceScannerDelegate?
}
```

请注意，这里必须确保将委托属性声明为 weak（弱），以避免强引用循环（Strong Reference Cycle）。强引用循环将防止 TransferServiceScannerDelegate 被释放，这将导致应用程序中的内存泄漏。另外，弱引用允许没有值，因此必须将其声明为具有可选类型。

在类主体的顶部，实现一个初始化器方法，该方法将在创建 TransferServiceScanner 的新实例时被调用（见代码清单 9-9）。初始化器（Initializer）的主要作用是确保在首次使用之前正确设置类型的新实例。

代码清单 9-9　TransferServiceScanner 初始化器的方法

```
init(delegate: TransferServiceScannerDelegate?) {
    super.init()
    centralManager = CBCentralManager(delegate: self, queue: nil)
    self.delegate = delegate
},
```

上述初始化器从调用 super.init()方法开始，它将调用 TransferServiceScanner 类的超类 NSObject 的初始化器；然后，使用 CBCentralManager 的实例初始化 centralManager 属性，并使用 self 作为委托进行初始化；最后，使用作为参数传递的 TransferServiceScannerDelegate 对象初始化委托属性。

接下来，必须实现所需的协议方法 centralManagerDidUpdateState()。可以将代码清单 9-10 中的代码添加到 TransferServiceScanner 类中。该实现类似于 9.6 节"使用中心设备管理器"中的实现，区别在于，在这种情况下，状态信息将会被输出到日志窗口中。在本节后面的部分，我们将更新此方法。

代码清单 9-10　centralManagerDidUpdateState()委托方法

```
func centralManagerDidUpdateState(central: CBCentralManager!) {

    switch (central.state) {
    case .PoweredOn:
        print("Central Manager powered on.")
        break

    case .PoweredOff:
        print("Central Manager powered off.")
        break;

    default:
        print("Central Manager changed state \(central.state)")
        break
    }
}
```

现在可以生成并运行该应用程序。当切换到中心角色场景时，应该看到日志输出"Central Manager powered on"。

9.7.3 扫描外围设备

到目前为止，我们已经做好了与中心设备管理器进行交互的准备。回顾 9.3.2 节"中心角色场景"中的验收标准，其中的第一条就是"场景提供了一个 Scan 按钮，可以打开和关闭设备扫描"。本节将为此提供支持。

我们将专注于以下要求。

- ❑ 应用程序可以扫描外围设备。
- ❑ 扫描时，应用程序将过滤器用于特定服务。
- ❑ 场景提供了一个 Scan 按钮，可以打开和关闭设备扫描。
- ❑ 扫描时场景提供进度指示器。

首先，我们需要定义一个常量，该常量将用于唯一标识扫描程序感兴趣的特定服务。在文件 Const.swift 中，添加以下行：

```
let kTransferServiceUUID: String = "3C4F8654-E41B-4696-B5C6-13D06336F22E"
```

我们将使用此常量来初始化 CBUUID 实例。CBUUID 对象表示 128 位标识符。该类的优点是，它提供了一些处理较长的通用唯一标识符（Universally Unique Identifier，UUID）的工厂方法，并且还可以传递对象而不是字符串。

💡 说明：

如果开发人员想要提供自己的 UUID，则可以打开终端窗口并输入命令 uuidgen。它将生成一个 UUID，可供复制和粘贴。

现在将实现方法 startScan()（见代码清单 9-11）。当应用程序当前未执行扫描任务时，用户单击 Scan（扫描）按钮，CentralViewController 将调用此方法。

代码清单 9-11　TransferServiceScanner startScan()方法

```
func startScan() {
    print("Start scan")
    let services = [CBUUID(string: kTransferServiceUUID)]
    let options = Dictionary(dictionaryLiteral:
    (CBCentralManagerScanOptionAllowDuplicatesKey, false))
    centralManager.scanForPeripheralsWithServices(services,
    options: options)
```

```
        delegate?.didStartScan()
}
```

在上述方法中,我们创建了两个局部变量,它们将被传递给 centralManager。

Services 局部变量是 CBUUID 对象的数组,这些对象代表应用程序正在扫描的服务。在这种情况下,它是一个包含单个元素的数组。

options 局部变量是一个字典,用于指定自定义扫描的选项。

键 CBCentralManagerScanOptionAllowDuplicatesKey 指定是否在没有重复过滤的情况下运行扫描。分配给该键的值为 false,这意味着每次发现外围设备时都应发送通知。如果将该值设置为 true,则每个发现将仅发送一次通知。

接下来,调用 centralManager.scanForPeripheralsWithServices()方法,该方法开始扫描正在广告服务的外围设备。最后,通过调用 didStartScan()方法通知委托扫描已开始。

现在要实现的是 stopScan()方法(见代码清单 9-12)。当应用程序正在扫描时,用户再次单击 Scan(扫描)按钮,则 CentralViewController 将调用此方法。当中心设备管理器状态更改为关闭时,也将调用它。

代码清单 9-12　TransferServiceScanner stopScan()方法

```
func stopScan() {
    print("Stop scan")
        centralManager.stopScan()
    delegate?.didStopScan()
}
```

上述方法告诉中心设备管理器停止扫描,然后通知委托扫描已停止。在 PoweredOff 情况下,在 centralManagerDidUpdateState()方法中更新 switch 块,并添加对 stopScan()方法的调用。

代码清单 9-13　centralManagerDidUpdateState()方法中的 switch 块

```
switch (central.state) {
case .PoweredOn:
    print("Central Manager powered on.")
    break
    
case .PoweredOff:
    print("Central Manager powered off.")
    stopScan()
    break;
    
default:
```

```
        print("Central Manager changed state \(central.state)")
}
```

1. 处理用户输入

要跟踪扫描状态,请向 CentralViewController 类中添加一个 Bool 属性 isScanning,并将其初始值设置为 false,代码如下:

```
var isScanning: Bool = false
```

可以添加一个操作方法来处理 Scan(扫描)按钮的单击事件。打开故事板,然后按住 Ctrl 键将 Scan(扫描)按钮拖曳到 CentralViewController 类中,随后将方法命名为 toggleScanning(见代码清单 9-14)。我们将根据 isScanning 属性的值使用此方法启动和停止扫描操作。

代码清单 9-14 toggleScanning()方法

```
@IBAction func toggleScanning() {
    if isScanning {
        scanner.stopScan()
    } else {
        scanner.startScan()
    }
}
```

CentralViewController 是 TransferServiceScanner 的委托,因此当扫描开始或停止时,将通过委托方法通知 View Controller。我们需要更新委托的方法以设置扫描状态。

代码清单 9-15 显示了更新后的 didStartScan()和 didStopScan()方法。

代码清单 9-15 didStartScan()和 didStopScan()方法

```
func didStartScan() {
    if !isScanning {
        textView.text = "Scanning…"
        isScanning = true
    }
}

func didStopScan() {
    textView.text = ""
    isScanning = false
}
```

现在生成并运行应用程序。切换到中心角色场景,然后单击 Scan(扫描)按钮。此时在文本视图中应该显示 Scanning…（正在扫描）文本。再次单击 Scan（扫描）按钮，该文本将消失。

2．扫描进度

虽然显示这种简单的文本确实可以作为扫描状态的指示，但它是静态的并且很枯燥，几乎没有人会认为它是扫描进度指示器。开发人员可以将简单的旋转动画添加到 Scan（扫描）按钮中，以用作开始和停止扫描的更有效的进度指示器。

我们将实现 UIView 类的扩展，该扩展添加了使用关键帧动画（Keyframe Animation）旋转视图的功能。

打开 CentralViewController.swift，并在类声明上方添加代码清单 9-16 中的代码。

代码清单 9-16 向 UIView 中添加扩展以将旋转应用于任何视图

```swift
extension UIView {

    func rotate(fromValue: CGFloat, toValue: CGFloat, duration:
    CFTimeInterval = 1.0, completionDelegate: AnyObject? = nil) {

        let rotateAnimation = CABasicAnimation(keyPath:
        "transform.rotation")
        rotateAnimation.fromValue = fromValue
        rotateAnimation.toValue = toValue
        rotateAnimation.duration = duration

        if let delegate: AnyObject = completionDelegate {
            rotateAnimation.delegate = delegate
        }
        self.layer.addAnimation(rotateAnimation, forKey: nil)
    }
}
```

上述代码中，参数 fromValue 和 toValue 表示旋转，并以 rad（弧度）为单位；参数 duration 表示持续时间，以 s 为单位。

CABasicAnimation 类为 layer 属性提供单关键帧动画，它将允许开发人员随时间在两个值之间进行插值。另外，它还允许设置委托，以便在动画完成时可以通过调用委托的 animationDidStop()方法来接收通知。

对于此用例，将 Scan（扫描）按钮旋转 360°将构成一个动画循环。每次动画循环完成时，都会通知该委托。

可以重写 View Controller 的 animationDidStop()方法，如代码清单 9-17 所示。如果扫描仍在进行，则此方法将评估扫描状态并重新启动动画。

代码清单 9-17　CentralViewController animationDidStop()方法

```
override func animationDidStop(anim: CAAnimation finished flag: Bool) {
    if isScanning == true {
        //如果仍然在扫描，则重新开始动画
        scanButton.rotate(0.0, toValue: CGFloat(M_PI * 2),
            completionDelegate: self)
    }
}
```

现在更新 didStartScan()方法，使其开始旋转动画，代码如下：

```
scanButton.rotate(0.0, toValue: CGFloat(M_PI * 2), duration: 1.0,
    completionDelegate: self)
```

当扫描停止时，动画将在动画循环完成时结束。这样可以确保 Scan（扫描）按钮的方向是正确的。

现在可以生成并运行应用程序。切换到中心角色场景，然后单击 Scan（扫描）按钮。此时应该看到 Scan（扫描）按钮正在旋转。再次单击 Scan（扫描）按钮时，动画应停止。

9.7.4　发现并连接

在扫描时，如果中心设备管理器发现一个正在做广告的外围设备，那么它将通过调用 didDiscoverPeripheral 方法来通知其委托，如代码清单 9-18 所示。

代码清单 9-18　在 TransferServiceScanner 类中与发现的外围设备启动连接

```
func centralManager(central: CBCentralManager, didDiscoverPeripheral
peripheral: CBPeripheral, advertisementData: [String : AnyObject], RSSI:
NSNumber) {
    print("didDiscoverPeripheral\(peripheral)")

    //如果超出合理范围或信号太弱则拒绝
    if (RSSI.integerValue > -15) || (RSSI.integerValue < -35) {
        print("not in range, RSSI is \(RSSI.integerValue)")
        return;
    }

    if (discoveredPeripheral != peripheral) {
```

```
            discoveredPeripheral = peripheral

            print("connecting to peripheral \(peripheral)")
            centralManager.connectPeripheral(peripheral, options: nil)
        }
}
```

在上述参数中包括发现的外围设备、广告数据和信号强度。在上述方法中,需要确定外围设备是否在范围内,如果是这样,则可以启动与它的连接。但是,我们必须存储外围设备的本地副本;否则,Core Bluetooth 将处理它。

一旦启动连接,中心设备管理器就会通知委托该连接是否成功。对于每种情况,都有一个单独的方法,其中,didConnectPeripheral 方法处理连接成功的情况,didFailToConnectPeripheral 方法处理连接失败的情况,如代码清单 9-19 和代码清单 9-20 所示。

代码清单 9-19　在 TransferServiceScanner 类中成功连接到外围设备

```
func centralManager(central: CBCentralManager!, didConnectPeripheral
peripheral: CBPeripheral!) {
    println("didConnectPeripheral")
    stopScan()
    data.length = 0
    peripheral.delegate = self
    peripheral.discoverServices([CBUUID(string: kTransferServiceUUID)])
}
```

代码清单 9-20　在 TransferServiceScanner 类中与外围设备的连接失败

```
func centralManager(central: CBCentralManager!, didFailToConnectPeripheral
peripheral: CBPeripheral!, error: NSError!) {
    println("didFailToConnectPeripheral")
}
```

如果连接成功,则扫描应停止以节省电量,并且应释放先前保存的所有数据。为了接收发现通知,必须将外围设备的委托分配给 self。现在就可以探索指定的服务了。在本示例中,我们对传输服务感兴趣。

9.7.5　探索服务和特征

当发现指定的服务时,外围设备将通过调用 didDiscoverServices 方法(带有对该服务所属的外围设备的引用以及一个 NSError 对象)来通知其委托。开发人员必须评估 error

以确定发现是否成功，如代码清单 9-21 所示。

代码清单 9-21　TransferServiceScanner 类中的服务发现通知

```swift
func peripheral(peripheral: CBPeripheral, didDiscoverServices error:
NSError?) {
    print("didDiscoverServices")

    if (error != nil) {
        print("Encountered error: \(error!.localizedDescription)")
        return
    }

    //寻找想要的特征
    for service in peripheral.services! {
        peripheral.discoverCharacteristics([CBUUID(string:
        kTransferCharacteristicUUID)], forService: service)
    }
}
```

如果服务发现成功，则必须迭代服务以找到感兴趣的特征。在本示例中，我们需要的是 kTransferCharacteristicUUID。

将传输特征的定义添加到 Const.swift 文件中，代码如下：

```swift
let kTransferCharacteristicUUID: String = "DEB07A07-463E-4A65-BABB-0DA17E4E517A"
```

9.7.6　订阅和接收数据

当发现指定的特征时，外围设备将通过调用 didDiscoverCharacteristicsForService 方法来通知其委托，该方法具有对提供信息的外围设备、该特征所属的服务以及 NSError 对象的引用。开发人员必须评估 error 以确定发现是否成功，如代码清单 9-22 所示。

代码清单 9-22　订阅 TransferServiceScanner 类中的特征

```swift
func peripheral(peripheral:CBPeripheral, didDiscoverCharacteristicsForService
service: CBService, error: NSError?) {
 print("didDiscoverCharacteristicsForService")

 if (error != nil) {
   print("Encountered error: \(error!.localizedDescription)")
   return
 }
```

```
//遍历并验证特征是否正确,然后订阅它
let cbuuid = CBUUID(string: kTransferCharacteristicUUID)
for characteristic in service.characteristics! {
  print("characteristic.UUID is \(characteristic.UUID)")
  if characteristic.UUID == cbuuid {
    peripheral.setNotifyValue(true, forCharacteristic:characteristic)
  }
}
```

如果特征发现成功,则必须迭代服务特征以验证该特征是否是我们感兴趣的特征。必须通过调用外围设备的 setNotifyValue 方法来订阅特征。第一个参数是一个布尔值,它指示是否要接收有关指定特征的通知。在上面的示例中,传递的值是 true,这意味着向外围设备发出信号,我们想要接收它包含的数据。每次特征值更改时都会发送通知。

现在,外围设备将开始发送数据,并通过调用其 didUpdateValueForCharacteristic 方法通知其委托,其中包含对提供信息的外围设备的引用、正在检索其值的特征以及一个 NSError 对象,如代码清单 9-23 所示。

代码清单 9-23　检索 TransferServiceScanner 类中的特征值

```
func peripheral(peripheral: CBPeripheral, didUpdateValueForCharacteristic
characteristic: CBCharacteristic, error: NSError?) {
    print("didUpdateValueForCharacteristic")
    
    if (error != nil) {
        print("Encountered error: \(error!.localizedDescription)")
        return
    }
    
    let stringFromData = NSString(data: characteristic.value!, encoding:
    NSUTF8StringEncoding)
    print("received \(stringFromData)")
    
    if stringFromData == "EOM" {
        //数据传输完成,因此通知委托
        delegate?.didTransferData(data)
        
        //取消订阅特征
        peripheral.setNotifyValue(false, forCharacteristic:
```

```
        characteristic)

    //与外围设备断开连接
    centralManager.cancelPeripheralConnection(peripheral)
}

data.appendData(characteristic.value!)
}
```

并非所有特征都具有可读值。一般来说,开发人员可以通过检查其属性来确定该值是否可读。就本示例而言,已知特征值的类型为 String。

在这里,传输服务的外围设备将从文本字段发送少量文本。该数据会一直累积,直到接收到消息结束(End-Of-Message,EOM)字符串,表明数据传输已完成。此时,我们将通知 TransferServiceScannerDelegate 传输已完成并传递数据。然后,我们取消订阅该特征并断开连接。

当我们尝试订阅某个特征时,外围设备会调用其委托方法 didUpdateNotificationStateForCharacteristic,并包含对提供信息的外围设备的引用、要为其配置通知的特征以及 NSError 对象,必须评估 error 以确定该发现是否成功;当取消订阅时也会调用此方法,如代码清单 9-24 所示。

代码清单 9-24 TransferServiceScanner 类中的订阅状态通知

```
func peripheral(peripheral: CBPeripheral,
didUpdateNotificationStateForCharacteristic characteristic:
CBCharacteristic, error: NSError?) {
    print("didUpdateNotificationStateForCharacteristic")

    if (error != nil) {
        print("Encountered error: \(error!.localizedDescription)")
        return
    }

    if characteristic.UUID != CBUUID(string: kTransferCharacteristicUUID) {
        return
    }

    if characteristic.isNotifying {
        print("notification started for \(characteristic)")
    } else {
        print("notification stopped for \(characteristic), disconnecting…")
```

```
            centralManager.cancelPeripheralConnection(peripheral)
    }
}
```

在这里，我们仅对传输特征感兴趣。在取消订阅的情况下，通知将停止，并且可以断开与外围设备的连接。

9.8 外围角色

到目前为止，我们已经拥有一个实现了中心角色的应用程序。本节将实现外围设备角色。开发人员将学习如何实现以下操作。

- 启动外围设备管理器。
- 为外围设备设置服务和特征。
- 广告服务。
- 处理来自已连接的中心设备的请求。
- 将数据发送到已订阅的中心设备。

9.8.1 构建界面

外围角色场景的 UI 具有一个 UISwitch 对象和一个可编辑的 UITextView 对象。具体请参考 9.3.3 节"外围角色场景"中的模型。

首先将一个新的 Swift 文件添加到名为 PeripheralViewController.swift 的项目中，然后将类 PeripheralViewController 声明为 UIViewController 的子类。打开故事板并选择 Peripheral Role Scene（外围角色场景），将 PeripheralViewController 分配为外围角色标识的类。在右侧的 Utilities（实用工具）面板中，选择 Identity Inspector（身份检查器）选项卡，在 Custom Class（自定义类）部分的 Class（类）下拉列表框中选择 PeripheralViewController。

现在打开故事板（如果尚未打开的话），将以下控件添加到外围角色场景中。

- 标题为 Advertise（广告）的 UILabel。
- UISwitch。
- UITextView。

然后安排上述控件的位置，使其外观如图 9-24 所示。

接下来，按住 Ctrl 键将 UISwitch 和 UITextView 拖曳到 PeripheralViewController 类中，将默认文本保留在文本视图中。此时，PeripheralViewController 类的代码应该和代码清单 9-25 类似。

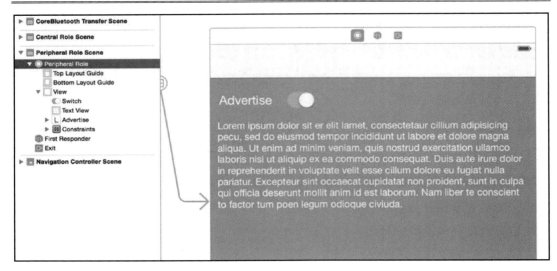

图 9-24　外围角色场景

代码清单 9-25　PeripheralViewController 类声明

```
import UIKit

class PeripheralViewController: UIViewController {

    @IBOutlet weak var advertiseSwitch: UISwitch!
    @IBOutlet weak var textView: UITextView!
}
```

可以添加一个操作方法来处理广告开关事件。打开故事板，然后按住 Ctrl 键将 Advertise（广告）开关拖曳到 PeripheralViewController 类中，随后将其命名为 advertiseSwitchDidChange()方法。我们将使用此方法启动和停止广告，代码如下：

```
@IBAction func advertiseSwitchDidChange(){
}
```

现在可以构建并运行应用程序。切换到外围角色场景时，其外观应类似于 9.3.3 节"外围角色场景"中的模型。9.8.2 节将开始植入外围角色。

9.8.2　委托设置

这里我们将再次使用委托（Delegate）模式，并通过为 TransferServiceDelegate 定义协议来实现设计模式。PeripheralViewController 将采用此协议并实现响应外围角色动作的方法。我们将创建一个新的类 TransferService（该类将作为委托对象），它将保留对 PeripheralViewController 的引用（该引用将充当委托）。TransferService 对象将充当 CBPeripheralManager 对象的委托。图 9-25 中的序列图说明了各对象之间的交互。请记住，委托对象对其委托将保持弱引用（Weak Reference）。

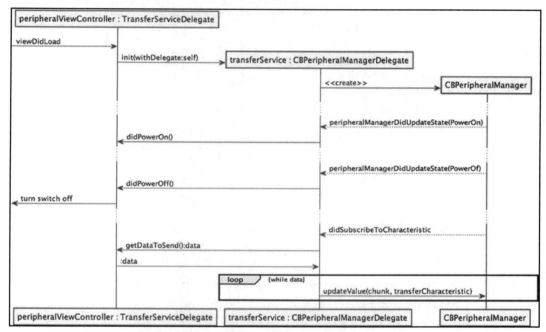

图 9-25　TransferService 的序列图

创建一个名为 TransferService.swift 的新 Swift 文件，并为 TransferServiceDelegate 定义一个协议。委托将响应电源打开/关闭事件，这将更改广告的开关状态。另外，委托还将响应发送数据的请求，该请求将用于将文本数据传递给服务，如代码清单 9-26 所示。

代码清单 9-26　TransferServiceDelegate 协议

```
protocol TransferServiceDelegate: NSObjectProtocol {
    func didPowerOn()
    func didPowerOff()
    func getDataToSend() -> NSData
}
```

现在更新 PeripheralViewController 以采用 TransferServiceDelegate 协议（见代码清单 9-27），并为所需的委托方法添加存根。在 didPowerOff() 方法中，将 advertiseSwitch

状态设置为 off；在 getDataToSend()方法中，返回 textView 对象的文本值。

代码清单 9-27　TransferServiceDelegate 协议方法

```swift
class PeripheralViewController: UIViewController, TransferServiceDelegate {

    @IBOutlet weak var advertiseSwitch: UISwitch!
    @IBOutlet weak var textView: UITextView!

    //MARK: TransferServiceDelegate 方法

    func didPowerOn() {
    }

    func didPowerOff() {
            advertiseSwitch.setOn(false, animated: true)
    }

    func getDataToSend() -> NSData {
        return textView.text.dataUsingEncoding(NSUTF8StringEncoding)!
    }
}
```

接下来，在文件 TransferService.swift 中，将类 TransferService 声明为 NSObject 的子类，并采用 CBPeripheralManagerDelegate 的协议（见代码清单 9-28）。此外，我们还需要导入 CoreBluetooth。然后添加 CBPeripheralManager、CBMutableCharacteristic、NSData、索引计数器和 TransferServiceDelegate 的属性。

代码清单 9-28　TransferService 类声明

```swift
class TransferService: NSObject, CBPeripheralManagerDelegate {

    var peripheralManager: CBPeripheralManager!
    var transferCharacteristic: CBMutableCharacteristic!
    var dataToSend: NSData?
        var sendDataIndex: Int?

    weak var delegate: TransferServiceDelegate?
}
```

请注意，这里需要确保将委托属性声明为弱（weak），以避免强引用循环（Strong Reference Cycle）。

现在需要实现一个初始化器（Initializer）方法（见代码清单 9-29），当开发人员创建 TransferService 的新实例时将调用该方法。

代码清单 9-29　TransferService 初始化器方法

```
init(delegate: TransferServiceDelegate?) {
    super.init()
    peripheralManager = CBPeripheralManager(delegate: self, queue: nil)
    self.delegate = delegate
}
```

初始化器通过调用 super.init() 方法开始，后者将调用 TransferServiceScanner 类的超类 NSObject 的初始化器；然后，使用 CBPeripheralManager 的实例初始化 peripheralManager 属性，并使用 self 作为委托进行初始化；最后，使用作为参数传递的 TransferServiceDelegate 对象初始化 delegate 属性。

接下来，开发人员还必须实现所需的协议方法 peripheralManagerDidUpdateState()（见代码清单 9-30）。

代码清单 9-30　TransferService 类中必需的协议方法 peripheralManagerDidUpdateState()

```
func peripheralManagerDidUpdateState(peripheral: CBPeripheralManager!) {
    switch (peripheral.state) {
    case .PoweredOn:
        print("Peripheral Manager powered on.")
        setupServices()
        delegate?.didPowerOn()
        break
    
    case .PoweredOff:
        print("Peripheral Manager powered off.")
        teardownServices()
        delegate?.didPowerOff()
        break
    
    default:
        print("Peripheral Manager state changed: \(peripheral.state)")
        break
    }
}
```

使用上述方法可以设置或删除服务，并根据状态通知委托。9.8.3 节将实现这两种方法,即 setupServices()和 teardownServices()。

9.8.3 设置服务

外围设备的服务和特征由 UUID 标识。蓝牙特别兴趣小组(Bluetooth Special Interest Group,Bluetooth SIG)已发布了许多常用的 UUID。但是,传输服务不使用任何预定义的蓝牙 UUID。在本章的前面,已经在 Const.swift 中为传输服务和特征定义了 UUID。

现在实现当外围设备管理器的状态更改为 PoweredOn 时将调用的 setupServices()方法。需要将该方法设为 private(私有),以便只能从 TransferService 类内部访问该方法,如代码清单 9-31 所示。

代码清单 9-31 在 TransferServices 类中设置服务

```
private func setupServices() {

    var cbuuidCharacteristic = CBUUID(string: kTransferCharacteristicUUID)

    transferCharacteristic = CBMutableCharacteristic(type:
    cbuuidCharacteristic,properties: CBCharacteristicProperties.Notify,
    value: nil, permissions: CBAttributePermissions.Readable)

    var cbuuidService = CBUUID(string: kTransferServiceUUID)

    var transferService = CBMutableService(type: cbuuidService, primary:true)
    transferService.characteristics = [transferCharacteristic]

    peripheralManager.addService(transferService)
}
```

在上述方法中,我们创建了一个可变特征并设置其属性、值和权限,其中属性和权限被设置为可读,值被设置为 nil,因为这将确保该值将被动态处理,并且在外围设备管理器接收到读/写请求时会被请求;否则,该值将被缓存并被视为只读。

接下来,创建一个可变服务,并通过设置该服务的特征数组将可变特征与它相关联。最后,通过调用 addService()方法来发布服务,它会将服务添加到外围设备的数据库中。一旦完成此步骤,服务就无法被更改。一旦服务被发布,外围设备就会调用委托方法 didAddService()。

现在可以实现删除服务的方法 teardownServices(),当外围设备管理器的状态更改为 PoweredOff 时,将调用该方法,如代码清单 9-32 所示。

代码清单9-32　TransferService类中的删除服务的方法teardownServices()

```
private func teardownServices() {
    peripheralManager.removeAllServices()
}
```

上述方法的唯一步骤是从外围设备的数据库中删除所有已发布的服务。

现在可以生成并运行应用程序。切换到外围设备角色场景时，应该看到日志输出"Peripheral Manager powered on"。

9.8.4　广告服务

服务和特征发布后，可以通过调用外围设备管理器的startAdvertising()方法来开始对其中的一个或多个进行广告。将代码清单9-33中的代码添加到TransferService类中。

代码清单9-33　在TransferService类中启动广告

```
func startAdvertising() {
    print("Start advertising")
    
    var cbuuidService = CBUUID(string: kTransferServiceUUID)
    
    var services = [cbuuidService]
    
    var advertisingDict = Dictionary(dictionaryLiteral:
        (CBAdvertisementDataServiceUUIDsKey, services))
    
    peripheralManager.startAdvertising(advertisingDict)
}
```

可以使用CBAdvertisementDataServiceUUIDsKey作为唯一键构造一个词典，其中包含要广告的CBUUID对象数组的值，然后将该词典作为参数传递给外围设备管理器的startAdvertising()方法。外围设备管理器将调用其委托方法peripheralManagerDidStartAdvertising()。广告开始后，任何远程中心角色设备都可以发现并启动连接。要停止广告，可以调用外围设备管理器的stopAdvertising()方法，如代码清单9-34所示。

代码清单9-34　在TransferService类中停止广告

```
func stopAdvertising() {
    print("Stop advertising")
    
    peripheralManager.stopAdvertising()
}
```

在 PeripheralViewController 类中，添加一个属性以保存 TransferService 对象，代码如下：

```
var transferService: TransferService!
```

然后在 viewDidLoadMethod 中初始化 TransferService 对象，具体如下：

```
transferService = TransferService(delegate: self)
```

现在更新 advertiseSwitchDidChange()方法以启动和停止广告，如代码清单 9-35 所示。

代码清单 9-35　在 PeripheralViewController 类中启动和停止广告

```
@IBAction func advertiseSwitchDidChange() {
    if advertiseSwitch.on {
        transferService.startAdvertising()
    } else {
        transferService.stopAdvertising()
    }
}
```

9.8.5　发送数据

一旦建立连接后，远程设备就会订阅一个或多个特征值。当订阅的任何特征的值发生更改时，都有责任向订阅者发送通知。此时，外围设备管理器将调用其委托方法 didSubscribeToCharacteristic()，通过这种方法即可开始发送数据，如代码清单 9-36 所示。

代码清单 9-36　在 TransferService 类中发送数据

```
func peripheralManager(peripheral: CBPeripheralManager!, central:
CBCentral!,didSubscribeToCharacteristic characteristic:CBCharacteristic!){
    print("didSubscribeToCharacteristic")

    dataToSend = delegate?.getDataToSend()
    sendDataIndex = 0
    sendData()
}
```

上述方法调用了 TransferServiceDelegate 的 getDataToSend()方法以检索要发送到远程设备的数据。然后，它将初始化一个数据索引计数器并开始发送数据，如代码清单 9-37 所示。

代码清单 9-37　在 TransferService 类中将数据发送到远程中心设备

```
private func sendData() {
    print("sendData")
```

```swift
let MTU = 20

struct eom { static var pending = false }

func sendEOM() -> Bool {
    eom.pending = true
    let data = ("EOM" as NSString).dataUsingEncoding(NSUTF8StringEncoding)
    print("sending \(data)")
    if peripheralManager.updateValue(data!, forCharacteristic:
    transferCharacteristic, onSubscribedCentrals: nil) {
        eom.pending = false;
    }
    return !eom.pending
}

if eom.pending {
    if sendEOM() { return }
}

if sendDataIndex >= dataToSend?.length {
    return
}

var didSend = true
while didSend {
    var amountToSend = dataToSend!.length - sendDataIndex!
    print("amountToSend is \(amountToSend)")
    if (amountToSend > MTU) {
        amountToSend = MTU
    }
    let chunk = NSData(bytes: dataToSend!.bytes+sendDataIndex!,
    length: amountToSend) didSend =
    peripheralManager.updateValue(chunk, forCharacteristic:
    transferCharacteristic, onSubscribedCentrals: nil)
    if !didSend {
        return
    }
    print("didSend \(chunk)")

    sendDataIndex! += amountToSend
    if sendDataIndex >= dataToSend?.length {
        sendEOM()
        return
```

```
        }
    }
}
```

在上述方法中，以最大传输单元（Maximum Transmission Unit，MTU）大小的块发送数据，直到没有更多数据要发送为止，最后是 EOM 指示器。MTU 定义为 20 个字节。对于每个块，都需要调用外围设备管理器的 updateValue()方法，该方法随后会将数据转发到连接的中心角色设备上。返回值将指示更新是否已成功发送。如果底层队列已满，则 updateValue()方法返回 false。在这种情况下，当有更多空间可用时，外围设备管理器将调用其委托方法 peripheralManagerIsReadyToUpdateSubscribers()，我们将实现该方法以重新发送数据，如代码清单 9-38 所示。

代码清单 9-38　TransferService 类中的 peripheralManagerIsReadyToUpdateSubscribers()方法

```
func peripheralManagerIsReadyToUpdateSubscribers(peripheral:
CBPeripheralManager) {
    sendData()
}
```

9.9　为应用程序启用后台通信

系统资源在 iOS 设备上是宝贵而有限的，因此在默认情况下，当应用程序在后台运行时，许多 Core Bluetooth 任务都将被禁用。为了使应用程序支持后台模式，开发人员可以声明自己的应用程序支持 Core Bluetooth 后台执行模式。这将使应用程序从挂起状态中唤醒并处理与蓝牙相关的事件。

在 Project（项目）导航视图中，右击 Info.plist 文件，然后选择 Open As（打开方式）→Source Code（源代码）命令并添加 UIBackgroundModes 键，最后将键-值设置为包含以下字符串的数组。

- bluetooth-central：该应用程序使用 Core Bluetooth 框架与蓝牙低功耗外围设备进行通信。
- bluetooth-peripheral：该应用程序使用 Core Bluetooth 框架共享数据。

具体代码如下：

```
<key>UIBackgroundModes</key>
<array>
    <string>bluetooth-central</string>
    <string>bluetooth-peripheral</string>
</array>
```

9.10 蓝牙最佳实践

Core Bluetooth 框架使开发人员可以控制中心角色和外围角色的大部分实现。本节将提供以负责任的方式使用此控件的指南。

9.10.1 中心角色设备

- 仅在需要时扫描设备。找到感兴趣的设备后，请停止扫描其他设备。这将有助于限制无线电的使用和功耗。
- 在浏览外围设备的服务和特征时，请使用过滤器查找和发现所需的服务和特征；否则会对电池寿命产生负面影响。
- 最好在可能的情况下订阅特征值，尤其是当值经常变化时。这将消除轮询的需要。
- 拥有所有需要的数据后，取消所有订阅并断开与设备的连接。这将有助于减少应用程序的广播使用率。

9.10.2 外围角色设备

- 仅在需要时才广告数据。广告外围设备数据使用的是设备的无线电，这会影响设备的电池。连接设备之后，应停止广告。
- 由于你的应用程序不知道附近的设备，因此可以让用户决定何时进行广告。
- 应该允许连接的中心角色设备订阅外围设备的特征。创建可变特征时，通过使用 CBCharacteristicsPropertyNotify 常量设置特征属性，将其配置为支持订阅。

9.11 小　　结

本章学习了一些与蓝牙规范有关的关键术语和概念，以及 Apple 如何在其 Core Bluetooth 框架中采用这些术语和概念。我们还讨论了如何使用 Core Bluetooth 框架发现和连接到蓝牙低功耗兼容设备，以及如何在设备之间发送和接收数据。开发人员应掌握这些知识和最佳实践，以构建自己的高质量蓝牙低功耗应用程序。

第 10 章　使用 iBeacon 进行定位

撰文：Manny de la Torriente

本章将介绍 iBeacon 技术，并展示如何使用 Core Location 框架与信标（Beacon）进行交互。开发人员将学习如何在对象周围建立区域，确定何时进入或退出区域，以及如何估计到信标的距离。除此之外，开发人员还将学习如何配置自己的 iOS 设备以充当 iBeacon 发射器（Transmitter）。

10.1　iBeacon 简介

Apple 公司对 iBeacon 技术进行了标准化，该技术引入了利用蓝牙低功耗（Bluetooth LE）的一类低成本发射器。使用 iBeacon 技术的设备可用于建立一个区域，它允许 iOS 设备确定何时进入或退出该区域，并估计其与发射器的接近度。例如，当我们进入商店时，Apple Store 即可使用信标在我们的手机上启动其应用程序。

10.1.1　iBeacon 广告

被配置为 iBeacon 发射器的设备通过 Bluetooth LE 提供信息。该信息包含一个特定于部署用例的唯一用户 ID（UUID）以及主要和次要值，它们提供了 iBeacon 的标识值。

10.1.2　iBeacon 准确性

当 iOS 设备检测到 iBeacon 的信号时，它将使用接收信号强度指示器（Received Signal Strength Indicator，RSSI）来确定其与信标的接近程度。信号强度将会随着接收器（Receiver）移近信标而增加。

设备的校准传输功率是其在 1m 处 RSSI 中已知的测量信号强度。iOS 提供的距离为以 m 为单位、一个基于信标的信号强度与发射功率之比的估算值。

10.1.3 隐私

在 iOS 设备上使用任何定位服务都需要用户授权，这意味着用户可以选择允许访问。利用 iBeacon 功能的应用程序也将出现在"设置"应用程序中。

10.1.4 区域监视

当用户进入或退出信标定义的区域时，应用程序可以获得通知。信标区域（Beacon Region）是由设备与 Bluetooth LE 信标定义的邻近区域而不是地理坐标。在 iOS 中，已记录的区域在应用程序切换时保持不变，因此即使应用程序处于挂起状态或未运行，与该应用程序关联的区域也将始终被监视。

区域是共享的应用程序资源，并且系统范围内可用区域的数量将受到限制。因此，单个应用程序被限制为可同时监视 20 个区域。

10.2 测 距

确定一个或多个信标与设备的接近度的过程被称为测距（Ranging）。可以将滤波器应用于距离估计，以确定到信标的估计接近度。iOS 定义了 4 个接近度状态，即 unknown（未知）、immediate（非常接近）、near（附近）和 far（远），如表 10-1 所示。

表 10-1 接近度状态

接近度状态	描 述
unknown（未知）	表示无法确定信标的距离。测距可能已经开始，或者没有足够的测量值来确定状态
immediate（非常接近）	表示设备在物理上非常接近或直接就在信标下方
near（附近）	表示设备距离信标大约 1m～3m。如果设备和信标之间有任何障碍物，则可能不会报告此状态
far（远）	指示已检测到信标，但信号强度太低，无法确定 near 或 immediate 状态。在此状态下，请使用准确性属性确定与信标的潜在距离

Core Location 将根据对它们的最佳估计的顺序报告多个信标。如果有任何障碍物影响信号强度，则此顺序可能不正确。同样，某些信标设备可能会比其他信标设备发出更强的信号，因此可能会首先报告物理上比其他信标设备更远的设备。

10.3 构建 iBeaconApp 应用程序

本节将构建一个简单的两用应用程序,该应用程序将演示如何扫描附近的特定 iBeacon,以及如何将支持 Bluetooth LE 的 iOS 设备配置为 iBeacon 发射器。该应用程序包含 3 个主要场景,即一个 Home(主)场景、一个 Region Monitor(区域监视器)场景和一个 iBeacon 场景。主场景为其他场景提供了 Segue(跳转),并提供了一个指示器标签,该标签反映了设备当前的蓝牙打开/关闭状态;区域监视器场景支持与信标交互的两种基本方法,即区域监视和测距;iBeacon 场景则可以让开发人员将 iOS 设备配置为 iBeacon 发射器。图 10-1 展示了 iBeaconApp 的故事板视图。

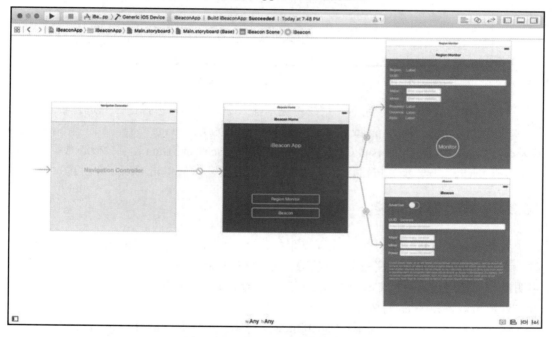

图 10-1　iBeaconApp 的故事板视图

10.3.1　创建项目

iBeaconApp 应用程序将使用 Single View Application(单视图应用程序)项目模板。要创建新的单视图 Swift 应用程序项目,请从 Xcode 文件菜单栏中选择 File(文件)→New

（新建）→Project（项目）命令，然后选择所需的项目模板，如图 10-2 所示。

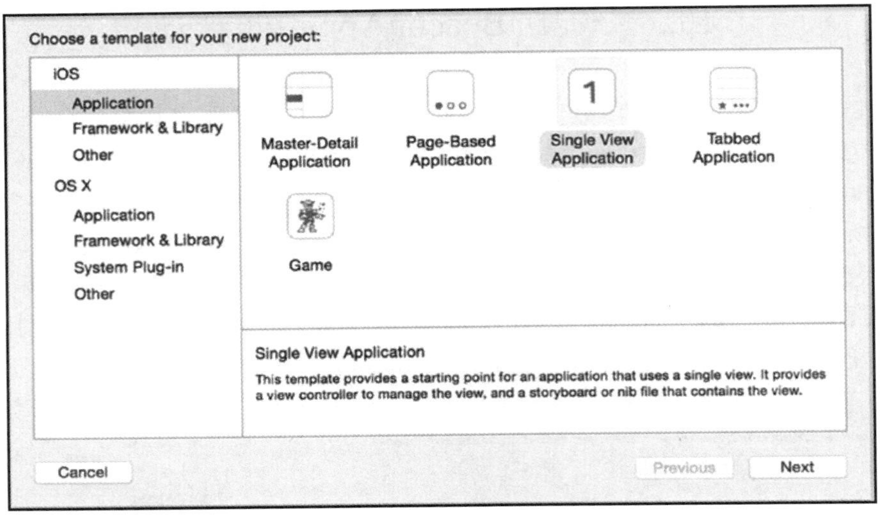

图 10-2　创建单视图应用程序项目

　　单击 Next（下一步）按钮后，系统将提示输入项目名称、选择语言并选择目标设备。可以将其命名为 iBeacon App 或选择其他名称。确保为 Language（语言）选择 Swift，为 Device（设备）选择 Universal（通用），取消选中 User Core Data（用户核心数据）复选框。单击 Next（下一步）按钮，为项目选择一个位置，然后单击 Create（创建）按钮。

10.3.2　设置背景功能

　　系统资源在 iOS 设备上是宝贵而有限的，因此默认情况下，当应用程序在后台运行时，许多 Core Bluetooth 任务都将被禁用。为了使应用程序支持后台模式，开发人员可以声明自己的应用程序支持 Core Bluetooth 后台执行模式。这将使应用程序从挂起状态中唤醒并处理与蓝牙相关的事件。

　　在 Xcode 的主项目中，选择 Capabilities（功能）选项卡。在 Background Modes（后台模式）部分中，将开关转到 ON（开），然后选中 Location updates（位置更新）和 Acts as a Bluetooth LE accessory（充当 Bluetooth LE 附件）复选框，如图 10-3 所示。

　　启用 Background Modes（后台模式）选项，会将 UIBackgroundModes 键和相应的后台模式值添加到应用程序的 Info.plist 文件中。表 10-2 列出了想要让 iOS 设备充当 iBeacon 发射器时必须指定的后台模式。

第 10 章 使用 iBeacon 进行定位

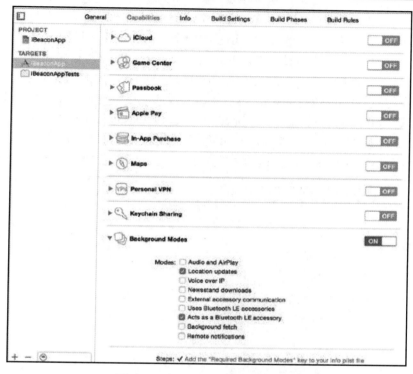

图 10-3 在 Xcode 中设置后台功能

表 10-2 Xcode 后台模式设置

XCODE 背景模式	UIBackgroundModes 值	描 述
Location updates（位置更新）	Location	应用程序可持续告知用户其位置，即使它在后台运行也一样
Acts as a Bluetooth LE accessory（充当 Bluetooth LE 附件）	Bluetooth-peripheral	应用程序通过 Core Bluetooth 框架的外围设备模式支持蓝牙通信。注意：使用此模式需要用户授权

10.4 建立主场景

本节将构建 Home（主）场景。假定开发人员已经熟悉构建应用程序和使用 Interface Builder 的基础知识，因此本节将简要介绍如何创建项目、添加用户界面（UI）元素、添加约束以及如何将界面行为连接到代码。

本示例的场景是很简单的。它将包含一个应用程序标题标签、一个将用作蓝牙电源状态指示符的标签,以及用于选择其他场景的两个自定义按钮(见图 10-1)。

我们需要添加的第一个项目元素是 Navigation Controller(导航控制器),它的主要工作是管理视图控制器的显示,并且提供一个 Back(后退)按钮,使返回上一级的操作变得更容易。打开 Main.storyboard,然后从故事板或文档结构窗口中选择视图控制器,从菜单栏中选择 Editor(编辑器)→Embed In(嵌入)→Navigation Controller(导航控制器)命令。Xcode 会将一个 v 控制器添加到故事板中,将其设置为故事板入口点,并在导航控制器和现有视图控制器之间添加关系。此时的故事板应如图 10-4 所示。

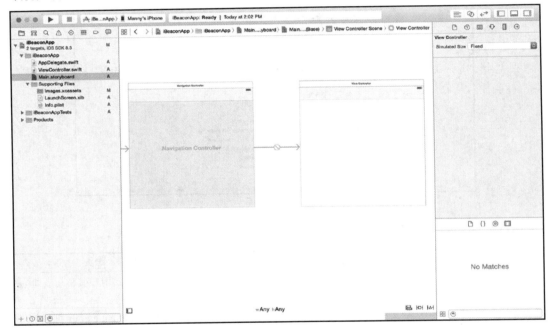

图 10-4　添加一个导航控制器

现在开发人员就应该能够生成并运行自己的应用程序。如果一切顺利,那么应该会看到一个空白的场景。

10.4.1　设置 UI 元素

在故事板上,双击视图控制器的导航栏,然后将导航项目的标题文本设置为 iBeacon Home。接下来,在视图控制器中选择视图,然后从 Attribute Inspector(属性检查器)中将其背景颜色更改为 0066CC。

对于应用程序标题，可以将一个 UILabel 从 Object Library（对象库）拖曳到故事板的中心。选中该标签后，打开 Utilities（实用工具）面板，然后使用 Attribute Inspector（属性检查器）将文本设置为 iBeacon App（或者你为应用程序选取的其他名称），将字体颜色设置为白色，将字体大小设置为 26，将文本对齐方式设置为居中。在仍选中标签的情况下，使用 Align（对齐）控件并选择 Horizontal Center in Container（在容器中水平居中）以创建 X 对齐约束。按住 Ctrl 键从标签向上拖曳到 View（视图）中，然后选择 Top Space to Top Layout Guide（顶部空间到顶部布局引导）以创建 Vertical Space（垂直空间）约束。

对于蓝牙指示器，可以在标题标签下添加另一个 UILabel，然后将文本设置为 Bluetooth Off，将字体颜色设置为 FF0000，将字体大小设置为 17，并将文本对齐设置为居中。使用 Align（对齐）控件并选择 Horizontal Center in Container（在容器中水平居中）以创建 X 对齐约束。按住 Ctrl 键从标签向上拖曳到 View（视图）中，然后选择 Top Space to Top Layout Guide（顶部空间到顶部布局引导）以创建 Vertical Space（垂直空间）约束。

10.4.2　创建出口连接

现在需要将出口从标签连接到 ViewController 实现。使用文档结构窗格，按住 Ctrl 键并单击 Bluetooth Off 标签，然后将连接从 New Referencing Outlet（新建引用出口）中拖曳到控制器源代码上，如图 10-5 所示。

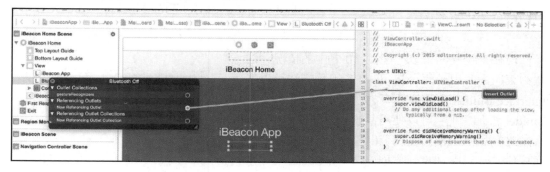

图 10-5　连接一个新的引用出口

在弹出窗口中，将出口命名为 bluetoothStateLabel，然后单击 Connect（连接）按钮，如图 10-6 所示。

现在 ViewController 类应该已定义一个 IBOutlet。

```
@IBOutlet weak var bluetoothStateLabel: UILabel!
```

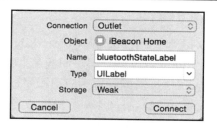

图 10-6　命名出口连接

在本章的后面，我们将利用 Core Bluetooth 框架并启动中心设备管理器，然后使用它来确定 Bluetooth 状态并相应地设置指示器。

主屏幕上有两个自定义按钮，我们将使用它们在不同的操作模式之间进行切换。接下来的步骤将指导开发人员完成添加第一个按钮的过程，然后可以重复这些步骤以添加第二个按钮。

将一个 UIButton 按钮添加到场景中，并将其放置在 Bluetooth 指示器标签下方。在 Attribute Inspector（属性检查器）中，将按钮标题设置为 Region Monitor（区域监视器），将字体大小设置为 20.0，并将文本颜色设置为白色。在 Button（按钮）部分中，选中 Shows Touch on Highlight（突出显示触控效果）复选框，以便当用户单击该按钮时，在按钮上发生触摸事件的位置将发出白光。此时不必担心按钮的大小和边框问题，因为很快就会解决它。

10.4.3　设置约束

现在来设置约束以匹配图 10-7 中的情况。这些约束应同时用于两个按钮。有若干种方法可以在 Interface Builder 中添加约束。例如，可以让 Interface Builder 添加它们；可以使用故事板画布底部的 Pin（固定）和 Align（对齐）工具；还可以在视图之间按住 Ctrl 键并拖曳。要创建 Align Center X（水平居中对齐）约束，请按住 Ctrl 键并单击 Region Monitor（区域监视器）按钮，然后将其垂直拖曳到视图控制器的顶部，再释放鼠标，此时会显示一个弹出菜单，列出可能的约束选项，选择 Horizontal Center in Container（在容器中水平居中）。垂直拖曳时，Interface Builder 将显示用于在视图之间设置

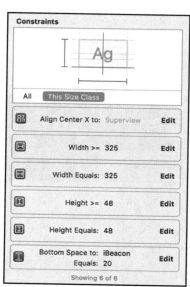

图 10-7　设置按钮约束

垂直间距的选项，以及用于使视图水平对齐的选项；同样，当水平拖曳时，系统会显示用于设置视图之间水平间距的选项，以及用于垂直对齐视图的选项。两种拖曳方式都可以包括其他选项，例如设置视图的大小。

10.4.4 创建一个自定义按钮

我们看不到按钮周围的边框，其原因在于，无法通过 Interface Builder 单独设置视图的所有必需的图层属性，这也是新的 Xcode Live Rendering（即时渲染）功能发挥作用之处。

> **提示：**
> 可以使用 Xcode 6 中的 Interface Builder Live Rendering（即时渲染）功能来设计和检查自定义视图。自定义视图将在 Interface Builder 中渲染，其结果和在应用程序中的显示是一样的。

首先将一个新的 Swift 文件添加到名为 CustomButton.swift 的项目中，并使用新的 IBDesignable 属性将 CustomButton 类声明为 UIButton 的子类；然后，使用 IBInspectable 为 cornerRadius、borderWidth 和 borderColor 添加可检查的属性，如代码清单 10-1 所示。

代码清单 10-1　CustomButton 类

```
import UIKit

@IBDesignable
class CustomButton: UIButton {
    @IBInspectable var cornerRadius: CGFloat = 0 {
        didSet {
            layer.cornerRadius = cornerRadius
            layer.masksToBounds = cornerRadius > 0
        }
    }
    @IBInspectable var borderWidth: CGFloat = 0 {
        didSet {
            layer.borderWidth = borderWidth
        }
    }
    @IBInspectable var borderColor: UIColor? {
        didSet {
            layer.borderColor = borderColor?.CGColor
        }
```

        }
    }

当将 IBDesignable 属性添加到类声明中时，Interface Builder 会显示自定义视图。通过使用 IBInspectable 属性将变量声明为可检查的属性，即可对它进行更改，而自定义视图也将随之自动更新。

现在打开故事板，在 Utilities（实用工具）面板中，选择 Identity Inspector（身份检查器）选项卡，并将 Class（类）的类型从 UIButton 更改为刚创建的 CustomButton。然后选择 Attribute Inspector（属性检查器）选项卡，请注意，有一个名为 Custom Button（自定义按钮）的部分，其中包含我们声明的每个可检查属性的字段。将 Corner Radius（转角半径）的值设置为 6，将 Border Width（边框宽度）的值设置为 2，将 Border Color（边框颜色）的值设置为 White Color（白色）。此时的按钮应如图 10-8 所示。

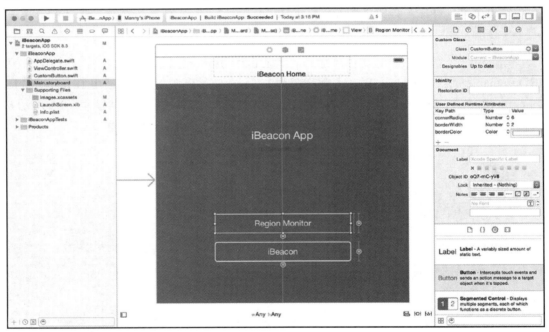

图 10-8 配置一个自定义按钮

现在可以生成并运行应用程序，以确保约束被正确设置，并且此时的场景看起来类似于图 10-1 中的模型。

接下来，我们将在故事板中添加两个新场景，每个新按钮对应一个新场景。首先将文件 ViewController.swift 重命名为 HomeViewController.swift，以便可以轻松地识别它。

当前 Xcode 还不支持 Swift 的重构（Refactor）功能，因此开发人员必须在源文件以及故事板中手动重命名该类。从 Identity Inspector（身份检查器）中选择视图控制器，手动输入 HomeViewController，或从下拉列表中选择它，如图 10-9 所示。必须执行此操作才能将界面元素连接到代码。

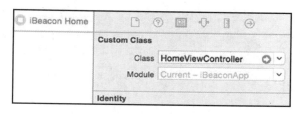

图 10-9　分配视图控制器身份

现在将两个视图控制器拖曳到故事板的 iBeacon Home 视图控制器的右侧。我们要为每个视图控制器创建跳转，方法是选择主视图控制器上的按钮，随后按住 Ctrl 并拖曳至右侧对应的视图控制器上，然后释放，如图 10-10 所示。此时将显示 Action Segue（操作跳转）弹出窗口，可以在其中选择 Show（显示）选项。

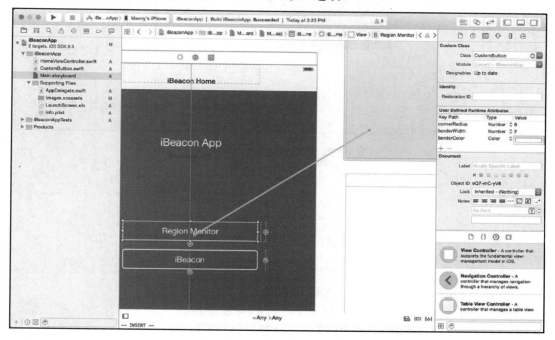

图 10-10　为新场景创建跳转

对于刚刚创建的每个跳转，选择故事板上的连接器，然后从 Attribute Inspector（属性检查器）中设置其标识符，使用的名称分别为 RegionMonitorSegue 和 iBeaconsegue。

对于每个场景，将导航项从 Object Library（对象库）拖曳到导航栏区域，将名称设置为与按钮匹配，即 Region Monitor 和 iBeacon。

创建完跳转之后，故事板应如图 10-11 所示。

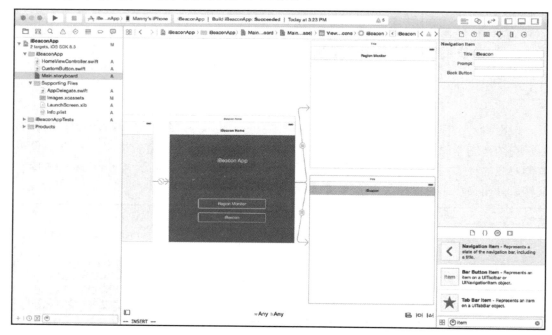

图 10-11　设置跳转之后的主场景

现在可以生成并运行应用程序，单击按钮，验证跳转和导航控件是否按预期工作。

10.5　检测蓝牙状态

本节将学习如何启动中心设备管理器（Central Manager），并使用它来确定设备是否支持 Bluetooth LE 并且可以在中心设备上使用。

CBCentralManager 对象是中心角色设备的 Core Bluetooth 表示。当初始化中心设备管理器时，它将调用其委托的 centralManagerDidUpdateState() 方法。这意味着开发人员必须采用委托协议并实现此必需的方法。

打开 HomeViewController.swift 文件并导入框架，然后将 CBCentralManagerDelegate 协议添加到类声明中，代码如下：

```
import CoreBluetooth

class HomeViewController: UIViewController, CBCentralManagerDelegate {
```

此时，我们会看到一个出现错误的指示器，它说明 ViewController 不符合协议，其原因在于，我们需要实现必需的委托方法。

```
func centralManagerDidUpdateState(central:CBCentralManager){

}
```

现在为 CBCentralManager 添加一个属性，并在 viewDidLoad()方法中对其进行初始化，如代码清单10-2 所示。

代码清单 10-2　声明并初始化 centralManager 属性

```
var centralManager: CBCentralManager!

override func viewDidLoad() {
    super.viewDidLoad()
    centralManager = CBCentralManager(delegate: self, queue: nil)
}
```

中心设备管理器以 self 作为委托进行初始化，因此 ViewController 将接收任何中心角色事件。通过将队列指定为 nil，中心设备管理器可以使用主队列发送中心角色事件。进行此调用后，中心设备管理器将启动并开始发送事件。

代码清单10-3 显示了当状态改变事件触发时，如何在 centralManagerDidUpdateState() 回调中检查中心设备管理器状态。在这里，可以根据中心状态更新 bluetoothStateLabel 属性的文本和文本颜色。

代码清单 10-3　中心状态改变

```
func centralManagerDidUpdateState(central: CBCentralManager) {
    switch (central.state) {
    case.PoweredOn:
        isBluetoothPoweredOn = true
        bluetoothStateLabel.text = "Bluetooth ON"
        bluetoothStateLabel.textColor = UIColor.greenColor()
    case.PoweredOff:
        isBluetoothPoweredOn = false
```

```
            bluetoothStateLabel.text = "Bluetooth OFF"
            bluetoothStateLabel.textColor = UIColor.redColor()
    default:
        break
    }
}
```

正如第 9 章中所讨论的那样，PoweredOn 状态表示中心设备支持 Bluetooth LE，并且 Bluetooth 已打开且可供使用；而 PoweredOff 状态则表明 Bluetooth 已经关闭或设备不支持 Bluetooth LE。

生成并运行该应用程序。如果设备启用了 Bluetooth，则指示器标签应显示为 Bluetooth On，并且其颜色应为绿色；如果使用滑动设置面板关闭 Bluetooth，则指示器标签现在应显示为 Bluetooth Off，并且其颜色应为红色。

在 HomeViewController 类顶部附近添加一个布尔属性 isBluetoothPoweredOn，该属性将用于反映 Bluetooth 状态，代码如下：

```
var isBluetoothPoweredOn: Bool = false
```

相应地，在 centralManagerDidUpdateState()方法中设置其值，我们将使用此值来确定是否允许切换到其他场景。

UIViewController 提供了重写方法，使开发人员可以控制是否应执行特定的跳转。打开 HomeViewController.swift 并将方法 shouldPerformSegueWithIdentifier()添加到 ViewController 类中，如代码清单 10-4 所示。

代码清单 10-4　重写 shouldPerformSegueWithIdentifier()方法以控制跳转

```
override func shouldPerformSegueWithIdentifier(identifier: String, sender:
AnyObject?) -> Bool {
    if identifier == "RegionMonitorSegue" || identifier == "iBeaconSegue" ||
    identifier == "ConfigureSegue" {
        if !isBluetoothPoweredOn {
            showAlertForSettings()
            return false;
        }
    }
    return true
}
```

在启动跳转时，将使用标识触发跳转的字符串值以及启动跳转的对象来调用上述方法。如果要执行跳转，则上述方法的返回值应为 true；否则，返回 false。

在上述方法中，我们只对标识符感兴趣；而 sender 对象仅用作提供信息，在此处可以忽略。将标识符值与先前定义的常量进行比较。如果找到匹配项，请检查 Bluetooth 状态。如果 Bluetooth 已经打开，则可以通过返回值 true 来允许执行跳转。

如果关闭了 Bluetooth，则要显示警报并提供一个选项，以转到可以更改 Bluetooth 设置的"设置"应用程序。可以将代码清单 10-5 中的方法添加到 ViewController 类中，然后从代码清单 10-4 提供的 shouldPerformSegueWithIdentifier()方法中调用此方法。

代码清单 10-5　配置和显示警报

```
private func showAlertForSettings() {
    let alertController = UIAlertController(title: "iBeacon App", message:
"Turn On Bluetooth!", preferredStyle: .Alert)

    let cancelAction = UIAlertAction(title: "Settings", style: .Cancel)
{ (action) in
        if let url = NSURL(string:UIApplicationOpenSettingsURLString) {
            UIApplication.sharedApplication().openURL(url)
        }
    }

    alertController.addAction(cancelAction)

    let okAction=UIAlertAction(title: "OK", style:.Default, handler: nil)
    alertController.addAction(okAction)

    self.presentViewController(alertController, animated: true,
completion: nil)
}
```

此方法将 UIAlertController 对象配置为以模态形式显示警报，包括标题、消息和样式。此外，操作与控制器相关联。取消操作被标记为 Settings（设置），并被用于打开"设置"应用程序；OK（确定）操作则被用于关闭警报。

生成并运行该应用程序。关闭蓝牙，然后按每个按钮以确认显示了警报，并且禁止访问其他场景。单击警报上的 Settings（设置）按钮以确保它能打开"设置"应用程序。

10.6　建立区域监视器场景

本节将为 Region Monitor（区域监视器）构建控制场景，如图 10-12 所示。区域监视器将支持与信标交互的两种基本方法，即区域监视和测距。UI 将包括 4 个标签，用于显示监视期间的状态；还包括 3 个输入字段，用户可以这 3 个字段中输入信息以扫描指定的信标类型；此外还将有一个自定义按钮，用于打开和关闭监视。

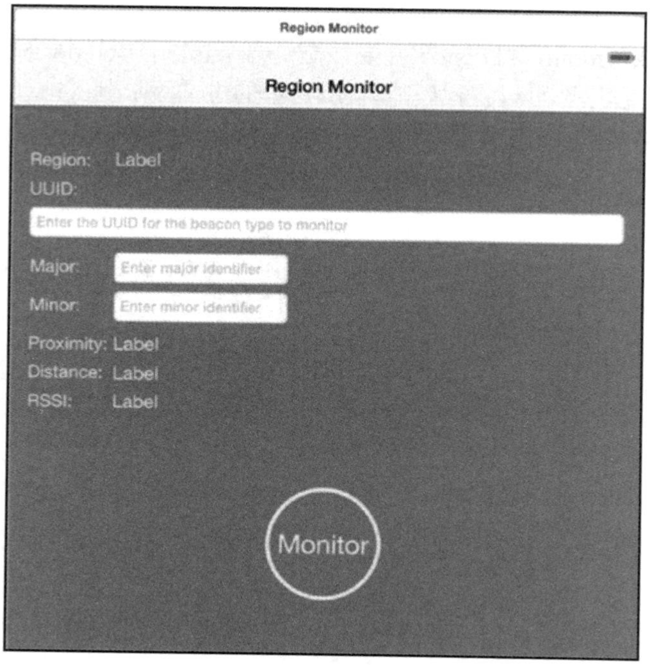

图 10-12　区域监视器场景模型

首先可以创建一个名为 RegionMonitorViewController.swift 的新 Swift 文件，并将 RegionMonitorViewController 类声明为 UIViewController 的子类，然后通过添加 UITextFieldDelegate 协议声明来采用 UITextFieldDelegate 的协议。

```
import UIKit
import CoreLocation

class RegionMonitorViewController: UIViewController, UITextFieldDelegate,
RegionMonitorDelegate {

}
```

通过打开故事板并选择 Region Monitor 场景，将 RegionMonitorViewController 分配为 Region Monitor 标识的类。在右侧的 Utilities（实用工具）面板中，选择 Identity Inspector（身份检查器）选项卡，在 Custom Class（自定义类）部分的 Class（类）下拉列表框中

选择 RegionMonitorViewController。

将 Region Monitor（区域监视器）视图的背景色设置为 FF6600。在场景中添加一个 UIButton 并将其放置到如图 10-12 所示的按钮位置处。将按钮标题设置为 Monitor，将文本颜色设置为白色，并将字体大小设置为 26.0。在 Utilities（实用工具）面板中，选择 Identity Inspector（身份检查器）选项卡，将 Class（类）的类型从 UIButton 更改为 CustomButton；选择 Size Inspector（大小检查器）选项卡，将宽度和高度均设置为 110；选择 Attribute Inspector（属性检查器）选项卡，在 Custom Button（自定义按钮）部分中，将 Corner Radius（转角半径）设置为 55，将 Border Width（边框宽度）设置为 4，将 Border Color（边框颜色）设置为 White Color（白色），在 Button（按钮）部分中，选中 Shows Touch on Highlight（突出显示触控效果）复选框，以便当用户单击该按钮时，在按钮上发生触摸事件的位置将发出白光。

接下来，将 UILabel 和 UITextField 对象添加到场景中，使其看起来类似于图 10-13 中的对象。黄色标签 A、B、C 和 D 是用于显示与远程信标相关的状态的标签；蓝色标签 1、2 和 3 是文本字段，在监视信标时用作搜索条件。属性名称与表 10-3 中的属性名称相对应。

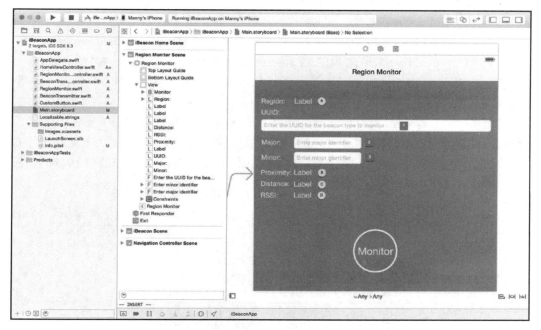

图 10-13　放置标签和文本字段后的区域监视器场景

表 10-3 区域监视属性

标签	属性名称	说明
A	regionIdLabel	这是 CLBeaconsRegion 标识符,即与返回的区域对象关联的用户定义的唯一标识符。开发人员可以使用此标识符来区分应用程序中的区域。此值不能为 nil
B	proximityLabel	该值对应于 CLProximity 常量,该常量表示到信标的相对距离,即 unknown(未知)、immediate(非常接近)、near(附近)和 far(远)
C	distanceLabel	该值是到信标的估计距离(以 m 为单位)。使用此值可区分具有相同接近度值的信标。负值表示无法确定精度
D	rssiLabel	该值表示平均接收信号强度指标,它是接收到的无线电信号中存在的功率的度量(以 dB 为单位)
1	uuidTextField	这是目标信标的唯一标识符,可以用它来识别信标。一般来说,只为信标生成一个 UUID。可以使用 uuidgen 命令行工具生成该值
2	majorTextField	标识一组信标的值
3	minorTextField	标识组中特定信标的值

我们相信开发人员应该已经足够熟悉自动布局和约束,因此在这里将不再讨论该主题。对于每个 UITextField 对象,可以添加占位符文本,当字段为空时,该占位符文本将可见。占位符文本向用户提示要在每个字段中输入哪些信息。在 Attribute Inspector(属性检查器)中,将 uuidTextField 对象的 Capitalization(大写)字段设置为 All Characters(所有字符)。对于 majorTextField 和 minorTextField 对象,可以将 Keyboard Type(键盘类型)设置为 Number Pad(数字键盘)。

打开 Main.storyboard 文件,然后选择 Region Monitor(区域监视器)场景。对于要通过编程方式进行交互的每个 UI 对象,都需要给视图控制器连接一个出口,方法是按住 Ctrl 键并单击,然后将其拖曳到视图控制器实现中,并相应地命名,如代码清单 10-6 所示。

代码清单 10-6　RegionMonitorViewController 类声明

```
class RegionMonitorViewController: UIViewController, UITextFieldDelegate,
RegionMonitorDelegate {

    let kUUIDKey = "monitor-proximityUUID"
    let kMajorIdKey = "monitor-transmit-majorId"
    let kMinorIdKey =  "monitor-transmit-minorId"

    let uuidDefault = "2F234454-CF6D-4A0F-ADF2-F4911BA9FFA6"

    @IBOutlet weak var regionIdLabel: UILabel!
```

```
    @IBOutlet weak var uuidTextField: UITextField!
    @IBOutlet weak var majorTextField: UITextField!
    @IBOutlet weak var minorTextField: UITextField!
    @IBOutlet weak var proximityLabel: UILabel!
    @IBOutlet weak var distanceLabel: UILabel!
    @IBOutlet weak var rssiLabel: UILabel!
    @IBOutlet weak var monitorButton: UIButton!
}
```

UITextField 对象需要接收用户输入，因此将显示一个键盘。开发人员需要知道用户何时开始和停止编辑以执行某些操作。为了处理作为文本编辑序列的一部分而发送的消息，可以实现代码清单 10-7 中的委托方法 textFieldDidBeginEditing() 和 textFieldDidEndEditing()。当文本字段成为焦点时，需要在导航栏中显示 Done（完成）按钮，以便用户可以根据需要关闭键盘。为方便起见，当用户离开每个字段时，用户输入的值将被存储在标准用户默认值中，并被用于初始化文本字段。

代码清单 10-7　实现 UITextField 委托方法

```
//MARK:UITextFieldDelegate 方法

func textFieldDidBeginEditing(textField: UITextField) {
    navigationItem.rightBarButtonItem = doneButton
}

func textFieldDidEndEditing(textField: UITextField) {

    let defaults = NSUserDefaults.standardUserDefaults()

    if textField == uuidTextField && !textField.text!.isEmpty {
        defaults.setObject(textField.text, forKey: kUUIDKey)
    }
    elseif textField == majorTextField && !textField.text!.isEmpty {
        defaults.setObject(textField.text, forKey: kMajorIdKey)
    }
    elseif textField == minorTextField && !textField.text!.isEmpty {
        defaults.setObject(textField.text, forKey: kMinorIdKey)
    }
}
```

接下来可以重写 viewDidLoad() 方法，并将文本字段委托设置为 self；否则将不会收到任何通知。这里的 doneButton 属性仅需初始化一次，并在每次文本字段获得焦点时用于设置 navigationItem.rightBarButtonItem。请注意，在 UIBarButtonItem 初始化器的最后一个参数中,该操作被设置为 dismissKeyboard,如代码清单 10-8 所示。这和我们定义的方法是对应的。当用户单击 Done(完成)按钮时,将自动调用该操作。

代码清单 10-8　RegionMonitorViewController 类中的属性初始化

```
override func viewDidLoad() {
    super.viewDidLoad()
    uuidTextField.delegate = self
    majorTextField.delegate = self
    minorTextField.delegate = self
    doneButton = UIBarButtonItem(title: "Done", style:
    UIBarButtonItemStyle.Done, target: self, action: "dismissKeyboard")
    initFromDefaultValues()
}

func dismissKeyboard(){
    uuidTextField.resignFirstResponder()
    majorTextField.resignFirstResponder()
    minorTextField.resignFirstResponder()
    navigationItem.rightBarButtonItem = nil
}
```

当使用用户默认值初始化文本字段时,可以使用 Swift 的可选绑定(Optional Binding)功能,代码如下:

```
if let uuid = defaults.stringForKey(kUUIDKey) {
    uuidTextField.text = uuid
}
```

提示:

可以使用可选绑定(Optional Binding)功能来判断可选类型是否包含值。这是在一行代码中检查可选内容中的值并提取它的干净方法,如代码清单 10-9 所示。

代码清单 10-9　在 RegionMonitorViewController 类中通过可选绑定功能
使用用户默认值初始化文本字段

```
private func initFromDefaultValues() {
    let defaults = NSUserDefaults.standardUserDefaults()
    if let uuid = defaults.stringForKey(kUUIDKey) {
        uuidTextField.text = uuid
    }
    if let major = defaults.stringForKey(kMajorIdKey) {
        majorTextField.text = major
```

```
    }
    if let minor = defaults.stringForKey(kMinorIdKey) {
        minorTextField.text = minor
    }
}
```

为了确保用户默认设置得以持久化,当应用程序将在后台运行或退出时调用 NSUserDefaults.synchronize()方法。请注意,该方法会在后台被定期调用,因此开发人员无须在其他时间调用它。可以将代码清单 10-10 中的方法添加到 RegionMonitorViewController 类中。

代码清单 10-10　当应用程序即将在后台运行时,持久化默认值

```
override func viewWillDisappear(animated: Bool) {
    NSUserDefaults.standardUserDefaults().synchronize()
}
```

10.6.1　RegionMonitor 类

RegionMonitor 类负责管理与 CLLocationManager 的所有交互。在适当的时候,区域监视器将把它已经处理或将要处理的事件通知给它的委托(视图控制器)。

10.6.2　使用委托模式

对于区域监视,我们将利用 Apple 框架常用的委托(Delegate)模式。委托通常是代表另一个对象进行操作的自定义控制器(Custom Controller)对象。

我们将通过为 RegionMonitorDelegate 定义协议来实现该模式。RegionMonitorViewController 将采用此协议并实现响应位置监视(Location Monitoring)操作的方法。开发人员可以创建一个新的 RegionMonitor 类,将它作为委托对象。它将保持对 RegionMonitorViewController 的弱引用,而后者将充当委托。RegionMonitor 对象将充当 CLLocationManager 对象的委托。图 10-14 中的示例序列图说明了对象之间的交互。

创建一个名为 RegionMonitor.swift 的新 Swift 文件,并为 RegionMonitorDelegate 定义一个协议,如代码清单 10-11 所示。

代码清单 10-11　定义 RegionMonitorDelegate 协议

```
protocol RegionMonitorDelegate: NSObjectProtocol {
    func onBackgroundLocationAccessDisabled()
    func didStartMonitoring()
    func didStopMonitoring()
```

```
        func didEnterRegion(region: CLRegion!)
        func didExitRegion(region: CLRegion!)
        func didRangeBeacon(beacon: CLBeacon!, region: CLRegion!)
        func onError(error: NSError)
}
```

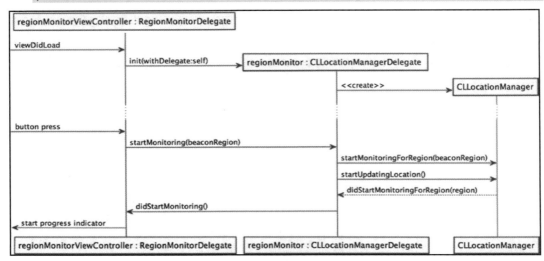

图 10-14 序列图-委托模式示例

10.6.3 创建 RegionMonitor 类

接下来，在 RegionMonitorDelegate 下的 RegionRegion.swift 文件中，将 RegionMonitor 类声明为 NSObject 的子类，并为 CLLocationManagerDelegate 采用该协议。另外，开发人员还需要导入 CoreLocation，然后为 CLLocationManager、CLBeaconRegion、CLBeacon 和 RegionMonitorDelegate 添加属性，如代码清单 10-12 所示。

代码清单 10-12 RegionMonitor 类声明

```
class RegionMonitor: NSObject, CLLocationManagerDelegate {

    var locationManager: CLLocationManager!
    var beaconRegion: CLBeaconRegion?
    var rangedBeacon: CLBeacon! = CLBeacon()
    var pendingMonitorRequest: Bool = false

    weak var delegate: RegionMonitorDelegate?
}
```

我们想要存储对 CLLocationManager 的强引用，但是必须确保将 RegionMonitorDelegate 的委托属性声明为 weak，以避免强引用循环（Strong Reference Cycle）。强引用循环将防止 RegionMonitorDelegate 被释放，这将导致应用程序中的内存泄漏。另外，弱引用允许具有"无值"，因此必须将其声明为可选类型。有关 pendingMonitorRequest 属性的详细信息，详见 10.6.5 节"RegionMonitor 方法"。

现在实现一个初始化器方法（见代码清单 10-13），当我们创建 RegionMonitor 的新实例时将调用该方法。初始化器的主要作用是确保在首次使用之前正确设置类型的新实例。

代码清单 10-13　RegionMonitor 初始化器方法

```
init(delegate: RegionMonitorDelegate) {
    super.init()
    self.delegate = delegate
    self.locationManager = CLLocationManager()
    self.locationManager!.delegate = self
}
```

上述初始化器通过调用 super.init()方法开始，它将调用 RegionMonitor 类的超类 NSObject 的初始化器；然后使用 CLLocationManager 的实例初始化 locationManager 属性，再将 self 初始化为其委托；最后使用 RegionMonitorDelegate 对象初始化 delegate 属性，并且 RegionMonitorDelegate 对象是作为参数被传递的。

10.6.4　委托方法

接下来将逐一介绍需要实现的委托方法。

1. onBackgroundLocationAccessDisabled

在 RegionMonitor 调用 CLLocationManager.authorizationStatus 并接收返回值 Restricted、Denied 或 AuthorizedWhenInUse 之后，将调用 onBackgroundLocationAccessDisabled 委托方法。该委托应通过提示用户更改其位置访问设置来响应此通知。可以将代码清单 10-14 中的代码添加到 RegionMonitorViewController 类中。

代码清单 10-14　在 RegionMonitorViewController 类中构造位置访问设置警报

```
func onBackgroundLocationAccessDisabled() {
  let alertController = UIAlertController(
    title: NSLocalizedString("regmon.alert.title.location-access-disabled",
    comment: "foo"),
```

```
  message: NSLocalizedString("regmon.alert.message.location-access-
    disabled",comment: "foo"),
  preferredStyle: .Alert)

alertController.addAction(UIAlertAction(title:"Cancel",style:.Cancel,
handler: nil))

alertController.addAction(
  UIAlertAction(title: "Settings", style: .Default) { (action) in
    if let url = NSURL(string:UIApplicationOpenSettingsURLString) {
      UIApplication.sharedApplication().openURL(url)
    }
  })
self.presentViewController(alertController, animated:true, completion:
nil)
}
```

> 说明:
>
> NSLocalizedString 可用于从文件中提取字符串资源。可以将一个文件添加到名为 Localizable.strings 的项目中, 然后在其中定义字符串。它的格式也很简单, 每行一个字符串, 具体如下:

```
"regmon.alert.title.location-access-disabled" = "Background Location
Access is Disabled";
```

代码清单 10-14 中的代码将显示一个警报, 提示用户更改位置访问 (Location Access) 设置, 如图 10-15 所示。

图 10-15 提示用户更改位置访问设置

2. didStartMonitoring

当 RegionMonitor 从 CLLocationManager 中接收到 didStartMonitoringForRegion 通知时, 将调用 didStartMonitoring 委托方法。该委托可以通过更新其状态并显示进度指示器来响应此通知。可以将代码清单 10-15 中的代码添加到 RegionMonitorViewController

类中。

代码清单 10-15　在 RegionMonitorViewController 类中的委托方法 didStartMonitoring

```
func didStartMonitoring() {
    isMonitoring = true
    monitorButton.rotate(0.0, toValue: CGFloat(M_PI * 2),
    completionDelegate: self)
}
```

3. didStopMonitoring

当调用 RegionMonitor.stopMonitoring 方法时，将调用 didStopMonitoring 委托方法。该委托可以通过更新其状态来响应此通知。可以将代码清单 10-16 中的代码添加到 RegionMonitorViewController 类中。

代码清单 10-16　在 RegionMonitorViewController 类中的委托方法 didStopMonitoring

```
func didStopMonitoring(){
    isMonitoring = false
}
```

4. didEnterRegion

当 RegionMonitor 从 CLLocationManager 中接收到 didEnterRegion 通知时，将调用 didEnterRegion 委托方法。CLRegion 对象作为参数被传递，并被提供给委托。该委托可以通过向用户提供反馈来响应此通知。可以将代码清单 10-17 中的代码添加到 RegionMonitorViewController 类中。

代码清单 10-17　在 RegionMonitorViewController 类中的委托方法 didEnterRegion

```
func didEnterRegion(region: CLRegion!) {

}
```

5. didExitRegion

当 RegionMonitor 从 CLLocationManager 中接收到 didExitRegion 通知时，将调用 didExitRegion 委托方法。CLRegion 对象作为参数被传递，并被提供给委托，该委托可以通过向用户提供反馈来响应此通知。可以将代码清单 10-18 中的代码添加到 RegionMonitorViewController 类中。

代码清单 10-18　在 RegionMonitorViewController 类中的委托方法 didExitRegion

```
func didExitRegion(region: CLRegion!) {
```

6. didRangeBeacon

当 RegionMonitor 从 CLLocationManager 中接收到 didRangeBeacon 通知时,将调用 didRangeBeacon 委托方法。RegionMonitor 将被传递一个 CLBeacon 对象数组,然后确定哪一个是最接近的对象。这个最接近的 CLBeacon 对象将被提供给委托,该委托可以通过向用户提供反馈来响应此通知。可以将代码清单 10-19 中的代码添加到 RegionMonitorView Controller 类中。

代码清单 10-19　在 RegionMonitorViewController 类中的委托方法 didRangeBeacon

```swift
func didRangeBeacon(beacon: CLBeacon!, region: CLRegion!) {
    regionIdLabel.text = region.identifier
    uuidTextField.text = beacon.proximityUUID.UUIDString
    majorTextField.text = "\(beacon.major)"
    minorTextField.text = "\(beacon.minor)"

    switch (beacon.proximity) {
    case CLProximity.Far:
        proximityLabel.text = "Far"
    case CLProximity.Near:
        proximityLabel.text = "Near"
    case CLProximity.Immediate:
        proximityLabel.text = "Immediate"
    case CLProximity.Unknown:
        proximityLabel.text = "unknown"
    }

    distanceLabel.text = distanceFormatter.stringFromMeters(beacon.accuracy)

    rssiLabel.text = "\(beacon.rssi)"
}
```

> **注意:**
> 格式化器(Formatter)的创建成本很高。因此,建议开发人员一次创建一个实例,然后重复使用该实例。

向 RegionMonitorViewController 类中添加一个属性,代码如下:

```swift
let distanceFormatter = NSLengthFormatter()
```

请注意，distanceLabel 文本是使用专门的格式化器对象 NSLengthFormatter 设置的。格式化器可以为线性距离提供格式化属性的本地化描述。

7. onError

当 RegionMonitor 遇到错误时，将调用 onError 委托方法。NSError 对象将被提供给该委托，该委托可以通过处理错误和/或向用户提供反馈来响应此通知。本示例应用忽略此通知。开发人员可以将代码清单 10-20 中的代码添加到 RegionMonitorViewController 类中。

代码清单 10-20　在 RegionMonitorViewController 类中的委托方法 onError

```
func onError(error: NSError) {

}
```

10.6.5　RegionMonitor 方法

RegionMonitor 类只有两个公共函数，即 startMonitoring 和 stopMonitoring。视图控制器负责配置信标区域，并告诉区域监视器何时开始和停止监视。

1. startMonitoring

在进入信标区域后，将设置属性 pendingMonitorRequest，表示已发出 Start Monitoring（开始监视）请求。如果推迟了开始监视的请求，则该值将在通知中使用以确定是否应调用 startMonitoringForRegion。另外，对 beaconRegion 的强引用也将被保留，以便委托方法可以使用它。

在实际开始监视之前，必须考虑授权状态。要获取应用程序的授权状态，必须调用 CLLocationManager.authorizationStatus。仅当返回状态为 AlwaysAuthorized 时，才能开始监视信标区域。我们将在 10.6.6 节"授权和请求许可"中详细介绍授权序列。可以将代码清单 10-21 中的代码添加到 RegionMonitor 类中。

代码清单 10-21　RegionMonitor startMonitoring 方法

```
func startMonitoring(beaconRegion: CLBeaconRegion?) {
    print("Start monitoring")
    pendingMonitorRequest = true
    self.beaconRegion = beaconRegion

    switch CLLocationManager.authorizationStatus() {
    case .NotDetermined:
```

```
        locationManager.requestAlwaysAuthorization()
    case .Restricted, .Denied, .AuthorizedWhenInUse:
        delegate?.onBackgroundLocationAccessDisabled()
    case .AuthorizedAlways:
        locationManager!.startMonitoringForRegion(beaconRegion!)
        pendingMonitorRequest = false
    }
}
```

2．stopMonitoring

在 stopMonitoring 方法中，位置管理器（Location Manger）被告知停止测距和监视信标并停止更新位置。该委托也将被通知监视已停止。可以将代码清单 10-22 中的代码添加到 RegionMonitor 类中。

代码清单 10-22　RegionMonitor stopMonitoring 方法

```
func stopMonitoring() {
    print("Stop monitoring")
    pendingMonitorRequest = false
    locationManager.stopRangingBeaconsInRegion(beaconRegion!)
    locationManager.stopMonitoringForRegion(beaconRegion!)
    locationManager.stopUpdatingLocation()
    beaconRegion = nil
    delegate?.didStopMonitoring()
}
```

10.6.6　授权和请求许可

为了使用定位服务，开发人员必须请求用户授权。

> **注意：**
> 开发人员应该在需要使用定位服务执行任务的地方请求授权。请求授权可能会向用户显示警告。如果用户不清楚定位服务是否将被用于有用目的，则用户可能会拒绝使用这些服务的请求。

在 RegionMonitor 类的 startMonitoring 方法中，当 CLLocationManager.authorizationStatus() 被调用并返回 NotDetermined 值时，开发人员需要调用 requestAlwaysAuthorization()方法。然后用户将看到如图 10-16 所示的请求许可使用定位服务的警告信息。如果允许访问，则用户可以选择 Allow（允许）。

如果在下一次调用 startMonitoring 方法时，用户从如图 10-16 所示的警告信息中选择

Don't Allow（不允许），则 CLLocationManager.authorizationStatus()将返回 Denied，从而使区域监视器只能通过调用 onBackgroundLocationAccessDisabled 方法来通知其委托（见代码清单 10-21），向用户显示更改设置的警报，如图 10-17 所示。

如果用户选择 Settings（设置），则应用程序将转换到 Settings.app，其中，用户可以更改定位服务的权限设置，如图 10-18 所示。

图 10-16　请求定位服务授权提示

图 10-17　请求更改设置提示　　　　图 10-18　在 Settings.app 中 iBeaconApp 的定位服务设置

10.6.7　CLLocationManagerDelegate 方法

RegionMonitor 采用 CLLocationManagerDelegate，以便它可以接收来自位置管理器的通知。区域监视器将需要响应诸如授权状态更改、超出信标区域边界以及一个或多个信标进入范围之类的事件。本节将学习如何与位置管理器进行交互，以及如何通过委托来响应这些事件。

图 10-19 中的序列图说明了位置管理器和作为委托的 Region Monitor（区域监视器）之间的交互。它显示了 Start Monitoring 事件的完整序列，其中还包括授权。

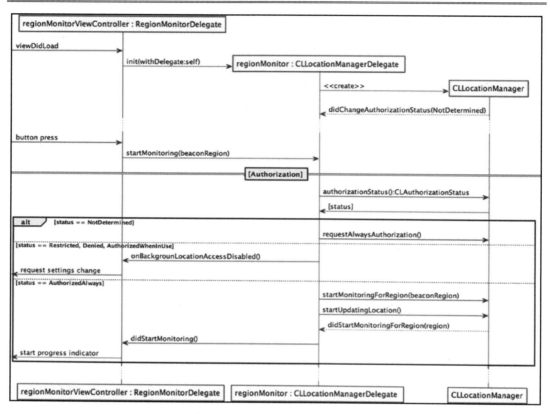

图 10-19 启动监视序列的序列图

💡 **说明：**

位置管理器初始化后，将立即以状态值为 NotDetermined 调用其委托方法。

下面将介绍在 iBeaconApp 应用程序中使用的各种位置管理器委托方法。

1. 区域是共享资源

在处理区域时，请注意以下几点。

- 如前文所述，区域是共享资源，因此传递给回调的管理器对象表示报告事件的位置管理器对象，而这可能不是你存储在 locationManager 属性中的那个管理器。
- 作为参数传递给委托方法的区域对象可能与已注册的对象不同。当需要确定它们是否为同一对象时，可使用区域的标识符字符串。
- 多个位置管理器可能共享一个委托对象。在这种情况下，该委托将多次接收某一条消息。

（1）didChangeAuthorizationStatus

当应用程序的授权状态已更改时，位置管理器将调用 didChangeAuthorizationStatus 委托方法。考虑以下用例：用户单击按钮开始监视，但尚未授予应用程序访问定位服务的权限。查看图 10-20 中的流程图。

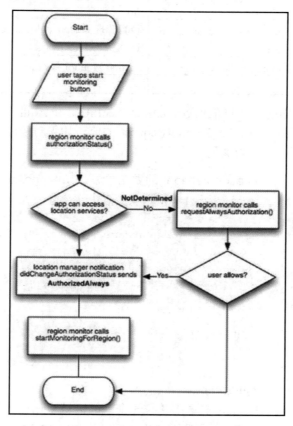

图 10-20　Start Monitoring 事件的流程图

原　　文	译　　文
Start	开始
user taps start monitoring button	用户单击 Start Monitoring 按钮
region monitor calls authorizationStatus()	Region Monitor 调用 authorizationStatus()
app can access location services?	应用程序是否能访问定位服务
NotDetermined	NotDetermined
No	否

续表

原 文	译 文
region monitor calls requestAlwaysAuthorization() user allows?	Region Monitor 调用 requestAlwaysAuthorization() 用户是否允许
Yes	是
location manager notification didChangeAuthorization-Status sends AuthorizedAlways	位置管理器通知 didChangeAuthorizationStatus 发送 AuthorizedAlways
region monitor calls startMonitoringForRegion()	Region Monitor 调用 startMonitoringForRegion()
End	结束

代码清单 10-23 中的实现将检查 AuthorizeWhenInUse 和 AuthorizeAlways 状态。开发人员会看到，它也在测试 pendingMonitorRequest 的值。如果对 startMonitoringForRegion 的调用被推迟，则可以在此处调用。

代码清单 10-23　CLLocationManager 的委托方法 didChangeAuthorizationStatus

```
func locationManager(manager: CLLocationManager,
didChangeAuthorizationStatus status: CLAuthorizationStatus) {
    print("didChangeAuthorizationStatus \(status)")
    if status == .AuthorizedWhenInUse || status == .AuthorizedAlways {
        if pendingMonitorRequest {
            locationManager!.startMonitoringForRegion(beaconRegion!)
            pendingMonitorRequest = false
        }
        locationManager!.startUpdatingLocation()
    }
}
```

（2）didStartMonitoringForRegion

在 startMonitoringForRegion 被调用并且一个新的区域正在被监视之后，位置管理器将调用 didStartMonitoringForRegion 委托方法（见代码清单 10-24）。Region Monitor（区域监视器）通过调用 didStartMonitoring 通知其委托，以便可以在正确的时间向用户显示进度指示器。此时，区域监视器将调用 requestStateForRegion 并将新的区域对象作为参数传递，从而向位置管理器询问新的区域的状态。

代码清单 10-24　CLLocationManager 的委托方法 didStartMonitoringForRegion

```
func locationManager(manager: CLLocationManager,
didStartMonitoringForRegion region: CLRegion) {
    print("didStartMonitoringForRegion \(region.identifier)")
```

```
    delegate?.didStartMonitoring()
    locationManager.requestStateForRegion(region)
}
```

（3）didDetermineState

为响应对其 requestStateForRegion 方法的调用，位置管理器将调用 didDetermineState 委托方法。该区域及其状态将作为参数被传递。该状态包含 CLRegionState 类型的值，这些值反映了设备与区域边界之间的关系。区域监视器使用这些值来确定要调用的位置管理器方法。如果设备在给定区域内，则调用 startRangingBeaconsInRegion；否则将调用 stopRangingBeaconsInRegion。在对 startMonitoring 的调用中设置的属性 beaconRegion 将作为参数被传递。可以将代码清单 10-25 中的代码添加到 RegionMonitor 类中。

代码清单 10-25　CLLocationManager 的委托方法 didDetermineState

```
func locationManager(manager: CLLocationManager, didDetermineState state:
CLRegionState, forRegion region: CLRegion) {
    print("didDetermineState")
    if state == CLRegionState.Inside {
        print(" - entered region \(region.identifier)")
        locationManager.startRangingBeaconsInRegion(beaconRegion!)
    } else {
        print(" - exited region \(region.identifier)")
        locationManager.stopRangingBeaconsInRegion(beaconRegion!)
    }
}
```

（4）didEnterRegion

当用户进入指定的区域时，位置管理器将调用 didEnterRegion 委托方法。区域监视器通过调用 didEnterRegion 通知其委托，并传递包含有关进入区域信息的 region 对象。可以将代码清单 10-26 中的代码添加到 RegionMonitor 类中。

代码清单 10-26　CLLocationManager 的委托方法 didEnterRegion

```
fun clocationManager(manager: CLLocationManager, didEnterRegion
region: CLRegion) {
    print("didEnterRegion - \(region.identifier)")
    delegate?.didEnterRegion(region)
}
```

（5）didExitRegion

当用户退出指定区域时，位置管理器将调用 didExitRegion 委托方法。区域监视器通过调用 didExitRegion 来通知其委托，并传递包含有关已退出区域信息的 region 对象。可以将代码清单 10-27 中的代码添加到 RegionMonitor 类中。

代码清单 10-27　CLLocationManager 的委托方法 didExitRegion

```
func locationManager(manager: CLLocationManager, didExitRegion
region: CLRegion) {
    print("didExitRegion - \(region.identifier)")
    delegate?.didExitRegion(region)
}
```

（6）didRangeBeacons

当一个或多个信标在指定区域中可用时，或者当信标超出范围时，位置管理器将调用 didRangeBeacons 委托方法。当信标的范围发生变化（例如，越来越近或越来越远）时，也会调用此方法。本示例的实现仅将最近的信标通知区域监视器的委托。可以将代码清单 10-28 中的代码添加到 RegionMonitor 类中。

代码清单 10-28　CLLocationManager 的委托方法 didRangeBeacons

```
func locationManager(manager: CLLocationManager, didRangeBeacons beacons:
[CLBeacon], inRegion region: CLBeaconRegion) {
    print("didRangeBeacons - \(region.identifier)")
    
    if beacons.count > 0 {
        rangedBeacon = beacons[0]
        delegate?.didRangeBeacons(rangedBeacon, region: region)
    }
}
```

2. 错误处理

以下介绍的几种位置管理器委托错误报告方法是可选的，但是我们建议开发人员在应用程序中实现它们。iBeaconApp 示例仅将消息转储到日志中。

（1）monitoringDidFailForRegion

当区域监视失败时，位置管理器将调用 monitoringDidFailForRegion 委托方法。

委托方法将传递发生错误的区域和描述错误的 NSError。此方法的实现是可选的，但我们建议开发人员实现它。可以将代码清单 10-29 中的代码添加到 RegionMonitor 类中。

代码清单 10-29　CLLocationManager 的委托方法 monitoringDidFailForRegion

```
func locationManager(manager: CLLocationManager,
monitoringDidFailForRegion region:CLRegion?,withError error: NSError) {
    print("monitoringDidFailForRegion - \(error)")
}
```

(2) rangingBeaconsDidFailForRegion

当注册信标区域失败时，位置管理器将调用 rangingBeaconsDidFailForRegion 委托方法。如果接收到此消息，请检查以确保 region 对象本身有效并包含有效数据。可以将代码清单 10-30 中的代码添加到 RegionMonitor 类中。

代码清单 10-30　CLLocationManager 的委托方法 rangingBeaconsDidFailForRegion

```
func locationManager(manager: CLLocationManager,
rangingBeaconsDidFailForRegion region: CLBeaconRegion, withError error:
NSError) {
    print("rangingBeaconsDidFailForRegion \(error)")
}
```

(3) didFailWithError

如果用户拒绝应用程序使用设备的定位服务，则 didFailWithError 方法将报告 Denied（被拒绝）错误。如果接收到此错误，则应停止定位服务。didFailWithError 方法的实现是可选的，但我们建议开发人员实现它。可以将代码清单 10-31 中的代码添加到 RegionMonitor 类中。

代码清单 10-31　CLLocationManager 的委托方法 didFailWithError

```
func locationManager(manager: CLLocationManager, didFailWithError error:
NSError) {
    print("didFailWithError \(error)")
    if (error.code == CLError.Denied.rawValue) {
        stopMonitoring()
    }
}
```

10.6.8　配置区域监视

视图控制器负责处理用户的输入，如果用户要求开始监视过程，则开发人员可以在其中配置信标区域。

CLBeaconRegion 是管理信标的关键类。它根据信标与 Bluetooth LE 设备的接近度来定义开发人员感兴趣的区域。

可以使用硬件制造商提供的工具将信标的身份直接编程到其硬件中。在我们的应用程序中，可以使用这些值来标识一个或多个信标。当设备进入符合条件的范围时，该区域将会触发通知。

1. 使用 RegionMonitor 类

打开 RegionMonitorViewConroller.swift 文件，然后在 RegionMonitorViewController 类中添加一个属性来保存 RegionMonitor 对象，代码如下：

```
var regionMonitor: RegionMonitor!
```

然后在 viewDidLoad 方法中创建一个实例，代码如下：

```
regionMonitor = RegionMonitor(delegate: self)
```

2. 信标身份

可以通过结合使用以下 3 个属性来指定信标的身份。

- proximityUUID：该属性将为开发人员要定位的信标保留唯一的标识符。此属性是必需的。
- major：该属性将保存一个值，该值用于标识要定位的一组信标。该值是可选的，如果未分配，则在匹配过程中将忽略它。
- minor：该属性将保存一个值，该值用于标识一组信标中的特定信标。该值是可选的，如果未分配，则在匹配过程中将忽略它。

3. 初始化信标区域

根据接收通知时的具体要求，可以通过以下 3 种方式之一设置区域。

（1）使用特定的接近度 ID（proximityUUID）定位信标。信标的 major 和 minor 值将被忽略，代码如下：

```
beaconRegion = CLBeaconRegion(proximityUUID: uuid, identifier: "my.beacon")
```

（2）定位具有特定接近度 ID（proximityUUID）和 major 值的信标。信标的 minor 值将被忽略，代码如下：

```
beaconRegion = CLBeaconRegion(proximityUUID: uuid, major:
CLBeaconMajorValue(major), identifier: "my.beacon")
```

（3）使用特定的接近度 ID（proximityUUID）、major 值和 minor 值来定位信标。这将在更复杂的环境中使用，代码如下：

```
beaconRegion = CLBeaconRegion(proximityUUID: uuid, major:
CLBeaconMajorValue(major), minor: CLBeaconMinorValue(minor), identifier:
"my.beacon")
```

初始化期间，一个附加的用户定义的唯一标识符将与信标关联。在应用程序中，可以使用此标识符来区分区域。该值不能为 nil。

4．初始化信标通知

可以使用以下 3 个属性来指示要接收的通知的类型。

❏ notifyEntryStateOnDisplay：该属性指示在打开设备显示时是否应发送信标通知。如果该值为 true，则当设备已经在区域内，用户打开显示器时会发送信标通知；如果应用程序未运行，系统将在后台启动应用程序，这样就可以处理通知。位置管理器的委托方法 didDetermineState 将被调用。

❏ notifyOnEntry：该属性指示在进入区域时是否应发送通知。系统将在后台启动应用程序以处理通知。位置管理器的委托方法 didEnterRegion 将被调用。

❏ notifyOnExit：该属性指示在离开该区域时是否应发送通知。

5．启动和停止区域监视

要启动和停止区域监视过程，可以将代码清单 10-32 中的代码添加到 RegionMonitorViewController 类中。

代码清单 10-32　启动和停止区域监视

```
@IBAction func toggleMonitoring() {
  if isMonitoring {
    regionMonitor.stopMonitoring()
  } else {
    if uuidTextField.text!.isEmpty {
      showAlert("Please provide a valid UUID")
      return
    }

    regionIdLabel.text = ""
    proximityLabel.text = ""
    distanceLabel.text = ""
    rssiLabel.text = ""

    if let uuid = NSUUID(UUIDString: uuidTextField.text!) {
      let identifier = "my.beacon"

      var beaconRegion: CLBeaconRegion?

      if let major = Int(majorTextField.text!) {
        if let minor = Int(minorTextField.text!) {
          beaconRegion = CLBeaconRegion(proximityUUID: uuid, major:
```

```
        CLBeaconMajorValue(major), minor: CLBeaconMinorValue(minor),
        identifier: identifier)
    } else {
    beaconRegion = CLBeaconRegion(proximityUUID: uuid,
        major: CLBeaconMajorValue(major), identifier: identifier)
    }
} else {
    beaconRegion = CLBeaconRegion(proximityUUID: uuid, identifier:
    identifier)
}

//此后，这些值可以从用户界面设置
beaconRegion!.notifyEntryStateOnDisplay = true
beaconRegion!.notifyOnEntry = true
beaconRegion!.notifyOnExit = true

regionMonitor.startMonitoring(beaconRegion)
} else {
    let alertController = UIAlertController(title:"iBeaconApp",
    message: "Please enter a valid UUID", preferredStyle: .Alert)
    alertController.addAction(UIAlertAction(title: "OK", style:
    .Default, handler: nil))
    self.presentViewController(alertController, animated: true,
    completion: nil)
    }
  }
}
```

6. 处理远程信标

在区域监视期间遇到的信标将使用 CLBeacon 类通过委托通知发送。信标的标识与初始化信标区域时使用的信息相对应。

> 💡 **说明：**
> 不要直接创建 CLBeacon 类的实例，这是由位置管理器完成的。

区域监视器委托方法将仅更新相应的字段。

7. 监视进度指示器

最后需要介绍的一个细节是进度指示器（Progress Indicator）。重要的是，当用户与应用程序交互时，需要为每个操作提供某种类型的反馈。

当用户单击 Monitor（监视）按钮时，开发人员就需要通过一个画面来表示"正在进行监视"。可以使用静态文本字段并切换文本来表示,但是这样的画面显然没有什么吸引力。所以,可以考虑给 Monitor(监视)按钮添加简单的旋转动画,并且可以使用该动画作为监视开始和停止时的有效进度指示器。

8. 制作监视按钮的动画

可以通过一个扩展将动画应用于 Monitor(监视)按钮。开发人员可以使用扩展将功能添加到现有类中(开发人员没有这些类的原始源代码)。

该扩展将添加一个函数,以使用关键帧动画旋转一个视图对象。

在 RegionMonitorViewController.swift 文件顶部的 import 语句之后,可以添加代码清单 10-33 中的代码。

代码清单 10-33　向 UIView 类中添加一个扩展

```
extension UIView {

  func rotate(fromValue: CGFloat, toValue: CGFloat, duration:
CFTimeInterval = 1.0, completionDelegate: AnyObject? = nil) {

    let rotateAnimation = CABasicAnimation(keyPath: "transform.rotation")
    rotateAnimation.fromValue = fromValue
    rotateAnimation.toValue = toValue
    rotateAnimation.duration = duration

    if let delegate: AnyObject = completionDelegate {
      rotateAnimation.delegate = delegate
    }
    self.layer.addAnimation(rotateAnimation, forKey: nil)
  }
}
```

参数 fromValue 和 toValue 表示旋转,并以 rad 为单位;参数 duration 表示持续时间,以 s 为单位。CABasicAnimation 类可以为 layer 属性提供单关键帧动画,它将允许开发人员随时间在两个值之间进行插值。另外,它还允许开发人员设置委托,以便在动画完成时可以通过调用委托的 animationDidStop 方法来接收通知。

对于本示例来说,将 Monitor(监视)按钮旋转 360°将构成一个动画循环。每次动画循环完成时,都会通知该委托。

开发人员可以重写视图控制器的 animationDidStop 方法。如果监视扫描仍在进行,则此方法将评估扫描状态并重新启动该动画。可以将代码清单 10-34 中的代码添加到 RegionMonitorViewController 类中。

代码清单 10-34　重写 RegionMonitorViewController 类中的 animationDidStop 方法

```
override func animationDidStop(anim: CAAnimation, finished flag: Bool) {
    if isMonitoring == true {
        //如果扫描仍在进行，则重启该动画
        monitorButton.rotate(0.0, toValue: CGFloat(M_PI * 2),
            completionDelegate: self)
    }
}
```

动画将由之前实现的委托方法控制。委托方法 didStartMonitoring 可以通过调用 Monitor（监视）按钮的 rotate 方法来启动动画，代码如下：

```
monitorButton.rotate(0.0, toValue: CGFloat(M_PI * 2), duration: 1.0,
completionDelegate: self)
```

委托方法 didStopMonitoring 可以通过简单地将属性 isMonitoring 的值设置为 false 来停止动画。请注意，在代码清单 10-34 重写的 animationDidStop 方法中，检查了 isMonitoring 的值，当设置为 false 时，动画不会被应用。当动画循环完成时，动画也将结束，这样可以确保 Monitor（监视）按钮的方向正确。

现在可以生成并运行该应用程序。切换到 Region Monitor（区域监视器）场景，然后单击 Monitor（监视）按钮，此时应该看到按钮正在旋转。再次单击该按钮时，动画应停止。

10.7　建立 iBeacon 场景

本节将为 iBeacon 建立主场景，如图 10-21 所示。iBeacon 场景允许我们将 iOS 设备配置为 iBeacon 发射器，其用户界面与区域监视器的用户界面相似。它有一个 Advertise（广播）开关，可用来打开和关闭发射器；有一个 Generate（生成）按钮，可用于自动生成 UUID；有 4 个输入字段，用户可以在其中配置设备；有若干个标签，可用于信息参考；还有一个文本视图，将显示每个输入字段的帮助信息。

本节将简要介绍为 iBeacon 场景构建 UI 的步骤，其中的许多步骤都与 10.6 节"建立区域监视器场景"中介绍的步骤重复。

创建一个名为 BeaconTransmitterViewController.swift 的新 Swift 文件，并将 BeaconTransmitterViewController 类声明为 UIViewController 的子类，然后通过添加 UITextFieldDelegate 协议声明来采用 UITextFieldDelegate 的协议，如代码清单 10-35 所示。

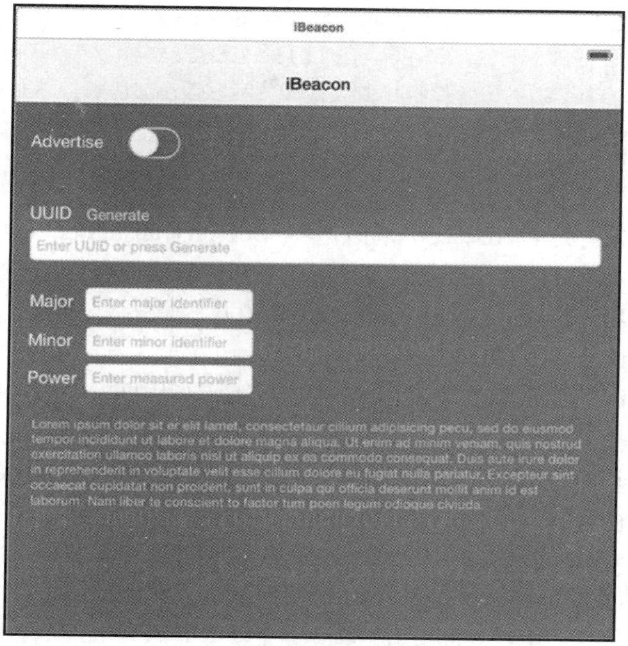

第 10 章 使用 iBeacon 进行定位 ·345·

图 10-21 iBeacon 场景现场模型

代码清单 10-35 具有属性的 BeaconTransmitterViewController 类声明

```
import UIKit

class BeaconTransmitterViewController: UIViewController,
UITextFieldDelegate {

    let kUUIDKey = "transmit-proximityUUID"
    let kMajorIdKey = "transmit-majorId"
    let kMinorIdKey = "transmit-minorId"
    let kPowerKey = "transmit-measuredPower"

    @IBOutlet weak var advertiseSwitch: UISwitch!
    @IBOutlet weak var generateUUIDButton: UIButton!
    @IBOutlet weak var uuidTextField: UITextField!
    @IBOutlet weak var majorTextField: UITextField!
    @IBOutlet weak var minorTextField: UITextField!
    @IBOutlet weak var powerTextField: UITextField!
    @IBOutlet weak var helpTextView: UITextView!
```

```
    var doneButton: UIBarButtonItem!
    var beaconTransmitter: BeaconTransmitter!
    var isBluetoothPowerOn: Bool = false

    let numberFormatter = NSNumberFormatter()
}
```

通过打开故事板并选择 iBeacon 场景，将 BeaconTransmitterViewController 分配为 Beacon Transmitter 标识的类。在右侧的 Utilities（实用工具）面板中，选择 Identity Inspector（身份检查器）选项卡，在 Custom Class（自定义类）部分的 Class（类）下拉列表框中选择 BeaconTransmitterViewController。

将 iBeacon 视图的背景颜色设置为 009999，然后在故事板中添加以下控件，使其外观如图 10-21 所示。

- 对于 Advertise（广告）UISwitch，添加两个连接，即名为 advertiseSwitch 的 IBOutlet 和名为 toggleAdvertising 的 IBAction。
- 对于 Generate（生成）UIButton，添加两个连接，即名为 generateUUIDButton 的 IBOutlet 和名为 generateUUID 的 IBAction。
- 对于每个 UITextField，分别添加一个连接，即名为 uuidTextField 的 IBOutlet、名为 majorTextField 的 IBOutlet、名为 minorTextField 的 IBOutlet 和名为 powerTextField 的 IBOutlet。添加占位符文本。
- 对于 UITextView，添加一个连接，即名为 helpTextView 的 IBOutlet。

最后，还需要为场景中的每个控件添加约束。这可以通过编写 UITextFieldDelegate 方法来实现。可以将代码清单 10-36 中的代码添加到 BeaconTransmitterViewController 类中。

代码清单 10-36　在 BeaconTransmittrViewController 类中的 UITextFieldDelegate 方法 textFieldDidBeginEditing 和 textFieldDidEndEditing

```
//MARK: UITextFieldDelegate 方法

func textFieldDidBeginEditing(textField: UITextField) {
    navigationItem.rightBarButtonItem = doneButton
    advertiseSwitch.setOn(false, animated: true)

    if textField == uuidTextField {
        helpTextView.text = NSLocalizedString("transmit.help.
            proximityUUID", comment:"foo")
    }
    else if textField == majorTextField {
        helpTextView.text = NSLocalizedString("transmit.help.major",
```

```
            comment:"foo")
    }
    else if textField == minorTextField {
        helpTextView.text = NSLocalizedString("transmit.help.minor",
            comment:"foo")
    }
    else if textField == powerTextField {
        helpTextView.text = NSLocalizedString("transmit.help.
            measuredPower", comment:"foo")
    }
}

func textFieldDidEndEditing(textField: UITextField) {
    helpTextView.text = ""

    let defaults = NSUserDefaults.standardUserDefaults()

    if textField == uuidTextField && !textField.text!.isEmpty {
        defaults.setObject(textField.text, forKey: kUUIDKey)
    }
    elseif textField == majorTextField && !textField.text!.isEmpty {
        defaults.setObject(textField.text, forKey: kMajorIdKey)
    }
    elseif textField == minorTextField && !textField.text!.isEmpty {
        defaults.setObject(textField.text, forKey: kMinorIdKey)
    }
    else if textField == powerTextField && !textField.text!.isEmpty {
        //power 值通常为负
        let value = numberFormatter.numberFromString(powerTextField.text!)
        if (value?.intValue > 0) {
            powerTextField.text = numberFormatter.stringFromNumber(0 -
                value!.intValue)
        }
        defaults.setObject(textField.text, forKey: kPowerKey)
    }
}
```

10.7.1 BeaconTransmitter 类

就像 RegionMonitor 类一样，BeaconTransmitter 类管理着与 CBPeripheralManager 的所有交互。我们将使用委托模式，以便信标发射器（Beacon Transmitter）可以将其已处

理或将要处理的事件通知给它的委托。

10.7.2 定义 BeaconTransmitterDelegate 协议

首先，开发人员需要为 BeaconTransmitterDelegate 定义一个协议，BeaconTransmitterViewController 将采用此协议并实现响应 CBPeripheralManager 动作的方法。我们将创建一个新的 BeaconTransmitter 类（该类将作为委托对象），它将保留对 BeaconTransmitterViewController 的弱引用，后者将充当委托。BeaconTransmitter 对象将充当 CBPeripheralManager 对象的委托。

创建一个名为 BeaconTransmitter.swift 的新 Swift 文件，并为 BeaconTransmitter 定义一个协议。可以将代码清单 10-37 中的代码添加到 BeaconTransmitterViewController 类中。

代码清单 10-37　定义 BeaconTransmitterDelegate 协议

```
protocol BeaconTransmitterDelegate: NSObjectProtocol {
    func didPowerOn()
    func didPowerOff()
    func onError(error: NSError)
}
```

1. 委托方法

BeaconTransmitter 将使用 BeaconTransmitterDelegate 协议中的方法来与其委托进行通信，以通知设备的蓝牙电源打开或关闭的时间，并报告它可能遇到的任何错误。

（1）didPowerOn

在 BeaconTransmitter 从 CBPeripheralManager 方法 pheralManagerDidUpdateState 中接收到通知，并且外围设备管理器的状态访问器返回 PoweredOn 之后，将调用 didPowerOn 委托方法。委托应更新其状态以反映这一点。可以将代码清单 10-38 中的代码添加到 BeaconTransmistterViewController 类中。

代码清单 10-38　BeaconTransmitterViewController 类中的 didPowerOn 方法

```
func didPowerOn(){
    isBluetoothPowerOn = true
}
```

（2）didPowerOff

在 BeaconTransmitter 接收到来自 CBPeripheralManager 方法 pheralManagerDidUpdateState 的通知，并且外围设备管理器的状态访问器返回 PoweredOff 之后，将调用 didPowerOff

委托方法。委托应更新其状态以反映这一变化。可以将代码清单 10-39 中的代码添加到 BeaconTransmistterViewController 类中。

代码清单 10-39　BeaconTransmitterViewController 类中的 didPowerOff 方法

```
func didPowerOff(){
    isBluetoothPowerOn = false
}
```

（3）onError

当 BeaconTransmitter 遇到错误时，将调用 onError 委托方法。NSError 对象将被提供给委托，该委托可以通过处理错误和/或向用户提供反馈来响应此通知。本示例当前未使用该方法。可以将代码清单 10-40 中的代码添加到 BeaconTransmitterViewController 类中。

代码清单 10-40　BeaconTransmirtterViewController 类中的委托方法 onError

```
func onError(error: NSError) {

}
```

2. 创建 iBeaconTransmitter 类

接下来，在 BeaconTransmitterDelegate 协议下面的 BeaconTransmitter.swift 文件中，将 BeaconTransmitter 类声明为 NSObject 的子类，并为 CBPeripheralManager 采用该协议。另外，我们还需要导入 CoreLocation 和 CoreBluetooth，然后为 CBPeripheralManager 和 BeaconTransmitterDelegate 添加属性。可以将代码清单 10-41 中的代码添加到 BeaconTransmitter 类中。

代码清单 10-41　BeaconTransmitter 类声明

```
class BeaconTransmitter: NSObject, CBPeripheralManagerDelegate {

    var peripheralManager: CBPeripheralManager!

    weak var delegate: BeaconTransmitterDelegate?
}
```

存储对 CBPeripheralManager 的强引用，但必须确保将 BeaconTransmitterDelegate 的委托属性声明为 weak（弱），以避免强引用循环。

现在需要实现一个初始化器方法，当创建 BeaconTransmitter 的新实例时将调用该方法。初始化器的主要作用是确保在首次使用之前正确设置类型的新实例。可以将代码清单 10-42 中的代码添加到 BeaconTransmitter 类中。

代码清单 10-42　BeaconTransmitter 初始化器

```
init(delegate: BeaconTransmitterDelegate?) {
    super.init()
    peripheralManager = CBPeripheralManager(delegate: self, queue: nil)
    self.delegate = delegate
}
```

初始化器将通过调用 super.init()方法开始，该方法将调用 BeaconTransmitter 类的超类 NSObject 的初始化器；然后使用 CBPeripheralManager 的实例初始化 peripheralManager 属性，并将其作为委托传入 self 中；最后使用 RegionMonitorDelegate 对象初始化 delegate 属性（RegionMonitorDelegate 对象将作为参数被传递）。

3. BeaconTransmitter 方法

BeaconTransmitter 类只有两个公共函数，即 startAdvertising 和 stopAdvertising。视图控制器负责配置并告知信标发射器何时开始和停止广告。

（1）startAdvertising

在 startAdvertising 方法中，peripheralManager 被告知开始广告，并且给定了特定信标区域和发送功率值。可以将代码清单 10-43 中的代码添加到 BeaconTransmitter 类中。

代码清单 10-43　BeaconTransmitter 类中的 startAdvertising 方法

```
func startAdvertising(beaconRegion: CLBeaconRegion?, power:NSNumber?) {
    let data = NSDictionary(dictionary: (beaconRegion?.
        peripheralDataWithMeasuredPower (power))!) as! [String: AnyObject]
    peripheralManager.startAdvertising(data)
}
```

（2）stopAdvertising

在 stopAdvertising()方法中，peripheralManager 被告知停止广告。可以将代码清单 10-44 中的代码添加到 BeaconTransmitter 类中。

代码清单 10-44　BeaconTransmitter 类中的 stopAdvertising 方法

```
func stopAdvertising() {
    peripheralManager.stopAdvertising()
}
```

10.7.3　将 iOS 设备配置为 iBeacon

将 iOS 设备配置为 iBeacon 发射器的背后的魔力是调用 CLBeaconsRegion 类的

peripheralDataWithMeasuredPower。其返回值将是一个字典，该字典使用设备的标识信息进行编码，该信息可用于通过 Core Bluetooth 框架广告该设备。

```
let data = NSDictionary(dictionary: (beaconRegion?.
peripheralDataWithMeasuredPower(power))!)
as! [String: AnyObject]
peripheralManager.startAdvertising(data)
```

peripheralDataWithMeasuredPower 采用一个参数代表所测量的功率。设备的测量功率是在接收信号强度指示器（Received Signal Strength Indicator，RSSI）中测得的 1m 处的信号强度。iOS 提供的距离以 m 为单位，是基于信标信号强度与发射功率之比的估算值。功率值通常具有负值。

1. 初始化信标区域

在 10.6.8 节"配置区域监视"中已经介绍过，视图控制器将负责处理用户输入和设置信标区域。

初始化信标区域的第一步是指定信标身份。为了方便设置 UUID，在 UUID 字段上方有一个 Generate（生成）按钮。我们为一个名为 generateUUID 的 IBAction 创建了一个连接。可以通过创建 NSUUID 实例并获取其 UUIString 属性来轻松地以编程方式生成 UUID。我们可以采用该值并将它分配给 uuidTextField 文本，如代码清单 10-45 所示。

代码清单 10-45　在 BeaconTransmitterViewController 中以编程方式生成唯一标识符

```
@IBAction func generateUUID() {
    uuidTextField.text = NSUUID().UUIDString
}
```

有关 major 和 minor 属性值的说明，请参阅 10.6.8 节"配置区域监视"中的"初始化信标区域"部分；有关设置通知属性的信息，请参阅 10.6.8 节"配置区域监视"中"初始化信标通知"部分。

2. 启动广告

前面我们为 IBAction 创建了一个名为 toggleAdvertising 的连接（详见 10.7 节"建立 iBeacon 场景"），现在就可以在此处请求启动和停止广告。代码清单 10-46 和代码清单 10-47 显示了完整的实现。

代码清单 10-46　在 BeaconTransmitterViewController 类中启动和停止广告

```
@IBAction func toggleAdvertising() {
    if advertiseSwitch.on {
```

```swift
    dismissKeyboard()
    if !canBeginAdvertise() {
        advertiseSwitch.setOn(false, animated: true)
        return
    }
    let uuid = NSUUID(UUIDString: uuidTextField.text!)
    let identifier = "my.beacon"
    var beaconRegion: CLBeaconRegion?
    
    if let major = Int(majorTextField.text!) {
        if let minor = Int(minorTextField.text!) {
            beaconRegion = CLBeaconRegion(proximityUUID: uuid!, major:
                CLBeaconMajorValue(major), minor: CLBeaconMinorValue
                (minor), identifier: identifier)
        } else {
            beaconRegion = CLBeaconRegion(proximityUUID: uuid!, major:
                CLBeaconMajorValue(major), identifier: identifier)
        }
    } else {
        beaconRegion = CLBeaconRegion(proximityUUID: uuid!, identifier:
            identifier)
    }
    
    beaconRegion!.notifyEntryStateOnDisplay = true
    beaconRegion!.notifyOnEntry = true
    beaconRegion!.notifyOnExit = true
    
    let power = numberFormatter.numberFromString(powerTextField.text!)
    
    beaconTransmitter.startAdvertising(beaconRegion, power: power)
} else {
    beaconTransmitter.stopAdvertising()
}
}
```

代码清单 10-47　确定广告是否可以在 BeaconTransmitterViewController 类中启动的逻辑

```swift
private func canBeginAdvertise() -> Bool {
    if !isBluetoothPowerOn {
        showAlert("You must have Bluetooth powered on to advertise!")
        return false
    }
    if uuidTextField.text!.isEmpty || majorTextField.text!.isEmpty
        || minorTextField.text!.isEmpty || powerTextField.text!.isEmpty {
            showAlert("You must complete all fields")
```

```
        return false
    }
    return true
}
```

现在可以生成并运行应用程序，然后切换到 iBeacon 场景。测试每个字段，以确保它们表现出预期的效果；单击 Generate（生成）按钮以确保生成了 UUID。

10.7.4 测试应用程序

最后，我们应该对本章介绍的功能进行一些基本测试。

如果你已经拥有 iBeacon 设备并且知道 UUID，可以运行应用程序并进入区域监视模式。输入 UUID，然后单击 Monitor（监视）按钮。在检测到信标后，应该能立即看到填充的字段。靠近信标，可以看到报告的字段的意义。将你的 iOS 设备放在信标旁边，接近度应被报告为 immediate（非常接近）。

如果你没有 iBeacon，但是有第二台 iOS 设备，可以在该设备上安装并运行应用程序。进入 iBeacon 模式并配置设备，然后启动广告。现在，使第一台设备以 Region Monitor（区域监视器）模式运行，输入相同的 UUID，然后执行与之前相同的步骤。

10.8 小　　结

本章详细介绍了如何使用 CoreLocation 框架与信标进行交互。我们阐释了区域监视，以及在进入或离开信标接近度定义的区域时如何扫描特定信标和如何接收通知。此外，我们还讨论了如何使用 iPhone 充当 iBeacon 发射器。

第 11 章　使用 HomeKit 实现家庭自动化

撰文：Manny de la Torriente

就像 Apple 公司试图通过 HealthKit 统一健康数据一样，HomeKit 则是 Apple 进入家庭自动化的入门。Apple 公司创建了统一的通信协议——HomeKit 附件协议（HomeKit Accessory Protocol，HAP）——用于连接家用电子产品制造商。HomeKit 是用于应用程序的一组通用应用程序编程接口（API），这些应用程序可在 iOS 设备和支持 HomeKit 附件协议的附件之间提供集成。请注意，在日常生活中，人们多称 Accessory 为"配件"，如智能灯、恒温器、智能插座等，它们都是家庭自动化领域中的配件，这里按照"HomeKit 附件协议"的标准译法将 Accessory 统一称为"附件"。

本章将详细阐释 HomeKit 框架（家庭、房间、附件、服务）背后的关键概念，还将阐述如何轻松构建一个应用程序来配置、监视和控制家庭自动化附件，以及与 Siri 集成以执行语音命令。此外，开发人员还将学习如何设置和使用 HomeKit 模拟器（Simulator）来帮助开发和调试应用程序。

11.1　HomeKit 概念介绍

HomeKit 在 iOS 设备和支持 Apple 的 HomeKit 附件协议（HAP）的附件之间提供了集成。HomeKit 允许应用程序发现这些附件，并将它们添加到跨设备的家庭配置数据库中，然后可以访问和修改数据以满足最终用户的需求。该数据库也可用于 Siri，从而使用户能够使用语音命令控制附件。

家庭管理器（Home Manager）由 HMHomeManager 类表示，该类管理的是家庭产品的集合。它用于访问 HomeKit 数据库中的 HomeKit 对象，如家庭、房间、附件、服务和其他相关对象。

家庭（Home）被认为是单户住宅，由 HMHome 类表示。它提供对自动化附件集合的访问，你可以与它们进行通信和配置它们。每个家庭可以选择拥有一个或多个房间（Room）。如果你尚未配置任何房间，则 HomeKit 会将附件分配给默认房间。房间由 HMRoom 类表示。区域（Zone）是任意可选的房间分组，用户可以将它视为单独的一块，例如，在楼上还是在楼下。可以将房间添加到一个或多个区域中。区域由 HMZone 类表示。

> **说明：**
> 开发人员的应用程序应该提供创建分组和标签的方法，方便用户创建对自己有用的区域。

附件（Accessory）是分配给房间的物理家庭自动化设备，如吊扇。附件由 HMAccessory 类表示，并且可以提供一项或多项服务，例如吊扇提供了用于打开和关闭风扇的服务，而另一项服务则可以改变风扇的速度，服务（Service）可以是附件（如智能灯）提供的用户可控制功能，也可以是设备内部的活动，如固件更新。HomeKit 最关注用户可控制的服务。服务由 HMService 类表示。

每项服务都可以通过特征（Characteristic）的集合来描述。例如，如果智能灯已经打开，那么它的亮度值要设置为多少。特征由 HMCharacteristic 类表示，并且将由一系列属性和元数据描述。

开发人员可以查询特征以发现其状态，也可以对其进行修改以影响附件的行为。

11.2　HomeKit 委托方法

像许多其他 Apple 框架一样，HomeKit 使用委托模式来通知事件或应用程序中的更改。关于 HomeKit 委托的重要说明是，当应用程序发起更改时，委托消息将不会被发送到应用程序中。相反，它们被发送到同样支持 HomeKit 的可能在 iOS 设备上运行的其他应用程序中。例如，你可能购买了一台恒温器，该恒温器已经附带了用于控制它的应用程序。你可能希望看到，你在应用程序中所做的任何更改都会反映在恒温器的应用程序中，或者反过来，在恒温器应用程序中所做的任何更改都会反映在你的应用程序中。在这种情况下，你的应用程序应该使用完成处理程序（Completion Handler）来重新加载数据和更新视图。但是，你仍然需要将代码添加到完成处理程序和关联的委托方法中。应用程序必须在前台运行才能接收到委托消息，因为当你的应用程序在后台运行时它们不会被批处理。当应用程序回到前台运行时，它将收到一条 homeManagerDidUpdateHomes 消息，该消息将指示你的应用重新加载其所有数据。

11.3　构建一个 HomeKit 应用程序

本章创建的应用程序将使用分组表格视图来显示信息。该应用程序将提供一个简单的用户界面（UI），用于创建家庭、浏览和添加附件以及控制家庭中的附件，如吊扇，其服务可用于打开和关闭风扇以及更改旋转速度和旋转方向。完成后，我们的应用程序应类似于图 11-1 中的应用程序。

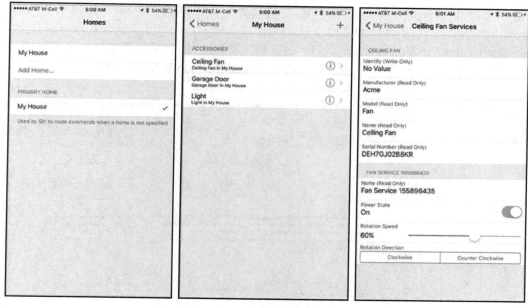

图 11-1　HomeKit 应用程序

11.3.1　需求

HomeKit 是一项仅适用于通过 App Store 分发的应用程序的服务，因此开发人员必须具备配置（Provision）和代码签名（Code-Sign）应用程序的能力。要实现这一点，开发人员需要满足以下条件。

- ❏ iOS 开发人员计划的成员资格。
- ❏ 允许在会员中心创建代码签名和配置资产。

说明：

要创建团队配置文件，请遵循在线说明文档 App Distribution Quick Start（应用程序分发快速入门）中的步骤，该文档可在 iOS 开发人员库中找到。

11.3.2　HomeKit 附件模拟器

Apple 提供了 HomeKit 附件模拟器来帮助我们开发 HomeKit 应用程序。模拟器与 iOS 设备的通信方式与真正的 HomeKit 附件将通过蓝牙低功耗（Bluetooth LE）或 WiFi 使用 HomeKit 附件协议（HAP）的方式相同，因此无须购买特定的硬件即可开发此类应用程序。使用模拟器，开发人员即可创建带有服务的附件，并为这些服务添加特征。

HomeKit 附件模拟器未随 Xcode 一起提供，因此必须从开发人员网站（https://developer.apple.com/downloads/）中下载，如图 11-2 所示。我们可以单击 HomeKit 行中的 Download HomeKit Simulator（下载 HomeKit 模拟器）按钮，或者从菜单栏中选择 Xcode→Open Developer Tools（打开开发人员工具）→More Developer Tools（更多开发人员工具）命令，都将打开浏览器并显示相同的页面。

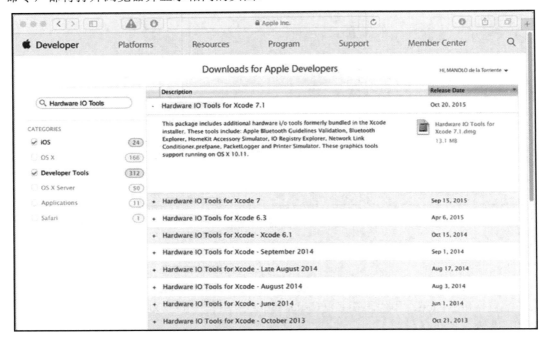

图 11-2　Apple Developers 网站下载页面

搜索 Hardware IO Tools（硬件 IO 工具），然后选择与你的 Xcode 版本兼容的硬件 IO 工具进行下载。下载完成后，双击 .dmg 文件，然后将 HomeKit Accessory Simulator 拖曳到 /Applications 文件夹中。下文将使用模拟器来构建和测试应用程序。

11.4　创 建 项 目

我们将创建一个名为 HomeKitApp 的 iOS 单视图应用程序 Xcode 项目。选择 Swift 作为 Language（语言），Devices（设备）按默认的 Universal（通用）值即可，如图 11-3 所示。我们可以在 iPhone、iPad 和 iPod touch 上使用支持 HomeKit 的附件。

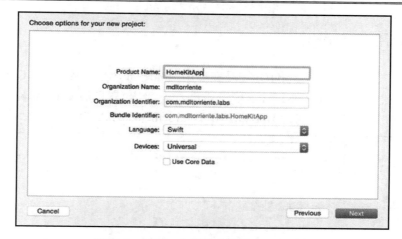

图 11-3　创建一个新的单视图 Xcode 项目

从 Targets（目标）列表中选择 HomeKitApp 目标，然后选择 General（常规）选项卡以查看 General（常规）窗格，如图 11-4 所示。在 Identity（身份）部分中，在 Team（团队）下拉列表框中选择个人配置文件即可。

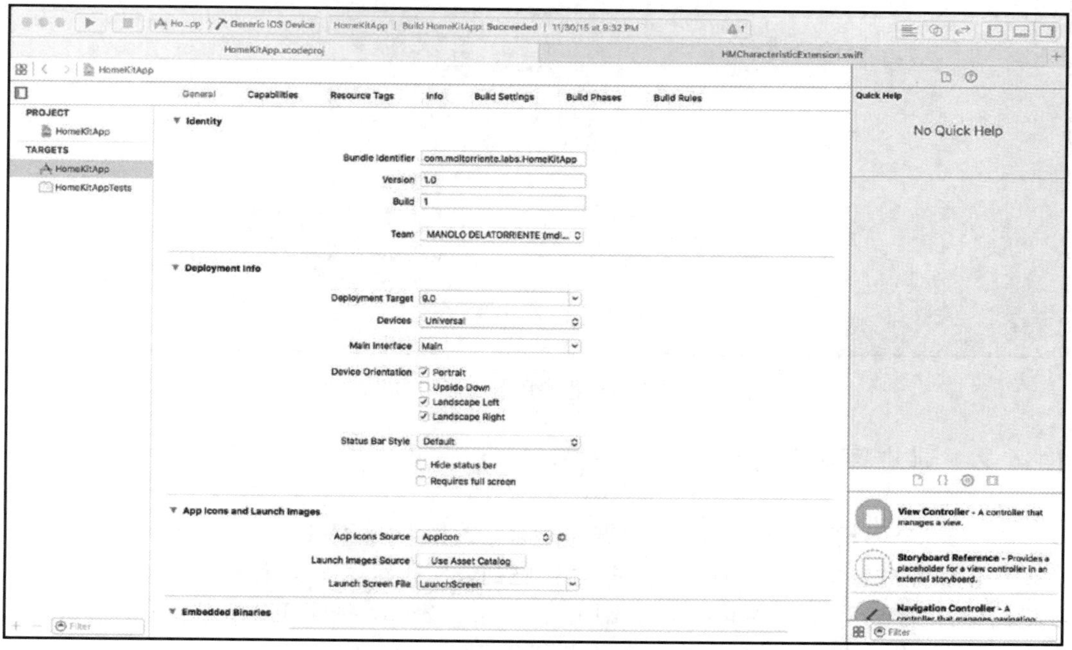

图 11-4　选择团队资料

11.4.1 启用 HomeKit

HomeKit 需要一个显示 App ID，它是在启用 HomeKit 时创建的。选择 Capabilities（功能）选项卡，然后找到 HomeKit 行，单击其开关到 ON 位置以启用 HomeKit，如图 11-5 所示。请注意，此时有一个名为 HomeKitApp.entitlements 的新文件已添加到你的项目中。

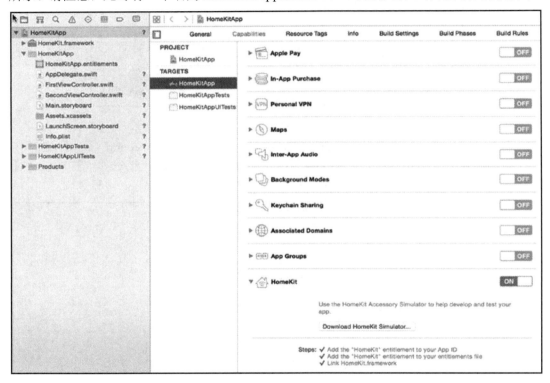

图 11-5　在应用程序服务中启用 HomeKit

11.4.2 建立家庭界面

每个家庭都只有一个 HomeKit 数据库。家庭的集合由 HMHomeManager 对象管理。我们将使用家庭管理器来添加家庭、检索家庭列表、跟踪家庭变化和删除家庭。首先，我们将建立一个界面，该界面将支持添加一个或多个家庭，并且可以指定主家庭（Primary Home）。分组表格视图将能很好地适用此任务。

表格视图控制器将使用节（Section）来显示用户定义的家庭列表。第一节将用于添加和删除家庭，用户还可以从该节中选择家庭进行配置和控制；第二节将显示可用家庭，并允许用户指定主家庭。在运行时，该表格将如图 11-6 所示。

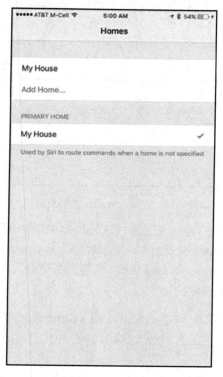

图 11-6　运行时的 HomesViewController 场景

　　打开故事板，删除当前的视图控制器，并将其替换为表格视图控制器。选择表格视图控制器，然后打开 Attribute Inspector（属性检查器），选中 Is initial view controller（作为初始视图控制器）复选框，将其设置为故事板的初始视图控制器。

　　选择表格视图控制器，从 Xcode 菜单栏中选择 Editor（编辑器）→Embed In（嵌入）→Navigation Controller（导航控制器）命令，将表格视图控制器嵌入导航控制器中，在左侧的 Documents Outline（文档结构）窗口中，选择 Table View（表格视图）对象，然后在 Attribute Inspector（属性检查器）中将其样式更改为 Grouped（分组），将表格视图控制器中导航项的标题设置为 Homes。此时的故事板应如图 11-7 所示。

　　为了跟踪对一个或多个家庭的集合的更改，需要实现 HMHomeManagerDelegate 协议。当家庭配置发生任何更改时，家庭管理器将通知其代表。

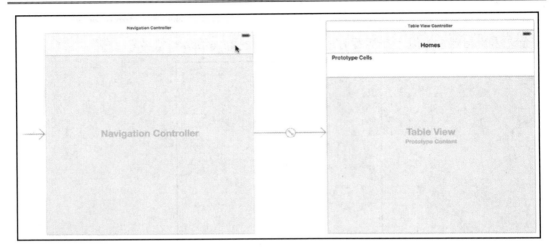

图 11-7　Main.storyboard 初始视图

首先，我们可以更改新的自定义表格视图控制器的类声明，如代码清单 11-1 所示。在导航器中，将文件 ViewController.swift 的名称更改为 HomesViewController.swift，随后将该类的名称更改为 HomesViewController，将其父类更改为 UITableViewController，并添加 HMHomeManagerDelegate 的协议。

代码清单 11-1　HomesViewController 类声明

```
class HomesViewController: UITableViewController,HMHomeManagerDelegate {
}
```

然后在故事板右侧窗格的 Identity Inspector（身份检查器）中将表格视图控制器的 Custom Class（自定义类）中的 Class 设置为 HomesViewController，如图 11-8 所示。

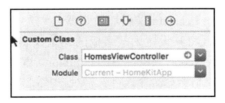

图 11-8　设置自定义类 HomesViewController

11.4.3　实现家庭管理器委托方法

家庭管理器在添加家庭、删除家庭或对家庭配置进行重大更改时将传达更改信息。这些信息将通过以下委托方法进行传达。

- didAddHome：告诉委托，家庭管理器添加了一个家庭。
- didRemoveHome：告诉委托，家庭管理器删除了一个家庭。
- homeManagerDidUpdateHomes：告诉委托，家庭管理器更新了其家庭集合。

我们可以在 HomesViewController 中实现这些方法，如代码清单 11-2 所示。同时在 homeManagerDidUpdateHomes 方法中调用 tableView.reloadData()。

代码清单 11-2　实现 HomeManagerDelegate 方法

```
class HomesViewController:UITableViewController,HMHomeManagerDelegate {

    //MARK:  HMHomeManagerDelegate methods

    func homeManagerDidUpdateHomes(manager: HMHomeManager) {
        print("homeManagerDidUpdateHomes")
        tableView.reloadData()
    }

    func homeManager(manager: HMHomeManager, didAddHome home: HMHome) {
        print("didAddHome \(home.name)")
    }

    func homeManager(manager:HMHomeManager,didRemoveHome home:HMHome) {
        print("didRemoveHome \(home.name)")
    }
}
```

1．实例化 HMHomeManager

就本应用程序的目标而言，我们将利用单例模式提供对 HMHomeManager 对象以及当前选定的 HMHome 对象的全局访问点。现在可以创建一个名为 HomeStore.swift 的新文件，并添加代码清单 11-3 中的代码。

代码清单 11-3　HomeStore 类声明

```
import HomeKit

class HomeStore: NSObject {

    static let sharedInstance = HomeStore()

    var homeManager: HMHomeManager = HMHomeManager()
    var home: HMHome?
}
```

代码清单 11-4 更新了 HomesViewController，以定义计算属性 homeStore，然后将 self 指定为家庭管理器委托。

代码清单 11-4　为 homeStore 设置计算属性

```
class HomesViewController:UITableViewController,HMHomeManagerDelegate {

    var homeStore: HomeStore {
        return  HomeStore.sharedInstance
    }

    override func viewDidLoad() {
        super.viewDidLoad()
        homeStore.homeManager.delegate = self
    }
}
```

HomesViewController 将负责根据用户输入设置 HomeStore.home 的值以反映当前家庭。

2．设置表格视图

打开故事板，然后向 Homes 表格视图中添加 4 个自定义原型单元格，如图 11-9 所示。

图 11-9　故事板中的自定义原型单元格

在 HomesViewController 类主体的顶部，添加一个名为 Identifiers 的结构，并为每个原型单元格定义一个常量属性。单元格的列出顺序与代码清单 11-5 中的顺序相同。

代码清单 11-5　自定义原型表格视图单元格的重用标识符

```
struct Identifiers {
    static let addHomeCell = "AddHomeCell"
    static let noHomesCell = "NoHomesCell"
    static let primaryHomeCell = "PrimaryHomeCell"
    static let homeCell = "HomeCell"
}
```

现在，在故事板中使用 Attribute Inspector（属性检查器），将每个自定义表格视图单元格分配给上述 Identifiers 结构（Struct）中的相应重用标识符。这与我们将在 dequeueReusableCellWithIdentifier 消息中发送到表格视图中的重用标识符相同。此外还需要确保在 Accessory（附件）弹出窗口中为 PrimaryHomeCell 分配 Checkmark，如图 11-10 所示。

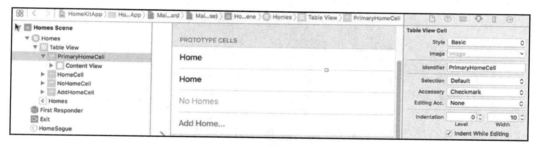

图 11-10　分配自定义表格视图单元格标识符

3. 实现 UITableView 方法

在 HomesViewController 类主体的顶部，添加一个名为 HomeSections 的枚举，其值为 Homes 和 PrimaryHome。这些值与 IndexPath.section 索引号相对应，该索引号作为参数传递给表格视图委托方法，并将用于标识 UITableView 对象的指定节，如代码清单 11-6 所示。

代码清单 11-6　表格视图节的 HomeSection 枚举

```
enum HomeSections: Int {
    case Homes = 0, PrimaryHome
    static let count = 2
}
```

为了帮助确定与表格视图的节关联的表格行的类型，可以使用代码清单 11-7 中的 helper 方法。isHomesListEmpty 方法仅返回家庭计数是否等于零，并且如果 Homes 节中的指定行是最后一行，则 isIndexPathAddHome 方法将返回 true。

代码清单 11-7　表格视图 helper 方法

```
//MARK: UITableView helpers

func isHomesListEmpty() -> Bool {
    return homeStore.homeManager.homes.count == 0
}

func isIndexPathAddHome(indexPath: NSIndexPath) -> Bool {
    return indexPath.section == HomeSections.Homes.rawValue
        && indexPath.row == homeStore.homeManager.homes.count
}
```

HomeSections 计数的值将确定表格视图中的节数（当前该值被定义为 2，表示该表格有两个节），如代码清单 11-8 所示。

代码清单 11-8　表格视图中的节数

```
//MARK: UITableView 方法

override func numberOfSectionsInTableView(tableView:UITableView)->Int {
    return HomeSections.count
}
```

节中的行数将取决于表格视图指定的是哪个节，如代码清单 11-9 所示。如果该节是 PrimaryHome，则行数值应至少为 1；如果该节是 Homes，则该行数应始终返回实际计数加 1。这样可以保证每个节中始终至少有一行容纳 Add Home…和 No Homes 单元格，如图 11-11 所示。

代码清单 11-9　表格视图的给定节中的行数

```
override func tableView(tableView: UITableView, numberOfRowsInSection section: Int) -> Int {

    let count = homeStore.homeManager.homes.count

    switch (section) {
    case HomeSections.PrimaryHome.rawValue:
        return  max(count, 1)
    case HomeSections.Homes.rawValue:
        return  count + 1
    default:
        break
    }
```

```
        return 0
}
```

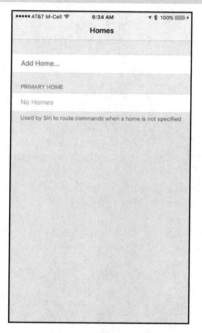

图 11-11　家庭视图的初始空白状态

委托方法 cellForRowAtIndexPath 返回与指定的行和节相对应的 UITableViewCell 对象。在该表格行/节对应于包含由用户定义的家庭的行的情况下，我们将根据家庭节是否用于主家庭来设置重用标识符，然后使用家庭名称和对应的单元格附件类型来初始化单元格对象，如代码清单 11-10 所示。

代码清单 11-10　在表格视图的特定位置处插入的单元格

```
override func tableView(tableView: UITableView, cellForRowAtIndexPath
indexPath: NSIndexPath) -> UITableViewCell {

    if isIndexPathAddHome(indexPath) {
        return tableView.dequeueReusableCellWithIdentifier(Identifiers.
          addHomeCell, forIndexPath: indexPath)
    } else if isHomesListEmpty() {
        return tableView.dequeueReusableCellWithIdentifier(Identifiers.
          noHomesCell, forIndexPath: indexPath)
    }
```

```
    var reuseIdentifier: String?
    
    switch (indexPath.section) {
    case HomeSections.PrimaryHome.rawValue:
        reuseIdentifier = Identifiers.primaryHomeCell
    case HomeSections.Homes.rawValue:
        reuseIdentifier = Identifiers.homeCell
    default:
        break
    }
    
    let cell = tableView.dequeueReusableCellWithIdentifier
    (reuseIdentifier!, forIndexPath: indexPath) as UITableViewCell
    
    let home = homeStore.homeManager.homes[indexPath.row] as HMHome
    cell.textLabel?.text = home.name
    
    if indexPath.section == HomeSections.PrimaryHome.rawValue {
        if home == homeStore.homeManager.primaryHome {
            cell.accessoryType = .Checkmark
        } else {
            cell.accessoryType = .None
        }
    }
    
    return cell
}
```

代码清单 11-11 指示主家庭的节（Section）具有页眉（Header）和页脚（Footer），这些术语均借鉴了页面排版的概念。

代码清单 11-11　主家庭节的页眉和页脚

```
override func tableView(tableView: UITableView, titleForHeaderInSection section: Int) -> String? {
    if section == HomeSections.PrimaryHome.rawValue {
        return "Primary Home"
    }
    return nil
}

override func tableView(tableView: UITableView, titleForFooterInSection section: Int) -> String? {
    if section == HomeSections.PrimaryHome.rawValue {
```

```
            return "Used by Siri to route commands when a home is not specified"
        }
        return nil
    }
```

11.4.4 向家庭管理器添加新家庭

当用户选择标记为 Add Home...（添加家庭...）的表格行时，将从 didSelectRowAtIndexPath 方法调用 onAddHomeTouched 方法，并向用户显示一个简单的 UIAlertController，提示输入新家庭的名称。一旦用户输入有效名称，就会使用家庭管理器的方法 addHomeWithName 添加家庭，如代码清单 11-12 所示。

代码清单 11-12　向家庭管理器添加新家庭

```
self.homeStore.homeManager.addHomeWithName(homeName,completionHandler:{
home, error in
    if error != nil {
        print("failed to add new home. \(error)")
    } else {
        print("added home \(home!.name)")
        self.tableView.reloadData()
    }
})
```

成功之后，表格视图将刷新，新的家庭将出现在列表中。如果该家庭是第一个家庭，则它将被指定为主家庭。可以在代码清单 11-13 中找到完整的方法。

代码清单 11-13　用于添加新家庭的 UIAlertController 方法

```
private func onAddHomeTouched() {

    let controller = UIAlertController(title: "Add Home", message: "Enter a
    name for the home", preferredStyle: .Alert)

    controller.addTextFieldWithConfigurationHandler({ textField in
        textField.placeholder = "My House"
    })

    controller.addAction(UIAlertAction(title: "Cancel", style: .Cancel,
    handler: nil))

    controller.addAction(UIAlertAction(title: "Add Home", style: .Default){
    action in
```

```
        let textFields = controller.textFields as [UITextField]!
        if let homeName = textFields[0].text {

            if homeName.isEmpty {
                let alert = UIAlertController(title: "Error", message:
                "Please enter a name", preferredStyle: .Alert)
                alert.addAction(UIAlertAction(title: "Dismiss",
                style: .Default, handler: nil))
                self.presentViewController(alert, animated: true,
                completion: nil)

            } else {
                self.homeStore.homeManager.addHomeWithName(homeName,
                completionHandler: { home, error in

                    if error != nil {
                        print("failed to add new home. \(error)")
                    } else {
                        print("added home \(home!.name)")
                        self.tableView.reloadData()
                    }
                })
            }
        }
    })
    presentViewController(controller, animated: true, completion: nil)
}
```

1. 设置主家庭

当用户选择 Primary Home（主家庭）节中列出的家庭时，家庭管理器的 updatePrimaryHome 方法被调用，如代码清单 11-14 所示。如果调用成功，则完成处理程序将重新加载表格视图。

代码清单 11-14　设置主家庭

```
homeStore.homeManager.updatePrimaryHome(home,completionHandler:{error in
    if let error = error {
        UIAlertController.showErrorAlert(self, error: error)
    } else {
        let indexSet = NSIndexSet(index: HomeSections.PrimaryHome.rawValue)
        tableView.reloadSections(indexSet, withRowAnimation: .Automatic)
    }
})
```

2. 集成 Siri

Siri 可以识别家庭、房间、区域、附件和特征名称。当命令未指定家庭名称时，Siri 将使用主家庭。

3. 设置当前家庭

当用户选择第一节中列出的家庭时，将在家庭商店（Home Store）中设置当前家庭。

```
homeStore.home = homeStore.homeManager.homes[indexPath.row]
```

然后，视图将切换为家庭的详细视图，其中用户可以配置或控制其附件，如代码清单 11-15 所示。

代码清单 11-15　将有关新的表格行选择的信息通知给委托

```
override func tableView(tableView: UITableView, didSelectRowAtIndexPath
indexPath: NSIndexPath) {

 if isIndexPathAddHome(indexPath) {
   tableView.deselectRowAtIndexPath(indexPath, animated: true)
   onAddHomeTouched()

 } else {
   homeStore.home = homeStore.homeManager.homes[indexPath.row]
    if HomeSections(rawValue: indexPath.section) == .PrimaryHome {
     let home = homeStore.homeManager.homes[indexPath.row]
     if home != homeStore.homeManager.primaryHome {
       homeStore.homeManager.updatePrimaryHome(home,
         completionHandler: { error in
         if let error = error {
           UIAlertController.showErrorAlert(self,error:error)
         } else {
           let indexSet = NSIndexSet(index: HomeSections.PrimaryHome.
             rawValue)
           tableView.reloadSections(indexSet,withRowAnimation:.Automatic)
         }
       })
     }
   }
  }
}
```

4. 删除现有家庭

滑动表格行时，它将进入编辑模式。表格视图会调用其 canEditRowAtIndexPath 方法，应用程序可以在其中逐行确定是否允许编辑，如代码清单 11-16 所示。

代码清单 11-16　验证给定行是否可编辑

```
override func tableView(tableView: UITableView, canEditRowAtIndexPath
indexPath: NSIndexPath) -> Bool {
    return !isIndexPathAddHome(indexPath)
        && !isHomesListEmpty()
        && indexPath.section == HomeSections.Homes.rawValue
}
```

如果允许编辑某行，则该行将显示 Delete（删除）按钮；如果用户单击 Delete（删除）按钮，则视图控制器将从表格视图中接收到 commitEditingStyle 消息；如果 editingStyle 为 Delete，则可以在家庭管理器上调用 removeHome 方法。

```
let home = homeStore.homeManager.homes[indexPath.row] as HMHome
homeStore.homeManager.removeHome(home, completionHandler: { error in })
```

在完成块中，如果没有错误，则调用 tableView.deleteRowsAtIndexPaths 方法。有关完整的方法，参见代码清单 11-17。

代码清单 11-17　请求删除

```
override func tableView(tableView: UITableView, commitEditingStyle
editingStyle: UITableViewCellEditingStyle, forRowAtIndexPath indexPath:
NSIndexPath) {

  if (editingStyle == .Delete) {

   let home = homeStore.homeManager.homes[indexPath.row] as HMHome
   homeStore.homeManager.removeHome(home, completionHandler: { error in

    if error != nil {
     print("Error \(error)")
     return

    } else {
    tableView.beginUpdates()
     let primaryIndexPath = NSIndexPath(forRow: indexPath.row,
     inSection: HomeSections.PrimaryHome.rawValue)
     if self.homeStore.homeManager.homes.count == 0 {
      tableView.reloadRowsAtIndexPaths([primaryIndexPath],
      withRowAnimation:UITableViewRowAnimation.Fade)
     } else {
      tableView.deleteRowsAtIndexPaths([primaryIndexPath],
```

```
            withRowAnimation:.Automatic)
        }
        tableView.deleteRowsAtIndexPaths([indexPath],withRowAnimation:
          .Automatic)
        tableView.endUpdates()
    }
  })
}
```

5．安全

当应用程序首次在设备上调用家庭管理器时，它将提醒用户并请求允许访问用户的附件数据。

如果用户选择的是Don't Allow（不允许），则将阻止HomeKit向应用程序提供信息，如图11-12所示。在这种情况下，必须在Settings.app（设置）的Privacy（隐私）/Homekit部分更改设置。

图11-12　阻止HomeKit向应用程序提供数据

如果用户在设备上登录了iCloud账户但尚未启用iCloud钥匙串（Keychain），则HomeKit会提示用户打开iCloud钥匙串以允许从用户的其他设备上进行访问。

6．建立家庭界面

家庭场景将显示与所选家庭关联的所有附件，它还将提供添加可发现附件的方法。对于此场景，开发人员将需要一个表格视图，该表格视图可以使用标准原型单元格和导航栏项来调用附件浏览器。

家庭表格场景将使用分组的表格视图来显示所选家庭的附件列表，Add（添加）导航栏项（显示为+）将打开附件浏览器。

从浏览器中选择一个附件，将把该附件添加到当前家庭中，然后发送通知并返回家庭场景。HomeViewController将处理通知并刷新视图。当从表格中选择附件时，场景将切换到可以控制附件的Services（服务）场景。

在运行时，该表格将如图11-13所示。第一个视图中表格为空；第二个视图中表格已经添加了3个附件。

图 11-13　家庭场景，左图中表格为空；右图中表格已经添加了 3 个附件

打开故事板，然后将一个新的 UITableViewController 添加到故事板画布中。

选择表格视图，然后在 Attribute Inspector（属性检查器）中，将 Style（样式）更改为 Grouped（分组）。

选择表格视图单元格，然后在 Attribute Inspector（属性检查器）中将其 Style（样式）更改为 Subtitle（小标题），将 Identifier（标识符）更改为 AccessoryCell，将 Accessory（附件）更改为 Detail Disclosure（详细信息公开），如图 11-14 所示。

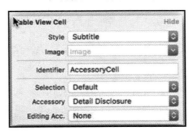

图 11-14　设置表格视图单元格

现在，从 HomesViewController 的 HomeCell 中添加一个跳转到刚添加的新表格视图

控制器，如图 11-15 所示。

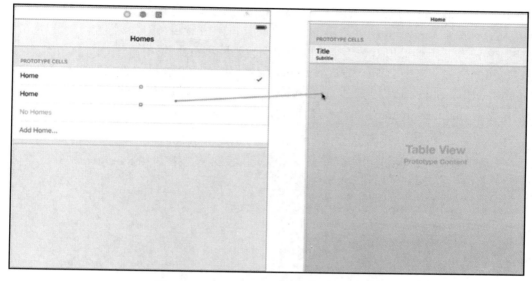

图 11-15　添加一个跳转到家庭视图控制器

请注意，此时已经自动添加导航栏。将导航栏标题更改为 Home，如图 11-16 所示。

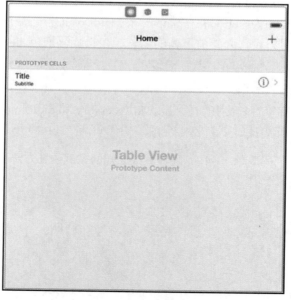

图 11-16　家庭视图控制器界面

接下来，在导航栏中添加一个 Bar Button Item（条形按钮项目）。在该条形按钮项目的 Attribute Inspector（属性检查器）中，将 System Item（系统项目）中的 Add（添加）修改为显示加号（+）。该控件将用于调用 Accessory Browser（附件浏览器），11.4.6 节"使用 HomeKit 附件模拟器"将会详细介绍构建附件浏览器的操作。

现在创建一个名为 HomeViewController.swift 的新 Swift 文件，然后声明一个新的类 HomeViewController，该类继承 UITableViewController 并采用 HMHomeDelegate 的协议，然后定义 homeStore 和 home 的计算属性，如代码清单 11-18 所示。

代码清单 11-18　HomeViewController 类

```
class HomeViewController: UITableViewController, HMHomeDelegate {
    var homeStore: HomeStore {
        return HomeStore.sharedInstance
    }
    var home: HMHome! {
        return homeStore.home
    }
}
```

然后在故事板右侧窗格的 Identity Inspector（身份检查器）中将表格视图控制器的 Custom Class（自定义类）设置为 HomeViewController。

指定当前家庭的委托为 self，并在 super.viewDidLoad()行之后的 viewDidLoad 方法中，将视图控制器的标题设置为当前家庭的名称（参见代码清单 11-4），具体代码如下：

```
home?.delegate = self
title = homeStore.home!.name
```

现在可以实现家庭管理器委托方法 didAddAccessory 和 didRemoveAccessory，以便在其他 HomeKit 应用进行更改时更新表格视图，如代码清单 11-19 所示。

代码清单 11-19　附件更改通知的家庭委托方法

```
//MARK: HMHomeDelegate 方法
func home(home: HMHome, didAddAccessory accessory: HMAccessory) {
    print("didAddAccessory \(accessory.name)")
    tableView.reloadData()
}

func home(home: HMHome, didRemoveAccessory accessory: HMAccessory) {
    print("didRemoveAccessory \(accessory.name)")
```

```
        tableView.reloadData()
}
```

7. 通知应用程序中的更改

如前文所述,开发人员的应用程序应该使用完成处理程序来重新加载数据并更新其视图。一种方便的方法是使用 NSNotificationCenter。

在 HomeStore 类中,在类的主体顶部为 AddAccessoryNotification 添加一个常量,如代码清单 11-20 所示。

代码清单 11-20　声明一个常量作为要与 NSNotificationCenter 一起使用的通知标识符

```
struct Notification {
    static let AddAccessoryNotification = "AddAccessoryNotification"
}
```

在 HomeStore 类的 viewDidLoad 方法中,添加代码清单 11-21 中的代码,以注册 AddAccessoryNotification 的观察者(Observer)。

代码清单 11-21　注册观察者以便在添加附件时接收通知

```
NSNotificationCenter.defaultCenter().addObserver(self,
    selector: "updateAccessories",
    name: HomeStore.Notification.AddAccessoryNotification, object: nil)
```

添加代码清单 11-22 中的新方法,该方法将用于通知选择器。在接收到通知后,该方法将重新加载表格视图的数据。

代码清单 11-22　发布 AddAccessoryNotification 时调用的选择器

```
func updateAccessories() {
    print("updateAccessories selector called from NSNotificationCenter")
    tableView.reloadData()
}
```

8. 实现更多的 UITableView 方法

家庭表格视图中将有两个节:第一节用作 Accessory 节的标题;第二节则用于附件列表,如代码清单 11-23 所示。

代码清单 11-23　确定表格视图中的节数

```
override func numberOfSectionsInTableView(tableView:UITableView)->Int {

    if homeStore.home?.accessories.count == 0 {
        setBackgroundMessage("No Accessories")
```

```
    } else {
        setBackgroundMessage(nil)
    }
    return 2
}
```

如果表格为空，则还会在 numberOfSectionsInTableView 方法中设置后台消息，否则不显示任何消息，如代码清单 11-24 所示。

代码清单 11-24　动态设置简单后台消息的方法

```
private func setBackgroundMessage(message: String?) {
    if let message = message {
        let label = UILabel()
        label.text = message
        label.font = UIFont.preferredFontForTextStyle(UIFontTextStyleBody)
        label.textColor = UIColor.lightGrayColor()
        label.textAlignment = .Center
        label.sizeToFit()
        tableView.backgroundView = label
        tableView.separatorStyle = .None
    }
    else {
        tableView.backgroundView = nil
        tableView.separatorStyle = .SingleLine
    }
}
```

表格视图第一节的行数为 0，因为仅显示节标题，第二节中的行数由与当前家庭关联的附件数确定，如代码清单 11-25 所示。

代码清单 11-25　确定每个节的行数

```
override func tableView(tableView: UITableView, numberOfRowsInSection section: Int) -> Int {
    if section == 1 {
        return homeStore.home!.accessories.count
    }
    return 0
}
```

表的数据源是分配给当前家庭的附件的列表，每一行都映射到附件列表中的一个元素。附件由 Accessory Browser（附件浏览器）添加，如代码清单 11-26 所示。

第 11 章　使用 HomeKit 实现家庭自动化　　· 379 ·

代码清单 11-26　设置附件的表格单元格

```
override func tableView(tableView: UITableView, cellForRowAtIndexPath
indexPath: NSIndexPath) -> UITableViewCell {
  let accessory = homeStore.home!.accessories[indexPath.row];
  let reuseIdentifier = "AccessoryCell"

  let cell = tableView.dequeueReusableCellWithIdentifier
  (reuseIdentifier, forIndexPath: indexPath)
  cell.textLabel?.text = accessory.name

  let accessoryName = accessory.name
  let roomName = accessory.room!.name
  let inIdentifier=NSLocalizedString("%@ in %@",comment:"Accessory in Room")
  cell.detailTextLabel?.text=String(format:inIdentifier,accessoryName,
  roomName)
  return cell
}
```

代码清单 11-27 可以检索和返回节标题。

代码清单 11-27　返回指定节的标题

```
override func tableView(tableView: UITableView, titleForHeaderInSection
section: Int) -> String? {
  if section == 0 {
    return homeStore.home?.accessories.count != 0 ? "Accessories" : ""
  }
  return nil
}
```

11.4.5　从家庭中删除附件

滑动附件表格行时，表格将进入编辑模式。表格视图调用其 canEditRowAtIndexPath 方法，应用程序可以在该方法上逐行确定是否允许编辑。在这种情况下，附件列表的行始终是可编辑的，如代码清单 11-28 所示。

代码清单 11-28　验证给定行是否可编辑

```
override func tableView(tableView: UITableView, canEditRowAtIndexPath
indexPath: NSIndexPath) -> Bool {
    if indexPath.section == 1 {
        return true
    }
    return false
}
```

如果某行允许编辑，则该行将显示 Delete（删除）按钮；如果用户单击该 Delete（删除）按钮，则视图控制器将从表格视图中接收到 commitEditingStyle 消息；如果 editingStyle 为 Delete，可以在当前家庭上调用 removeAccessory；在完成块中，如果没有错误，则 tableView.deleteRowsAtIndexPaths 将被调用，如代码清单 11-29 所示。

代码清单 11-29　UITableViewDelegate 方法 commitEditingStyle

```
override func tableView(tableView: UITableView, commitEditingStyle
editingStyle: UITableViewCellEditingStyle, forRowAtIndexPath indexPath:
NSIndexPath) {

 if (editingStyle == .Delete) {

  let accessory = homeStore.home?.accessories[indexPath.row]
  homeStore.home?.removeAccessory(accessory!, completionHandler:
  { error in
   if error != nil {
    print("Error \(error)")
    UIAlertController.showErrorAlert(self, error: error!)

   } else {
    tableView.beginUpdates()

     let rowAnimation = self.homeStore.home?.accessories.count== 0 ?
     UITableViewRowAnimation.Fade:UITableViewRowAnimation.Automatic
     tableView.deleteRowsAtIndexPaths([indexPath],withRowAnimation:
     rowAnimation)
    tableView.endUpdates()
    tableView.reloadData()
   }
  })
 }
}
```

11.4.6　使用 HomeKit 附件模拟器

HomeKit 附件模拟器（HomeKit Accessory Simulator）是一个开发人员工具，可以让我们定义物理上没有的附件。我们可以创建附件并添加服务和特征以紧密表示物理设备，例如，我们可以定义一顶吊扇，然后添加服务以打开和关闭电源，并且可以更改其旋转速度和旋转方向。在应用程序中，可以扫描并添加我们在模拟器中定义的附件，然后像使用物理附件一样控制服务。模拟器使开发人员可以与设备配对，更改值并接收更改的

第 11 章　使用 HomeKit 实现家庭自动化

值。因此，当在应用程序中拨动开关时，可以立即在模拟器中看到结果，反之亦然；如果在模拟器中更改了值，那么它将把更改后的值发送到应用程序中。

我们可以从创建灯泡附件开始。启动模拟器（/Applications/HomeKit Accessory Simulator.app），然后在应用程序的左下角，单击 Add（添加）按钮（+），从弹出的对话框中选择 New Accessory（新建附件）。在出现提示时，输入附件名称和制造商，并保留默认的序列号，如图 11-17 所示。完成后单击 Finish（完成）按钮。

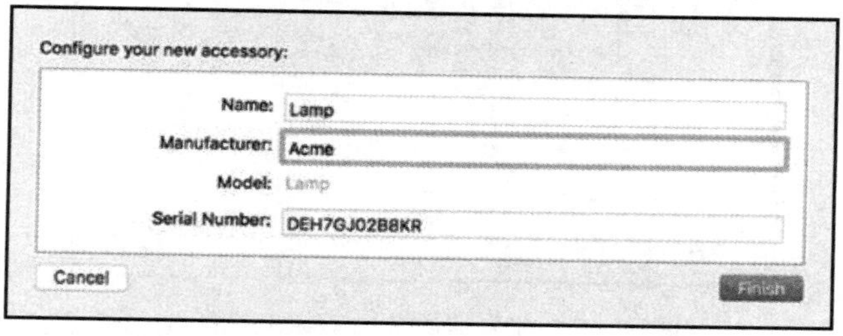

图 11-17　配置新的附件选项弹出对话框

此时应该在 IP 附件下的左侧面板中看到一个新的附件项，在右侧的主视图中可以添加服务和特征，如图 11-18 所示。

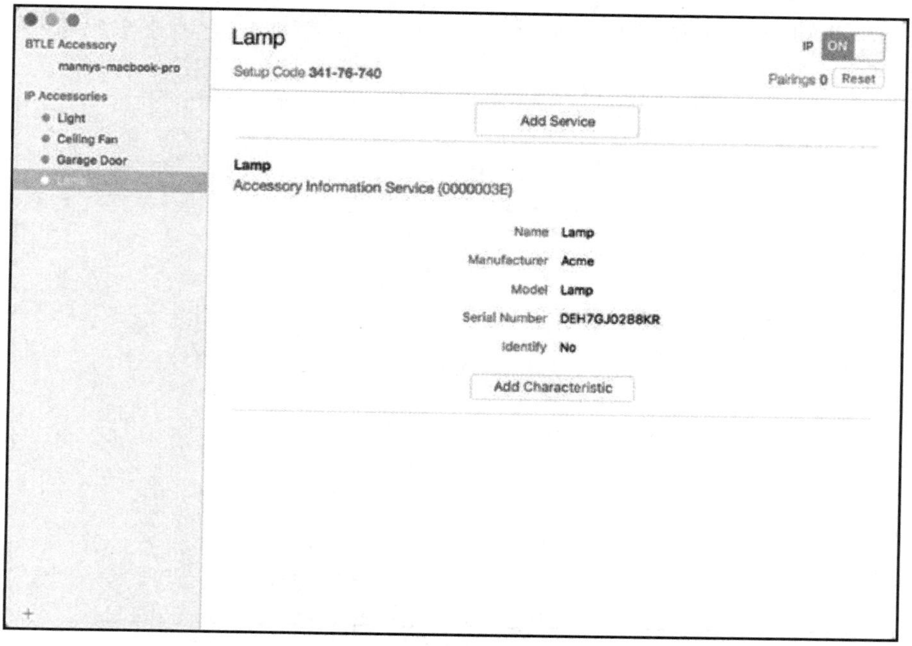

图 11-18　附件细节视图

新灯泡附件需要一项服务，该服务包含我们可以从应用程序中进行控制的特征。从窗口左侧的列表中选择 Lamp 附件，然后单击位于主视图上部的 Add Service（添加服务）按钮。从选项弹出对话框中，单击 Service（服务）下拉列表，选择 Lightbulb Service（灯泡服务），然后单击 Finish（完成）按钮，如图 11-19 所示。这时，新服务将显示在详细信息视图中。

图 11-19　配置新服务选项弹出对话框

模拟器会为每种服务类型自动创建一个通用特征，因此，对于刚创建的灯泡附件，模拟器将自动添加一个 On（开启）特征，如图 11-20 所示。有些特征是强制性的，如 On（开启）电源开关，但是，如果想要添加其他特征，如调光器，可以单击 Add Characteristic（添加特征）按钮，并在选项弹出对话框的 Characteristic（特征）下拉列表中添加 Brightness（亮度）特征。

图 11-20　包含 On 特征的附件细节视图

现在，我们拥有了一个可以从应用程序中发现和控制的附件，接下来将添加支持以浏览可用的附件。

1. 与新附件配对

在我们的应用程序中，当尝试添加新附件时，系统将显示一个 Add HomeKit Accessory（添加 HomeKit 附件）对话框，指出该附件未通过认证。使用 HomeKit 附件模拟器时允许这样做，因此请单击 Add Anyway（仍然添加）按钮，如图 11-21 所示。

系统将显示一个屏幕，要求开发人员提供附件的设置代码。单击图 11-22 底部的 Enter code manually（手动输入代码）按钮。

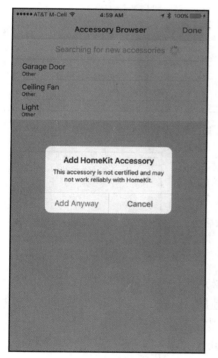

图 11-21　添加 HomeKit 附件对话框　　　　图 11-22　添加附件选项屏幕

此时将出现另一个屏幕，允许开发人员输入 8 位数代码。在附件名称下方的模拟器主视图详细信息区域中输入设置代码，如图 11-23 所示。

系统在处理设置代码时会显示进度指示器。如果输入了错误的代码或选择了 Cancel（取消），则将显示一个屏幕，允许开发人员再次输入代码；如果输入了正确的代码，则系统将显示一个屏幕，指出已添加附件并可以使用，如图 11-24 所示。

 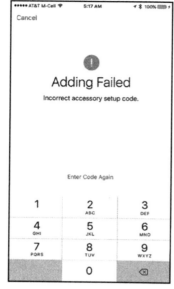 

图 11-23　输入设置代码　　　　　图 11-24　设置代码结果屏幕

2. 构建附件浏览器

Accessory Browser（附件浏览器）可用于扫描已启用 HomeKit 的附件，该场景将使用分组的表格视图来显示尚未与所选家庭关联的已启用 HomeKit 的附件的列表。

在运行时，该表格将如图 11-25 所示。

打开故事板，然后将一个新的导航控制器从 Object Library（对象库）拖曳到故事板画布中。新的 UITableViewController 将自动添加到故事板画布中。

将表格视图导航项的标题更改为 Accessory Browser。

选择表格视图，然后在 Attribute Inspector（属性检查器）中，将 Style（样式）更改为 Grouped（分组）。

选择表格视图单元格，然后在 Attribute Inspector（属性检查器）中，将其 Style（样式）更改为 Subtitle（小标题），将 Identifier（标识符）更改为 AccessoryCell。

从 Object Library（对象库）中拖曳出一个 View

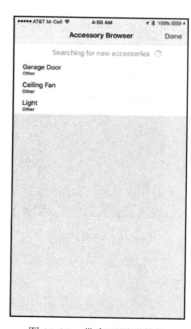

图 11-25　带有可用附件的 Accessory Browser 场景

（视图），并将其插入表格视图单元格的上方。

在刚添加的视图中添加一个 Label（标签），并将其文本设置为 Searching for new accessories（搜索新附件）。

在刚添加的标签的右侧添加一个 Activity View Indicator（活动视图指示器）。此时文档结构窗口中的 Accessory Browser Scene（附件浏览器场景）应如图 11-26 所示。

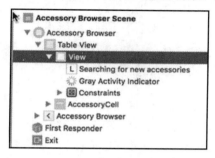

图 11-26　附件浏览器场景结构窗口

将一个 Bar Button Item（条形按钮项）添加到导航栏中。在 Bar Button Item（条形按钮项）节的 Attribute Inspector（属性检查器）中，将 System Item（系统项）更改为 Done（完成）。此控件将用于关闭附件浏览器。

此时的附件浏览器场景应如图 11-27 所示。

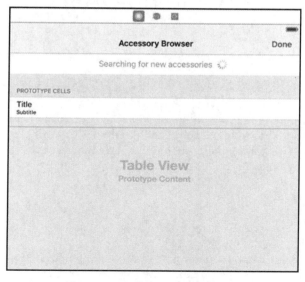

图 11-27　完整的附件浏览器场景

现在可以创建一个名为 AccessoryBrowser.swift 的新 Swift 文件。在其中声明一个新类 AccessoryBrowser，该类继承 UITableViewController 并采用 HMAccessoryBrowserDelegate 的协议，如代码清单 11-30 所示。添加属性 accessoryBrowser、accessories 和 selectedAccessory。

代码清单 11-30　AccessoryBrowser 类

```
class AccessoryBrowser:UITableViewController,HMAccessoryBrowserDelegate {

    let accessoryBrowser = HMAccessoryBrowser()
    var accessories = [HMAccessory]()
    var selectedAccessory: HMAccessory?
}
```

然后在故事板右侧窗格的 Identity Inspector（身份检查器）中将表格视图控制器的 Custom Class（自定义类）设置为 AccessoryBrowser。

在 viewDidLoad 方法中的 super.viewDidLoad() 行之后，将 self 指定为附件浏览器委托。

```
accessoryBrowser.delegate = self
```

实现附件浏览器委托方法 didFindNewAccessory 和 didRemoveNewAccessory，以便在表格视图中添加或删除指定的附件，如代码清单 11-31 所示。当添加新附件时，还需要检查它是否已经存在。

代码清单 11-31　附件浏览器委托方法

```
//MARK: HMAccessoryBrowserDelegate 方法

func accessoryBrowser(browser: HMAccessoryBrowser, didFindNewAccessory
accessory: HMAccessory) {
    print("didFindNewAccessory \(accessory.name)")
    if !self.accessories.contains(accessory) {
        self.accessories.insert(accessory, atIndex: 0)
        let indexPath = NSIndexPath(forRow: 0, inSection: 0)
        tableView.insertRowsAtIndexPaths([indexPath],
        withRowAnimation: .Automatic)
    }
}

func accessoryBrowser(browser: HMAccessoryBrowser, didRemoveNewAccessory
accessory: HMAccessory) {
    print("didRemoveNewAccessory \(accessory.name)")
    if let index = accessories.indexOf(accessory) {
        let indexPath = NSIndexPath(forRow: index, inSection: 0)
```

```
            accessories.removeAtIndex(index)
            tableView.deleteRowsAtIndexPaths([indexPath],
            withRowAnimation: .Automatic)
    }
}
```

3．扫描附件

要开始扫描可用的附件，可以调用附件浏览器的 startSearchingForNewAccessories 方法。在此示例应用中，它是通过视图控制器的 viewDidLoad 方法调用的。

```
accessoryBrowser.startSearchingForNewAccessories()
```

要停止搜索，可以调用附件浏览器的 stopSearchingForNewAccessories 方法。本示例应用程序将从视图控制器的 viewWillDisappear 方法调用此方法。

```
override func viewWillDisappear(animated: Bool) {
    accessoryBrowser.stopSearchingForNewAccessories()
}
```

4．实现 UITableView 方法

该表的数据源是分配给当前家庭的附件的列表，每行都映射到附件列表中的一个元素，如代码清单 11-32 所示。

代码清单 11-32　设置附件的表格单元格

```
override func tableView(tableView: UITableView, cellForRowAtIndexPath
indexPath: NSIndexPath) -> UITableViewCell {
    let accessory = accessories[indexPath.row];
    let cell = tableView.dequeueReusableCellWithIdentifier
    ("AccessoryCell", forIndexPath: indexPath)
    cell.textLabel?.text = accessory.name
    cell.detailTextLabel?.text = accessory.category.localizedDescription
    return cell
}
```

行数由可用附件的数量决定，如代码清单 11-33 所示。

代码清单 11-33　确定行数

```
override func tableView(tableView: UITableView, numberOfRowsInSection
section: Int) -> Int {
    return accessories.count
}
```

从 AccessoryBrowser 类的视图控制器的 viewWillAppear 方法重新加载表格数据，如

代码清单 11-34 所示。

代码清单 11-34　AccessoryBrowser 类的 viewWIllAppear 方法

```
override func viewWillAppear(animated: Bool) {
    super.viewWillAppear(animated)
    tableView.reloadData()
}
```

5. 向家庭中添加新附件

当用户从列表中选择附件时，将调用表格视图委托方法 didSelectRowAtIndexPath，将 selectedAccessory 分配给附件列表中的相应元素。

```
selectedAccessory = accessories[indexPath.row]
```

要将附件添加到当前家庭中，可以调用家庭对象 addAccessory 方法，如代码清单 11-35 所示。然后将 selectedAccessory 作为参数传递，在处理请求后，执行完成块。如果成功，则 error 的值为 nil。

将附件成功添加到家庭后，即发布一个通知，以便所有注册的观察者都可以更新其视图（参见代码清单 11-35）。

要将新的附件分配到房间，可以调用家庭对象的 assignAccessory 方法，并将 selectedAccessory 以及将要分配附件的房间一起传入。附件必须已经被添加到家庭中，并且房间也必须已经存在于家庭中。在此示例中，将使用家庭的默认房间。下文将扩展应用程序并提供支持以添加新房间，如代码清单 11-35 所示。

代码清单 11-35　didSelectRowAtIndexPath 委托方法可将新附件添加到家庭中并将其分配给房间

```
override func tableView(tableView: UITableView, didSelectRowAtIndexPath indexPath: NSIndexPath) {
    
    tableView.deselectRowAtIndexPath(indexPath, animated: true)
    
    selectedAccessory = accessories[indexPath.row]
    HomeStore.sharedInstance.home?.addAccessory(self.selectedAccessory!, completionHandler: { error in
        
        if (error != nil) {
            print("Error: \(error)")
            UIAlertController.showErrorAlert(self, error: error!)
            
        } else {
```

```
            NSNotificationCenter.defaultCenter().postNotificationName
            (HomeStore.Notification.AddAccessoryNotification, object: nil)
            HomeStore.sharedInstance.home?.assignAccessory
            (self.selectedAccessory!, toRoom: (HomeStore.sharedInstance.
            home?.roomForEntireHome())!,
            completionHandler: { error in
                if let error = error {
                    print("failed to assign accessory to room: \(error)")
                } else {
                    print("added \(self.selectedAccessory!.name) to room")
                }
            })
        }
    })
}
```

6.关闭附件浏览器

要关闭附件浏览器并返回家庭场景,可以创建一个动作连接,如代码清单 11-36 所示。按住 Ctrl 键,从 Done(完成)按钮拖曳到实现文件中。在 Connection(连接)弹出窗口中,将操作的名称设置为 Done,然后单击 Connect(连接),添加对 dismissViewControllerAnimated 的调用。

代码清单 11-36　关闭附件浏览器的动作连接

```
@IBAction func done(sender: AnyObject) {
    dismissViewControllerAnimated(true, completion: nil)
}
```

11.4.7　构建服务接口

Services(服务)场景将显示可用于特定附件的所有服务。每个服务将在其自己的节中显示,然后是相关特征的列表。

在运行时,表格将如图 11-28 所示。

打开故事板,然后将一个新的 UITableViewController 添加到故事板画布中。

选择表格视图,然后在 Attribute Inspector(属性检查器)中,将 Style(样式)更改为 Grouped(分组)。

在表格视图单元格中添加两个标签,并将它们放置在表格视图的左侧,如图 11-29 所示。在 Attribute Inspector(属性检查器)中,将上面标签的 Font(字体)更改为 Footnote(脚注),将下面标签的 Font(字体)更改为 Body(正文)。

图 11-28　可用服务

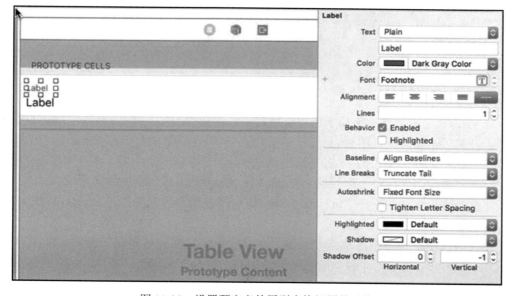

图 11-29　设置预定义的原型表格视图单元格

选择表格视图，然后从 Attribute Inspector（属性检查器）中将原型单元格数更改为 4。此时应该看到 4 个相同的单元格。

将第一个单元格的表格视图单元格标识符更改为 CharacteristicCell。

将第二个单元格的表格视图单元格标识符更改为 PowerStateCell，然后添加一个 UISwitch 并将其放置在右侧。

将第三个单元格的表格视图单元格标识符更改为 SliderCell，然后添加一个 UISlider 并将其放置在右侧。

将第四个单元格的表格视图单元格标识符更改为 SegmentedCell。删除第二个标签，并用 UISegmentedControl 替换它，然后将它放置在适当位置，结果如图 11-30 所示。

现在的 Services（服务）场景应如图 11-30 所示。

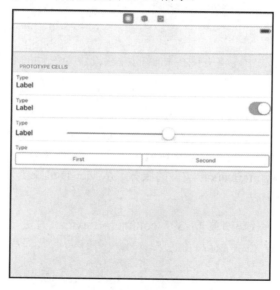

图 11-30　Services 场景

创建一个名为 ServicesViewController.swift 的新 Swift 文件。声明一个新类 ServicesViewController，该类继承 IUTableViewController 并采用 HMAccessoryDelegate 的协议，如代码清单 11-37 所示。

代码清单 11-37　ServicesViewController 类声明

```
class ServicesViewController: UITableViewController, HMAccessoryDelegate {
}
```

然后在故事板右侧窗格的 Identity Inspector（身份检查器）中将表格视图控制器的

Custom Class（自定义类）设置为 ServicesViewController。

添加一个称为 services 的存储属性,并使用一个新的空白 HMService 数组的值对其进行初始化,代码如下:

```
var services = [HMService]()
```

添加一个称为 accessory 的存储属性来容纳 HMAccessory,并定义一个属性观察器以将 self 设置为委托,如代码清单 11-38 所示。

代码清单 11-38　附件的存储属性

```
var accessory: HMAccessory? {
    didSet {
        accessory?.delegate = self
    }
}
```

在 viewDidLoad 方法中,将视图控制器的标题设置为附件的名称,代码如下:

```
title = "\(accessory!.name) Services"
```

1. 配置服务

如前文所述,每个服务都将在它自己的节中显示,然后列出其特征列表。第一节将显示与附件有关的信息,因此需要遍历附件的服务,并检查其类型。在数组的前面插入 HMServiceTypeAccessoryInformation 类型的服务。从 viewDidLoad 方法调用代码清单 11-39 中的 configureServices 方法。

代码清单 11-39　configureServices 方法

```
private func configureServices() {
    for service in accessory!.services as [HMService] {
        if service.serviceType == HMServiceTypeAccessoryInformation {
            services.insert(service, atIndex: 0)
        } else {
            services.append(service)
        }
    }
}
```

2. 接收特征的值变化通知

要显示服务特征的当前状态,我们希望在特征值发生变化时收到通知。为此,可以针对支持通知的特征调用 enableNotification 方法。开发人员可以通过测试特征属性是否包含常量 HMCharacteristicPropertySupportsEventNotification 来进行检查。我们希望有选择性地打开或关闭通知，因此可以创建一个名为 enableNotifications 的方法，该方法将一个布尔值作为参数（参见代码清单 11-40）。

代码清单 11-40　启用或禁用服务中特征的通知

```
private func enableNotifications(enable: Bool) {
  for service in services {
    for characteristic in service.characteristics {
      if characteristic.properties.contains
      (HMCharacteristicPropertySupportsEvent Notification) {
        characteristic.enableNotification(enable,completionHandler:{error in
          if let error = error {
            print("Failed to enable notifications for
            \(characteristic):\(error.localizedDescription)")
          }
        })
      }
    }
  }
}
```

在设置服务数组后，需要调用 enableNotifications(true) 以启用来自 viewDidLoad 方法的通知，并调用 enableNotifications(false) 以禁用来自 viewWillDisappear 方法的通知。

11.4.8　实现 UITableView 方法

表格视图的数据源将是服务数组，因此表格中的节数由服务的数量确定，每个节的行数由每个服务的特征数确定，如代码清单 11-41 所示。

代码清单 11-41　确定表格视图的节数和行数

```
override func numberOfSectionsInTableView(tableView:UITableView)->Int {
    return services.count
}

override func tableView(tableView: UITableView, numberOfRowsInSection
section: Int) -> Int {
    return services[section].characteristics.count
}
```

将上述节的标题设置为服务名称，代码如下：

```
override func tableView(tableView: UITableView, titleForHeaderInSection
section: Int) -> String? {
    return services[section].name
}
```

每行显示的单元格样式由特征的属性和元数据确定。特征属性由以下常量表示。

- HMCharacteristicPropertySupportsEventNotification：该特征支持使用控制器建立的事件连接进行通知。
- HMCharacteristicPropertyReadable：该特征是可读的。
- HMCharacteristicPropertyWritable：该特征是可写的。

特征元数据是进一步描述特征值的信息，它由 HMCharacteristicMetadata 对象表示。开发人员可以通过查询元数据以获得信息，如数据格式、单位、数值范围和制造商的说明等。

在委托方法 cellForRowAtIndexPath 中，评估每个特征以确定单元格样式（参见代码清单 11-42）。

代码清单 11-42　确定特征的单元格样式

```
override func tableView(tableView: UITableView, cellForRowAtIndexPath
indexPath: NSIndexPath) -> UITableViewCell {

    var reuseIdentifier = Identifiers.CharacteristicCell

    let characteristic = services[indexPath.section].
    characteristics[indexPath.row]

    if characteristic.isReadOnly || characteristic.isWriteOnly {
        reuseIdentifier = Identifiers.CharacteristicCell
    } else if characteristic.isBoolean {
        reuseIdentifier = Identifiers.PowerStateCell
    } else if characteristic.hasValueDescriptions {
        reuseIdentifier = Identifiers.SegmentedCell
    } else if characteristic.isNumeric {
        reuseIdentifier = Identifiers.SliderCell
    }

    let cell = tableView.dequeueReusableCellWithIdentifier
    (reuseIdentifier, forIndexPath: indexPath)
    if let cell = cell as? CharacteristicCell {
        cell.characteristic = characteristic
    }
```

```
        return cell
}
```

在 ServicesViewController 类的顶部，定义一个名为 Identifiers 的结构，该结构具有表格中每个单元格原型的属性，如代码清单 11-43 所示。

代码清单 11-43　定义一个名为 Identifiers 的结构

```
struct Identifiers {
    static let CharacteristicCell = "CharacteristicCell"
    static let PowerStateCell = "PowerStateCell"
    static let SliderCell = "SliderCell"
    static let SegmentedCell = "SegmentedCell"
}
...
```

创建一个名为 HMCharacteristicExtension.swift 的新文件，并为 HMCharacteristic 声明一个新的扩展名。此扩展的目的是提供存储的属性和常量，这些属性和常量可用于通过检查特征属性和元数据来帮助确定数据格式和单位等，如代码清单 11-44 所示。

代码清单 11-44　HMCharacteristic 扩展

```
import HomeKit

extension HMCharacteristic {

    private struct Const {
        static let numberFormatter = NSNumberFormatter()

        static let numericFormats = [
            HMCharacteristicMetadataFormatInt,
            HMCharacteristicMetadataFormatFloat,
            HMCharacteristicMetadataFormatUInt8,
            HMCharacteristicMetadataFormatUInt16,
            HMCharacteristicMetadataFormatUInt32,
            HMCharacteristicMetadataFormatUInt64
        ]
    }

    var isReadOnly: Bool {
        return !properties.contains(HMCharacteristicPropertyWritable)
            && properties.contains(HMCharacteristicPropertyReadable)
    }
```

```swift
var isWriteOnly: Bool {
    return !properties.contains(HMCharacteristicPropertyReadable)
        && properties.contains(HMCharacteristicPropertyWritable)
}

var isBoolean: Bool {
    guard let metadata = metadata else { return false }
    return metadata.format == HMCharacteristicMetadataFormatBool
}

var isNumeric: Bool {
    guard let metadata = metadata else { return false }
    guard let format = metadata.format else { return false }
    return Const.numericFormats.contains(format)
}

var isFloatingPoint: Bool {
    guard let metadata = metadata else { return false }
    return metadata.format == HMCharacteristicMetadataFormatFloat
}

var isInteger: Bool {
    return self.isNumeric && !self.isFloatingPoint
}

var hasValueDescriptions: Bool {
    guard let number = self.value as? Int else { return false }
    return self.descriptionForNumber(number) != nil
}

var valueDescription: String {
    if let value = self.value {
        return descriptionForValue(value)
    }
    return ""
}

var unitDecoration: String {
    if let units = self.metadata?.units {
        switch units {
        case HMCharacteristicMetadataUnitsPercentage: return "%"
```

```swift
            case HMCharacteristicMetadataUnitsFahrenheit: return "°F"
            case HMCharacteristicMetadataUnitsCelsius: return "°C"
            case HMCharacteristicMetadataUnitsArcDegree: "°"
            default:
                break
            }
        }
        return ""
    }

    var valueCount: Int {
        guard let metadata = metadata, minimumValue = metadata.minimumValue
            as? Int else { return 0 }
        guard let maximumValue = metadata.maximumValue as? Int else
            { return 0 }
        var range = maximumValue - minimumValue
        if let stepValue = metadata.stepValue as? Double {
            range = Int(Double(range)/stepValue)
        }
        return range + 1
    }

    var allValues: [AnyObject]? {
        guard self.isInteger else { return nil }
        guard let metadata = metadata, stepValue = metadata.stepValue as?
            Double else { return nil }
        let choices = Array(0..<self.valueCount)
        return choices.map { choice in
            Int(Double(choice) * stepValue)
        }
    }

    func descriptionForValue(value: AnyObject) -> String {
        if self.isWriteOnly {
            return "Write-Only"

        } else if let metadata = self.metadata {
            if metadata.format == HMCharacteristicMetadataFormatBool {
                if let boolValue = value.boolValue {
                    return boolValue ? "On" : "Off"
                }
            }
```

```swift
        }
        
        if let intValue = value as? Int {
            if let desc = self.descriptionForNumber(intValue) {
                return desc
            }
            if let stepValue = self.metadata?.stepValue {
                Const.numberFormatter.minimumFractionDigits =
                Int(log10(1.0 / stepValue.doubleValue))
                
                if let string =
                Const.numberFormatter.stringFromNumber(intValue){
                    return string + self.unitDecoration
                }
            }
        }
        
        return "\(value)"
    }
    
    func descriptionForNumber(number: Int) -> String? {
        switch self.characteristicType {
        case HMCharacteristicTypePowerState, HMCharacteristicTypeInputEvent,
        HMCharacteristicTypeOutputState:
            return Bool(number) ? "On" : "Off"
            
        case HMCharacteristicTypeObstructionDetected:
            return Bool(number) ? "Yes" : "No"
            
        case HMCharacteristicTypeTargetDoorState,
        HMCharacteristicTypeCurrentDoorState:
            if let state = HMCharacteristicValueDoorState(rawValue:number) {
                switch state {
                case .Open: return "Open"
                case .Opening: return "Opening"
                case .Closed: return "Closed"
                case .Closing: return "Closing"
                case .Stopped: return "Stopped"
                }
            }
            
        case HMCharacteristicTypePositionState:
            if let state = HMCharacteristicValuePositionState(rawValue: number){
```

```
            switch state {
            case .Opening: return "Opening"
            case .Closing: return "Closing"
            case .Stopped: return "Stopped"
            }
        }
    case HMCharacteristicTypeRotationDirection:
        if let dir = HMCharacteristicValueRotationDirection(rawValue:
        number){
            switch dir {
            case .Clockwise: return "Clockwise"
            case .CounterClockwise: return "Counter Clockwise"
            }
        }
    default:
        break
    }
    return nil
  }
}
```

11.4.9 特征的子类

本节将介绍与特征相关的子类。这些子类的基类是 CharacteristicCell，而 CharacteristicCell 又继承自 UITableViewCell。

1. 特征信息

开发人员可以创建一个名为 CharacteristicCell.swift 的新 Swift 文件，并声明一个继承自 UITableViewCell 的新类 CharacteristicCell，该类将用作所有特征表格视图单元格的基类，如代码清单 11-45 所示。

代码清单 11-45　特征的基类 CharacteristicCell

```
import HomeKit

class CharacteristicCell: UITableViewCell {

    @IBOutlet weak var typeLabel: UILabel!
    @IBOutlet weak var valueLabel: UILabel!

    var characteristic: HMCharacteristic! {
```

```swift
    didSet {
        var desc = characteristic.localizedDescription
        if characteristic.isReadOnly {
            desc = desc + " (Read Only)"
        } else if characteristic.isWriteOnly {
            desc = desc + " (Write Only)"
        }
        typeLabel.text = desc
        valueLabel?.text = "No Value"
        
        setValue(characteristic.value, notify: false)
        
        selectionStyle = characteristic.characteristicType ==
        HMCharacteristicTypeIdentify ? .Default : .None
        
        if characteristic.isWriteOnly {
            return
        }
        
        if reachable {
            characteristic.readValueWithCompletionHandler { error in
                if let error = error {
                    print("Error reading value for
                        \(self.characteristic): \(error)")
                } else {
                    self.setValue(self.characteristic.value,
                        notify: false)
                }
            }
        }
    }
}

var value: AnyObject?

var reachable: Bool {
    return (characteristic.service?.accessory?.reachable ?? false)
}

required init?(coder aDecoder: NSCoder) {
    super.init(coder: aDecoder)
}
```

```swift
func setValue(newValue: AnyObject?, notify: Bool) {
    self.value = newValue
    if let value = self.value {
        self.valueLabel?.text = self.characteristic.
        descriptionForValue(value)
    }
    
    if notify {
        self.characteristic.writeValue(self.value,completionHandler:
        { error in
            if let error = error {
                print("Failed to write value for
                \(self.characteristic):
                \(error.localizedDescription)")
            }
        })
    }
}
```

2．电源状态控制

创建一个名为 PowerStateCell.swift 的新文件，并声明一个继承自 CharacteristicCell 的新类 PowerStateCell，使用一个 UISwitch 以切换表示特征电源状态的值，如代码清单 11-46 所示。

代码清单 11-46　电源状态控制表格视图单元格

```swift
import HomeKit

class PowerStateCell: CharacteristicCell {
    
    @IBOutlet weak var powerSwitch: UISwitch!
    
    @IBAction func switchValueChanged(sender: UISwitch) {
        setValue(powerSwitch.on, notify: true)
    }
    
    override var characteristic: HMCharacteristic! {
        didSet {
            powerSwitch.userInteractionEnabled = reachable
        }
    }
```

```
        override func setValue(newValue: AnyObject?, notify: Bool) {
            super.setValue(newValue, notify: notify)
            if let newValue = newValue as? Bool where !notify {
                powerSwitch.setOn(newValue, animated: true)
            }
        }
    }
```

3. 滑块控制

创建一个名为 SliderCell.swift 的新文件，并声明一个继承自 CharacteristicCell 的新类 SliderCell，使用一个 UISlider 控件以更改特征的数字值，如代码清单 11-47 所示。

代码清单 11-47　滑块控制表格视图单元格

```
import HomeKit

class SliderCell: CharacteristicCell {

    @IBOutlet weak var slider: UISlider!

    @IBAction func sliderValueChanged(sender: UISlider) {
        let value = roundedValueForSliderValue(slider.value)
        setValue(value, notify: true)
    }

    override var characteristic: HMCharacteristic! {
        didSet {
            slider.userInteractionEnabled = reachable
        }

        willSet {
            slider.minimumValue = newValue.metadata?.minimumValue as?
            Float ?? 0.0
            slider.maximumValue = newValue.metadata?.maximumValue as?
            Float ?? 100.0
        }
    }

    override func setValue(newValue: AnyObject?, notify: Bool) {
        super.setValue(newValue, notify: notify)
        if let newValue = newValue as? NSNumber where !notify {
            slider.value = newValue.floatValue
```

```
            }
        }
        
        private func roundedValueForSliderValue(value: Float) -> Float {
            if let metadata = characteristic.metadata,
                stepValue = metadata.stepValue as? Float where stepValue>0 {
                    let newValue = roundf(value / stepValue)
                    let stepped = newValue * stepValue
                    return stepped
            }
            return value
        }
}
```

4．分段控制

创建一个名为 SegmentedCell.swift 的新文件，并声明一个继承自 CharacteristicCell 的新类 SegmentedCell。UISegmentedControl 用于表示代表描述的一系列值，如代码清单 11-48 所示。

代码清单 11-48　分段控制表格视图单元格

```
import HomeKit

class SegmentetCell: CharacteristicCell {
    
    @IBOutlet weak var segmentedControl: UISegmentedControl!
    
    @IBAction func segmentValueChanged(sender: UISegmentedControl) {
        let value = titleValues[segmentedControl.selectedSegmentIndex]
        setValue(value, notify: true)
    }
    
    var titleValues = [Int]() {
        didSet {
            segmentedControl.removeAllSegments()
            for index in 0..<titleValues.count {
                let value: AnyObject = titleValues[index]
                let title = self.characteristic.descriptionForValue(value)
                segmentedControl.insertSegmentWithTitle(title, atIndex: index, animated: false)
            }
        }
    }
```

```
        }
    override var characteristic: HMCharacteristic! {
        didSet {
            segmentedControl.userInteractionEnabled = reachable

            if let values = self.characteristic.allValues as? [Int] {
                titleValues = values
            }
        }
    }

    override func setValue(newValue: AnyObject?, notify: Bool) {
        super.setValue(newValue, notify: notify)
        if !notify {
            if let intValue = value as? Int, index =
            titleValues.indexOf(intValue) {
                segmentedControl.selectedSegmentIndex = index
            }
        }
    }
}
```

5. 附件委托方法

当附件的特征值更改时，附件通过 didUpdateValueForCharacteristic 方法通知其委托，如代码清单 11-49 所示。accessory 参数表示特征值已更改的对象；service 参数表示具有更改后的特征值的服务；characteristic 参数表示其值已更改的特征。

代码清单 11-49 ServicesViewController 类中的委托方法 didUpdateValueForCharacteristic

```
//MARK: HMAccessoryDelegate 方法

func accessory(accessory: HMAccessory, service: HMService,
didUpdateValueForCharacteristic characteristic: HMCharacteristic) {
    if let index = service.characteristics.indexOf(characteristic) {
        let indexPath = NSIndexPath(forRow: index, inSection: 1)
        let cell = tableView.cellForRowAtIndexPath(indexPath)
            as! CharacteristicCell
        cell.setValue(characteristic.value, notify: false)
    }
}
```

11.5 切换到服务场景

当用户从表格中选择附件时，即可切换到 Services（服务）场景。要实现该功能，需要添加相应的跳转。打开故事板，然后按住 Ctrl 键从 Home（家庭）场景表格视图单元格拖曳一条直线到 Services（服务）视图控制器中，然后将跳转 Identifier（标识符）设置为 ServicesSegue。

在 HomeViewController 类中，重写 prepareForSegue 方法并设置 ServicesViewController 的 accessory 属性，如代码清单 11-50 所示。

代码清单 11-50　设置目标视图控制器的附件

```
override func prepareForSegue(segue: UIStoryboardSegue,sender: AnyObject?){
    if segue.identifier == "ServicesSegue"  {
        let controller = segue.destinationViewController as!
        ServicesViewController
        let indexPath = tableView.indexPathForSelectedRow;
        controller.accessory = homeStore.home!.accessories
         [(indexPath?.row)!];
    }
}
```

11.6 运行应用程序

现在我们可以生成并运行该应用程序。添加一个新的家庭，此时可以在第一个表格的节中看到一个新条目，还可以在 Primary Home（主家庭）节中看到带有该家庭名称的条目，并在单元格的右侧带有复选标记；接着添加第二个家庭，此时可以在第一个表格的节和第二个节中看到第二个条目。添加的第一个家庭仍应标记为主家庭。在 Primary Home（主家庭）节中选择第二个家庭，此时复选标记应该出现在表格单元格的右边，指示第二个家庭现在是主家庭。

下面添加附件，具体方法如下。

（1）从第一个节中选择家庭，应用程序应切换到一个视图，该视图在导航栏中已显示家庭名称，并且带有一个空的表格视图。其背景应显示一个标签，标签的文字为 No Accessories。

（2）单击导航栏中的 Add（添加）按钮（+），视图应该切换到 Accessory Browser

（附件浏览器）。如果在模拟器中添加了任何附件，则应在此处列出它们。

（3）从列表中选择一个附件，此时将会出现一个弹出窗口，警告该附件未经认证并且可能无法与 HomeKit 一起可靠地工作。使用模拟器时，这是正常现象。

（4）单击 Add Anyway（仍然添加）按钮，此时可以看到一个场景，提示你输入 8 位数的附件设置代码。

（5）单击视图底部的 Enter code manually（手动输入代码）按钮；你应该看到一个带有键盘的场景，其中可以输入 8 位数的附件设置代码，该代码可以在主视图顶部的模拟器应用程序中找到。

（6）输入代码，如果输入的代码不正确，则会看到 Adding Failed（添加失败）的消息；如果输入了正确的代码，则会短暂出现一条消息——Accessory Added（已添加附件），并且视图应自动切换回 Accessory Browser（附件浏览器）。请注意，所选择的附件将不再在表格视图中列出。

（7）单击导航栏中的 Done（完成）按钮；此时可以在家庭视图中看到列出的附件。

（8）当在表格视图中选择附件时，可以切换到 Services（服务）场景。附件名称应作为标题出现在导航栏中。此时可以看到有几个表格的节：第一个节仅提供信息，它应该显示与模拟器中相同的信息；第二个节应标记有服务名称。将有一个或多个表格单元格，每个特征对应一个单元格，并带有可用于更改特征值或状态的控件。例如，如果看到的是 Lightbulb（灯泡）服务，则应该有一个开关可用于打开或关闭电源。

（9）改变特征的状态。需要注意的是，模拟器中的关联值也会更改。

（10）更改模拟器中的值。需要注意的是，应用程序中的关联值也会更改。

通过添加更多附件，并且将附件添加到应用程序的家庭中，对模拟器进行试验。请注意，不能将一个附件添加到多个家庭中。

11.7 小　　结

本章详细阐述了 HomeKit 的一些基本概念，以及如何在应用程序中使用 HomeKit 框架。此外还讨论了使用 HomeKit 附件模拟器来帮助开发和测试应用程序的基础知识。

本章的示例应用程序仅涉及使用 HomeKit 框架可以完成的工作，但实际上开发人员还有很多事情可以做，也可以根据自己的需要扩展功能。

第 12 章　构建与 Raspberry Pi 交互的应用程序

撰文：Gheorghe Chesler

本章将编写一个与本地 WiFi 网络上的 Raspberry Pi 设备进行通信的应用程序，使开发人员能够在自定义模块上打开和关闭 LED 灯。这项成果看起来似乎并不显著，但需要记住的是，就像我们可以打开和关闭某些 LED 灯一样，我们也可以按类似的方式控制其他已连接的设备。

12.1　关于 Raspberry Pi

树莓派（Raspberry Pi）是可以运行不同操作系统的迷你 ARM 计算机。默认情况下，它运行为此设备定制的 Debian Linux 变体，称为 Raspbian。在 Raspberry Pi 2 上，还可以安装 Ubuntu、RiscOS，以及精简版 Windows 10 自定义版本。当然，我们需要记住的是，Raspberry Pi 的 CPU 并不是很强大，而且其设备的内存也不算多——B 版本具有 512MB RAM，而最新版本（Pi 2）则有 1GB RAM，这恰好是 ARM7 CPU 支持的最大内存。很明显，Raspberry Pi 没有足够的内存来进行任何繁复的计算——截至撰写本书时，尚无简便的方法来安装流行的浏览器。Raspberry Pi 支持 Chromium 浏览器，但 Google Chrome 浏览器尚不可用；即使 Google Chrome 浏览器是可用的，但对于 Raspberry Pi 的系统资源来说，它也太大了，无法完成在常规计算机上习惯操作的任何事情。

Raspberry Pi 在计算能力方面的缺失换来的是其非常低的功耗，并且它还可以连接智能设备和配件（如 LED 灯、继电器、电机、照相机，以及压力、加速度和湿度传感器等）。

另外，值得称道的是 Raspberry Pi 的价格，普通的 Pi 型号 B 售价约 30 美元，而且我们还可以从许多在线和本地零售商那里以真正可以承受的价格获得大多数扩展模块。

Pi 2 Model B 基于 Broadcom BCM2836 SoC,其中包括一个 Quad Core(四核心)ARM7 900MHz 处理器、1GB RAM 和 4 个 USB 端口（方便在其中插入外部设备）。Pi 还具有一个以太网接口、一个用于显示器的 HDMI 接口和一个音频端口。较早的 Pi 型号 B+使用了功能较弱的单核 Broadcom BCM2835 ARM11 700MHz 处理器，只有 512MB RAM，而第一代的 A 型更弱，只有 256MB RAM，且与 GPU 是共享的。

要为 Raspberry Pi 供电，需要通过微型 USB 将其连接到任何壁式充电器或一台为 Pi 和所连接设备提供足够功率的计算机。在大多数情况下，1A 就足够，这也是常规 USB 端口可以提供的。除主板的电源需求外，还必须添加插入式主板消耗的电流。Pi 不包括内置硬盘或固态硬盘，而是依靠 microSD 卡进行引导和长期存储。

Raspberry Pi 没有配备实时时钟，因此操作系统必须使用网络时间服务器，或者在启动时要求用户提供时间，以获得时间和日期信息，从而启用文件时间和日期戳功能。但是，可以通过 I2C 接口轻松添加带有备用电池的实时时钟（如 DS1307）。

Raspberry Pi 还提供了两个板载功能区插槽，用于连接相机和显示器。我们要购买的用于承载 Raspberry Pi 的大多数塑料盒都提供了用于将这些电缆引导到外壳外部的小孔。

为了适应本章的讨论范围，我们选择了一个非常简单的模块，该模块在微型板上带有许多 LED 以及控制它们的芯片。该模块名为 PiGlow，由 Pimoroni 公司销售，其官网地址如下：

https://shop.pimoroni.com/products/piglow

图 12-1 展示了带有 PiGlow 板的 Raspberry Pi B +。

图 12-1　有 PiGlow 板的 Raspberry Pi B +

如果使用的是较旧的 Raspberry Pi，则仍然可以完成本章我们要做的所有工作。新模型的唯一优点是，处理器更快，内存更大。我们将运行的某些命令特定于 Raspberry Pi 的模型，其中添加的注释将指出这些差异。

12.2　Raspberry Pi 上的控制界面

每个嵌入式平台都有一种或多种方法来访问本地硬件上的已连接的设备或本机设备。

通用输入输出（General Purpose Input Output，GPIO）是非常常见的一种，它允许我们可以打开/关闭智能灯或继电器，因此它确实很棒。但是，它可以寻址的设备数是有限制的（或多或少受到自定义连接器上可用引脚数的限制）。

I2C（Inter IC）接口赋予了开发人员更大的灵活性，使他们即便只有单台设备也可以做更多的工作，当然，它还允许连接更多台设备。

I2C 总线是由飞利浦在 20 世纪 80 年代初设计的，以使位于同一电路板上的组件之间的通信变得容易。有关 I2C 接口的完整参考资料，可访问以下 URL：

www.i2c-bus.org/i2c-bus/

I2C 使用 7 位寻址，最多可以用 7 位表示 128 个数字，这意味着开发人员可以通过同一总线访问 120 多台设备。I2C 在硬件中也更容易实现——它仅需要两条连接线：一条用于时钟；另一条用于数据。

12.3　设置 Raspberry Pi

开始使用 Raspberry Pi 的最简单方法是安装 Raspbian 操作系统。开发人员可以通过 Raspberry Pi 官网下载该操作系统，其网址如下：

www.raspberrypi.org/downloads/

为了使事情变得简单，可以下载使用全新现成软件（New Out-Of-Box Software，NOOBS）zip 压缩文件。

在同一页面上还提供了安装说明。在解压缩下载的 zip 文件后，我们可以使用 FAT 文件系统格式化相当大的 microSD 卡（4GB 或更大），然后将文件复制到卡上。接着将该卡插入 Raspberry Pi 设备中并启动它。当设备启动时，它将提示选择操作系统和语言，然后即可安装它。

在安装阶段，可以通过 HDMI 转 VGA 适配器使用 HDMI 监视器或 VGA 监视器。但是稍后将不需要此操作，因为我们可以从另一台计算机通过安全外壳（Secure Shell，SSH）进入设备。

要从另一台计算机通过 SSH 方式进入 Raspberry Pi 设备中，可以使用以下凭证：

```
user:      pi
password:  raspberry
```

如果默认情况下未安装图形用户界面（Graphical User Interface，GUI），则可以使用以下命令随时启动 GUI：

```
startx
```

要配置设备和端口，可以使用 Raspberry Pi 配置实用程序，命令如下：

```
raspi-config
```

在安装操作系统后，第一步就是使系统保持最新。为此，我们可以在 SSH 窗口中输入以下内容：

```
sudo apt-get update
sudo apt-get upgrade
```

为了强制以 root 特权执行命令，我们将在常规命令之前使用 sudo 命令。这是必需的，因为标准的 "pi" 用户没有足够的权限来修改系统文件或安装应用程序。

apt-get 工具是标准的 Debian 软件包管理器，如果开发人员使用过 Ubuntu，则可能会比较熟悉。第一个命令将获取最新可用软件包的列表，而第二个命令则安装可用于当前安装的系统模块/软件包的更新。

12.3.1 选择脚本语言

在 Raspberry Pi 上，Python 已成为事实上的标准脚本语言，因为它提供了太多的软件包来控制每台可以想象的设备。尽管如此，但仍然必须记住，其中大多数将是 Python 2，有些将是 Python 3。Python 语言具有不同的特性：Python 2 是较旧的，更成熟的版本，具有更广泛的支持；Python 3 则是一个新的、"更好" 的版本，为面向对象的设计提供了现代的语言构造，但是在 Raspberry Pi 等平台上对它的支持是有限的，并且为 Python 3 编写的脚本和程序包不适用于 Python 2。

同时，嵌入式平台对 Perl 有相当大的支持。但是，安装某些 Perl 软件包可能是一项艰巨的任务，大多数初学者都很难完成。

12.3.2 配置 I2C

开发人员可以在以下 URL 上找到本节中的大多数说明，还可以在其中找到有关如何为 Raspberry Pi 安装其他附件和插件的更多教程。

https://learn.adafruit.com/adafruits-raspberry-pi-lesson-4-gpio-setup/configuring-i2c

I2C 是一种非常常用的标准，旨在允许一个芯片与另一个芯片进行通信。

由于 Raspberry Pi 可以与 I2C 通信，因此开发人员可以将其连接到具有 I2C 功能的各种芯片和模块上。

以下是一些使用 I2C 设备和模块的 Adafruit 项目。

- http://learn.adafruit.com/mcp230xx-gpio-expander-on-the-raspberry-pi
- http://learn.adafruit.com/adafruit-16x2-character-lcd-plus-keyboard-for-raspberry-pi
- http://learn.adafruit.com/adding-a-real-time-clock-to-raspberry-pi
- http://learn.adafruit.com/matrix-7-segment-led-backpack-with-the-raspberry-pi
- http://learn.adafruit.com/mcp4725-12-bit-dac-with-raspberry-pi
- http://learn.adafruit.com/adafruit-16-channel-servo-driver-with-raspberry-pi
- http://learn.adafruit.com/using-the-bmp085-with-raspberry-pi

I2C 总线允许将多台设备连接到 Raspberry Pi，每台设备都有一个唯一的地址。通常可以通过更改模块上的跳线设置项来设置设备地址。能够查看有哪些设备连接到 Raspberry Pi 上将非常有用，它可以确保一切正常。要实现这一目的，有必要在终端中运行以下命令来安装 i2c-tools 实用程序：

```
sudo apt-get install i2c-tools
```

为简单起见，我们将在为 Raspberry Pi 编写的应用程序中使用 Python。要将 Python 与 I2C 工具一起使用，需要运行以下命令安装 python-smbus 软件包：

```
sudo apt-get install python-smbus
```

如果打算使用 Perl 来构建控制 I2C 设备的工具，则需要安装一些额外的软件包，以提供 I2C 工具与 Perl 软件包的接口，以及允许编写紧凑型应用程序的基本框架。对应的安装命令如下：

```
sudo apt-get install libi2c-dev build-essential libmoose-perl
sudo cpan Device::SMBus
```

1. 安装对 I2C 的内核支持

以 root 用户身份运行 raspi-config，并按照提示安装对 ARM 内核和 Linux 内核的 I2C 支持。对应的命令如下：

```
sudo raspi-config
```

选择 Advanced Options / I2C 并启用接口，并允许默认情况下加载 I2C 内核模块。进行更改后，必须重新启动设备。重新启动后，该模块应已加载并可用。

可通过查看以下文件的内容来验证 I2C 模块是否可用：

```
cat /etc/modules
```

上述文件的内容类似于以下示例：

```
# /etc/modules: 在启动时加载的内核模块
#
# 此文件包含应加载的内核模块的名称
# 在启动时，每行一个。以"#"开头的行将被忽略

i2c-bcm2708
i2c-dev
```

如果重新启动后，这些模块在/etc/modules 文件中不存在，则可以使用 vi 编辑该文件并附加上述提到的两行内容。必须使用 root 权限编辑此文件，对应的命令如下：

```
sodu vi /etc/modules
```

另一种简单的方法是使用以下单行命令：

```
sudo echo "i2c-bcm2708" >> /etc/modules
sudo echo "i2c-dev" >> /etc/modules
```

根据安装操作系统的时间和版本，以及我们可能在 Raspberry Pi 上进行的其他实验，这些模块中的某些模块可能已落入 modprobe 黑名单中。此文件可禁用某些模块，从而阻止它们在开始时加载。要查看文件内容，可运行以下命令参阅：

```
sudo cat /etc/modprobe.d/raspi-blacklist.conf
```

开发人员可以使用 vi 编辑文件，并注释掉或删除行（如果它们存在于文件中），就像我们对/etc/modules 所做的那样。在这里，还必须使用 root 特权来编辑文件，对应的命令如下：

```
sudo vi /etc/modprobe.d/raspi-blacklist.conf
```

还有一种更简单的方法，可以使用以下单行命令来执行相同的操作：

```
MPBL=/etc/modprobe.d/raspi-blacklist.conf;[-f ${MPBL}] && sudo perl -p -i -e 's:^(blacklist (spi|i2c)-bcm2708):#$1:g' ${MPBL}
```

上述单行命令将执行以下操作。
- 创建一个名为 MPBL 的环境变量，其中包含文件的路径。
- 如果文件存在，则使用 Perl 查找包含两个模块名称的行。
- 如果找到了这些行，那么它将通过在它们前面加上一个#将它们注释掉。

尽管运行单行命令为你做事看起来很繁复，但通过在常规文本编辑器中编辑文件并

立即查看正在执行的操作，比以常规方式执行操作要方便得多。

进行了前面提到的更改后，可以运行以下命令重新启动 Raspberry Pi：

```
sudo reboot
```

2. 验证是否可以访问 I2C

设备重启后，第一步可以运行以下命令检查模块是否已加载：

```
sudo modprobe i2c-dev
```

如果上述模块无法加载，则将返回 modprobe: FATAL: Module i2c-dev not found（modprobe：致命错误：未找到模块 i2c-dev），否则将不会返回任何消息。

如果一切正常，则可以运行以下命令来测试 I2C 连接：

```
i2cdetect -y 1
```

如果使用的是较旧的 Raspberry Pi（型号 B 之前的型号），则使用以下命令：

```
i2cdetect -y 0
```

当型号 B 发布时，Raspberry Pi 的制造商将 0 更改为 1。这里有一种简单的方法可以记住它，即任何具有 256MB RAM 的模块都使用 0；否则，它使用的就是 1。

无论哪种情况，命令的输出都将类似于以下内容：

	0	1	2	3	4	5	6	7	8	9	a	b	c	d	e	f
00:				--	--	--	--	--	--	--	--	--	--	--	--	--
10:	--	--	--	--	--	--	--	--	--	--	--	--	--	--	--	--
20:	--	--	--	--	--	--	--	--	--	--	--	--	--	--	--	--
30:	--	--	--	--	--	--	--	--	--	--	--	--	--	--	--	--
40:	--	--	--	--	--	--	--	--	--	--	--	--	--	--	--	--
50:	--	--	--	--	--	--	--	--	--	--	--	--	--	--	--	--
60:	--	--	--	--	--	--	--	--	--	--	--	--	--	--	--	--
70:	--	--	--	--	--	--	--									

如果已经连接了 I2C 设备，那么它们可能会出现在表格中，指向设备的地址。

这里有一个比较有趣的事实是，如果插入了 PiGlow 模块，那么它将不会显示在 i2cdetect 命令的输出中，但是仍然可以正常工作。

如果开发人员正在运行的是最新的 Raspberry Pi（3.18 内核或更高版本），则还需要更新 /boot/config.txt 文件。编辑 /boot/config.txt 文件并取消注释或添加以下行：

```
dtparam = i2c1 = on
dtparam = i2c_arm = on
```

进行上述更改后，需要重新启动设备。

12.3.3 配置 GPIO

GPIO 引脚可用作数字输出和数字输入。当作为数字输出时，开发人员可以编写程序将特定引脚变为 HIGH（高电平）或 LOW（低电平）。将其设置为 HIGH 意味着可将其设置为 3.3V；将其设置为 LOW 意味着可将其设置为 0V。

要从这些引脚之一驱动 LED，需要一个与 LED 串联的 1kΩ 电阻，因为 GPIO 引脚只能管理少量电源。

如果将引脚用作数字输入，则可以将开关和简单的传感器连接到引脚，然后能够检查它是打开的还是关闭的（即是否激活）。以下是一些仅使用 GPIO 的 Adafruit 项目。

- http://learn.adafruit.com/raspberry-pi-e-mail-notifier-using-leds
- http://learn.adafruit.com/playing-sounds-and-using-buttons-with-raspberry-pi
- http://learn.adafruit.com/basic-resistor-sensor-reading-on-raspberry-pi

要使用 Python 编程 GPIO 端口，开发人员需要安装一个非常有用的 Python 2 库，称为 RPi.GPIO（Raspberry Pi 通用输入输出）。该模块为我们提供了一个易于使用的 Python 库，该库可让开发人员控制 GPIO 引脚。无论使用的是 Raspbian 还是 Occidentalis，安装过程都相同。实际上，某些版本的 Raspbian 本身就已经包含此库，但是安装该库也可以将说明文档更新到最新版本，所以进行此项安装是有必要的。

要安装 RPi.GPIO，首先需要安装 RPi.GPIO 必需的 Python 开发工具包。为此，请在 LXTerminal 中输入以下命令：

```
sudo apt-get install python-dev
```

然后，要安装 RPi.GPIO 本身，请输入以下命令：

```
sudo apt-get install python-rpi.gpio
```

12.3.4 安装 PyGlow

为了使 PyGlow 模块与 Python 一起使用，开发人员还需要安装与 I2C 库交互并控制设备的软件包。对应的安装命令如下：

```
sudo pip install git+https://github.com/benleb/PyGlow.git
```

现在可以创建一个很小的 Python 测试脚本，该脚本将使指示灯闪烁蓝色 1s，闪烁红色 2s，闪烁绿色 3s，如代码清单 12-1 所示。

代码清单 12-1　闪烁 PiGlow LED

```
from PyGlow import PyGlow
from time import sleep
pyglow = PyGlow()
pyglow.all(0)
pyglow.color("blue", 100)
sleep(1)
pyglow.color("blue", 0)
pyglow.color("red", 100)
sleep(2)
pyglow.color("red", 0)
pyglow.color("green", 100)
sleep(3)
pyglow.color("green", 0)
```

将代码清单 12-1 中的代码保存在名为 flash.py 的文件中，然后在 SSH 终端运行它。对应的命令如下：

```
python flash.py
```

这就是全部操作了，简单吧？

想象一下，我们将要编写的更复杂的控制命令也不过是封装的脚本（如代码清单 12-1 中的脚本），它可以控制给定的接口和设备并进行一些更改。

12.4　提供用于控制设备的 API

到目前为止，我们已经看到，开发人员能够与 Raspberry Pi 上的连接设备进行交互。接下来我们想要的是能够与外部资源（如 iOS 设备）进行交互。

这可以分为两个部分：一个是 Raspberry Pi 上的服务器，它提供用于控制连接的设备的 API（在本例中为 PiGlow）；另一个则是向该 API 发出请求的 iOS 应用程序。

自从开始编写 Python 代码以来，我们发现在 Python 中使用 API 服务器是一种适得其所的感觉。有许多 Python 框架可用于构建 API，而我们需要使用一种轻量级且易于自定义的框架，Flask 便是一个不错的选择。有大量的在线教程可以帮助开发人员学习使用 Flask，并且作为 API 开发的框架，你会发现它的入门非常容易。

12.4.1　安装 Flask

以下是 Flask 入门的非常简化的分步教程，我们实现了非常基本的功能，以使开发人员能够控制设备。按照此模型，我们可以添加安全性，扩展服务以支持多个命令，或者执行项目所需的任何操作。

在执行任何操作之前，需要使用 pip 安装 Flask，具体如下：

```
sudo pip install flask
```

这将安装 Flask 框架和该框架使用的基本模块。安装过程非常简单，安装方式也与其他软件包一样。

12.4.2　Hello World 演示程序

自从 *The C Programming Language* 中使用 Hello World 作为第一个演示程序以来，编写 Hello World 演示程序已经成为开发人员尝试使用一种新语言时要做的第一件事情。

创建一个名为 hello-flask.py 的文件，其内容如代码清单 12-2 所示。一般来说，可以将服务配置为使用端口 80，因为正是该端口提供 HTTP 响应。

代码清单 12-2　使用 Flask 在 Python 中编写"Hello World!"脚本

```python
from flask import Flask
app = Flask(__name__)

@app.route("/")
def hello():
    return "Hello World!"

if __name__ == "__main__":
    app.run(host='0.0.0.0', port=8080, debug=True)
```

我们使用较高数字的端口有两个原因：一是它允许开发人员在端口 80 上运行单独的 HTTP 服务器，尤其是因为小于 1024 的端口只能由具有 root 特权的程序使用；二是出于安全原因。这是一个从早期沿用至今的限制，它可以确保在某些知名端口上运行的应用程序应仅由系统运行。

从命令行启动守护程序（Daemon）时，它将告诉我们守护程序正在运行，并在命令行上显示所有传入的调用。代码清单 12-3 是我们第一次启动守护程序时得到的。开发人员将会注意到，浏览器还试图获取 favicon.ico 文件，这是我们没有的文件，因为在此示例中构建的守护程序未配置为直接提供静态文件。favicon.ico 是一幅图像，它可以自定义开发人员的网站图标（在浏览器 URL 的左侧显示），它将仅显示一次，然后浏览器将缓存状态并且不会尝试再次获取它。

第 12 章 构建与 Raspberry Pi 交互的应用程序

代码清单 12-3 运行我们的 Flask 程序

```
pi@raspberrypi:~$ python hello-flask.py
    *Running on http://0.0.0.0:8080/ (Press CTRL+C to quit)
    *Restarting with stat
10.0.1.25 - - [12/Oct/2015 05:26:18] "GET / HTTP/1.1" 200 -
10.0.1.25 - - [12/Oct/2015 05:26:18] "GET /favicon.ico HTTP/1.1" 404 -
```

代码清单 12-3 中的最后两行是使用以下设备 IP（Internet 协议）地址加载设备 URL 的结果：

http://10.0.1.128:8080/

在我们的示例代码中，将不会花太多精力来设置发现守护程序或任何繁复的功能，而将自己局限于演示功能。

12.4.3 构建一个非常简单的侦听器守护程序

利用我们从上面的测试程序中积累的知识，现在可以集成一项调用，以执行我们在上一个示例中组合的命令。我们要构建的是一个守护程序，该守护程序可以通知我们系统时间并提供执行简单命令的服务。由于在上一个示例中已经花了一些时间编写一些代码，因此可以将这些代码集成到侦听器（Listener）中，在代码清单 12-4 中可以看到结果。

代码清单 12-4 Raspberry Pi 上的侦听器守护程序，用 Python 和 Flask 编写

```python
from flask import Flask
from PyGlow import PyGlow
from time import sleep
import datetime

app = Flask(__name__)

@app.route("/")
def hello():
    now = datetime.datetime.now()
    return now.strftime("%Y-%m-%d %H:%M")

@app.route("/blink")
def getData():
    pyglow = PyGlow()
    pyglow.all(0)
    pyglow.color("blue", 100)
```

```
    sleep(1)
    pyglow.color("blue", 0)
    pyglow.color("red", 100)
    sleep(2)
    pyglow.color("red", 0)
    pyglow.color("green", 100)
    sleep(3)
    pyglow.color("green", 0)
    return "OK"

@app.route("/blink/<color>")
def blinkColor(color):
    pyglow = PyGlow()
    pyglow.all(0)
    pyglow.color(color, 100)
    sleep(1)
    pyglow.color(color, 0)
    return "OK"

if __name__ == "__main__":
    app.run(host='0.0.0.0', port=8080, debug=True)
```

开发人员将会注意到，所有导入都在顶部，结合了此脚本中编写的所有代码的需求。

有了这个，我们就有了第一个非常简单的命令处理守护程序。现在尝试打开以下基本 URL，它将显示当前日期和时间。

http://10.0.1.128:8080/

现在，当有人调用/blink 端点时，此 Flask 守护程序会命令闪烁 PiGlow 上的灯。当调用 URL 时，将看到我们的代码正在执行，并且 LED 会闪烁，就像前面的示例一样；然后当完成时，页面将显示 OK（确定）。可调用的 URL 如下：

http://10.0.1.128:8080/blink

我们还有第二项服务，它允许仅闪烁一种颜色。要实现该效果，可以分别调用以下 URL：

http://10.0.1.128:8080/blink/green
http://10.0.1.128:8080/blink/red

侦听器守护程序将在命令行上显示调用，具体如下：

```
10.0.1.25 - - [12/Oct/2015 06:04:44] "GET /blink/green HTTP/1.1" 200 -
10.0.1.25 - - [12/Oct/2015 06:05:03] "GET /blink/red HTTP/1.1" 200 -
```

开发人员可以尝试添加新的命令和功能，并且我们相信你能够从中获得更多乐趣。

12.5 为应用程序创建 iOS 项目

要为应用程序创建 iOS 项目，可以从创建一个空的单页项目开始。本章旨在说明如何通过刚刚创建的 I2C 接口与 Raspberry Pi API 进行通信，而不是如何围绕它构建 UI 接口，因此我们的应用程序将是非常简约的，仅提供了一些 UI 元素以触发 Raspberry Pi 上的操作。本书在第 5 章中使用了类似的方法来编写代码，因此，如果阅读过该章，那么对此方法应该会比较熟悉。

通过使用此演示应用程序，我们将能够触发在 Raspberry Pi 的 PiGlow 板上打开和关闭灯的命令。

12.5.1 允许传出 HTTP 调用

我们经常会遇到这种情况：在设置应用程序以进行 HTTP 调用后，可以看到如下所示的堆栈跟踪信息（提示信息为英文，故提供中英文对照方便理解）：

Application Transport Security has blocked a cleartext HTTP (http://) resource load since it is insecure. Temporary exceptions can be configured via your app's Info.plist file.

明文 HTTP（http://）资源加载由于不安全而被 Application Transport Security（ATS）阻止，你可以通过应用程序的 Info.plist 文件配置临时例外。

转到 Apple 说明文档，它对于 Application Transport Security（应用程序传输安全性）策略的描述如下：

App Transport Security (ATS) lets an app add a declaration to its Info.plist file that specifies the domains with which it needs secure communication. ATS prevents accidental disclosure, provides secure default behavior, and is easy to adopt. You should adopt ATS as soon as possible, regardless of whether you're creating a new app or updating an existing one.

Application Transport Security（ATS）使应用程序可以在其 Info.plist 文件中添加一个声明，指定需要与之进行安全通信的域。ATS 可以防止意外泄露，提供安全的默认行为，并且易于采用。无论你是创建新应用程序,还是更新现有应用程序,都应尽快采用 ATS。

If you're developing a new app, you should use HTTPS exclusively. If you have an existing app, you should use HTTPS as much as you can right now, and create a plan for migrating the rest of your app as soon as possible.

如果你要开发新应用程序,则应专门使用 HTTPS;如果你已持有应用程序,则应立即使用 HTTPS,并制订一个计划,以尽快迁移其余的应用程序。

要解决此问题,我们需要在 Info.plist 文件中创建一个名为 Allow Arbitrary Loads(允许任意加载)的条目,并将其值设置为 YES(类型为 Boolean),如图 12-2 所示。开始输入时,Xcode 会自动建议名称(App Transport Security Settings)、Dictionary(字典)类型和第一个键–值对(Allow Arbitrary Loads)。在图 12-2 中可以看到它的显示方式。

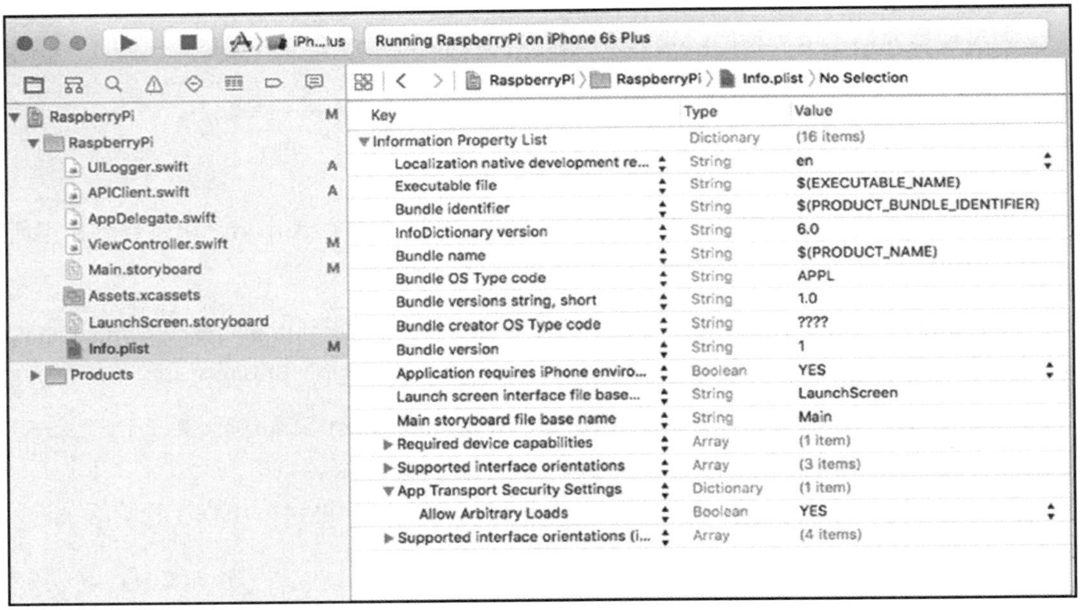

图 12-2　将应用程序传输安全性设置为允许任意加载

12.5.2　视图控制器

本章的基本视图控制器(View Controller)将仅显示几个按钮和一个文本区域,我们将使用它们来显示与 API 的通信。

为了初始化并能够使用这些按钮和字段，必须为它们分配宏，以使它们在 Interface Builder 中可用/可见。我们还定义了用于 API 和日志对象的变量，由于这些变量将在以后被初始化，因此需要将这些变量定义为可选的，如代码清单 12-5 所示。

代码清单 12-5　UIViewController 类的标题

```
class ViewController: UIViewController {
    @IBOutlet var clearButton : UIButton!
    @IBOutlet var labelButton : UIButton!
    @IBOutlet var labelButton2 : UIButton!
    @IBOutlet var textArea : UITextView!
    var api: APIClient!
    var logger: UILogger!
```

在 viewDidLoad() 函数（参见代码清单 12-6）中，我们初始化 API 对象以及日志库（该库可以将文本输出到 textArea 字段中）。下面将逐步解释这些库的内容和功能。

代码清单 12-6　重写 viewDidLoad() 函数

```
override func viewDidLoad() {
    super.viewDidLoad()
    //在载入视图后执行额外的设置，通常是从 nib 开始
    api = APIClient(parent: self)
    logger = UILogger(out: textArea)
}
```

要将操作分配给按钮，可以创建一个函数来执行该操作，并且还可以使用适当的宏进行注解，以使其在 Interface Builder 中可用。我们将添加一条日志语句以显示请求的开始，当按钮被单击时，还可以更改按钮的标题，如代码清单 12-7 所示。

代码清单 12-7　clickButton() 函数

```
@IBAction func clickButton() {
    logger.logEvent("=== Blink All Lights ===")
    api.blinkAllLights()
    labelButton.setTitle("Request Sent", forState: UIControlState.Normal)
}
```

可以将上述按钮操作连接到故事板中，如图 12-3 所示。

在代码清单 12-8 中，我们可以看到用于测试发送到 Raspberry Pi API 的命令的整个 ViewController.swift 文件的代码。

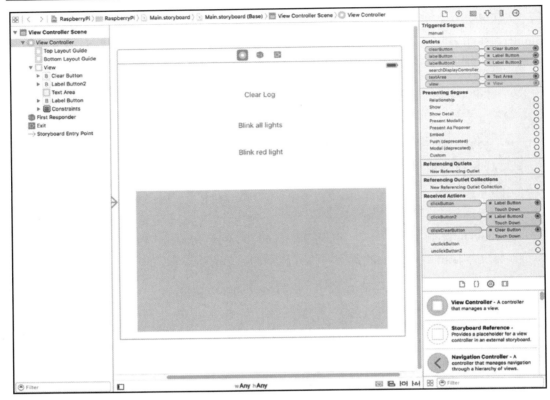

图 12-3　故事板

代码清单 12-8　ViewController.swift 文件的代码

```swift
import UIKit

class ViewController: UIViewController {
    @IBOutlet var clearButton : UIButton!
    @IBOutlet var labelButton : UIButton!
    @IBOutlet var labelButton2 : UIButton!
    @IBOutlet var textArea : UITextView!
    var api: APIClient!
    var logger: UILogger!
    
    required init?(coder aDecoder: NSCoder) {
        super.init(coder: aDecoder)
    }
```

```swift
override func viewDidLoad() {
    super.viewDidLoad()
    //在载入视图后执行额外的设置,通常是从 nib 开始
    api = APIClient(parent: self)
    logger = UILogger(out: textArea)
}

override func didReceiveMemoryWarning() {
    super.didReceiveMemoryWarning()
    //处置所有可以重新创建的资源
}
@IBAction func unclickButton() {
    labelButton.setTitle("Blink All Lights", forState:
    UIControlState.Normal)
}
@IBAction func unclickButton2() {
    labelButton2.setTitle("Blink Red Light", forState:
    UIControlState.Normal)
}
@IBAction func clickButton() {
    logger.logEvent("=== Blink All Lights ===")
    api.blinkAllLights()
    labelButton.setTitle("Request Sent", forState:
    UIControlState.Normal)
}
@IBAction func clickButton2() {
    logger.logEvent("=== Blink Red Light ===")
    api.blinkLight("red")
    labelButton2.setTitle("Request Sent", forState:
    UIControlState.Normal)
}
@IBAction func clickClearButton() {
    logger.set()
}
}
```

12.5.3　日志库

在视图控制器中为日志库(Logger Library)分配了一个变量,该变量将使日志的实例保持适当的目标位置。在我们的案例中,我们使用文本区域字段记录活动。

当主线程更新 UI 元素时,不需要特殊处理。但是,由于写入此日志的调用在子线程

中运行，因此需要确保对 UI 元素的更新将作为异步方式分派（参见代码清单 12-9）。

代码清单 12-9　分派异步事件

```
func set(text: String?="") {
    dispatch_async(dispatch_get_main_queue()) {
        self.textArea!.text = text
    };
}
```

为简单起见，我们仅实现了几个函数，以使开发人员能够跟踪 API 活动。这些函数将与我们在视图控制器中设置的 textArea 字段进行交互。就像在视图控制器中一样，textArea 字段被声明为 Optional 类型，因为它将在 init() 函数中被初始化。在代码清单 12-10 中可以看到 UILogger.swift 文件的完整代码。

代码清单 12-10　UILogger 库

```
import Foundation
import UIKit

class UILogger {
    var textArea : UITextView!

    required init(out: UITextView) {
        dispatch_async(dispatch_get_main_queue()) {
            self.textArea = out
        };
        self.set()
    }

    func set(text: String?="") {
        dispatch_async(dispatch_get_main_queue()) {
            self.textArea!.text = text
        };
    }

    func logEvent(message: String) {
        dispatch_async(dispatch_get_main_queue()) {
            self.textArea!.text = self.textArea!.text.
                stringByAppendingString("=> " + message + "\n")
        };
    }
}
```

12.5.4 API 客户端库

现在，我们将创建 APIClient.swift 库，该库用于向 API 发出异步请求的函数。该类的标题将包含 URL 和 API 功能所需的其他变量。

1. 定义设备 URL

可以创建一个弹出屏幕以在设备上输入此消息，也可以使用 Bonjour 编写发现服务来发现设备。为简单起见，我们将设备的 IP 地址和端口硬编码为变量，如代码清单 12-11 所示。

代码清单 12-11　APICLient 库的标题

```
import Foundation
class APIClient {
    var apiVersion: String!
    var baseURL: String = "http://10.0.1.128:8080"
    var viewController: ViewController!

    required init (parent: ViewController!) {
        viewController = parent
    }
}
```

2. 创建一个 GET 处理程序

从服务执行 GET 的通用函数类似于代码清单 12-12 中的代码。此代码是 APIClient 类的一部分，我们将该类保存为 APIClient.swift 文件。

代码清单 12-12　执行 GET 的通用函数

```
func getData (service: APIService, id: String!=nil, urlSuffix: NSArray!=nil,
params: [String:String]!=[:]) {
    let blockSelf = self
    let logger: UILogger = viewController.logger
    self.apiRequest(
        service,
        method: APIMethod.GET,
        id: id,
        urlSuffix: urlSuffix,
        inputData: params,
        callback: { (responseJson: NSDictionary!, responseError: NSError!)
        -> Void in
```

```
                if (responseError != nil) {
                    logger.logEvent(responseError!.description)
                    //在此以某种方式处理错误响应
                }
                else {
                    blockSelf.processGETData(service, id: id, urlSuffix:
                    urlSuffix, params: params, responseJson: responseJson)
                }
            })
        }
```

对于 urlSuffix，我们将使用 NSArray 数据类型来保存要访问的 URL 的所有元素。由于我们不知道将向 API 发送什么数据，因此 NSArray 类型是理想的，因为默认情况下它包含 AnyObject 元素。我们还将 urlSuffix 传递给 processGETData()函数，以便在给定调用的服务、项目的可选 ID 和 urlSuffix 的情况下，可以决定如何处理响应。我们还为 urlSuffix 和 params 定义了默认值，以允许函数进行调用而无须同时提供所有 nil 参数。

可选的输入参数是带有键和值的字符串的字典。考虑到 POST 与 GET 在传递参数给 API 的方式上没有任何不同，这是最方便的格式。

传递给 NSURLConnection.sendAsynchronousRequest 的块是一个闭包，这就是为什么我们需要分配 blockSelf 变量，该变量将用于在 APIClient 库的上下文中进行调用。

processGETData()函数是上述响应的实际处理程序，它将采用如代码清单 12-13 所示的一般形式。

代码清单 12-13　实现 GET 请求处理程序

```
func processGETData (service: APIService,id: String!, urlSuffix: NSArray!,
params: [String:String]!=[:], responseJson: NSDictionary!) {
    //在此使用数据执行某些操作
}
```

3．创建一个 POST 处理程序

就像 GET 请求一样，POST 请求可以具有如代码清单 12-14 所示的相同结构。这也是 APIClient 类（APIClient.swift 文件）的一部分。

代码清单 12-14　实现 POST 请求处理程序

```
func postData (service: APIService, id: String!=nil, urlSuffix: NSArray!=nil,
params: [String:String]!=[:]) {
    let blockSelf = self
    let logger: UILogger = viewController.logger
    self.apiRequest(
```

```
            service,
            method: APIMethod.POST,
            id: id,
            urlSuffix: urlSuffix,
            inputData: params,
            callback: { (responseJson: NSDictionary!, responseError: NSError!)
            -> Void in
                if (responseError != nil) {
                    logger.logEvent(responseError!.description)
                    //在此以某种方式处理错误响应
                }
                else {
                    blockSelf.processPOSTData(service, id: id, urlSuffix:
                    urlSuffix, params: params, responseJson: responseJson)
                }
        })
}
func processPOSTData (service: APIService, id: String!, urlSuffix: NSArray!,
params: [String:String]!=[:], responseJson: NSDictionary!) {
    //在此使用数据执行某些操作
}
```

当然，开发人员也可以通过许多不同的方式来实现请求过程，但是拥有 API 请求类型的通用处理程序可以避免回调问题。

4．定义动词和服务

开发人员也许会注意到，这里的动词不是字符串而是枚举值，即 APIMethod.GET。这是在 APIClient 库中定义的一个枚举，用于提供以字符串形式轻松访问动词，而不是直接使用字符串。该枚举还允许开发人员定义 API 客户端支持哪些 HTTP 动词，如代码清单 12-15 所示。这也是 APIClient 类（APIClient.swift 文件）的一部分。

代码清单 12-15　APIMethod 枚举

```
enum APIMethod {
    case GET, POST
    func toString() -> String {
        var method: String!
        switch self {
        case .GET:
            method = "GET"
        case .POST:
```

```
            method = "POST"
        }
        return method
    }
}
```

以 hasBody() 函数为例，它在 apiRequest() 函数中可能很有用，因为它可以正确格式化请求，以便 GET 和 DELETE 使用参数作为键-值对，而 PUT 和 POST 则使用参数作为 JSON。

我们在 APIClient 库中还定义了另一个枚举，那就是服务枚举，它通过 toString() 函数提供了实际服务的快捷方式。我们在用作 APIService.GOOD_JSON 的视图控制器中看到了这一点。稍后将对其进行扩展以添加其他服务，并提供一个函数以返回可能要用于某些调用的后缀。在代码清单 12-16 中显示了该枚举的基本格式。

代码清单 12-16　APIService 枚举

```
enum APIService {
    case BLINK
    func toString() -> String {
        var service: String!
        switch self {
        case .BLINK:
            service = "blink"
        }
        return service
    }
}
```

5．添加扩展到字符串类型

可以在相同的 APIClient.swift 文件中添加字符串类型的扩展，以便为可能传递给调用的 URL 参数添加简单的转义方法，如代码清单 12-17 所示。

代码清单 12-17　字符串对象的扩展

```
extension String {
    func escapeUrl() -> String {
        let source: NSString = NSString(string: self)
        let chars = "abcdefghijklmnopqrstuvwxyz"
        let okChars = chars + chars.uppercaseString + "0123456789.~_-"
        let customAllowedSet = NSCharacterSet(charactersInString: okChars)
        return source.stringByAddingPercentEncodingWithAllowedCharacters
        (customAllowedSet)!
    }
}
```

6. apiRequest()函数

接下来要定义的是 apiRequest()函数，如代码清单 12-18 所示。该函数将发出实际的 API 请求，其中包括处理响应数据的最终验证。该方法的签名表明，唯一需要的参数是服务、方法和回调函数。这也是 APIClient 类的一部分。

代码清单 12-18　apiRequest()函数

```
func apiRequest (
   service: APIService,
   method: APIMethod,
   id: String!,
   urlSuffix: NSArray!,
   inputData: [String:String]!,
   callback:(responseJson:NSDictionary!,responseError:NSError!)-> Void ) {
 //代码跳转到这里
}
```

当前可用的服务是 INFO 和 BLINK，API 用可变的参数列表重载了它们，因此，开发人员的调用实际上将需要提供较大的 APIService，然后通过 urlSuffix 提供 URL 路径扩展以指向正确的资源。稍后将对此进行详细说明。

关于方法的内容，以下是需要为 API 请求执行的操作。

（1）组成服务的基本 URL。
（2）添加 URL 后缀（如果已指定）。
（3）序列化输入的参数并将其附加到 URL 上。
（4）将 API 请求作为异步调用。

在传递给异步调用的代码块中，还需要执行以下操作。

（1）如果找到 JSON，则反序列化 JSON 响应。
（2）调用回调函数。

为了完成上述的步骤（1）——组成服务的基本 URL，可以使用代码清单 12-19 中的代码。

代码清单 12-19　组成基本 URL

```
var serviceURL = baseURL + "/"
if apiVersion != nil {
    serviceURL += apiVersion + "/"
}
serviceURL += service.toString()
if id != nil && !id.isEmpty {
```

```
    serviceURL += "/" + id
}
var request = NSMutableURLRequest()
request.HTTPMethod = method.toString()
```

在同一个分段中,我们将创建请求对象并为其分配请求方法。由于 serviceURL 仍在组成的过程中,因此此时将其分配给请求为时尚早。

如果上述 API 对于 POST 请求支持使用 JSON 请求主体,则可以使用代码清单 12-20 中的代码来序列化输入数据。

代码清单 12-20　序列化 JSON 数据

```
var error: NSError?
request.HTTPBody = NSJSONSerialization.dataWithJSONObject(inputData,
options: nil, error:&error)
if error != nil {
    callback(responseJson: nil, responseError: error)
    return
}
request.addValue("application/json", forHTTPHeaderField: "Content-Type")
```

为了处理 URL 的组成,我们创建了 asURLString()函数。该函数位于 APIClient 类中,将使用输入参数的字典创建 URL 编码的字符串,并按字母顺序对参数进行排序,如代码清单 12-21 所示。

代码清单 12-21　asURLString()函数

```
func asURLString (inputData: [String:String]!=[:]) -> String {
    var params: [String] = []
    for (key, value) in inputData {
        params.append( [ key.escapeUrl(),value.escapeUrl()]
        .joinWithSeparator("=" ))
    }
    params = params.sort{ $0 < $1 }
    return params.joinWithSeparator("&")
}
```

URL 后缀必须成为 URL 的一部分——输入中包含的字符串或数字的 NSArray 可用于组成后缀——它们都将被简化为简单的字符串,并附加到基本 URL 上。你可以在 APIClient 类的 postData()函数中找到以下 URL 组成示例,如代码清单 12-22 所示。

代码清单 12-22　组成 URL

```
//urlSuffix 包含用于组成最终 URL 的字符串数组
```

```
if urlSuffix?.count > 0 {
    serviceURL += "/" + urlSuffix.componentsJoinedByString("/")
}
```

现在，我们准备将 API 请求作为异步调用发出——也就是上述的步骤（4）。你可能会注意到我们创建局部变量日志的方式，它指向视图控制器的日志记录处理程序，这是必要的，因为在闭包内部我们无法从当前库或视图控制器中看到变量和函数。异步调用的回调块包含处理结果数据所需的基本代码，并且可以调用在调用 apiRequest()时获得的回调函数。同样地，在解释响应结果时，对于 JSON 数据的解释可能会发生错误，该错误将由回调函数处理。

要将 API 响应解析为 JSON 对象，可以使用 NSDictionary 对象，该对象将保存键-值的任意组合。这是必需的，因为 API 响应可以包含数字、字符串、数组、字典和 NSDictionary 的任意组合，并且在默认情况下，NSDictionary 支持 AnyObject 类型。NSJSONReadingOptions.MutableContainers 指定将数组和字典创建为可变对象。我们可以在代码清单 12-23 中看到这一点，该代码位于 APIClient 类的 postData()函数中。

代码清单 12-23　解析 JSON 响应

```
var jsonResult: NSDictionary?
if urlResponse != nil {
    let rData: String = NSString(data: data!, encoding:
    NSUTF8StringEncoding)! as String
    if data != nil {
        do {
            try jsonResult = NSJSONSerialization.JSONObjectWithData
            (data!, options:NSJSONReadingOptions.MutableContainers)
            as? NSDictionary
        } catch {
            //我们期望由 API 而不是 JSON 给出"OK"，因此，在此不执行任何操作也是可以的
        }
    }
}
```

当遇到需要报告的错误情况时，可以创建自己的 error 对象。为了在 Swift 中做到这一点，我们将使用以下方法：

```
error = NSError(domain: "response", code: -1, userInfo: ["reason":"blank response"])
```

我们为响应数据添加了一些日志记录，并提供了有关如何将 JSON 以整齐格式打印到用于日志记录的文本区域的示例。我们确实希望以一种易于阅读的方式设置响应的格

式，并且以整齐格式打印的 JSON 作为每行一个键-值出现，并且缩进得很好。我们可以在代码清单 12-24 中看到结果，该代码位于 APIClient 类的 postData()函数中。

代码清单 12-24　处理 REST 调用

```
let logger: UILogger = viewController.logger
let session = NSURLSession.sharedSession()
let task = session.dataTaskWithRequest(request) { (data : NSData?,
urlResponse : NSURLResponse?, error: NSError?) -> Void in
  //该请求将返回响应的结果，也可能返回一个错误
  logger.logEvent("URL: " + serviceURL)
  var error: NSError?
  var jsonResult: NSDictionary?
  if urlResponse != nil {
    let rData: String = NSString(data: data!, encoding:
    NSUTF8StringEncoding)! as String
    if data != nil {
      do {
        try jsonResult = NSJSONSerialization.JSONObjectWithData
        (data!,options:NSJSONReadingOptions.MutableContainers)
        as? NSDictionary
      } catch {
        //我们期望由 API 而不是 JSON 给出"OK"，因此，在此不执行任何操作也是可以的
        //print("json error: \(error)")
      }
    }
    logger.logEvent("RESPONSE RAW:" + (rData.isEmpty ? "No Data":rData))
    print("RESPONSE RAW: \(rData)")
  }
  else {
    error = NSError(domain: "response", code: -1, userInfo:
    ["reason":"blank response"])
  }
  callback(responseJson: jsonResult, responseError: error)
}
task.resume()
```

显示整齐格式的 JSON 在其他地方也可能很有用，因此在 prettyJSON()函数中提取了代码清单 12-25 中的代码。此代码位于 APIClient 类的 postData()函数中。

代码清单 12-25　显示整齐格式的 JSON 响应

```
func prettyJSON (json: NSDictionary!) -> String! {
    var pretty: String!
```

```
    if json != nil && NSJSONSerialization.isValidJSONObject(json!) {
        if let data = try? NSJSONSerialization.dataWithJSONObject(json!,
    options: NSJSONWritingOptions.PrettyPrinted) {
            pretty = NSString(data: data, encoding: NSUTF8StringEncoding)
            as? String
        }
    }
    return pretty
}
```

代码清单 12-26 显示了到目前为止 APIClient 库的全部代码。

代码清单 12-26　APIClient.swift 库

```
import Foundation
class APIClient {
    var apiVersion: String!
    var baseURL: String = "http://10.0.1.128:8080"
    var viewController: ViewController!

    required init (parent: ViewController!) {
        viewController = parent
    }

    func blinkAllLights () {
        //GET /blink
        getData(APIService.BLINK)
    }

    func blinkLight(color: String) {
        //GET /blink/red
        getData(APIService.BLINK, id: color)
    }

    func postData (service: APIService, id: String!=nil, urlSuffix:
NSArray!=nil, params: [String:String]!=[:]) {
        let blockSelf = self
        let logger: UILogger = viewController.logger
        self.apiRequest(
            service,
            method: APIMethod.POST,
            id: id,
            urlSuffix: urlSuffix,
            inputData: params,
```

```
            callback: { (responseJson: NSDictionary!, responseError: NSError!)
            -> Void in
                if (responseError != nil) {
                    logger.logEvent(responseError!.description)
                    //在此以某种方式处理错误响应
                }
                else {
                    blockSelf.processPOSTData(service, id: id, urlSuffix:
                    urlSuffix, params: params, responseJson: responseJson)
                }
        })
}

func processPOSTData (service: APIService, id: String!, urlSuffix:
NSArray!,params: [String:String]!=[:], responseJson: NSDictionary!) {
    //在此使用数据执行某些操作
}

func getData (service: APIService, id: String!=nil, urlSuffix:
NSArray!=nil, params: [String:String]!=[:]) {
    let blockSelf = self
    let logger: UILogger = viewController.logger
    self.apiRequest(
        service,
        method: APIMethod.GET,
        id: id,
        urlSuffix: urlSuffix,
        inputData: params,
        callback: { (responseJson: NSDictionary!, responseError: NSError!)
        -> Void in
            if (responseError != nil) {
                logger.logEvent(responseError!.description)
                //在此以某种方式处理错误响应
            }
            else {
                blockSelf.processGETData(service, id: id, urlSuffix:
                urlSuffix, params: params, responseJson: responseJson)
            }
    })
}

func processGETData (service: APIService, id: String!, urlSuffix:
```

```
NSArray!,params: [String:String]!=[:], responseJson: NSDictionary!) {
    //在此使用数据执行某些操作
}

func apiRequest(
    service: APIService,
    method: APIMethod,
    id: String!,
    urlSuffix: NSArray!,
    inputData: [String:String]!,
    callback: (responseJson: NSDictionary!, responseError: NSError!)
    -> Void ) {

    //组成基本 URL
    var serviceURL = baseURL + "/"
    if apiVersion != nil {
        serviceURL += apiVersion + "/"
    }
    serviceURL += service.toString()

    if id != nil && !id.isEmpty {
        serviceURL += "/" + id
    }
    let request = NSMutableURLRequest()
    request.HTTPMethod = method.toString()
    //urlSuffix 包含我们用来组成最终 URL 的一系列字符串
    if urlSuffix?.count > 0 {
        serviceURL += "/" + urlSuffix.componentsJoinedByString("/")
    }
    request.addValue("application/json", forHTTPHeaderField: "Accept")

    request.URL = NSURL(string: serviceURL)

    if !inputData.isEmpty {
        serviceURL += "?" + asURLString(inputData)
        request.URL = NSURL(string: serviceURL)
    }
        //现在发出请求
    let logger: UILogger = viewController.logger
    let session = NSURLSession.sharedSession()
    let task = session.dataTaskWithRequest(request) { (data : NSData?,
    urlResponse : NSURLResponse?, error: NSError?) -> Void in
        //该请求将返回响应的结果,也可能返回一个错误
```

```swift
        logger.logEvent("URL: " + serviceURL)
    var error: NSError?
    var jsonResult: NSDictionary?
    if urlResponse != nil {
        let rData: String = NSString(data: data!, encoding:
        NSUTF8StringEncoding)! as String
        if data != nil {
            do {
                try jsonResult = NSJSONSerialization.
                JSONObjectWithData(data!, options:
                NSJSONReadingOptions.MutableContainers) as?
                NSDictionary
            } catch {
//我们期望由 API 而不是 JSON 给出 "OK",因此,
//在此不执行任何操作也是可以的
//print("json error: \(error)")
            }
        }
        logger.logEvent("RESPONSE RAW: " + (rData.isEmpty ? "No
        Data" : rData) ) print("RESPONSE RAW: \(rData)")
    }
    else {
        error = NSError(domain: "response", code: -1, userInfo:
        ["reason":"blank response"])
    }
    callback(responseJson: jsonResult, responseError: error)
    }
    task.resume()
}

func asURLString (inputData: [String:String]!=[:]) -> String {
    var params: [String] = []
    for (key, value) in inputData {
        params.append( [ key.escapeUrl(),
        value.escapeUrl()].joinWithSeparator("=" ))
    }
    params = params.sort{ $0 < $1 }
    return params.joinWithSeparator("&")
}

func prettyJSON (json: NSDictionary!) -> String! {
    var pretty: String!
    if json != nil && NSJSONSerialization.isValidJSONObject(json!) {
```

```swift
            if let data = try? NSJSONSerialization.dataWithJSONObject
            (json!, options: NSJSONWritingOptions.PrettyPrinted) {
                pretty = NSString(data: data, encoding:
                NSUTF8StringEncoding) as? String
            }
        }
        return pretty
    }
}
extension String {
    func escapeUrl() -> String {
        let source: NSString = NSString(string: self)
        let chars = "abcdefghijklmnopqrstuvwxyz"
        let okChars = chars + chars.uppercaseString + "0123456789.~_-"
        let customAllowedSet = NSCharacterSet(charactersInString: okChars)
        return source.stringByAddingPercentEncodingWithAllowedCharacters
        (customAllowedSet)!
    }
}

enum APIService {
    case BLINK
    func toString() -> String {
        var service: String!
        switch self {
        case .BLINK:
            service = "blink"
        }
        return service
    }
}

enum APIMethod {
    case GET, POST
    func toString() -> String {
        var method: String!
        switch self {
        case .GET:
            method = "GET"
        case .POST:
            method = "POST"
        }
```

```
        return method
    }
}
```

现在你应该能够将命令发送到设备，并且将在文本区域中看到结果，如图 12-4 所示。

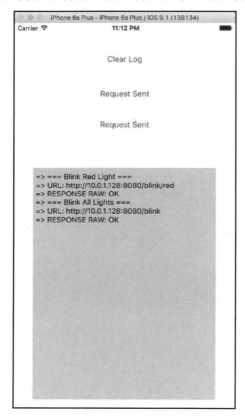

图 12-4 应用程序的请求/响应视图

12.6 小　　结

本章详细介绍了如何设置与 Raspberry Pi 上的资源进行交互的基本脚本、运行采用远程命令的侦听器所必需的服务，以及如何编写一个非常基本的 iOS 应用程序来进行 HTTP 请求，通过我们创建的非常简单的 API 来访问设备并与之交互。

第 5 篇

安全物联网

第 13 章 使用钥匙串服务保护数据

撰文：Gheorghe Chesler

尽管 iPhone 在主要计算平台上的安全问题发生率最低，但是许多开发人员仅利用了其中的一部分功能。本章将介绍钥匙串服务（Keychain Service），这是 Apple 的安全框架，用于在系统级别对注释、密码和安全套接字层（Secure Socket Layer，SSL）证书进行加密。

现代加密系统的核心是公共密钥加密（Public-Key Cryptography）的概念，也称为非对称加密（Asymmetric Encryption），此机制与对称加密算法不同，非对称加密算法需要两个密钥，即公开密钥（Public Key）和私有密钥（Private Key）。这两个密钥是一对，如果用公开密钥对数据进行加密，则只有用对应的私有密钥才能解密；如果用私有密钥对数据进行加密，则只有用对应的公开密钥才能解密。因为加密和解密使用的是两个不同的密钥，所以这种算法叫作"非对称"加密算法。密钥是使用非常大的随机数生成的，以提供熵，如图 13-1 所示。

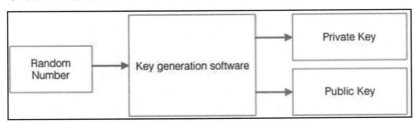

图 13-1　生成私钥/公钥对

原　　文	译　　文
Random Number	随机数
Key generation software	密钥生成软件
Private Key	私有密钥
Public Key	公共密钥

浏览器中的 SSL 加密（传输层安全性）、S/MIME 和众所周知的加密平台（如 GPG

和 PGP）均使用此机制。众所周知的 RSA 密码系统同时使用密钥分发和保密性（Diffie-Hellman 密钥交换）来保护数据传输。

如果你曾经在 Linux 机器上，甚至在 Windows 程序（如 GnuPG 或 TrueCrypt）中生成过安全密钥，则可能会注意到，生成随机数会花费一些时间，并且它需要使用环境中的一些随机数据，例如要求你将鼠标移动一会儿。这样可以确保随机数不依赖于任何人可以随时复制的任何因素。某些加密系统的常见缺陷之一是它们依靠弱熵来建立其随机数，因此其随机性在某种程度上是可预测的，并且在某些情况下是可重现的。

当双方希望安全通信时，它们各自发送使用另一方的公共密钥加密的数据。对于该机制有一个众所周知的比喻，那就是 Alice 和 Bob 交换消息，如图 13-2 所示。

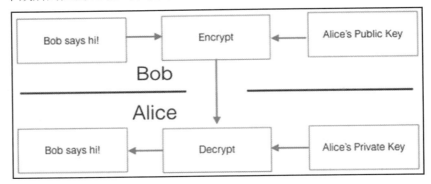

图 13-2　Alice 和 Bob 交换消息

原　　文	译　　文
Bob says hi!	Bob 说 hi!
Encrypt	加密
Alice's Public Key	Alice 的公共密钥
Decrypt	解密
Alice's Private Key	Alice 的私有密钥

在使用 Diffie-Hellman 密钥交换的情况下，每一方都使用其私钥和对方的公钥来生成共享密钥，然后该共享密钥可以用作对称密码对数据进行加密。

私钥/公钥属性背后的数学之所以美，是因为它允许从另一个用户的公钥和自己的私钥的组合开始生成相同的密钥，从而使私钥不会易手，图 13-3 描述了 Diffie-Hellman 密钥交换机制。

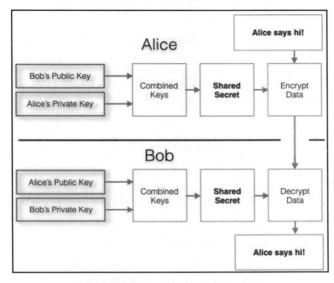

图 13-3　Diffie-Hellman 密钥交换机制

原　　　文	译　　　文
Alice says hi！	Alice 说 hi！
Encrypt Data	加密数据
Shared Secret	共享机密
Combined Keys	组合密钥
Bob's Public Key	Bob 的公共密钥
Alice's Private Key	Alice 的私有密钥
Decrypt Data	解密数据
Alice's Public Key	Alice 的公共密钥
Bob's Private Key	Bob 的私有密钥

13.1　关于 iOS 设备上的硬件安全

　　由于可以访问私钥的人可以访问加密的数据，因此 Apple 不提供访问该密钥的功能。在当前的 iOS 设备上，有一个名为安全飞地（Secure Enclave）的加密芯片。该芯片与设备 CPU 及其内存完全隔离，只能用于加密操作。每个加密芯片均针对每台设备使用唯一的 256 位密钥进行编程，并且加密芯片的固件使用只有 Apple 已知的签名密钥进行保护。

　　这样，Apple 便无法解密你的密码，因为它不知道用户标识号（User Identification Number，UID）。当然，对于 Apple 是否具有从加密芯片中提取 UID 的能力，当前是存疑的。

加密芯片本身并不存储用户的任何密码，而是提供一种加密和解密任何内容以及对外界隐藏加密密钥的方法。

当用户在设备中输入密码时，Apple 的密钥导出函数（Key Derivation Function）将密码与 UID 结合在一起，然后应用缓慢的导出函数（PBKDF2-AES），并选择迭代次数，以使特定设备花费大约 80ms 的时间。

如果要尝试破解设备密码，则该尝试必须在设备本身上运行，因为只有设备知道 UID。破解足够大的密码所需的组合数量将花费大量时间——Apple 宣称破解随机六位密码的时间将超过 5 年。

如果将设备配置为在若干次无效密码重试后擦除自身，则可以大大提高设备的安全性。请注意，使用指纹进行的重试不算在内，但在经过若干次失败的指纹尝试后，设备将停止接收基于指纹的登录。复杂的密码也是建议使用的。

13.2 保护文件数据

除 iOS 设备内置的硬件加密功能外，Apple 还使用一种称为数据保护（Data Protection）的技术来进一步保护存储在设备闪存（Flash Memory）中的数据。

数据保护功能使设备能够响应常见事件（例如打进来的电话），但它还可以对用户数据进行高级加密。

关键系统应用程序（如消息、邮件、日历、联系人、照片和健康数据值）在默认情况下都将使用数据保护功能，并且安装在 iOS 7 或更高版本上的第三方应用程序也将会自动获得该项保护。

数据保护是通过构建和管理密钥的层次结构来实现的，它建立在每个 iOS 设备内置的硬件加密技术的基础上。通过将每个文件分配给一个保护级别，可以按文件控制数据保护，可访问性取决于保护级别密钥是否已解锁。

当每次在数据分区上创建文件时，Data Protection 都会创建一个新的 256 位密钥（也就是所谓的"每个文件"的密钥）并将其提供给硬件 AES 引擎，该引擎在使用 AES CBC 模式将文件写入闪存中时会使用该密钥对文件进行加密。使用文件中的块偏移量（Block Offset）计算初始化向量（Initialization Vector，IV），并使用文件密钥（File Key）的 SHA-1 哈希值对其进行加密。

每个文件密钥包装有若干个保护等级密钥（Class Key）之一，具体取决于应可访问文件的环境。与所有其他包装一样，此操作是根据 RFC 3394 使用 NIST AES 密钥包装进行的。包装的每个文件密钥都存储在文件的元数据中。

打开文件时，将使用文件系统密钥解密其元数据，从而显示包装的每个文件密钥以及用于保护该文件的等级的表示法。每个文件密钥将使用等级密钥解开，然后提供给硬件 AES 引擎，当从闪存中读取文件时，该引擎会对文件进行解密。

文件系统中所有文件的元数据都将使用随机密钥加密，该随机密钥是在首次安装 iOS 时或用户擦除设备数据时被创建的。文件系统密钥将存储在可抹除存储（Effaceable Storage）区域中。

由于文件系统密钥被存储在设备上，因此不能用于维护数据的机密性，而是被设计为根据需要快速擦除。该功能由用户使用 Erase all content and settings（擦除所有内容和设置）选项确定，或者由用户或管理员从移动设备管理（Mobile Device Management，MDM）服务器 Exchange ActiveSync 或 iCloud 发出远程擦除命令来执行。以这种方式擦除密钥会使所有文件无法通过密码访问。

在使用文件密钥对文件的内容进行加密时，每个文件密钥用等级密钥进行包装并存储在文件的元数据中，该元数据又通过文件系统密钥进行加密。等级密钥受硬件 UID 的保护，对于某些保护等级，则是受用户密码的保护。这个层次结构同时提供了灵活性和算法性能。例如，更改文件的保护等级仅需要重新包装其每个文件密钥，而更改密码则会重新包装保护等级的密钥。

图 13-4 可视化了上述过程。

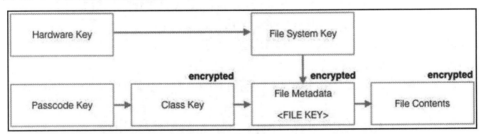

图 13-4　Apple 密钥导出和加密概述

原　　文	译　　文
Hardware Key	设备密钥
File System Key	文件系统密钥
Passcode Key	用户密码
encrypted	已加密
Class Key	等级密钥
File Metadata <FILE KEY>	文件元数据 <FILE KEY>
File Contents	文件内容

13.3 关于 Apple 钥匙串

Apple 钥匙串（Keychain）是 Apple 平台用于应用程序敏感数据的库（Vault）。Apple 钥匙串可在 Apple 产品线的每一台设备上使用，它使应用程序能够以安全的方式存储不同的信息，下次应用程序启动时可以检索这些信息。这样就可以通过访问存储在设备上的应用程序来访问私有信息，从而实现一定程度的安全性。

当然，从理论上来说，一旦应用程序访问了受保护的数据，该数据就会仍然容易受到设备内存监听攻击的侵害，但是，至少从你的设备中备份的应用程序及其存储的数据不会以易受攻击的格式存储非常敏感的信息，所以这并不是什么大问题，因为访问设备内存确实需要从受信任的计算机中直接访问设备。

你可能已经注意到，每次将其连接到另一台 PC 或 Mac 时，iOS 设备都会向你发送警报，询问你是否信任该设备——这被认为是合理的第一道防线。此外，在备份设备时，不会备份诸如钥匙串之类的敏感数据。

即使以安全模式备份设备，也可以使用 ThisDeviceOnly 选项将条目保存在钥匙串中，以确保仅将数据保存在当前设备上，这样就不会进行备份。

iOS 设备上的钥匙串实现的一个方式是，你存储在其中的任何内容都将被锁定到该设备或其备份上。在 OS X 设备（Macbook、Mac Pro 或 iMac）上，钥匙串存储在用户的 ~/Library/Keychains/ 路径下，如果你知道钥匙串的密码，则可以将其中的文件复制到其他 Mac 上并导入其钥匙串中。

仅当以加密模式备份 iOS 设备时，才能备份来自 iOS 设备的钥匙串，因此普通用户完全无法访问它。

为了保存和访问钥匙串中的数据，Apple 向任何应用程序提供了 Apple 钥匙串服务 API（Apple Keychain Service API）。

13.3.1 Apple 钥匙串服务

Apple 钥匙串服务（Apple Keychain Service）是一种 API，允许应用程序在 iOS 设备上以加密格式存储键-值对。应用程序可以在钥匙串中保存敏感的数据信息，如密码（Password）、令牌（Token）和密钥（Key）。可以在同一开发人员的应用程序之间共享钥匙串项。

Apple 钥匙串服务实际的存储是单个 SQLite 数据库，可以由系统守护进程（System

Daemon)访问，该守护进程将查询与应用程序的 keychain-access-group 和 application-identifier 权力相对应的条目。

13.3.2 钥匙串项目的组成

除访问组外，每个钥匙串项还包含管理元数据，如 created（创建）和 last updated（最新更新）时间戳。

它还包含用于查询项目属性的 SHA-1 哈希（如账户和服务器名称），以允许查找而不解密每个项目。最后，它还包含加密数据，其中包括以下内容。

- 版本号。
- 访问控制列表（Access Control List，ACL）数据。
- 表示该项目属于哪个保护等级的值。
- 使用保护等级密钥包装的每个项目的密钥。
- 描述项目的属性字典（传递给 SecItemAdd），编码为二进制 plist 并使用每个项目的密钥进行加密。

有关更多详细信息，请访问以下 URL 以获取 iOS 安全指南：

www.apple.com/business/docs/iOS_Security_Guide.pdf

13.3.3 实现用于存储密码的钥匙串服务

成功验证资源后，可以存储用于访问资源的用户名和密码或其他凭据。这样，当重新加载应用程序时，可以从钥匙串而不是从不太安全的本地存储中检索那些凭据。如果将应用程序从未加密的备份还原到其他设备上，则该应用程序在钥匙串中将没有条目可返回，因此你的凭据是安全的。

在以下示例中，我们将存储一个字符串，该字符串可以是密码或令牌。我们使用安全性框架中可用的 SecItemAdd() 函数来保存给定密钥的数据。查看 Keychain Services Reference（钥匙串服务参考）中的函数签名，可以看到以下内容：

```
func SecItemAdd(_ attributes: CFDictionary!, _ result:
UnsafeMutablePointer<Unmanaged <AnyObject>?>) -> OSStatus
```

attributes 参数是一个字典，它描述要插入的数据和要插入的项目的安全性等级，以及描述结果返回类型的各种可选参数。

要一次将多个项目添加到钥匙串中，可以使用 kSecUseItemList 密钥，并将一系列项目作为其值。仅非密码项目支持此功能。

代码清单 13-1 提供了在钥匙串中插入密码所需的代码示例。

代码清单 13-1　在钥匙串中插入密码

```swift
let key = "password"
let value = "my Password"
if let data = value.dataUsingEncoding(NSUTF8StringEncoding) {
    let query = [
        (kSecClass as String) : kSecClassGenericPassword,
        (kSecAttrAccount as String) : key,
        (kSecValueData as String) : value
    ]
    SecItemAdd(query as CFDictionaryRef, nil)
}
```

在我们的示例中，假定密钥以前不存在。在实际的实现中，我们希望在以给定值插入密钥之前先删除现有密钥。通过使用 NSMutableDictionary 对象，我们可以更清晰地表达这一点，该对象允许我们将密钥和值作为列表进行传递，如代码清单 13-2 所示。

代码清单 13-2　将密钥和值作为列表插入

```swift
let key = "password"
let value = "my Password"
if let data = value.dataUsingEncoding(NSUTF8StringEncoding) {

    let query = NSMutableDictionary(
        objects: [ kSecClassGenericPassword, key, value ],
        forKeys: [ kSecClass, kSecAttrAccount, kSecValueData ]
    ) as CFDictionaryRef
    SecItemAdd(query, nil)
}
```

在代码清单 13-2 的示例中可以看到，值字符串已被转换为 NSData 对象，这是必需的，因为值可以是 unicode。

13.3.4　从钥匙串服务中检索数据

要从钥匙串服务中读取信息，可以使用函数 SecItemCopyMatching()，该函数返回一个或多个与搜索查询匹配的钥匙串项目，或复制特定钥匙串项目的属性。

该函数的签名如下：

```swift
func SecItemCopyMatching(query: CFDictionary!, _
result:UnsafeMutablePointer<Unmanaged<AnyObject>?>) -> OSStatus{...}
```

OSStatus 的返回值是一个结果代码。有关这些代码的更多详细信息，可查看 *Security Framework Reference*（《安全框架参考》）中的 Keychain Services Result Codes（钥匙串服务结果代码）。该参考信息深藏在说明文档中，开发人员可以以下路径来访问它：

```
Security Framework Reference / Keychain Services Reference / Search Results Constants
```

默认情况下，SecItemCopyMatching()函数仅返回找到的第一个匹配项。要一次性获取多个匹配项，请指定搜索键 kSecMatchLimit，其值应大于 1。结果将是 CFArrayRef 类型的对象，该对象最多可以包含的数量就是匹配项的数量。

要检索给定键的任何数据，需要将对 result 的引用传递给 SecItemCopyMatching()函数将填充的对象。就像插入操作一样，query 是一个字典，它用于指定属性名称、其类型和几个参数，这些参数也可以是要返回的数据和检索的项目数。

显然，上述响应是可选的，因为密钥可能不存在，而操作也可能会失败，因此还需要检查操作成功时返回值为 noErr 的调用返回代码（参见代码清单 13-3）。

代码清单 13-3　检查调用返回代码

```
let key = "password"
var password : String!;
var response: Unmanaged<AnyObject>?

let query = NSMutableDictionary(
    objects:[kSecClassGenericPassword,key,kCFBooleanTrue,kSecMatchLimitOne],
    forKeys:[kSecClass,kSecAttrAccount,kSecReturnData,kSecMatchLimit]
) as CFDictionaryRef

let status = SecItemCopyMatching(query, &response)

if status == noErr && response != nil {
    if let data = response!.takeRetainedValue() as? NSData {
        password = NSString(data: data, encoding: NSUTF8StringEncoding)
    }
}
```

在上述示例中，我们读取了一个简单的字符串并将其分配给 password 变量。如前所述，对于密码以外的数据类型，我们可以存储多个值。

13.3.5　删除钥匙串服务的记录

要删除单个项目，可以使用 SecItemDelete()函数，该函数的签名如下：

```
func SecItemDelete(query: CFDictionary!) -> OSStatus
```

上述查询是一个字典,其中包含项目保护等级规范和用于控制搜索的可选属性。与往常一样,有关当前定义的搜索属性的详细信息,请查看 *Security Framework Reference*(《安全框架参考》),因为该 API 可能会随 Swift 或 iOS 的将来版本而更改。

与其他调用一样,OSStatus 的返回值是结果代码。

现在来看一看如何删除密码(参见代码清单 13-4)。

代码清单 13-4　从钥匙串中删除密码

```
let key = "password"

let query = NSMutableDictionary(
    objects: [ kSecClassGenericPassword, key ],
    forKeys: [ kSecClass, kSecAttrAccount ]
) as CFDictionaryRef

let status = SecItemDelete(query)
if status == noErr {
    print("password deleted")
}
```

如果要删除所有密码,可以使用相同的函数调用,这次没有 kSecAttrAccount 的值。这将具有删除类 kSecClassGenericPassword 的所有项的作用,如代码清单 13-5 所示。

代码清单 13-5　从钥匙串中删除所有密码

```
let query = NSMutableDictionary(
    objects: [ kSecClassGenericPassword ],
    forKeys: [ kSecClass ]
) as CFDictionaryRef

let status = SecItemDelete(query)

if status == noErr {
    print("all passwords deleted")
}
```

当然,可以将其压缩如下:

```
if SecItemDelete([(kSecClass as String):kSecClassGenericPassword])== noErr{
    print("all passwords deleted")
}
```

13.3.6 设置应用程序以测试钥匙串服务

我们将像使用 Fitbit 应用程序一样使用单页应用程序,并且将重用某些元素,尤其是 UILogger.swift。为了处理 Keychain API 调用,我们设置了一个名为 Keychain 的类,稍后将对其进行详细描述。

为了能够使用钥匙串服务,需要将二进制文件与 Security.framework 库链接起来,如图 13-5 所示。

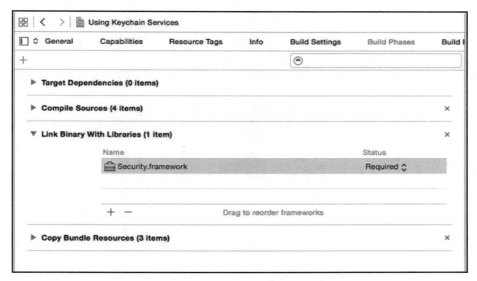

图 13-5　将应用程序与安全框架链接在一起

13.3.7 视图控制器

视图控制器代码非常简单。我们创建了一个文本输入字段,其中可以输入要保存到钥匙串中的字符串。在本示例中,我们将一个名为"token"的字段保存到钥匙串中。为了使事情变得更加有趣,如果未提供任何值,则使用当前日期/时间填充它,这将有助于调试和验证应用程序在重启之后是否从中正确读取了数据,如代码清单 13-6 所示。

代码清单 13-6　ViewController.swift 文件

```
import UIKit

class ViewController: UIViewController {
```

```swift
@IBOutlet var clearButton : UIButton!
@IBOutlet var clearKeychainButton : UIButton!
@IBOutlet var saveButton : UIButton!
@IBOutlet var readButton : UIButton!
@IBOutlet var textArea : UITextView!
@IBOutlet var textField : UITextField!
var logger: UILogger!

override func viewDidLoad() {
    super.viewDidLoad()
    //在加载视图后执行额外的设置，通常从 nib 开始
    logger = UILogger(out: textArea)
}

override func didReceiveMemoryWarning() {
    super.didReceiveMemoryWarning()
    //处置所有可以重新创建的资源
}

@IBAction func saveToKeychain() {
    var value = textField.text!;
    if value.isEmpty {
        let dateFormatter:NSDateFormatter = NSDateFormatter()
        dateFormatter.dateFormat = "yyyy-MM-dd HH:mm:ss"
        value = dateFormatter.stringFromDate(NSDate())
    }
    
    logger.logEvent("Save to keychain: \(value)")
    Keychain.set("token", value: value)
}

@IBAction func readFromKeychain() {
    //该响应是 Optional<NSData>，因此它需要被解开包装
    if let value = Keychain.get("token") {
        logger.logEvent("Read from keychain: \(value)")
    }
    else {
        logger.logEvent("No value found in the keychain")
    }
}
@IBAction func clickClearButton() {
    logger.clear()
```

```
}
@IBAction func clickClearKeychainButton() {
    Keychain.clear()
    logger.logEvent("The keychain data has been cleared")
}
}
```

可以看到,我们为活动的内联日志记录创建了一个 textArea、一个用于输入已插入值的 textField 以及一些按钮。图 13-6 显示了 Main.storyboard 的详细视图,该视图说明了如何连接按钮和字段。

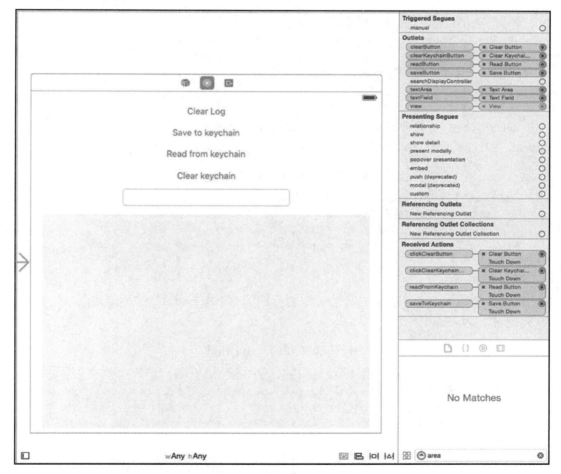

图 13-6　应用程序故事板

1. 钥匙串类

我们创建了一些私有类方法来封装该查询的构造函数,并将它们另存为 Keychain.swift 文件。

对于 create/update 查询,我们将获得一个键名和要插入的值,如代码清单 13-7 所示。我们必须先将值转换为 String,然后再将其分配给字典——在 Swift 的早期版本中无须显式转换就可以正常工作。

代码清单 13-7　updateQuery()函数

```
private class func updateQuery(key: String, value: NSData)-> CFDictionaryRef{
    return NSMutableDictionary(
        objects: [ kSecClassGenericPassword, key, value ],
        forKeys: [ String(kSecClass), String(kSecAttrAccount),
        String(kSecValueData) ]
    )
}
```

deleteQuery()函数看起来与 updateQuery()函数非常相似,但是前者只需要一个 Key String,如代码清单 13-8 所示。

代码清单 13-8　deleteQuery()函数

```
private class func deleteQuery(key: String) -> CFDictionaryRef {
    return NSMutableDictionary(
        objects: [ kSecClassGenericPassword, key ],
        forKeys: [ String(kSecClass), String(kSecAttrAccount) ]
    )
}
```

set()函数使用前面提到的两个查询来首先删除一个现有键,然后使用新值添加键,如代码清单 13-9 所示。

代码清单 13-9　set()函数

```
public class func set(key: String, value: String) -> Bool {
    if let data = value.dataUsingEncoding(NSUTF8StringEncoding) {
        SecItemDelete(deleteQuery(key))
        return SecItemAdd(updateQuery(key, value: data), nil) == noErr
    }
    return false
}
```

要读取现有条目,可以使用代码清单 13-10 中的函数。get()函数非常简单,因为它依靠 getData()函数来完成繁重的工作，并且只返回一个 NSString 对象；对于 getData()函数，则需要进行一些复杂的操作以提取状态和响应。

代码清单 13-10　Keychain.swift 文件中的 get()和 getData()函数

```swift
public class func get(key: String) -> NSString? {
    let query = searchQuery(key)
    if let data = getData(query) {
        return NSString(data: data, encoding: NSUTF8StringEncoding)
    }
    return nil
}

public class func getData(query: CFDictionaryRef) -> NSData? {
    var response: AnyObject?
    let status = withUnsafeMutablePointer(&response) {
        SecItemCopyMatching(query, UnsafeMutablePointer($0))
    }
    return status == noErr && response != nil
        ? response as! NSData?
        : nil
}
```

我们注意到，响应（最终）作为 NSData 出现，必须将其转换回 String。在给定格式正确的查询（不一定是密码类型）的情况下，可以单独使用 getData()函数来获取值。getData()函数返回一个 NSData 对象，该对象可以转换为我们希望从钥匙串中读取的任何给定数据类型。

代码清单 13-11 显示了整个 Keychain 类的代码。至于 setData()函数的创建，我们留给读者作为练习，该函数可以处理各种项目类型。请记住，在删除条目之前，必须在 kSecClass 中使用相同的值。

代码清单 13-11　Keychain.swift 文件

```swift
import Foundation
import Security

public class Keychain {
    public class func set(key: String, value: String) -> Bool {
        if let data = value.dataUsingEncoding(NSUTF8StringEncoding){
            SecItemDelete(deleteQuery(key))
            return SecItemAdd(updateQuery(key, value: data), nil) == noErr
        }
        return false
```

```swift
    }
    public class func get(key: String) -> NSString? {
        let query = searchQuery(key)
        if let data = getData(query) {
            return NSString(data: data, encoding: NSUTF8StringEncoding)
        }
        return nil
    }
    
    public class func getData(query: CFDictionaryRef) -> NSData? {
        var response: AnyObject?
        let status = withUnsafeMutablePointer(&response) {
            SecItemCopyMatching(query, UnsafeMutablePointer($0))
        }
        return status == noErr && response != nil
            ? response as! NSData?
            : nil
    }
    
    public class func delete(key: String) -> Bool {
        return SecItemDelete( deleteQuery(key) ) == noErr
    }
    
    public class func clear() -> Bool {
        if SecItemDelete([(kSecClass as String) : kSecClassGenericPassword])
            == noErr {
            print("all passwords deleted")
        }
        return SecItemDelete( clearQuery() ) == noErr
    }
    
    private class func updateQuery(key: String, value: NSData) ->
CFDictionaryRef {
        return NSMutableDictionary(
            objects: [ kSecClassGenericPassword, key, value ],
            forKeys: [ String(kSecClass), String(kSecAttrAccount),
            String(kSecValueData) ]
        )
    }
    private class func deleteQuery(key: String) -> CFDictionaryRef {
        return NSMutableDictionary(
            objects: [ kSecClassGenericPassword, key ],
            forKeys: [ String(kSecClass), String(kSecAttrAccount) ]
```

```
        )
    }
    private class func searchQuery(key: String) -> CFDictionaryRef {
        return NSMutableDictionary(
            objects: [ kSecClassGenericPassword, key, kCFBooleanTrue,
            kSecMatchLimitOne ],
            forKeys: [ String(kSecClass), String(kSecAttrAccount),
            String(kSecReturnData), String(kSecMatchLimit) ]
        )
    }
    private class func clearQuery() -> CFDictionaryRef {
        return [ (kSecClass as String) : kSecClassGenericPassword ]
    }
}
```

2. 运行演示应用程序

演示应用程序没有什么神奇之处——它仅保存一些密码类型的值并从钥匙串中检索它们，输出如图 13-7 所示。

图 13-7　应用程序的输出

13.4　小　　结

本章详细介绍了密钥加密的基础知识、Apple 实现 Keychain Service 的一些细节，以及如何使应用程序与 Keychain Service 进行交互等。

第 14 章　使用 Touch ID 进行本地身份验证

撰文：Manny de la Torriente

在今天的社会生活和新闻中，电信诈骗和身份欺诈的事件屡见不鲜，这也导致二级身份验证（Second-Factor Authentication）从用户想要的功能变成了必需品。借助 Touch ID，开发人员可以使用 iPhone 的内置指纹传感器，而无须进行任何模式识别或低级加密。本章将详细阐述该框架并介绍如何在应用程序中添加指纹识别功能。

14.1　关于 Touch ID

Touch ID 是一种指纹感应系统，它使得我们可以轻松便捷地安全访问 iOS 设备。本章将学习如何集成和使用 LocalAuthentication 框架，以允许用户通过 Touch ID 请求身份验证。LocalAuthentication 类使开发人员可以调用 Touch ID 验证，而无须涉及钥匙串。

Touch ID 是一种易于使用的机制，非常安全。所有 Touch ID 操作都在 Secure Enclave（安全飞地）内部处理。Secure Enclave 是 Apple A7 或更高版本的 A 系列处理器中的协处理器，它负责处理来自 Touch ID 传感器的指纹数据。应用程序无法访问与已注册指纹（或内核）关联的数据，仅在用户成功通过身份验证后才通知它，如图 14-1 所示。

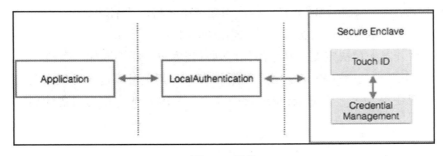

图 14-1　架构

原　　文	译　　文
Application	应用程序
Secure Enclave	安全飞地
Credential Management	凭证管理

　　LocalAuthentication 的安全性与钥匙串的安全性不同。在使用钥匙串的情况下，信任关系是在操作系统和 Secure Enclave 之间；在使用 LocalAuthentication 的情况下，信任关系是在应用程序和操作系统之间。对于 LocalAuthentication 来说，它将不会存储任何机密信息，因为无法直接访问 Secure Enclave——只知道身份验证的结果。

14.1.1　LocalAuthentication 用例

　　可以将 LocalAuthentication 用作通用策略评估机制，以执行以下操作。
- ❑ 验证用户是否已注册，以便开发人员可以解锁应用程序的某些功能。
- ❑ 启用家长控制，以确保设备所有者存在。
- ❑ 提供一级身份验证，无须密码备份。

　　本章编写的示例应用程序需要支持 Touch ID 的设备。iPhone 5S 和更高版本、iPad Air 2 和更高版本均支持 Touch ID。

14.1.2　构建 Touch ID 应用程序

　　本章构建的示例应用程序将演示一个简单的用例，该用例将在不使用钥匙串的情况下使用 Touch ID 对用户进行身份验证。该应用程序将由一个场景和一个分组表格视图组成，如图 14-2 所示。表格视图只有一行，当被选中时将用于启动身份验证流程。在表格视图下方是一个文本视图，它将用作日志输出的窗口。

　　如果以后开发人员决定支持其他用例，则只需为每个用例添加一个新行。

　　Touch ID 提示是标准的 iOS 用户界面（UI），其中可以包含开发人员自定义的提示消息。系统还提供了一个 Enter Passcode（输入密码）选项作为后备计划，如图 14-3 所示。

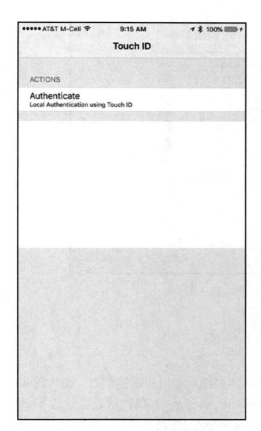 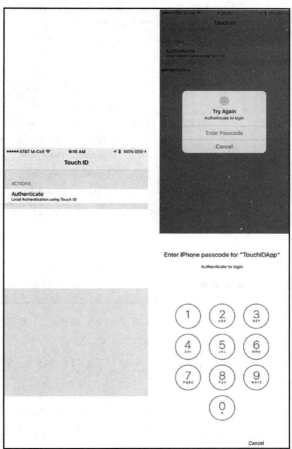

图 14-2 TouchIDApp 的主场景　　　　图 14-3 用于 Touch ID 和密码输入的标准系统 UI

14.2 创建项目

我们将创建一个 iOS Xcode 项目，类型为 Single View Application（单视图应用程序），项目名称为 TouchIDApp，选择 Swift 作为 Language（语言），而 Devices（设备）则使用默认值 Universal（通用），如图 14-4 所示。

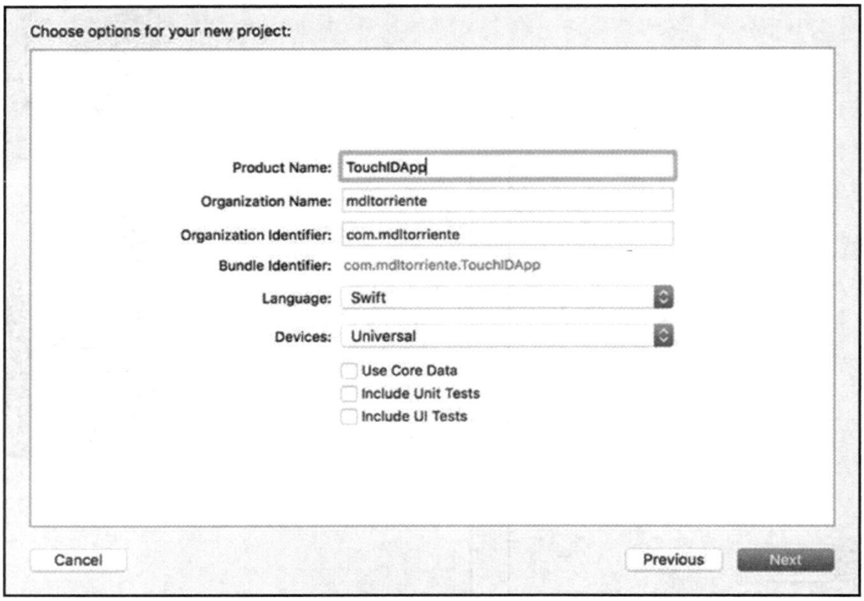

图 14-4　创建一个新的单视图应用程序

14.3　建立界面

打开故事板，然后删除当前的视图控制器，并将其替换为表格视图控制器。选中 Table View Controller（表格视图控制器），然后从 Attribute Inspector（属性检查器）的 View Controller（视图控制器）部分中选中 Is Initial View Controller（是初始视图控制器）复选框，将其设置为故事板的初始视图控制器，如图 14-5 所示。

打开 ViewController.swift 文件并更改类声明，以使基类为 UITableViewController，代码如下：

```
class ViewController: UITableViewController {
}
```

打开故事板，然后在 Identity Inspector（身份检查器）的 Custom Class（自定义类）部分中，将 Class（类）设置为 ViewController，如图 14-6 所示。

💡 说明：

如果 ViewController 在下拉列表中不可见，则只要构建该项目它就会出现。

第 14 章 使用 Touch ID 进行本地身份验证

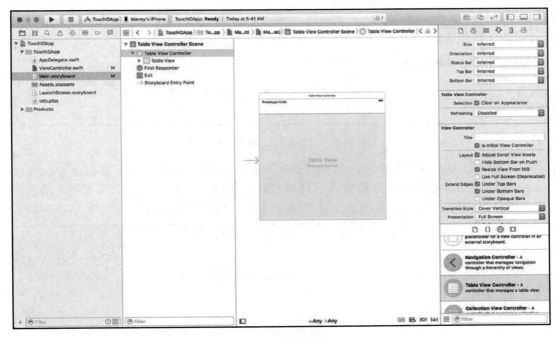

图 14-5 主故事板初始视图

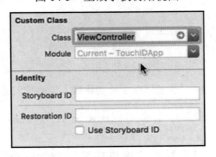

图 14-6 设置自定义类

现在选择表格视图单元格，然后从 Attribute Inspector（属性检查器）中，将 Table View Cell（表格视图单元格）中的 Style（样式）更改为 Subtitle（小标题），如图 14-7 所示。此外，还需要将重用 Identifier（标识符）设置为 AuthenticateCell。

接下来需要将表格视图控制器嵌入导航控制器中，方法是选择表格视图控制器，然后从 Xcode 菜单栏中选择 Editor（编辑器）→Embed In（嵌入）→Navigator Controller（导航控制器）命令。

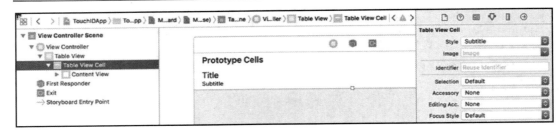

图 14-7 设置表格视图单元格样式

在左侧的文档结构窗格中,选择 Table View(表格视图)对象,然后从 Attribute Inspector(属性检查器)中将其 Style(样式)更改为 Grouped(分组),接着将表格视图控制器中 Navigation Item(导航项)的 Title(标题)设置为 Touch ID,如图 14-8 所示。

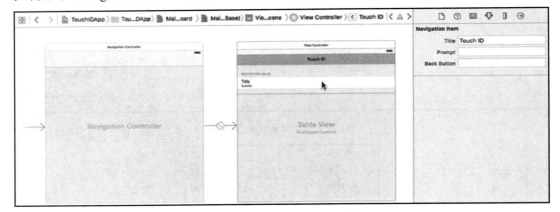

图 14-8 将表格视图控制器嵌入导航控制器中

在表格视图单元格下方添加一个文本视图,并调整高度,使其类似于图 14-9。文本视图将用作显示日志输出的窗口。

使用 Assistant(助手)编辑器,这样将获得一个拆分视图,其中故事板在一侧,而 ViewController.swift 文件在另一侧。按住 Ctrl 键从故事板的文本视图中拖曳出一条直线到视图控制器文件中,以创建一个出口,如图 14-10 所示。在弹出窗口中,输入名称为 textView,然后单击 Connect(连接)按钮。

在 viewDidLoad 方法中,将文本视图文本初始化为一个空字符串,如代码清单 14-1 所示。

代码清单 14-1　ViewController 类中的 viewDidLoad 方法

```
override func viewDidLoad() {
    super.viewDidLoad()
```

```
textView.text = ""
}
```

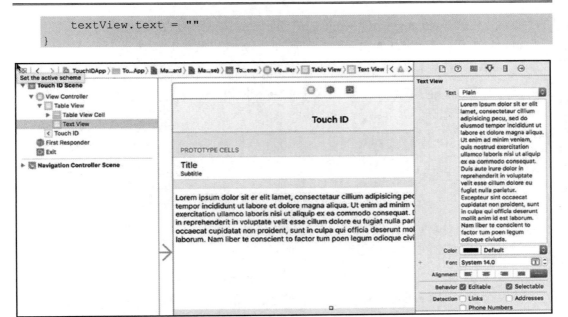

图 14-9　为日志输出添加文本视图

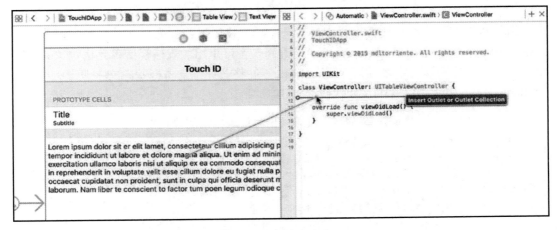

图 14-10　创建一个出口

14.4　实现 UITableView 方法

由于本示例中的表格只有一节,而该节也只包含一行,因此我们其实并不需要实际的数据源。也就是说，numberOfSectionsInTableView 方法返回的值应始终为 1；表格视图方法 numberOfRowsInSection 返回的值也应为 1，如代码清单 14-2 所示。

代码清单 14-2　设置表格视图的节数和行数

```
override func numberOfSectionsInTableView(tableView:UITableView)->Int {
    return 1
}

override func tableView(tableView: UITableView, numberOfRowsInSection
section: Int) -> Int {
    return 1
}
```

当表格视图对象要求提供节的标题时，因为只有一个节，所以将返回一个包含"Actions"的字符串来表示节标题，如代码清单 14-3 所示。

代码清单 14-3　设置节标题

```
override func tableView(tableView: UITableView, titleForHeaderInSection
section: Int) -> String? {
    return "Actions"
}
```

当表格视图对象要求在特定行中插入一个单元格时，需要为你在故事板中设置的单元格（其重用标识符为 AuthenticateCell）返回一个可重用的表格视图单元格对象。将该单元格的文本标签的文字设置为 Authenticate，并将其详细文本标签的文字设置为 Local Authentication using Touch ID，如代码清单 14-4 所示。

代码清单 14-4　设置身份验证表格视图单元格

```
override func tableView(tableView: UITableView, cellForRowAtIndexPath
indexPath: NSIndexPath) -> UITableViewCell {
    let cell = tableView.dequeueReusableCellWithIdentifier
    ("AuthenticateCell", forIndexPath: indexPath)
    cell.textLabel?.text = "Authenticate"
    cell.detailTextLabel?.text = "Local Authentication using Touch ID"
    return cell
}
```

当用户单击表格视图的行时，表格视图对象会将有关新行选择通知给其委托，这里是启动身份验证工作流的地方。调用表格视图的 deselectRowAtIndexPath()方法，该方法将确保在完成任何操作后取消选择表格视图行，然后调用 authenticate()方法（我们将在

14.5 节中实现该方法），如代码清单 14-5 所示。

代码清单 14-5　设置当选择表格视图行时的操作

```
override func tableView(tableView: UITableView, didSelectRowAtIndexPath
indexPath: NSIndexPath) {
    tableView.deselectRowAtIndexPath(indexPath, animated: true)
    authenticate()
}
```

14.5　集成 Touch ID 以进行指纹认证

在文件 ViewController.swift 中，导入 LocalAuthentication 框架，将其放置在 UIKit 导入语句的下面，如代码清单 14-6 所示。

代码清单 14-6　导入 LocalAuthentication 框架

```
import UIKit
import LocalAuthentication
```

14.5.1　评估身份验证策略

身份验证上下文常用于评估运行应用程序的 iOS 设备的身份验证功能。iOS 设备可能有指纹扫描仪（也可能没有），或者 Touch ID 也可能已被禁用（例如，尝试进行身份验证时失败次数过多就会导致 Touch ID 被禁用）。使用上下文预检身份验证策略可以使应用程序确定身份验证是否可能成功，例如使用诸如 Touch ID 之类的个人信息请求用户身份验证。身份验证上下文由 LAContext 对象表示。

14.5.2　无须钥匙串服务的 Touch ID 身份验证

无须钥匙串服务的 Touch ID 分两个步骤完成。

第一步是预检身份验证策略，以查看是否可以在设备上成功进行 Touch ID 身份验证，这是通过调用本地身份验证上下文对象的 canEvaluatePolicy()方法来完成的。评估的身份验证策略为 DeviceOwnerAuthenticationWithBiometrics，这是使用生物识别方法（Touch ID）的设备所有者身份验证。DeviceOwnerAuthenticationWithBiometrics 是 LAPolicy 类的属性。

如果不满足 canEvaluatePolicy 条件，则代码清单 14-7 中的 guard 语句用于将程序控制权转移到范围之外。

代码清单 14-7　用于评估是否可以进行身份验证的 guard 语句

```
let context = LAContext()
var error: NSError?

guard context.canEvaluatePolicy(.DeviceOwnerAuthenticationWithBiometrics,
error: &error) else {
    printMessage("canEvaluatePolicy failed:\(error!.localizedDescription)")
    return
}
```

如果满足条件并且可以使用 Touch ID，则第二步是从用户那里获得授权。这是通过调用本地身份验证上下文对象的 evaluatePolicy()方法来完成的。评估的身份验证策略为 DeviceOwnerAuthentication。该调用必须包含一个字符串，其中包含对请求身份验证原因的简短说明。localizedReason 参数是必需的，因此不接收空字符串或 nil 值。请注意，错误参数是通过值传递的。请参见代码清单 14-8 中的代码。

> 💡 **说明：**
> 不能在 evaluatePolicy 的响应块中调用 canEvaluatePolicy()方法，因为这样做可能导致死锁。

代码清单 14-8 显示了完整的 authenticate()方法，可以将此代码放在 ViewController 类的底部。

代码清单 14-8　使用 Touch ID 进行身份验证的方法

```
func authenticate(){
    printMessage("authenticating…")

    let context = LAContext()
    var error: NSError?

    guard context.canEvaluatePolicy
    (.DeviceOwnerAuthenticationWithBiometrics, error: &error)
    else {
        printMessage("canEvaluatePolicy failed:
        \(error!.localizedDescription)")
        return
    }
```

```
//Touch ID 可用

let reason = "Authenticate to login"
context.evaluatePolicy(.DeviceOwnerAuthentication, localizedReason:
reason, reply: { (success, error) -> Void in

    if success {
        self.printMessage("Authentication success!")
    } else {
        if let error = error {
            self.printMessage("Error: \(error.localizedDescription)")
        }
    }
})
}
```

策略评估完成后,将执行来自 evaluatePolicy 的响应块。在不明确的线程上下文中,该块将在框架内部的专用队列上评估。如果打算从响应中访问任何 UI 组件,则应确保在主线程中访问它们。代码清单 14-9 中的示例演示了 printMessage()方法更新主线程中的文本视图的方式。可以将代码清单 14-9 中的代码添加到 ViewController 类的末尾。

代码清单 14-9　确保主线程中的文本视图已更新

```
func printMessage(message: String) {
    dispatch_async(dispatch_get_main_queue()) { () -> Void in
        self.textView.text = self.textView.text.
            stringByAppendingString(message + "\n")
        self.textView.scrollRangeToVisible(NSMakeRange
            (self.textView.text.characters.count-1, 0))
    }
}
```

dispatch_async()方法将提交一个块以在主队列上异步执行,并立即返回。dispatch_get_main_queue()方法将返回与应用程序的主线程关联的串行调度队列。

14.5.3　自定义的身份验证后备计划

如果生物特征的身份验证失败,则 Try Again(重试)提示将显示 Enter Password(输入密码)按钮。单击 Enter Password(输入密码)按钮将导致响应块取消操作并返回一个错误,指示需要自定义的后备计划。表 14-1 列出了可能的错误。

表 14-1　LAContext 错误代码

错误代码	说明
AuthenticationFailed	身份验证失败，因为用户未能提供有效的凭据
UserCancel	身份验证已被用户取消——例如，用户在对话框中单击了 Cancel（取消）按钮
UserFallback	身份验证被取消，因为用户单击了 Enter Password（输入密码）按钮
SystemCancel	身份验证已被系统取消——例如，在身份验证对话框启动时，另一个应用程序出现在前台
PasscodeNotSet	身份验证无法启动，因为未在设备上设置密码
TouchIDNotAvailable	身份验证无法启动，因为设备上没有可用的 Touch ID
TouchIDNotEnrolled	身份验证无法启动，因为 Touch ID 没有已注册的指纹

14.5.4　运行应用程序

现在可以生成并运行应用程序。我们必须使用物理 iOS 设备进行测试，因为模拟器不支持 Touch ID。

- ❑ 单击 Authenticate（身份验证）单元格。如果设备支持 Touch ID，并且用户已启用和配置 Touch ID，则会显示触摸请求提示。
- ❑ 使用已注册的指纹进行身份验证。身份验证成功消息应输出到文本视图日志窗口中。
- ❑ 使用未注册的指纹进行身份验证。此时应该会提示用户重试，并且应该出现 Enter Password（输入密码）选项。
- ❑ 输入有效的密码。身份验证成功消息应输出到文本视图日志窗口中。

14.6　注意事项

- ❑ 仅前台应用程序可以使用 Touch ID。
- ❑ 策略评估可能会失败。失败的原因包括以下方面。
  - ➢ 设备可能不支持它。
  - ➢ 设备支持它，但是它可能处于锁定状态，或者由于其他配置的设置而导致它无法使用。
- ❑ 如果策略评估失败，则你的应用程序应提供自己的后备计划（密码输入机制）。

14.7 小　　结

本章通过构建一个示例应用程序，演示了如何将 LocalAuthentication 用作通用策略评估机制。另外，我们还学习了如何集成和使用 LocalAuthentication 来启动 Touch ID 身份验证以及如何避免出现死锁情况。

本章还解释了在通过生物特征进行身份验证失败的情况下，使用不同的策略评估如何影响工作流程。

最后，我们还讨论了如何从不明确的线程上下文调用响应块中的主线程。

第 15 章　使用 Apple Pay 接收付款

撰文：Gheorghe Chesler

Apple Pay 自推出后的很短一段时间内，它就以前所未有的势头推动了近场通信（Near-Field Communication，NFC）支付。Apple 现在更向前迈出一步，允许开发人员使用 Apple Pay 接收其应用程序中的实物商品支付，这一功能已被 Uber 和星巴克成功采用。本章将详细介绍 Apple Pay，演示如何集成应用程序内支付的框架，还将讨论在实现支付系统方面所面临的传统挑战。

15.1　Apple Pay 与其他支付系统比较

在从网站启动的正常电子商务交易中，有多种方式可以完成支付。以下是一些示例。

一站式购物（One-Stop-Shop）：购物车服务器上的后端软件将处理订单提交表格，并与商户网关同步连接，同时在该网关上提交支付。交易的成功或失败将通过相同的连接接收并传递回浏览器。对于使用已建立的商户网关（如 Authorize.Net、Worldpay、Stripe 等）的商店来说，这是典型做法。

离线卡处理（Offline Card Processing）：购物车后端将捕获信用卡信息，安全地存储它，然后使用该信息异步处理订单。业务量很大的网站（如 Amazon）更喜欢这种方法，这些网站无法承担耗时太长的同步交易（因为在完成支付之前，这些交易会阻塞服务器资源）。当你的订单尚未准备好立即发货，并且只有在发货后才能对信用卡进行收费时，也可以使用此方法。你可能已经注意到，Amazon（亚马逊）会将你的订单分成较小的子订单，这些子订单可以单独发货，并且在发货时会单独向你收费。如果部分订单由于发货延迟而你希望取消它，并且你也不想处理退还部分税款和运输费用等问题，那么这种方式也非常方便。

委托给商户支付接口（Delegate to the Merchant Pay Interface）：信任度和可见度较低的小型商店，或者不想处理管理商户账户麻烦的商店，都可以使用 PayPal 之类的支付代理，此类代理提供了一种称为即时支付通知（Instant Payment Notification，IPN）的功能。商店的后端不获取信用卡号，而是仅验证输入，然后将用户重定向到 PayPal。这样，客户面对的就是一个庞大且可信赖的实体而不是信任度较低的小商店，他们在执行可能引起争议的交易时也会比较有信心。一旦用户决定是否完成该交易，PayPal 就可以用户返回商店网站，同时通过向具有预定参数集的网站发送回调来完成交易的最后部分。然后，对于已完成支付的订单，商店将向客户显示订单发票。

使用上述方法之一通过移动设备应用程序收取付款，需要你进行与服务器相同的连接。你仍然可以选择通过收集用户的信用卡信息（号码、有效期、密码）并将其与用户的邮寄、账单和送货地址一起发送到商户网关来处理支付（网关需要该级别的网关信息）。这要求你在表单字段中输入信用卡信息，或使用读卡器扫描该信息，然后下订单。

当然，收集此用户信息的系统有一个法律责任的问题：就像后端应用程序一样，我们不能确定用于处理此过程的数据的代理/应用程序/API 是安全的，并且不会因为使用用户的信用卡号而导致开发人员被法庭传唤。同时，信用卡信息通过网络传输，这也增加了第三方（中间人）窥探你的敏感数据的风险。

有鉴于此，在允许客户为商品或服务支付的移动应用程序中，必须有一种避免直接处理信用卡信息的方法，这也是 Apple Pay 的用武之地。

Apple 推出了应用内购买功能，以使应用程序开发人员可以为虚拟商品（例如扩展功能或应用程序的高级内容）收取付款。这是使用开发人员的 Apple 账户打包的，这也是为什么你会在 iTunes 账单上看到这些费用的原因。

对于其他软件或硬件商品，尤其是在你的商店已经使用商户网关的情况下，Apple Pay 允许开发人员的应用程序使用在 Apple Wallet 中存储的信息来提交支付，而无须实际将这些信息暴露给应用程序本身。

我们可以在应用内使用 Touch ID 来授权支付，释放安全存储在 iOS 设备（iPhone、iPad）上的令牌化信用卡和借记卡支付凭证。用户还可以将其账单和运输信息保存在电子钱包应用程序中，然后可以将该信息传递到商户网关以处理你的支付。

15.1.1　使用 Apple Pay 的先决条件

Apple Pay Programming Guide（《Apple Pay 编程指南》）提供了有关如何使用 PassKit 框架集成 Apple Pay 的详细信息。其网址如下：

https://developer.apple.com/library/ios/ApplePay_Guide/

In-App Purchase Programming Guide（《应用内购买编程指南》）提供了有关如何使用 StoreKit 框架集成应用内购买的详细信息。该指南可以在 iOS Developer Library（iOS 开发人员库）中找到。

除了使用 PassKit 框架实现 Apple Pay，开发人员还必须执行下列各项操作步骤。

❑ 设置支付处理程序（Payment Processor）或网关的账户。

- ❑ 通过证书、标识符和配置文件注册商户标识符。
- ❑ 提交证书签名请求（Certificate Signing Request，CSR）以获取将用于加密和解密支付令牌的公钥和私钥。
- ❑ 在应用程序中包含 Apple Pay 权利。

如果开发人员还没有使用支付处理程序/网关的账户，则可以在以下地址找到一个列表：

https://developer.apple.com/apple-pay

根据你的应用程序所出售的商品，你可能无法使用 Apple Pay。Apple Pay 仅适用于提供实物商品或服务以在其 iOS 应用程序之外使用的企业。如果商品或服务是在应用程序本身中使用的，则仍必须使用 Apple 的应用内支付（In-App Payment）功能。

此外，支付提供商（Payment Provider）也可能并不支持所有的处理程序，例如，Authorize.Net 仅对支持 Visa 令牌服务以及由万事达和美国运通开发的令牌化解决方案的处理程序提供支持。在撰写本文时，Authorize.Net 支持以下处理程序。

- ❑ Chase Payment Tech。
- ❑ Global Payments。
- ❑ TSYS。
- ❑ First Data。

对于 Authorize.Net 来说，开发人员可以在支付提供商账户页面（account / merchant profile / payment methods）上看到为自己的商户账户分配了哪个处理程序。如果你的处理程序不被支持，则将无法配置和使用 Apple Pay。

以下 Authorize.Net 说明文档提供了更详细的信息：

http://developer.authorize.net/api/reference/features/apple_pay.html

"Apple Pay 解决方案使用的是支付网络令牌化功能。仅当你的支付处理程序支持令牌化时，你才能注册此解决方案。如果你的处理程序不支持支付网络令牌化，或者 Authorize.Net 不支持你的支付处理程序的令牌化接口,则你将无法注册此支付解决方案"。

15.1.2 使用 Apple Pay 接收支付

接下来将介绍和 Apple Pay 支付相关的元素。

1. 支付提供商

开发人员可能首先想到的是提供自己的服务器端解决方案，以接收来自应用程序的支付，解密支付令牌并与支付提供商进行连接。处理信用卡和借记卡支付可能会很复杂，并且除非开发人员已经具备了专业知识和系统，否则它可能会变成一个复杂的项目，并具有自身的安全性和维护性问题。

为此,大多数支付网关都提供了软件开发工具包(Software Development Kit,SDK),以帮助开发人员在自己的应用程序中提供支持 Apple Pay 的最可靠方法。可以在以下网址找到支付提供商及其 SDK 列表:

https://developer.apple.com/apple-pay/

强烈建议使用其中的一种 SDK。请与你的支付提供商联系以获取更多信息。大多数提供 Apple Pay 支持的提供商的 SDK 都支持使用常见的编程语言,这意味着你可能只会得到 Objective-C 的支持而不是 Swift 的支持。这是意料之中的事情,因为 Swift 还是很新的语言,而且商户网关通常不会为 Swift 等快速发展的目标提供代码。幸运的是,如果有可用的 Objective-C SDK,则可以轻松地将 Objective-C 代码嵌入 Swift 应用程序中。

处理 Apple Pay 交易所需的基本要素如下。
- 显示 Apple Pay 按钮。
- 显示支付单(Payment Sheet)。
- 允许用户使用 Touch ID 授权交易。
- 使用支付令牌完成交易。

2. Apple Pay 按钮

要允许用户使用 Apple Pay 支付,必须满足以下要求。
- 设备需要提供负责请求加密的安全元素。
- 用户必须注册设备支付模式,并且你在该模式中是商户(卖家)。

为了能够确定这些需求,我们必须使用 PassKit 中的 API。相同的 API 将使你能够向用户显示 Buy with Apple Pay(使用 Apple Pay 进行购买)按钮。

如果未针对 Apple Pay 设置设备,则可以显示 Set up Apple Pay(设置 Apple Pay)按钮。最后,如果没有可用的支付方式适用于 Apple Pay,则可以决定根本不显示 Apple Pay 按钮。

3. 支付单

用户将商品添加到购物车并单击 Apple Pay 按钮之后,你必须创建一个支付请求,并使用 PassKit API 向用户显示订单摘要。

你的应用程序提供了将显示在支付单上的信息,用户可以在其中查看订单总额并选择包含有效邮政编码的送货地址。你可以根据送货地址中的邮政编码计算出正确的送货费用。

为了最大限度地减少混乱,仅要求提供处理订单必不可少的信息。用户始终控制着交易,并且可以更改账单和运输信息,因此将根据需要重新计算税金和运输费用。用户还可以在支付单上输入其他电子邮件地址或电话号码以确认订单。

正确的流程是在用户选择 Apple Pay 作为支付方式后立即显示支付单，而没有任何弹出窗口或中间屏幕。

当用户使用 Touch ID 确认支付单上的（更新后的）数据时，将提交该数据。

4．支付令牌

当用户使用 Touch ID 授权交易时，PassKit 会将支付令牌返回给你的应用程序。

支付令牌包含完成支付交易所需的所有信息。这包括为订单收取的金额、设备专用的账号以及只能使用一次的密码。

此数据使用商户的公钥加密，并且只能由商户（或支付处理程序代表商户）通过 SDK 使用商户的私钥解密。

你的应用程序充当中介方时必须明确，特别是当应用程序解密支付令牌，并将其通过连接传递给商户以使用其特定处理程序处理支付时。

图 15-1 说明了典型的支付流程。你的应用程序将首先检查设备是否与 Apple Pay 兼容，如果物理上支持 Apple Pay（该设备具有安全元素），则你的应用程序将显示 Set up Apple Pay（设置 Apple Pay），并为用户提供设置支付方式的功能，以便可以使用 Apple Pay。

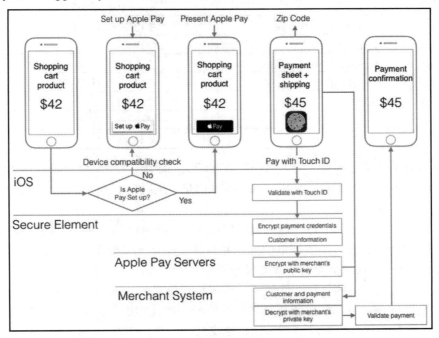

图 15-1　典型的支付流程

原　　文	译　　文
Set up Apple Pay	设置 Apple Pay
Present Apple Pay	显示 Apple Pay
Zip Code	邮政编码
Shopping cart product	购物车商品
Payment sheet+shipping	支付单+运费
Payment confirmation	支付确认
Device compatibility check	设备兼容性检查
No	否
Is Apple Pay Set up?	是否已经设置了 Apple Pay?
Yes	是
Pay with Touch ID	使用 Touch ID 支付
Validate with Touch ID	使用 Touch ID 验证
Secure Element	安全元素
Encrypt payment credentials	加密支付凭证
Customer information	客户信息
Apple Pay Servers	Apple Pay 服务器
Encrypt with merchant's public key	使用商户的公钥加密
Merchant System	商户系统
Customer and payment information	客户和支付信息
Decrypt with merchant's private key	使用商户的私钥解密
Validate payment	验证支付
$42	￥42.00
$45	￥45.00

　　如果所有条件均已满足，则应用程序将显示 Apple Pay 按钮。此时，订单尚未最终确定，因为用户仍然应该能够更改其订单和运输信息。在用户单击 Apple Pay 按钮后，即可进入确认支付界面。

　　一旦用户确定了订单信息，他们就可以使用 Touch ID 提交订单。为了授权支付，必须打包与完成金融交易有关的订单信息，并将其发送到支付处理程序。为此，该应用程序使用 PassKit API 从安全元素获取支付令牌。

　　利用所有这些收集的信息，你的应用程序将调用支付处理程序 SDK 中的相应 API，并尝试完成支付。当然，这意味着仍然有可能无法按计划进行，因为支付处理程序可能因为信用卡无效、过期、欺诈企图等而拒绝支付。

　　如果交易成功，则应用程序可以显示订单确认并启动订单有效支付的交付过程，该过程可以是运输、电子交付、插件安装、功能激活等——具体交付方式将根据客户购买的产品的性质而有所不同。

现在来仔细研究交易的最后部分。在将支付请求发送到商户系统之前，我们可以看到支付授权视图控制器在此过程中的作用。我们到了已经知道订单金额的阶段，其中包括所有的税金和运输成本。用户已使用 Touch ID 授权支付。

Apple Pay 将支付请求发送到安全元素（即设备上的专用芯片），安全元素将支付数据添加到客户信息中，并以支付令牌的形式对其进行加密。

安全元素将准备好的支付令牌发送到 Apple 的支付服务器上，在这里，令牌再次被加密，并且这次使用了商户的标识符证书对令牌进行加密。除加密内容外，Apple 服务器不会以任何方式存储或更改支付信息。

重新加密的令牌将返回应用程序中进行处理。这很方便，因为不需要在应用程序中打包商户的标识符，因此没有人可以窥探你的内存并从你的应用程序中提取该信息。

为了接收支付，Apple 提供了 PKPaymentAuthorizationViewController 类，该类可以让开发人员为用户创建提示以授权支付请求。用户授权交易支付请求后，将使用用于授权交易支付的支付令牌调用委托。

图 15-2 显示了这种交互。

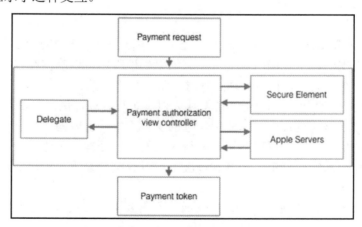

图 15-2　支付授权视图控制器

原　　文	译　　文
Payment request	支付请求
Delegate	委托
Payment authorization view controller	支付授权视图控制器

续表

原 文	译 文
Secure Element	安全元素
Apple Servers	Apple 服务器
Payment token	支付令牌

你的应用程序现在可以使用商户系统提供的 SDK 来完成流程的最后一步。如果你具有现成的支付基础设施,则可以将加密后的支付令牌发送到服务器,在服务器上可以对其进行解密并可以处理支付。

5. 支付处理程序支持的交易类型

为了使支付处理程序 SDK 能够支持 Apple Pay,它必须能够处理一组特定的电子商务交易,使应用程序能够涵盖交易的所有场景,具体如下。

- 授权。
- 获得。
- 分批装运。
- 定期结算。
- 订单退款。
- 交易退款。

授权(Authorization):这种情况允许应用程序将客户账户中的指定金额设为保留金额,并保留用于支付订单总额所需的资金。如果处理程序可以确信在订单确定后就可以取回资金,那么在大大简化订单处理过程时通常可以这样做。

以电子交付内容为例,在交付之前需要先对其进行处理,例如为 PDF 加水印或准备个性化内容。如果该应用程序可以验证所选的支付方式是有效的,并且该账户具有支付订单金额所需的资金,则它可以在用户等待时触发内容处理。某些处理可能由于各种原因而失败,因此无法完成订单。在这种情况下,没有资金易手,可以释放授权,并向用户显示适当的错误消息。

获得(Capture):在成功授权之后,或者不需要资金授权时,获得实际上会立即触发资金转移。

获得可能失败,失败的方式可以是多种之中的一种,例如支付可能无效、过期或资金不足;信用卡可能被标记为失窃,或者交易地点可以触发信用卡被盗警报(仅限国内使用的信用卡在海外被盗刷)等。这些检查由商户系统或商户系统使用的实体进行,以验证支付方式、卡上的签名名称、账单或送货地址。

定期结算(Recurring Billing):这种情况允许应用程序通过设置定期支付计划来处

理服务的重复支付。

订单退款（Order Refund）：如果退回订单或服务存在争议，这将允许应用程序将款项退还至客户的账户。

交易退款（Transaction Chargeback）：提供此功能是为了使应用程序能够处理欺诈或有争议的交易。

6. 示例：使用 Authorize.Net 作为支付处理程序

使用 Authorize.Net 作为支付处理程序时，有以下两种方法可以处理 Apple Pay 交易。

API 方法：商户服务器从应用程序接收订单请求，并将其传递给 Authorize.Net。当需要在将请求发送到 Authorize.Net 之前提取并收集服务器上的支付数据时，可以使用 API 方法。

然后，你的服务器会将交易格式设置为对 AIM API 的 XML 或 NVP 请求。加密后的交易数据经过 base64 编码，并包含格式描述符。Authorize.Net 处理请求并将响应发送回你的服务器。最后，服务器将使用订单确认数据或从 Authorize.Net 接收到的错误信息来回复你的应用程序。

SDK 方法：Authorize.Net SDK 将处理签署交易以及与 Authorize.Net 的交互。你必须阅读以下网址提供的 Authorize.Net SDK Developer Reference（开发人员参考），以了解将其连接到应用程序所需的步骤：

http://www.authorize.net/content/dam/authorize/documents/ApplePay_sdk.pdf

Authorize.Net 当前仅提供了一个 Objective-C SDK。对于大多数其他支付处理程序来说，这样做是正确的（Stripe 同样如此），因为 Swift 是一种新语言，其语法和 API 方法在不同版本之间仍然有很多变化，因此对于 Authorize.Net 来说，为 Swift 这样快速发展的目标维护代码将是一件非常麻烦的事情。

SDK 方法仅支持前两种交易类型，即 Authorization and Capture（授权和获得）和 Authorization Only（仅授权）。对于所有其他后续交易（获得、退款、无效），你的应用程序必须使用常规支付 API。请注意，如果使用 Authorization Only（仅授权）交易类型，则仍需要完成获得（Capture）以从交易中接收资金。

SDK 不直接支持后续交易的原因是它们与 Apple Pay 的主要流程无关。

还要提及的重要一点是，应该使用沙盒中的 Authorize.Net 环境测试代码，并将其连接到 Apple 开发人员系统而不是 Apple 生产系统。

在图 15-3 中，我们可以看到上述两种方法的比较。

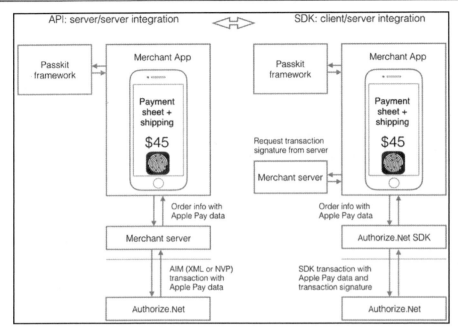

图 15-3　使用 API 方法与 SDK 方法进行 Authorize.Net 交易的比较

原　　文	译　　文
API:server/server integration	API：服务器/服务器集成
Passkit framework	Passkit 框架
Merchant App	商户应用程序
Payment sheet+shipping	支付单+运费
$45	￥45.00
Order info with Apple Pay data	订单信息和 Apple Pay 数据
Merchant server	商户服务器
AIM (XML or NVP) transaction with Apple Pay data	AIM（XML 或 NVP）交易和 Apple Pay 数据
SDK:client/server integration	SDK：客户端/服务器集成
Request transaction signature from server	来自服务器的请求交易签名
SDK transaction with Apple Pay data and transaction signature	SDK 交易和 Apple Pay 数据以及交易签名

15.1.3　为 Apple Pay 配置环境

在 15.1.1 节 "使用 Apple Pay 的先决条件" 中介绍了配置 Apple Pay 功能所需的步骤，具体如下：

（1）设置支付处理程序或网关的账户。
（2）注册商户标识符。
（3）提交证书签名请求。
（4）在应用程序中包含 Apple Pay 权利。

假设开发人员已经确定了将使用哪个支付处理程序，现在就来仔细看一看需要为此做些什么。

要设置商户标识符和证书签名请求，请转到 Apple Developer 网站你的账户页面上的会员中心，然后打开 Certificates,Identifiers & Profiles（证书、标识符和配置文件）页面，如图 15-4 所示。

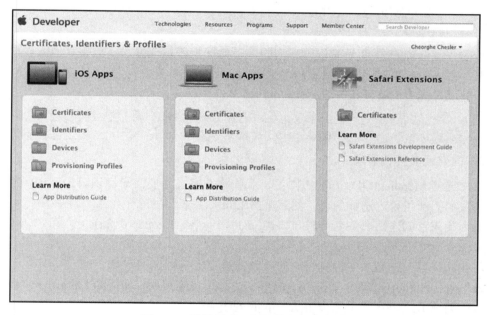

图 15-4　设置证书、标识符和配置文件

1. 注册商户标识符

选择 Identifiers（标识符），然后选择 Merchant IDs（商户 ID）。单击页面右上角的加号（+）按钮创建一个新条目，输入商户账户的描述性名称（如 Credit card payments）和所请求格式的唯一标识符，该标识符以 merchant 开头，并遵循以圆点分隔的格式（如 merchant.com.example.authorizenet）。

表格将要求你确认配置，然后允许你创建条目。与支付提供商合作时，需要向他们提供商户标识符以完成证书的生成。

我们的示例条目显示以下内容:

```
Name:        Credit card payments using Authorize.Net
Identifier: merchant.com.example.authorizenet
```

假设还希望在应用程序中支持 Stripe，或者需要创建另一个支持 Stripe 的应用程序，则可以尝试添加另一个商户标识符，内容如下：

```
Name:        Credit card payments using Stripe
Identifier: merchant.com.example.stripe
```

当尝试添加 Stripe 条目时，页面会显示以下错误：

```
A Merchant ID with Identifier 'merchant.com.example.stripe' is not
available.Please enter a different string.
```

Apple Developer 页面没有告诉我们的是，此标识符是全局的。如果其他人以前注册过，那么它将不可用。该标识符不区分大小写，因此，如果更改大小写，也将无法使用。你必须尝试直到它们能真正有效为止，例如：

```
Name:        Credit card payments using Stripe
Identifier: merchant.com.iot.stripe
```

2. 提交证书签名请求

再次选择 Merchant IDs（商户 ID），我们将获得已注册商户标识符的列表，从中可以看到我们的新条目。选择条目，然后单击 Edit（编辑）按钮。

要为此条目创建证书签名请求（Certificate Signing Request，CSR），可单击 Create Certificate（创建证书）按钮。

现在，你可以选择从支付提供商处获取并提交格式正确的 CSR。

- ❏ 对于 Authorize.Net，注册 Apple Pay 的指示已经表明，你需要 Identifier 字段中的商户 ID，这是我们在第 1 步中刚刚创建的。

  你可以登录到 Authorize.Net 账户上的商户界面，在主工具栏中单击 Account（账户）按钮，然后从左侧菜单中选择 Digital Payment Solutions（数字支付解决方案）。现在，可以单击 Apple Pay 部分中的 Sign Up（注册）按钮，此时将需要在 Apple 会员页面上生成的商户 ID。

  要生成 CSR 文件，请在左侧菜单中单击 Apple Pay，在 Apple Merchant ID 字段中输入你的商户 ID，然后单击 Generate Apple CSR（生成 Apple CSR）按钮。

- ❏ 对于 Stripe，可以转到账户的 Apple Pay 部分，网址如下：

  https://dashboard.stripe.com/account/apple_pay

如果你以前从未使用 Apple Pay 设置 Stripe，则默认情况下此部分不会出现在你的账户视图中，因此在链接之后，将在账户视图中启用该选项。单击 Create a new certificate（创建新证书）按钮，将下载名为 stripe.certSigningRequest 的 CSR 文件。

3．将商户 CSR 添加到你的 Apple 账户中

使用获得的 CSR 文件，现在可以返回 Apple 开发人员中心的 Certificates,Identifiers & Profiles（证书、标识符和配置文件）页面上，其网址如下：

https://developer.apple.com/account/ios/identifiers/merchant/merchantList.action

在 iOS 商户 ID 设置页面中，单击 Create Certificate（创建证书）按钮，然后按照说明提交在 Merchant（商户）页面上创建的 CSR。

如果在 Keychain Access（钥匙串访问）中看到警告，则说明证书是由未知授权机构签名的，或者该证书具有无效的颁发者，请确保在钥匙串中安装了 WWDR 中间证书 G2 和 Apple Root CA G2。可以从 apple.com/certificateauthority 下载它们。

将 CSR 上传到 Apple 页面后，将生成新证书并提供下载。现在，可以下载该证书文件（文件为 apple_pay.cer）。

对于 Stripe，请返回 Stripe 引导菜单中并上传证书。完成所有操作后，将显示如图 15-5 所示的内容。

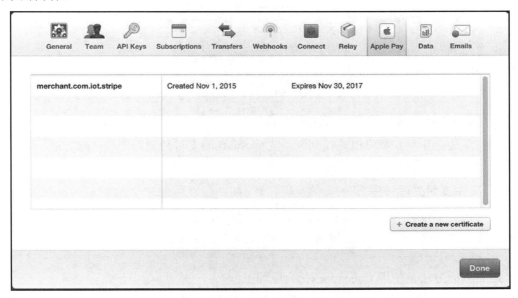

图 15-5　在 Stripe 上创建的 Apple Pay 证书

4．在应用程序中包括 Apple Pay 授权

要在 Xcode 中为应用程序启用 Apple Pay，请打开 Capabilities（功能）窗格，在 Apple Pay 行中选择开关为 ON（开）状态，然后选择想要让应用程序使用的商户 ID。图 15-6 说明了此过程。

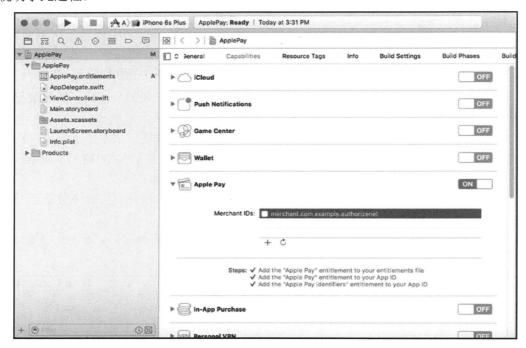

图 15-6　在应用程序中启用 Apple Pay 支持

5．使用支付处理程序 SDK 的先决条件

如前所述，开发人员将很难找到原生支持 Swift 的支付处理程序。在此之前，必须在代码中嵌入 SDK 的 Objective-C 版本。

6．安装支付处理程序 SDK

开发人员可以将 SDK 手动安装到自己的项目中，这需要更多工作。最简单的方法是安装一个依赖项管理器，该依赖项管理器将使开发人员能够在 Mac 上安装 SDK，如 Cocoapods 或 Carthage。

最简单的方法是使用 Cocoapods，命令如下：

```
sudo gem install cocoapods
```

```
pod init ApplePay.xcodeproj
```

第一个命令以 root 特权运行以安装 Cocoapods，然后作为普通用户；第二个命令将创建一个名为 Podfile 的文件。使用文本编辑器或 vim 可以编辑 Podfile 文件并添加 Authorize.Net 支持，内容如下：

```
target 'ApplePay' do
pod 'authorizenet-sdk'
end
```

如果要配置 Stripe 支持，则其目标将如下：

```
target 'ApplePay' do
pod Stripe'
end
```

现在，开发人员可以通过在终端窗口中输入 pod install 命令来在项目中安装 SDK，如代码清单 15-1 所示。

代码清单 15-1　在项目中安装支付处理程序 SDK

```
$ pod install
Creating shallow clone of spec repo `master` from
`https://github.com/CocoaPods/Specs.git`
Updating local specs repositories
Analyzing dependencies
Downloading dependencies
Installing authorizenet-sdk (1.9.3)
Generating Pods project
Integrating client project

[!] Please close any current Xcode sessions and use `ApplePay.xcworkspace`
for this project from now on.
Sending stats
Pod installation complete! There is 1 dependency from the Podfile and 1
total pod installed.
```

请遵循以下安装程序的建议：关闭 Xcode 项目，然后打开 ApplePay.xcworkspace 项目。

现在可以验证是否启用了对 Objective-C 嵌入的支持，在项目设置中，转到 Build Settings（构建设置）选项卡，并确保在 Other Linker Flags（其他链接器标志）下出现-ObjC 即可，如图 15-7 所示。

图 15-7　安装 SDK 后的项目

对于 Stripe 来说，还需要在项目的构建设置中将字符串 STRIPE_ENABLE_APPLEPAY 添加到预处理程序宏中，如图 15-8 所示。该条目需要被添加到预处理程序宏中的 Debug（调试）和 Release（发布）条目中。

图 15-8　为 Stripe 添加预处理程序宏条目

7. 从 Objective-C 到 Swift 的桥接标头

为了能够在 Swift 代码中使用 SDK，需要创建一个桥接标头（Bridging Header），以使我们能够在 Swift 代码中使用 Objective-C 代码。如前所述，大多数支付处理程序都提供了使用 Objective-C 语言的 SDK，想要让它们开始提供 Swift 版本的 SDK 还需要一段时间。由于大多数 SDK 都是如此，因此编写桥接标头就是使用 Swift 语言编程的开发人员必须要做的一件事情。

在 Xcode 菜单栏中，选择 File（文件）→New（新建）→File（文件）→iOS→Source（源）→Header File（头文件），然后单击 Next（下一步）按钮，将文件命名为 bridge，再单击 Create（创建）按钮，如图 15-9 所示。

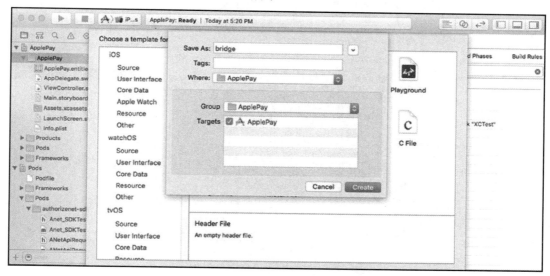

图 15-9　创建头文件

在 bridge.h 中，在文件（Authorize.Net）的顶部输入以下导入语句：

```
#import <authorizenet-sdk/AuthNet.h>
```

如果要配置应用程序将 Stripe 用作支付处理程序，可以使用以下语句：

```
#import <Stripe/Stripe.h>
```

选择 Project（项目）文件夹，然后导航到 Build Settings（构建设置），搜索关键字"Swift Compiler"，验证 Install Objective-C Compatibility Header（安装 Objective-C 兼容性标头）是否设置为 Yes（是）。编辑 Objective-C 生成的接口标头名称，将 Debug（调试）和 Release（发布）条目的值设置为标头文件 bridge.h。

8．主故事板

本示例的故事板非常简单，我们仅定义了一个字段，可以在其中指定订单金额，另外还有一个 Pay（支付）按钮和一个文本区域，日志库将使用该文本区域来显示正在进行的活动，如图 15-10 所示。

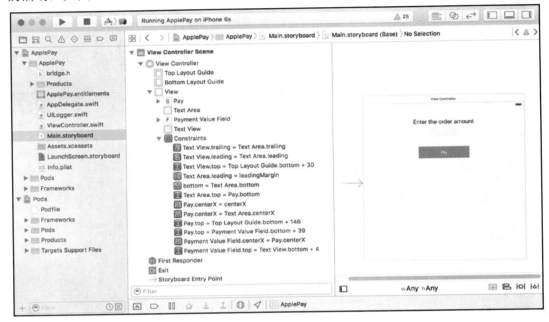

图 15-10　主故事板

9. 日志库

日志库（Logger Library）在视图控制器中被分配了一个变量，该变量将使日志的一个实例与适当的目标保持一致——在本例中，我们将使用文本区域字段记录活动。

我们将使用与本书第 12 章中相同的日志库，该日志库仅具有几个函数，这些函数使开发人员能够跟踪 API 活动。这些功能将与我们在视图控制器中设置的 textArea 字段进行交互。就像在视图控制器中一样，textArea 字段被声明为可选字段，因为它将在 init() 函数中进行初始化。代码清单 15-2 显示了 UILogger.swift 文件的完整代码。

代码清单 15-2　UILogger 库

```
import Foundation
import UIKit

class UILogger {
    var textArea : UITextView!
```

```
required init(out: UITextView) {
    dispatch_async(dispatch_get_main_queue()) {
        self.textArea = out
    };
    self.set()
}

func set(text: String?="") {
    dispatch_async(dispatch_get_main_queue()) {
        self.textArea!.text = text
    };
}

func logEvent(message: String) {
    dispatch_async(dispatch_get_main_queue()) {
        self.textArea!.text = self.textArea!.text.
            stringByAppendingString("=> " + message + "\n")
    };
}
}
```

在图 15-11 中,我们可以看到一个包含最少连接需求的视图控制器场景,其中仅包含了 paymentValueField 和 textArea 的映射,另外还有一个连接到默认操作的 payWithApplePay 按钮。

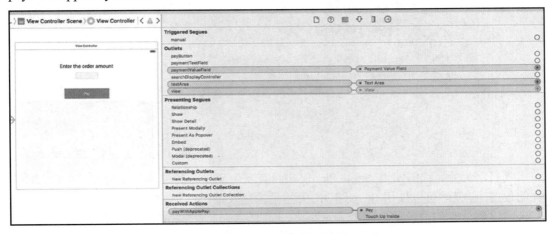

图 15-11 视图控制器场景

15.1.4　使用 Stripe 实现 Apple Pay 支付

为简单起见，我们将继续实现使用 Stripe 的示例。事实上，所有其他支付处理程序都有不同的实现方式。给定某些处理程序可能具有 SDK，并且该 SDK 通常位于 Objective-C 中。按照这种思路，当支付处理程序结合稳定版本的 Swift 时，它们甚至可能会提供其 SDK 的纯 Swift 实现。

我们的应用程序需要能够与 Stripe 账户进行通信，并使用创建账户时生成的可发布密钥。我们生成了两组密钥，即测试密钥（Test Key）和活动密钥（Live Key）。现在，我们将设置测试密钥并在 AppDelegate.swift 文件的 didFinishLaunchingWithOptions() 函数中初始化 SDK 实例，这将确保为应用程序的生命周期设置此值。代码清单 15-3 显示了 AppDelegate.swift 中的相关代码。

代码清单 15-3　设置 Stripe 公共密钥

```
import UIKit
import Stripe

@UIApplicationMain
class AppDelegate: UIResponder, UIApplicationDelegate {

    let StripePublishableKey = "pk_test_i65Y88AqZG908xvGwFIJYkSE"
    var window: UIWindow?

    func application(application: UIApplication,
    didFinishLaunchingWithOptions launchOptions: [NSObject: AnyObject]?)
    ->Bool {
        //应用程序启动后用于自定义的覆盖点
        Stripe.setDefaultPublishableKey(StripePublishableKey)
            returntrue
    }
    ...
}
```

到目前为止，我们知道 Apple Pay 仅在具有安全元件芯片的设备上可用。在没有此芯片的设备上，仍然可以使用 Stripe SDK 中的预构建表单组件（STPPaymentCardTextField），甚至可以创建我们自己的信用卡表单。推荐的方法是使用 Apple Pay 框架，并且只有在 Apple Pay 无法用于我们的设备时，才使用 Stripe 表单组件。

如果 Apple Pay 在模拟器中无法完全运行，则必须使用设备调试应用程序，或使用

Stripe SDK 中的 ApplePayStubs 库。开发人员可以访问以下地址查看有关如何配置 ApplePayStubs 的 Stripe 说明：

https://stripe.com/docs/mobile/ios

1. 视图控制器

本示例是一个非常简单的应用程序，仅使用一个视图进行所有操作，因此我们的视图控制器必须是 PassKit 和 Stripe SDK 的委托。实现多个视图时，必须为视图分配正确的委托。

本示例中的类显示了前面提到的委托分配。然后，我们定义了支付网络（这是我们要在应用程序中支持的支付网络）。对于某些只能使用 VISA/MasterCard 但不愿意使用 Amex 的商户（有时是由于较高的费用或其他原因）来说，他们有这个需求。

支付按钮被指定给 payButton 变量（需要为 UIButton 类型）。我们的日志库使用的是 textArea 字段。paymentValueField 是我们创建的一个简单文本字段，可以让我们更改订单收取的金额。

paymentTextField 的类型为 STPPaymentCardTextField，Stripe SDK 使用此字段以及前缀为"paying"的函数。

我们可以在代码清单 15-4 中看到视图控制器的标头。

代码清单 15-4　ViewController.swift 标头

```swift
import UIKit
import PassKit
import Stripe

class ViewController: UIViewController, STPPaymentCardTextFieldDelegate,
PKPaymentAuthorizationViewControllerDelegate {

    let SupportedPaymentNetworks = [PKPaymentNetworkVisa,
    PKPaymentNetworkMasterCard, PKPaymentNetworkAmex]

    let ApplePayMerchantID = "merchant.com.iot.stripe"

    @IBOutlet var payButton: UIButton?
    @IBOutlet var textArea: UITextView!
    @IBOutlet var paymentTextField: STPPaymentCardTextField?
    @IBOutlet var paymentValueField: UITextField!
    var logger: UILogger!
    ...
}
```

我们需要在 viewDidLoad()函数中做一些事情，以初始化日志和 paymentTextField，以及启用或禁用支付按钮（取决于应用程序是否能够使用指定的支付网络）。代码清单 15-5 显示了 ViewController.swift 中的 viewDidLoad()函数的代码。

代码清单 15-5　viewDidLoad()函数

```
Override func viewDidLoad() {
    super.viewDidLoad()
    //在加载视图之后进行任何附加设置，通常都从 nib 开始
    logger = UILogger(out: textArea)

    paymentTextField = STPPaymentCardTextField()
    paymentTextField?.center = view.center
    view.addSubview(paymentTextField!)
    paymentTextField?.delegate = self
    payButton?.enabled = PKPaymentAuthorizationViewController.
canMakePaymentsUsingNetworks(SupportedPaymentNetworks)
}
```

当支付用户更改信息时，还可以启用/禁用支付按钮。

当用户看到 Apple Pay 弹出窗口后，可以将其信用卡切换到其他卡，选择其他收货地址或执行更多的修改操作。其中一些更改可能会影响用户使用 Apple Pay 支付的能力，或者因为支付网络的限制性清单而导致支付无效，这就是我们需要更新支付按钮的原因。代码清单 15-6 显示了 paymentCardTextFieldDidChange()函数的代码，该函数位于 ViewController.swift 文件中。

代码清单 15-6　paymentCardTextFieldDidChange() 函数

```
func paymentCardTextFieldDidChange(textField: STPPaymentCardTextField) {
    payButton?.enabled = textField.valid
}
```

最后，我们还需要另一个辅助方法，该方法将在支付流程完成后关闭弹出窗口的视图控制器。在代码清单 15-7 中可以看到这一点。

代码清单 15-7　paymentAuthorizationViewControllerDidFinish() 函数

```
func paymentAuthorizationViewControllerDidFinish(controller:
PKPaymentAuthorizationViewController) {
    controller.dismissViewControllerAnimated(true, completion: nil)
}
```

在视图控制器场景中可以看到，支付按钮的 Touch Up Inside 操作已连接到函数

payWithApplePay()。为简单起见，我们仅在金额不是有效数字时记录错误情况。如果金额有效，则调用 applePay() 函数。代码清单 15-8 显示了 ViewController.swift 文件中 payWithApplePay() 函数的代码。

代码清单 15-8　payWithApplePay() 函数

```
@IBAction func payWithApplePay(sender: UIButton) {
    if let total = Double(paymentValueField.text!) {
        logger.logEvent("Pay with Apple Pay the amount: \(total)")
        self.applePay(total);
    }
    else {
        logger.logEvent("No valid amount specified")
    }
}
```

applePay() 方法使用了我们在此处为方便而创建的带有 New Charge 标签的购物车商品来准备请求。该请求被分配了我们之前设置的 ApplePayMerchantID，也包括定义了要接收哪些卡的 SupportedPaymentNetworks。该请求也将适用于以美元进行的交易。

准备好请求后，我们将使用 Stripe SDK 中的 canSubmitPaymentRequest() 函数进行测试。如果无法使用 Apple Pay 或未设置默认信用卡，此操作将失败。

如果发生错误，我们可以选择默认值为 Stripe 的 PaymentKit Form。有关这一部分的实现将留给读者，我们的重点将集中在完成 Apple Pay 交易上。代码清单 15-9 显示了 applePay() 函数的代码。

代码清单 15-9　applePay() 函数

```
func applePay(price: Double) {
    let item = PKPaymentSummaryItem(label: "New Charge", amount:
    NSDecimalNumber(double: price))
    let request = PKPaymentRequest()
        request.merchantIdentifier = ApplePayMerchantID
        request.supportedNetworks = SupportedPaymentNetworks
        request.merchantCapabilities = .Capability3DS
        request.countryCode = "US"
        request.currencyCode = "USD"
        request.paymentSummaryItems = [item]

    if Stripe.canSubmitPaymentRequest(request) {
        logger.logEvent("Paying with Apple Pay and Stripe")
        //Apple Pay可用，并且用户创建了有效的信用卡记录
        let applePayController =
```

```
            PKPaymentAuthorizationViewController(paymentRequest: request)
        applePayController.delegate = self
        presentViewController(applePayController, animated: true,
            completion: nil)
    } else {
        logger.logEvent("Cannot submit Apple Pay payments")
        //默认值为 Stripe 的 PaymentKit Form
    }
}
```

PKPaymentAuthorizationViewController 将在我们的代码中调用 paymentAuthorization-ViewController()函数，该函数的创建符合 SDK 的接口。此方法使用支付信息创建令牌，现在可以将此令牌发送到你的服务器上，以便收取付款。代码清单 15-10 显示了位于 ViewController.swift 文件中的 paymentAuthorizationViewController()函数的代码。

代码清单 15-10　paymentAuthorizationViewController()函数

```
func paymentAuthorizationViewController(
    controller: PKPaymentAuthorizationViewController,
    didAuthorizePayment payment: PKPayment,
    completion: (PKPaymentAuthorizationStatus) ->Void) {
        let this = self
        Stripe.createTokenWithPayment(payment) {
            token, error in
        if let token = token {
            this.logger.logEvent("Got a valid token: \(token)")
            //处理令牌以收取付款
            completion(.Success)
        } else {
            this.logger.logEvent("Did not get a valid token")
            completion(.Failure)
        }
    }
}
```

2．测试应用程序

现在来试用一下我们的应用程序。调出模拟器，并输入有效金额，然后单击 Pay（支付）按钮，此时将看到类似于图 15-12 中的输出。现在，用户可以更改正在使用的卡。当前没有送货或开票信息，其原因在于，我们尚未配置任何信息，因此最基本的功能就是能够更改信用卡。该模拟器设置了 3 个演示卡，分别为一个 VISA 卡、一个 MasterCard 卡和一个 Amex 卡。模拟器自然不会显示 Touch ID，而是显示 Pay with Passcode（使用密码支付）。

第 15 章　使用 Apple Pay 接收付款

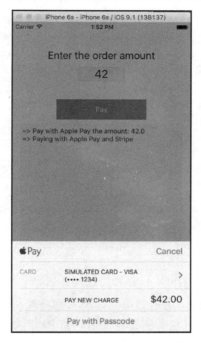

图 15-12　应用程序的首次测试

为了验证我们是否获得了有效的令牌，可以在视图控制器中设置一个断点并逐步执行，如图 15-13 所示。

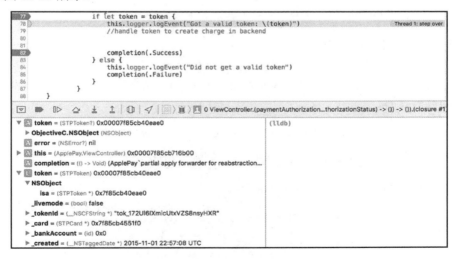

图 15-13　调试 Stripe 支付

如果交易成功，则一旦交易完成（.Success），弹出窗口就会显示确认屏幕几秒钟，然后返回我们的应用程序。确认屏幕如图 15-14 所示。

图 15-14　Apple Pay 确认屏幕

3．处理收费

要对卡进行收费，必须构建一个服务器端应用程序，该应用程序使用生成的支付令牌并将收费请求提交给 Stripe。这是必需的，因为你将使用 Stripe 密钥来完成支付，并且在应用程序代码中公开该密钥也不明智。此外，你的支付工作流程需要集中所有下达的订单，以允许会计管理从移动设备提交的订单。

每个支付处理程序都有大量的示例代码以及可简化开发的服务器端 SDK。对于 Stripe 来说，其对卡收费的教程地址如下：

https://stripe.com/docs/tutorials/charges

15.1.5　View Controller 代码

我们的应用程序基本上包含在 ViewController.swift 文件中。代码清单 15-11 显示了此文件的完整代码。

代码清单 15-11　ViewController.swift 文件

```
import UIKit
import PassKit
import Stripe

class ViewController: UIViewController, STPPaymentCardTextFieldDelegate,
PKPaymentAuthorizationViewControllerDelegate {

    let SupportedPaymentNetworks = [PKPaymentNetworkVisa,
```

```swift
    PKPaymentNetworkMasterCard, PKPaymentNetworkAmex]

    let ApplePayMerchantID = "merchant.com.iot.stripe"

    @IBOutlet var payButton: UIButton?
    @IBOutlet var textArea: UITextView!
    @IBOutlet var paymentTextField: STPPaymentCardTextField?
    @IBOutlet var paymentValueField: UITextField!
    var logger: UILogger!

    override func viewDidLoad() {
    super.viewDidLoad()
    //在加载视图之后进行任何附加设置，通常都从 nib 开始
    logger = UILogger(out: textArea)

    paymentTextField = STPPaymentCardTextField()
    paymentTextField?.center = view.center
    view.addSubview(paymentTextField!)
    paymentTextField?.delegate = self
    payButton?.enabled = PKPaymentAuthorizationViewController.
    canMakePaymentsUsingNetworks (SupportedPaymentNetworks)
}

func paymentCardTextFieldDidChange(textField: STPPaymentCardTextField){
    payButton?.enabled = textField.valid
}

func paymentAuthorizationViewControllerDidFinish(controller:
PKPaymentAuthorizationViewController){
    controller.dismissViewControllerAnimated(true, completion: nil)
}

Override func didReceiveMemoryWarning() {
    super.didReceiveMemoryWarning()
    //处置所有可以重新创建的资源
}

@IBAction func payWithApplePay(sender: UIButton) {
    logger.set()
    if let total = Double(paymentValueField.text!) {
        logger.logEvent("Pay with Apple Pay the amount: \(total)")
        self.applePay(total);
```

```swift
    }
    else {
        logger.logEvent("No valid amount specified")
    }
}

func applePay(price: Double) {
    let item = PKPaymentSummaryItem(label: "New Charge", amount:
    NSDecimalNumber(double: price))
    let request = PKPaymentRequest()
        request.merchantIdentifier = ApplePayMerchantID
        request.supportedNetworks = SupportedPaymentNetworks
        request.merchantCapabilities = .Capability3DS
        request.countryCode = "US"
        request.currencyCode = "USD"
        request.paymentSummaryItems = [item]

    if Stripe.canSubmitPaymentRequest(request) {
        logger.logEvent("Paying with Apple Pay and Stripe")
        //Apple Pay 可用，并且用户创建了有效的信用卡记录
        let applePayController =
        PKPaymentAuthorizationViewController(paymentRequest: request)
            applePayController.delegate = self
            presentViewController(applePayController, animated: true,
            completion: nil)
    } else {
        logger.logEvent("Cannot submit Apple Pay payments")
        //默认值为 Stripe 的 PaymentKit Form
    }
}

func paymentAuthorizationViewController(
    controller: PKPaymentAuthorizationViewController,
    didAuthorizePayment payment: PKPayment,
    completion: (PKPaymentAuthorizationStatus) ->Void) {
        let this = self
        Stripe.createTokenWithPayment(payment) {
            token, error in
            if let token = token {
                this.logger.logEvent("Got a valid token: \(token)")
                //处理令牌以收取付款
                completion(.Success)
```

```
            } else {
                this.logger.logEvent("Did not get a valid token")
                completion(.Failure)
            }
        }
    }
}
```

15.2 小　　结

本章研究了 Apple Pay 的各种应用场景。我们学习了如何设置开发人员账户以便能够使用 Apple Pay，以及如何设置与支付处理程序配合使用的证书。在此之后，我们建立了一个非常基本的应用程序，以演示如何将前面讨论过的内容组合在一起。请注意，开发人员后续仍然需要创建用于处理支付、安排重复支付或处理退款等的后端应用程序。